Chemie

der

Organischen Farbstoffe.

Von

Dr. Rudolf Nietzki,

o. Professor an der Universität zu Basel.

Fünfte, umgearbeitete Auflage.

Berlin.

Verlag von Julius Springer.

1906.

ISBN-13:978-3-642-90202-4 e-ISBN-13:978-3-642-92059-2
DOI: 10.1007/978-3-642-92059-2

Softcover reprint of the hardcover 5th edition 1906

Vorwort zur ersten Auflage.

Vor beinahe drei Jahren habe ich für das von A. Ladenburg herausgegebene „Handwörterbuch der Chemie" einen Artikel verfaßt, welcher eine gedrängte, aber doch zugleich möglichst erschöpfende Geschichte der organischen Farbstoffe enthalten sollte.

Die gute Aufnahme, welche die im Buchhandel erschienenen, nunmehr vergriffenen Separatabdrücke dieses Artikels gefunden haben, veranlaßte mich, mit teilweiser Benutzung des letzteren das vorliegende Werkchen herauszugeben.

Da der erwähnte Artikel als Teil eines Sammelwerkes kein einheitliches, in sich abgeschlossenes Ganzes bildet, so war hier zunächst eine Ergänzung der fehlenden Abschnitte, von denen einige an anderen Stellen des Hauptwerkes behandelt waren, nötig.

Andrerseits war im Laufe der verflossenen Zeit viel neues Material hinzugekommen, und manche Anschauungen über die Konstitution einzelner Farbstoffe waren inzwischen modifiziert worden.

Schließlich wäre für manche Abschnitte eine größere Ausführlichkeit erwünscht gewesen, als es der beschränkte Raum des Handwörterbuches gestattete.

Alle diese Umstände veranlaßten mich, das frühere Werkchen einer vollständigen Umarbeitung zu unterwerfen. Die schon früher versuchte Einteilung der Farbstoffe in natürliche chemische Gruppen konnte infolge unserer inzwischen erheblich vorgeschrittenen Kenntnisse konsequenter durchgeführt werden, und die ganze Anordnung ist infolgedessen eine wesentlich andere geworden.

Das Werkchen kann deshalb nicht als eine zweite Auflage des früheren Handbuchartikels gelten, und da ich mir das Ziel gesetzt habe, die Farbstoffe vom möglichst rein chemischen Standpunkt zu behandeln, dem Ganzen mithin die Form eines kleinen chemischen Handbuches zu geben, habe ich für dasselbe den Titel „Chemie der organischen Farbstoffe“ gewählt.

Wie in dem früheren, so ist auch im vorliegenden Werk der Schwerpunkt auf die Beziehungen zwischen chemischer Konstitution und Farbstoffcharakter gelegt.

Die technische Darstellung der Farbstoffe konnte auch hier nur im Prinzip behandelt werden, da ein näheres Eingehen auf technische Details meist nur zur Wiedergabe veralteter oder sehr schnell veraltender Fabrikationsrezepte führt.

Etwas eingehender als früher habe ich hier die Anwendung der einzelnen Farbstoffe und die Art und Weise ihrer Applikation auf der Faser behandelt. Doch konnte auch dieser Punkt nur in aller Kürze berücksichtigt werden, während ich hier den Praktiker auf das vorzügliche Buch von J. J. Hummel, Die Färberei und Bleicherei der Gespinstfasern (deutsch von Dr. E. Knecht. Verlag von J. Springer, Berlin), verweisen kann, welches das vorliegende Werkchen in dieser Richtung ergänzen mag.

Basel, im Oktober 1888.

Der Verfasser.

Vorwort zur zweiten Auflage.

Fast sechs Jahre sind vergangen, seit die erste Auflage des vorliegenden Buches, eine Umarbeitung und Vervollständigung des in Ladenburgs Handwörterbuch der Chemie abgruckten Artikels „Organische Farbstoffe", im Buchhandel erschien. Daß die Fassung des Buches, namentlich aber die darin zum erstenmal versuchte Einteilung der Farbstoffe in natürliche Gruppen, den Beifall der Fachgenossen gefunden hat, beweist wohl am besten die Tatsache, daß diese Einteilung sich jetzt allgemein eingebürgert hat und von allen Herausgebern anderer Werke auf dem Gebiete der Farbstoffchemie meistens unverändert benutzt worden ist.

Sechs Jahre bedeuten viel in einem Gebiete, welches so rasch fortschreitet wie die Chemie der organischen Farbstoffe. Das Material hat sich inzwischen in einer fast unheimlichen Weise vermehrt, so daß es nicht ganz leicht war, die ursprüngliche knappe Form des Buches zu retten und dabei doch den Anforderungen an möglichste Vollständigkeit gerecht zu werden.

Einige ganz neue Farbstoffklassen (z. B. Oxyketone und Thiazole) sind hinzugekommen, andere wie die Azokörper haben sich mit Bezug auf die Anzahl ihrer bekannten Repräsentanten verdoppelt.

Bei einigen Farbstoffklassen (z. B. Induline) hat sich das Dunkel, welches ihre Konstitution umgab, inzwischen gelichtet, und man konnte sie unschwer in schon bekannte Gruppen einreihen.

Alle diese Umstände machten eine völlig neue Umarbeitung ganzer Abschnitte der ersten Auflage notwendig.

Noch mehr wie in der ersten Umarbeitung des Handbuchartikels mußte jetzt auf erschöpfende Behandlung des Materials verzichtet und im Interesse der Kürze alles unwesentlich Erscheinende beiseite gelassen werden. Trotzdem war eine Vermehrung der Seitenzahl von 251 auf 323 unvermeidlich gewesen.

Hoffen wir, daß sich auch diese Ausgabe der guten Aufnahme in ihrem Leserkreise erfreuen möge, welche den beiden andern zuteil wurde.

Basel, im Juli 1894.

Der Verfasser.

Vorwort zur dritten Auflage.

Abweichend von den früheren Auflagen sind in der vorliegenden dritten Auflage die einschlägigen Literaturzitate am Schlusse der Seiten angebracht.

Die Zitate jeder Abteilung haben laufende Nummern erhalten, auf welche die im Text befindlichen Zahlen hinweisen.

Basel, im September 1897.

Der Verfasser.

Vorwort zur vierten Auflage.

Der Zeitraum von mehr als drei Jahren, welcher seit dem Erscheinen der dritten Auflage verstrichen ist, hat zwar eine reichliche Anzahl technisch wichtiger künstlicher Farbstoffe, für die chemische Erkenntnis derselben aber wenig Neues gebracht, und es scheint in der Tat, als wenn wir uns dem Zeitpunkt nähern, in welchem die organischen Farbstoffe zu den ihrer Konstitution nach beststudierten Körpern gehören.

Wenn dieses von den künstlichen Farbstoffen gesagt werden kann, so müssen wir doch gestehen, daß wir in bezug auf die in der Natur vorkommenden Produkte von diesem Ziel noch weit entfernt sind. Bis jetzt bildete der größte Teil derselben unter dem Titel: „Farbstoffe unbekannter Konstitution" einen sowohl für den Verfasser als für den Leser unerfreulichen Anhang. Nach und nach ist es gelungen, einen nicht unwesentlichen Teil der dort behandelten Körper den wohlcharakterisierten Farbstoffklassen einzureihen, und diesmal stehen wir nicht an, einige wichtige Glieder dieser Gruppe gleichfalls hinüberzuziehen: nämlich die Gelbholz-, Rotholz- und Blauholzfarbstoffe sowie den Cochenillefarbstoff, obwohl dieses mit Bezug auf letzteren vielleicht etwas gewagt erscheinen mag.

Das Erscheinen eines vortrefflichen Spezialwerkes (Chemie der natürlichen Farbstoffe von Dr. Hans Rupe. Viewegs Verlag 1900), welches die natürlichen Farbstoffe etwa auf demselben Raum behandelt, wie ihn das vorliegende Buch einnimmt, hat mich veranlaßt, dieselben ganz fortzulassen, soweit unsere Kenntnisse über ihre Konsitution nicht zu ihrer Einreihung in die chemischen Farbstoffgruppen genügen.

Den Praktikern aber, welche in der vierten Auflage diesen oder jenen unlängst im Handel erschienenen Azofarbstoff vermissen sollten, möchte ich in Erinnerung rufen, daß eine erschöpfende Behandlung sämtlicher Farbstoffe nicht im Rahmen des Buches liegt, und wir uns bei der gegenwärtig ungeheuren Anzahl der Handelsfarbstoffe mit der Aufführung der wirklich typischen chemischen Verbindungen begnügen müssen.

Die Namen der am häufigsten benutzten Literaturquellen sind wie früher in folgender Weise abgekürzt:

Ber.	=	Berichte der deutschen chem. Gesellschaft.
Annal.	=	Annalen der Chemie und Pharmazie (jetzt Liebigs Annalen).
Journ. pr.	=	Journal für praktische Chemie.
Friedl.	=	P. Friedländer, Fortschritte der Teerfarbenfabrikation. Bd. I, II und III. Verlag von Julius Springer, Berlin.
D.R.P.	=	Deutsches Reichspatent.

Basel, im Februar 1901.

Der Verfasser.

Vorwort zur fünften Auflage.

Seit dem ersten Erscheinen dieses Buches sind nunmehr 18 Jahre verflossen. Sie haben auf dem Gebiete der organischen Farbstoffe manche Umwälzung gebracht, denen die Neuauflagen der Chemie der organischen Farbstoffe Rechnung tragen mußten. In solchen Fällen wird meistens viel gestrichen, eingeschaltet und angeflickt, bis man sich zu einer mehr oder minder vollständigen Umarbeitung entschließt.

An diesem Punkte sind wir mit der fünften Auflage angelangt, in welcher wenigstens einige Kapitel eine wesentliche Veränderung erfahren haben.

Einem mehrfach geäußerten Wunsche entsprechend, habe ich die technische Seite der Farbstoffe etwas mehr in den Vordergrund gestellt, ohne deshalb die wissenschaftliche zu vernachlässigen.

Das Tabellenmaterial ist erheblich vermehrt worden und das Buch dadurch übersichtlicher gemacht. Dem Praktiker aber muß ich nochmals in Erinnerung bringen, daß das Buch kein Handbuch der Farbentechnik, sondern eine Chemie der organischen Farbstoffe sein will, in welcher ein Farbstoff, der wie die technisch wertlose Rosolsäure einen Klassentypus vertritt, viel mehr einen Platz beanspruchen kann, wie z. B. der technisch wichtigste Schwefelfarbstoff.

Basel, im Februar 1906.

Der Verfasser.

Inhaltsverzeichnis.

Seite

Einleitung . . . . 1—27

Ursache der Färbung 1. — Chromophore, Chromogene, Färbeprozeß 3. — Färben auf Beizen 7. — Konstitution der Chromogene 9. — Salzbildner, Auxochrome 16. — Probefärben 18. — Zeugdruck 19. — Geschichte der künstlichen Farbstoffe 20—24. — Rohmaterialien 24. — Einteilung der Farbstoffe in chemische Gruppen 26.

I. Nitrokörper . . . . 28—32

Allgemeines 28. — Dinitrophenolsulfosäure, Trinitrophenol 29. — Dinitrokresol, Dinitronaphtol 30. — Dinitronaphtolsulfosäure, Tetranitrodiphenol 31. — Hexanitrodiphenylamin, Salicylgelb, Isopurpursäure 32.

II. Azofarbstoffe . . . . 33—87

Allgemeines 33—40.

I. Aminoazoverbindungen . . . . . 40—50

Aminoazobenzol und Sulfosäuren 40—42. — Methyl- und Phenylaminoazobenzol und Sulfosäuren 42—44. — Aminoazotoluole und -Xylole 44—45. — Diaminoazobenzole 45—46. — Triaminoazobenzol 47. — Benzol-Azonaphtylamin 47. — Aminoazonaphtalin 48. — Azofarbstoffe aus Diazoammoniumbasen 49.

II. Oxyazoverbindungen . . . . . 50—64

Oxyazobenzol und Sulfosäure 50. — Dioxyazobenzole und Sulfosäuren 51. — Naphtolazofarbstoffe 52. — Sulfosäuren der Naphtalinderivate 55—61. — Benzolazo-α Naphtol und Sulfosäure 62. — Benzolazo-β Naphtol und Sulfosäuren 62—63. — Naphtalinazonaphtole 63—64.

III. Azofarbstoffe aus den isomeren Naphtoldisulfosäuren . . . . 64—66

Beizenfarbstoffe und Chromierfarben . . . . . 66—69

Salicylsäurefarbstoffe 67. — Chromierschwarz, Tabelle 69.

Seite

IV. Dioxynaphtalinfarbstoffe . . . 69—70
Azofuchsin, Chromotrope, Victoriaviolett 70.

V. Tetrazo- oder Disazofarbstoffe . . 70—85

1. Primäre Disazokörper . . . . . 71—73
Phenoldisazobenzol, Resorcindisazobenzol 71. — Resorcinbraun, Naphtolblauschwarz 72.

2. Sekundäre Disazokörper . . . . . 73—84
Azofarbstoffe aus Aminoazoverbindungen 73—79. — Biebricher Scharlach 74. — Sekundäre unsymmetrische Disazokörper der Benzolreihe, Tabelle 75—76. — Azoschwarz 76—79. — Diaminogenfarben 78. — Azofarbstoffe aus Benzidin und Analogen 79. — Diamine für Baumwollfarben 81. — Tabelle von Baumwollfarbstoffen 83—84.

Erzeugung von Azofarbstoffen auf der Faser . . 85—87

III. Hydrazon-, Pyrazolonfarbstoffe und Formazyle . . . 88—91
Tartrazin 89—90.

IV. Azomethine und Stilbenfarbstoffe . . . . 92—94
Rubifuscin, Azoxystilben, Dinitrosostilben 92—94.

V. Oxychinone und Chinonoxime . . . . 95—125
Naphtazarin 96.

Anthrachinonfarbstoffe . . . . 98—123
Alizarin 100. — Alizarinsulfosäure, Nitroalizarin 106. — Anthrarufin, Chinizarin, Chrysazin 107. — Trioxyanthrachinone 108—111. — Tetraoxyanthrachinone 112—113. — Penta- und Hexaoxyanthrachinone 113—115. — Alizarinblau 115. — Alizaringrün und Alizarinindigblau 117. — Amino- und Anilido-Anthrachinonfarbstoffe 118—120. — Indanthren und Flavanthren 120—123.

Chinonoxime . . . . 123—125

VI. Diphenyl- und Triphenylmethanfarbstoffe . . . . . 126—196

I. Diphenylmethanfarbstoffe . . . 126—133
Tetramethyldiaminobenzophenon und Benzhydrol 128. — Auramin 129. — Pyronin 132.

II. Triphenylmethanfarbstoffe . . . 133—196
Allgemeines 133—140. — Rosanilinfarbstoffe 140. — Malachitgrünfarbstoffe 143—146. — Patentblau 147—149. — Triphenylmethanazofarbstoffe 149. — Rosamine 150. — Pararosanilin 151. — Methylviolett 154. — Hexamethyl-Pararosanilin 156. — Säureviolett 157. — Methylgrün 158. — Diaminomethylfuchsonimin (Rosanilin) 160. — Säurefuchsin 163. — Jodgrün, Hofmanns Violett 165. — Anilinblau

Seite

166—170. — Diphenylaminblau, Aldehydgrün 171. — Victoriablau, Nachtblau 173—174. — Rosolsäurefarbstoffe 174. — Aurin 175. — Rosolsäure 176. — Pittakall, Eupittonsäure 177. — Hexamethoxylpararosanilin, Aurintricarbonsäure 178. — Farbstoffe aus Benzotrichlorid und Phenolen 179. — Phtaleïne 179. — Phenolphtaleïn 182. — Aurotin, Fluoran 184. — Fluoresceïn 185. — Eosin 187. — Eosinäther 189. — Jodfluoresceïne 190. — Dinitrodibromfluoresceïn 191. — Chlorbromfluoresceïne 191. — Rhodamin 192. — Galleïn und Coeruleïn 194—196.

VII. Chinonimidfarbstoffe . . . . 197—263

Allgemeines 197—200.

1. Indamine . . . . 200—202

Tetramethylindamin, Toluylenblau 201.

2. Indophenole . . . . 202—204

3. Thiazime und Thiazone . . . . 204—211

Lauthsches Violett 206. — Methylenblau 207. — Methylengrün, Thiocarmin 210. — Brillantalizarinblau, Gallothionin 211.

4. Oxazime und Oxazone . . . . 211—225

Oxazime 212. — Capriblau 212. — Meldolablau 213. — Muscarin, Nilblau 214. — Cyanamine 215. — Kehrmanns Thionium- und Oxoniumformeln 216—217. — Oxazone 217. Resorufin 218. — Resazurin 219. — Orcirufin 220. — Resorufamin 221. — Gallocyanin 222. — Phenocyanine 224. — Liebermanns Phenolfarbstoffe 224. — Triphendioxazin 225.

5. Azinfarbstoffe . . . . . . 225—260

Phenazin 226. — Eurhodine 229. — Diaminoazine 231. — Toluylenrot 233. — Eurhodole 234. — Safranine 236. — Phenosafranin 242. — Alkylphenosafranine 243, 244. — Tolusafranin 244. — Mauveïne 245. — Indazin, Safranine der Naphtalinreihe 247. — Baseler Blau 249. — Safranine mit aliphatischer Azoniumgruppe 249. — Aposafranine 250. — Rosindulin 253. — Phenylrosindulin, Azocarmin 254. — Safranol, Safraninon 255. — Rosindon, Rosindulin G 256. Induline 256—260. — Paraphenylenblau 260.

6. Chinoxalinfarbstoffe und Fluorindine . 260—263

Chinoxaline 260. — Flavindulin 261. — Fluorindine 262.

VIII. Anilinschwarz . . . . 264—273

Bildung und Eigenschaften 264—266. — Zusammensetzung 267. — Technisches Anilinschwarz 270.

IX. Chinolin- und Acridinfarbstoffe . . . . 274—287

1. Chinolinfarbstoffe . . . . . 275—280

Cyanine 275. — Chinolinrot 276. — Chinolingelb 277. — Pyrophtalon, Flavanilin 278. — Berberin 279.

Seite

2. Acridinfarbstoffe . . . . . 280—287

Diaminoacridine, Acridingelb, Acridinorange 282. — Diaminophenylacridine, Benzoflavin, Chrysaniline 283. — Flaveosin 286.

X. Thiazol- und Schwefelfarbstoffe . . . . 288—301

Dehydrothiotoluidin 288. — Primulin 289. — Thioflavin, Chloramingelb 290. — Thiazol-Azofarbstoffe, Thiazolgelb, Erica 291. — Schwefelfarbstoffe 291. — Immedialgelb 292. — Vidalschwarz, Immedialschwarz, Immedialreinblau 293. — Schwefelbordeaux, Echtschwarz, Schwefelgrün 294. — Ansichten über Konstitution 296. — Tabelle von Schwefelfarbstoffen 298—301.

XI. Oxyketone, Xanthone, Flavone, Cumarine und Indone 302—324

1. Oxyketonfarbstoffe, 2. Xanthone 303. — Euxanthon 303. Euxanthinsäure 305. — Flavonderivate 306. — Flavon 306. — Chromon, Flavonol, Oxychalkon 307. — Flavonfarbstoffe, Übersicht 308. — Chrysin, Luteolin 309. — Fisetin, Quercitrin 310. — Quercetin, Xanthorhamnin und Rhamnetin 311. — Morin 313. — Hämatoxylin 314. — Hämateïn 315. — Brasilin 316. — Brasileïn 317. — Konstitution von Hämatoxylin und Brasilin 318. — Cumarine 320. — Indonfarbstoffe 321. — Carminsäure 322. — Galloflavin 323. — Ellagsäure 324.

XII. Indigofarbstoffe . . . . 325—351

Derivate des Indols 327. — Indoxyl 327. — Indoxylsäure, Oxindol, Dioxindol 328. — Isatin, Isatinsäure, Isatogensäure 329—331. — Indigblau 332. — Indigweiß 334. — Indigsulfosäure, Indigocarmin 335. — Verwendung des Indigos in der Färberei 335. — Synthesen des Indigblaus 337. — Orthonitrophenylpropiolsäure 339. — Orthonitrobenzaldehydmethode 340. — Methode von Heumann 342. — Verfahren der B.A.S.F. (Phenylglycocollcarbonsäure), Natriumamidverfahren 344. — Methode von Sandmeyer 345. — Indigoproduktion (Statistik) 345. — Konstitution der Indigogruppe 346. — Indirubin, Indigpurpurin, Indigrot 351.

XIII. Anhang . . . . 352—355

Orseille und Lackmus 352. — Canarin 353. — Murexid 354.

Nachtrag.

Nach A. Eibner und O. Lange (Annal. 315, p. 303—356) besitzt das Chinophtalon (Seite 277) die folgende Konstitution:

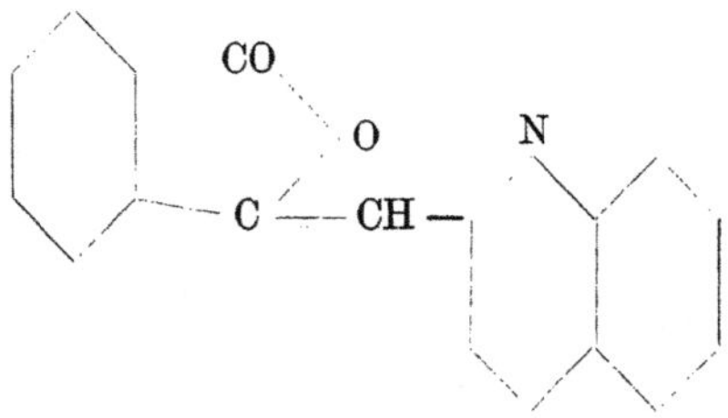

Berichtigung.

Auf Seite 98 lies statt „Naphtapurpurin“ „Naphtopurpurin“.

Einleitung.

Gewisse chemische Individuen besitzen die Eigenschaft, nur einzelne Bestandteile des weißen Lichtes zu reflektieren oder durchzulassen, die anderen jedoch zu absorbieren. Mit anderen Worten: solche Körper erscheinen in einer eigentümlichen, mehr oder weniger charakteristischen Färbung. Derartige Körper finden sich unter den sogenannten chemischen Elementen, und es kann die Färbung derselben (wie z. B. beim Jod) je nach Form und Aggregatzustand eine ganz verschiedene sein. Einige Elemente (z. B. das Chrom) bilden durchweg gefärbte Verbindungen, bei anderen ist eine Färbung der letzteren gewissermaßen als ein Ausnahmefall zu betrachten, und hängt dann, wenn dieselbe nicht durch ein hinzugetretenes farbgebendes Element bedingt ist, von der Konstitution der Verbindung ab.

In letztere Kategorie müssen die gefärbten Kohlenstoffverbindungen gestellt werden.

Von den sogenannten organischen Verbindungen, welche neben dem nie fehlenden Kohlenstoff meistens Wasserstoff, Sauerstoff und Stickstoff enthalten, ist ein großer, und wohl bei weitem der größte Teil ungefärbt. Andererseits geht der Kohlenstoff mit den gleichen Elementen oft Verbindungen ein, deren Färbung an Intensität und Charakter diejenigen aller anderen Elemente weit übertrifft.

Solche gefärbten Kohlenstoffverbindungen unterscheiden sich häufig in ihrer prozentischen Zusammensetzung nur wenig oder gar nicht von anderen gänzlich farblosen.

Aus letzterer Tatsache geht nun mit Sicherheit hervor, daß es lediglich die Struktur dieser Verbindungen ist, welche in einem Fall die Färbung und im anderen die Farblosigkeit bedingt.

Wie die farblosen, so werden auch die gefärbten Kohlenstoffverbindungen im Lebensprozeß der Tiere und Pflanzen gebildet, und solche Verbindungen sind es, welche schon in den ältesten Zeiten als Farbmaterialien Verwendung gefunden haben.

Obwohl die in der Natur vorkommenden Farbstoffe schon seit längerer Zeit Gegenstand ausführlicher chemischer Untersuchungen gewesen sind, haben uns letztere doch der allgemeinen Kenntnis der gefärbten Kohlenstoffverbindungen nur wenig näher geführt. Erst als es gelang, Farbstoffe auf synthetischem Wege künstlich darzustellen, haben wir nach und nach die Konstitution eines großen Teils dieser Körper näher kennen gelernt.

So wenig man bis jetzt auch etwas über die eigentliche Ursache der Färbung weiß, ist man doch zu der Erkenntnis gelangt, daß diese Färbung eine Charaktereigenschaft ganzer Klassen von chemischen Verbindungen ist, und ist durch die genauere Kenntnis der Konstitution dieser Verbindungen instand gesetzt, auf einen gewissen Zusammenhang zwischen Färbung und chemischer Struktur zu schließen.

Es ist zweifellos, daß die Färbung organischer Kohlenstoffverbindungen durch das Vorkommen gewisser, meist mehrwertiger Gruppen in denselben bedingt wird.

Solche Gruppen, welche wohl stets aus mehreren Elementar-Atomen zusammengesetzt sein müssen, zeigen alle das gemeinsame Verhalten, daß sie Wasserstoff aufzunehmen imstande sind: Sie gehören zu den ungesättigten Radikalen. Durch Aufnahme von Wasserstoff (meistens 2 Atomen) verlieren dieselben die Fähigkeit, Färbung zu erzeugen.

Die Folge davon ist, daß sich alle gefärbten Kohlenstoffverbindungen durch naszenten Wasserstoff in ungefärbte Körper verwandeln lassen.

Allerdings können sich auch hier andere Prozesse als eine bloße Wasserstoffaddition abspielen. So z. B. wird die Nitrogruppe durch Reduktion in eine Aminogruppe übergeführt, die sich durch Oxydation nicht mehr glatt in die Nitrogruppe zurückverwandeln läßt. Ebenso wird die Azogruppe in zwei Aminogruppen gespalten. Als Zwischenprodukte treten im letzteren Falle jedoch häufig Hydrazokörper auf, und diese können als Prototypen einer Reihe von farblosen Substanzen angesehen werden, welche man Leukokörper nennt. Ein großer Teil der Farbstoffe geht bei der

Reduktion in solche Leukokörper über, welche meist um zwei Wasserstoffatome reicher sind als der Farbstoff, und die sich durch Oxydation wieder in letzteren zurückführen lassen.

Diese Tatsache veranlaßte Gräbe und Liebermann schon im Jahre 1867 (*1*) in den gefärbten Kohlenstoffverbindungen, welche durch Reduktion in Leukokörper übergehen, eine Bindung der farbgebenden Gruppen in der Weise, wie sie damals zwischen den Sauerstoffatomen des Chinons allgemein angenommen wurde, zu vermuten. Im Jahre 1876 stellte O. N. Witt (*2*) eine ausführlichere Theorie über das Wesen der Farbstoffe auf, welche sich in folgenden Sätzen zusammenfassen läßt:

Die Farbstoffnatur eines Körpers ist bedingt durch die Anwesenheit einer gewissen Atomgruppe, welche als farbgebende Gruppe oder Chromophor zu bezeichnen ist.

Durch Eintritt des Chromophors entsteht zunächst ein mehr oder weniger gefärbter Körper, welcher jedoch kein eigentlicher Farbstoff ist; für die Erzeugung eines solchen ist der Eintritt eines oder mehrerer Radikale notwendig, welche dem Körper salzbildende (saure oder basische) Eigenschaften verleihen. Witt hat solche Radikale als Auxochrome bezeichnet.

Solche Körper, welche nur das Chromophor enthalten, bezeichnet Witt als „Chromogene“. Erst durch Eintrit von salzbildenden Gruppen werden die Chromogene zu wirklichen Farbstoffen.

Es ist hier vor allem nötig, den Unterschied zwischen gefärbten Körpern und eigentlichen Farbstoffen etwas näher zu präzisieren.

Wir verstehen unter wirklichen Farbstoffen solche Körper, welche außer ihrer eigentlichen Färbung noch die Eigenschaft des Färbens besitzen. Es beruht letztere auf einer eigentümlichen Verwandtschaft der Farbstoffe zur Faser, namentlich zur Tierfaser.

Bringt man beispielsweise einen Seidenstrang in die Lösung eines Farbstoffs, so färbt sich der erstere nach und nach, während die Flüssigkeit, wenn sie nicht zu konzentriert war, schließlich ihren Farbstoffgehalt verliert.

Diese Eigenschaft des Anfärbens kommt nun hauptsächlich solchen Körpern zu, welche einen mehr oder weniger ausgesprochenen Säure- oder Basencharakter besitzen.

---

1) Ber. 1, p. 106. — *2*) Ber. 9, p. 522.

Es ist nicht zu bezweifeln, daß diese Erscheinung, wenigstens in vielen Fällen, mit einer teils basischen, teils sauren Eigenschaft der Faser zusammenhängt, welche sich in einem Fall der Farbsäure, im andern der Farbbase gegenüber geltend macht.

Gewisse Tatsachen sprechen dafür, daß die Verbindungen der Farbstoffe mit der Faser nichts anderes sind als salzartige Verbindungen, in welchen die Faser, nach Art einer Amidosäure, in einem Fall die Rolle einer Säure, im andern die Rolle einer Base spielt.

Das Rosanilin ist z. B. in Form seiner Carbinolbase ungefärbt, in Form seiner eigentlichen Base (Imidbase) orangegelb, in Form seiner Salze jedoch tief rot. Bringt man in die farblose Lösung der Carbinolbase einen Woll- oder Seidenstrang und erwärmt die Flüssigkeit, so färbt sich der Strang intensiv rot, und zwar ebenso intensiv, als ob die entsprechende Menge von Rosanilinchlorhydrat oder eines andern Rosanilinsalzes angewendet wurde. Diese Erscheinung ist kaum anders zu erklären, als daß die farblose Rosanilinbase mit der Faser eine Verbindung eingeht, welche sich wie ein Salz des Rosanilins verhält und wie dieses gefärbt ist. Die Faser spielt in dieser Verbindung die Rolle einer Säure.

Daß einem sauren Farbstoff gegenüber die Faser die Rolle einer Base spielt, läßt sich in sehr instruktiver Weise mit dem chinoiden Äthyläther des Tetrabromphenolphtaleïns zeigen. (Siehe Phtaleïne w. u.) Dieser Äther ist im freien Zustande schwach gelb, und verdünnte Lösungen erscheinen fast farblos, seine Alkalisalze dagegen sind intensiv blau gefärbt. Säuert man die blaue Lösung des Salzes bis zur Farblosigkeit mit Essigsäure an, so läßt sich in derselben ein Seidenstrang intensiv blau färben.

Farbsäuren (z. B. die Sulfosäuren der Aminoazokörper) besitzen überhaupt häufig eine andere Färbung als ihre Alkalisalze. Hier tritt nun die Erscheinung ein, daß die freie Sulfosäure die Faser nicht mit der ihr eigentümlichen Farbe, sondern mit der ihrer Alkalisalze anfärbt. Die Faser muß hier also die Rolle einer Base spielen, meistens aber ist sie nicht imstande, die Alkalisalze starker Farbsäuren zu zerlegen. Letztere färben daher nur an, wenn sie vorher durch eine stärkere Säure in Freiheit gesetzt werden.

Salze von Farbbasen werden vermutlich durch den Färbeprozeß zerlegt, wenigstens erklärt diese Annahme die Tatsache, daß gewisse sehr stark basische Farbstoffe in Form ihrer Salze die Wolle nicht anfärben. Ein solcher Farbstoff ist z. B. das Methylgrün. Seine Salze sind wie die aller Ammoniumbasen sehr beständig, ein hineingebrachter Wollstrang vermag dieselben nicht zu zerlegen und wird deshalb nur schwach gefärbt. Die Seidenfaser scheint stärker saure Eigenschaften zu besitzen als die Wollfaser, da sie auch durch derartige Farbstoffe gefärbt wird.

Schwieriger ist wohl vom chemischen Standpunkt die Eigenschaft einiger natürlichen Farbstoffe (Curcumin, Carthamin, Orleans) sowie vieler Azofarbstoffe, sich mit der Pflanzenfaser direkt zu vereinigen, erklärbar. Verschiedene Tetrazofarbstoffe fixieren sich in Form der Salze ihrer Sulfosäuren direkt auf ungebeizter Baumwolle.

Einige Pflanzengewebe, z. B. die Jute (Bastfaser von *Corchorus*-Arten), besitzen infolge ihres Gehaltes an inkrustierenden Substanzen die Eigenschaft, die meisten Farbstoffe direkt zu fixieren. Bemerkenswert ist ferner das Verhalten einiger basischen Farbstoffe, auf präzipitiertem Schwefel, gallertartiger Kieselsäure, Kieselgur etc. anzufärben.

Schließlich sind hier noch die Eigenschaften der sogenannten Oxycellulose zu erwähnen.

Behandelt man reine Pflanzenfaser mit Chlor, Chromsäure oder ähnlichen Oxydationsmitteln, so erhält sie dadurch die Eigenschaft, basische Farbstoffe zu fixieren. Auch die Affinität der Wollfaser zu Farbstoffen wird durch Chlorieren erhöht.

Der Umstand, daß sich manche der hier erwähnten Tatsachen, wie z. B. das Anfärben von Schwefel, Kieselgur *), ungebeizter Baumwolle etc., durch die oben entwickelte chemische Färbetheorie nicht erklären lassen, veranlaßt viele, den Färbeprozeß als durch rein mechanische Flächenanziehung bedingt anzusehen, ohne damit eine Erklärung einer solchen Anziehung zu geben. Zwischen beiden schroffen Gegensätzen nimmt eine von O. N. Witt mit großem Geschick entwickelte Theorie des Färbeprozesses (*3*) eine vermittelnde Stellung ein.

Witt faßt die Färbung der Faser als eine starre Lösung, etwa wie die Lösung eines Metalloxydes in einem erstarrten Glasfluß auf, und vergleicht das Entfärbtwerden einer Farbstofflösung durch einen sich färbenden Wollstrang mit dem Ausschütteln einer in Wasser gelösten Substanz mit Äther.

*) Nach Versuchen des Verfassers werden übrigens reine, mit Säure behandelte und ausgeglühte Diatomeenpanzer nicht angefärbt!

3) Witt, Färberzeitung 1890—91, Heft 1.

Es ist hier um so schwieriger, für die eine oder andere Ansicht Stellung zu nehmen, als der Unterschied zwischen chemischer Verbindung, Lösung und mechanischer Anziehung keineswegs ganz scharf zu definieren ist.

Hier mögen folgende Betrachtungen am Platz sein: Soll man ein Produkt als eine chemische Verbindung betrachten, wenn es durch Einwirkung zweier Substanzen aufeinander gebildet wurde und andere Eigenschaften besitzt als die Komponenten? Hier erlangt der Farbstoff durch Hinzutritt der Faser eine neue Eigenschaft, die Unlöslichkeit, die Faser ist, soweit unsere mikroskopischen Untersuchungen reichen, homogen gefärbt. In vielen Fällen ist auch die Färbung eine andere als die des freien Farbstoffes, dies alles sollte auf eine chemische Verbindung deuten. Nun wird von mehreren Forschern der Einwand gemacht, daß die Vereinigung des Farbstoffes mit der Faser nicht in molekularen Verhältnissen vor sich gehe. Es sind nun Versuche angestellt, ein solches Molekularverhältnis nachzuweisen, und zwar mit einigem Erfolg. So fand E. Knecht, daß eine Anzahl von sauren Wollfarbstoffen sich im Verhältnis ihrer Molekulargewichte anfärben. Wir möchten solchen Versuchen nicht allzuviel Wert beilegen, denn es spielen hier wohl noch andere Faktoren wie Löslichkeit etc. eine Rolle. Aber selbst ganz negative Resultate würden kaum gegen die Annahme eines chemischen Prozesses sprechen. Dem Wismutnitrat, dem Antimonchlorid, den organischen Eisen- und Aluminiumsalzen wird man doch den Charakter chemischer Verbindungen nicht absprechen wollen. Und doch unterliegen sie sehr leicht der hydrolytischen Zersetzung. Brächte man z. B. ein mit Eisenhydroxyd imprägniertes Gewebe in eine unzureichende Menge verdünnter Essigsäure, so würde sich letztere zum Teil in Form des basischen Acetates darauf fixieren. Ein anhaltendes Waschen mit Wasser aber würde wieder einen Teil der Säure entfernen.

Einer ähnlichen Dissoziation unterliegt die gefärbte Faser, und auf dieser beruht eine Erscheinung, welche der praktische Färber das Ausbluten der Färbung nennt, und welche der Verwendung mancher Farbstoffe in gemischten Geweben in hohem Grade hinderlich ist. Legt man z. B. die gefärbte Wolle, welche gut ausgewaschen ist und scheinbar nicht mehr abfärbt, auf ungefärbte nasse Wolle, so zieht sich bei längerem Liegen der Farbstoff in die letztere teilweise hinein und färbt sie an. Die Anwendung von Seife oder Soda befördert dieses Ausbluten noch mehr. Für gemischte Gewebe, welche der Walke unterliegen, ist daher die Anwendung solcher Farbstoffe geboten, welche das Ausbluten nicht oder doch nur in sehr geringem Maße zeigen. Solche Farbstoffe bezeichnet man als walkecht. Es hat sich gezeigt, daß die meisten walkechten Farbstoffe der Klasse der Beizenfarbstoffe angehören, aber nicht alle Beizenfarbstoffe sind walkecht.

Gerade die Anwendung der Beizen in der Färberei, namentlich aber die unverkennbare Analogie, welche zwischen der gebeizten Pflanzenfaser und der tierischen Faser vorliegt, muß als eine der wichtigsten Stützen der chemischen Färbetheorie angesehen werden.

Die Beizen bezw. Beizenfarbstoffe können in zwei Hauptgruppen eingeteilt werden:

I. Tanninfarben;

II. Beizenfarben im engeren Sinne.

In die erste Kategorie gehören alle basischen Farbstoffe, welche Wolle und Seide ohne Beize anfärben. Sie bilden mit Tannin in Wasser unlösliche, in verdünnter Essigsäure lösliche Verbindungen (Tanninsalze). Behandelt man Baumwolle mit Tanninlösung, so bleibt ein Teil des Tannins auf der Faser fixiert, kann derselben aber durch wiederholtes Waschen mit Wasser entzogen werden. Auch hier ist darüber gestritten worden, ob eine chemische oder mechanische Bindung vorliegt. Meistens läßt man die tannierte Baumwolle durch eine Lösung von Brechweinstein passieren, wodurch das Tannin in Form des Antimonsalzes unauswaschbar fixiert wird. Die tannierte Baumwolle (mit oder ohne Antimonbehandlung) zeigt nun die Eigenschaft, basische Farbstoffe geradeso anzufärben, wie Seide oder Wolle.

Bemerkenswert ist, daß sich die basischen Farbstoffe, deren Färbung in Form ihrer Salze von derjenigen der Base verschieden ist, auch mit der Salzfarbe fixieren. So färbt Aminoazobenzol die tannierte Baumwolle rot und nicht gelb an. Noch auffallender ist die Tatsache, daß das farblose Tetramethyldiamino-Benzhydrol sich mit der schön blauen Farbe seines Anhydrids (siehe unten) fixiert.

Der zweiten Kategorie, den Beizenfarbstoffen im engeren Sinne, gehören meist schwach saure Farbstoffe an (siehe unten), welche mit gewissen Metalloxyden Lacke bilden. Es kommt diesen Lacken häufig eine andere Färbung zu als den freien Farbstoffen, so daß man mit diesen, je nach der Wahl der Beizen, die verschiedensten Nüancen färben kann. Die als Beizen dienenden Metalle (Aluminium, Eisen, Chrom, Zinn, Cer, Titan, Kobalt, Nickel etc.) sind ohne Ausnahme mehrwertig und zeigen eine gewisse Verwandtschaft zur tierischen, aber auch zur vegetabilischen Faser, und es scheint, als ob ohne diese keine Beizenfärbung zustande käme. Nicht alle Metalle, welche mit Farbstoffen unlösliche Lacke bilden, wirken als Beizen. So sind Calcium und Baryum in dieser Hinsicht ziemlich unwirksam. Hier mag eine Tatsache erwähnt werden, welche das verschiedene Haften von Metallsalzen auf der Pflanzenfaser illustriert. Wenn man Baumwolle mit Bleiacetatlösung tränkt und alsdann durch Kaliumbichromat passiert, so wird der Stoff echt chromgelb gefärbt. Versucht man jedoch, Baryumsulfat auf der Faser zu fixieren, indem man zuerst durch Chlorbaryum, dann durch Natriumsulfat zieht oder umgekehrt, so läßt sich das entstandene Baryumsulfat durch Auswaschen mit Wasser wieder vollständig entfernen. Die Tatsache, daß alle Beizenmetalle mehrwertig sind und mehrere Oxydationsstufen bilden, fordert zu theoretischen Spekulationen heraus. Es wäre verlockend anzunehmen, daß die verschiedenen Valenzen zur Bindung des Metall, einerseits mit der Faser, andererseits mit dem Farbstoff verwandt wären.

Auch die auf Tanninbeize oder auf einer Metallbeize gefärbte Faser zeigt sich bei der stärksten mikroskopischen Vergrößerung homogen.

Daß die Bildung der Farblacke, mithin das Fixieren der Farbstoffe auf Tannin und auf Metallbeizen, ein chemischer Prozeß ist, daran wird wohl von keiner Seite gezweifelt. Ebensowenig aber ist an einer chemischen Färbung der Faser zu zweifeln, wo eine Farbenänderung zu konstatieren ist.

Ob man nun berechtigt ist, die chemische Färbetheorie zu verallgemeinern, das hängt ganz davon ab, wieweit man den Begriff einer chemischen Verbindung ausdehnen will, d. h. wie weit man lockere, leicht dissociierbare bezw. hydrolysierbare Verbindungen noch unter die chemischen zählen will. Daß in manchen Fällen rein physikalische Prozesse in Betracht kommen, ist dabei keineswegs ausgeschlossen, wenn man aber den Färbeprozeß unter allen Umständen als Folge von Capillarität, Absorption,

Flächenanziehung oder kolloidalem Zustand ansehen will, so heißt dieses mit anderen Worten, daß man auf eine Erklärung Verzicht leistet und den fehlenden Begriff durch Worte zu ersetzen sucht.

Wir gehen nun zu einer ausführlichen Behandlung der Atomgruppen über, welche als Chromophore dienen können. Es zeigt sich, daß dieselben stets aus mehreren Elementen bestehen und außer dem vorhandenen Kohlenstoff meist noch Sauerstoff, Stickstoff oder Schwefel enthalten. Die früher (*4*) vertretene Ansicht, daß Kohlenwasserstoffe nicht gefärbt sein können, ist durch das Bekannntwerden mehrerer gefärbter Repräsentanten dieser Klasse unhaltbar geworden. Als Beispiele können das Carotin, Fulven und Biphenylenäthen gelten (*5*). Letzterer Kohlenwasserstoff enthält als Chromophor zweifellos die Gruppe $>C=C<$. Durch Reduktion wird er in einen wasserstoffreicheren farblosen Kohlenwasserstoff (Leukokörper) übergeführt, aus dem er durch Oxydation wieder erhalten werden kann.

Man kann im allgemeinen die Regel aufstellen, daß eine an sich chromophore Gruppe stets am wirksamsten ist, wenn sie in einem möglichst kohlenstoffreichen Atomkomplex steht. Der Äthylenrest $>C=C<$ besitzt für gewöhnlich nicht die Wirkung eines Chromophors, diese kommt nur in einem Fall wie dem vorliegenden, wo dieser Rest zwischen zwei Diphenylengruppen steht, zur Geltung.

Andererseits kommen selbst die stärksten Chromophore nicht als solche zur Wirkung, wenn sie in kohlenstoffarmen Komplexen stehen. Man findet aus diesem Grunde gefärbte Kohlenstoffverbindungen in der Fettreihe nur ganz vereinzelt, sie gehören fast ausschließlich der aromatischen Reihe an.

Wie schon oben erwähnt, sind die meisten chromophoren Gruppen mehrwertig. Als einwertiges Chromophor steht fast vereinzelt die Nitrogruppe da. Diese ist aber für sich allein kaum imstande, einen Kohlenwasserstoff zu färben. Es ist dazu die Gegenwart eines salzbildenden Radikals nötig, welches vielleicht mit dem Chromophor ein geschlossenes Ganzes bildet.

Ähnlich liegen die Verhältnisse meist, wenn ein mehrwertiges Chromophor mit je einer Valenz in mehrere Kohlenwasserstoffreste

---

4) Vergl. 1. Auflage dieses Buches, Seite 2. — *5*) De la Harpe und van Dorp, Ber. 7, p. 1046. Gräbe, Ber. 25, p. 3146.

eintritt, welche untereinander nicht in Verbindung stehen, wie dieses z. B. in den einfachen Ketonen der Fall ist, während bei den Doppelketonen (Chinonen) sowie bei ringförmig konstituierten einfachen Ketonen (z. B. Diphenylenketon oder Xanthon) Färbung vorliegt.

Das Azobenzol bildet in dieser Hinsicht eine scheinbare Ausnahme (siehe weiter unten).

Die Ketongruppe „C = O" ist, namentlich wenn sie, wie in den Chinonen, zweimal vorkommt, eines der wichtigsten und häufigsten Chromophore. Das darin enthaltene Sauerstoffatom kann durch andere zweiwertige Radikale wie durch Schwefel oder durch zwei Valenzen des dreiwertigen Stickstoffs ersetzt werden, und es entstehen dann die Gruppen C = S und C = N —, bei welchen die chromophoren Eigenschaften noch erheblich gesteigert sind.

So sind z. B. die Derivate der meisten einfachen Ketone ungefärbt, die der Thioketone, Ketonimide und Hydrazone gefärbt.

Die Gruppe „C = O" scheint, wie schon oben bemerkt, nur im geschlossenen Kohlenstoffring als Chromophor zur Geltung zu kommen. Dem Typus der Doppelketone (Ortho- und Parachinone) läßt sich eine große Anzahl von Farbstoffen unterordnen, und wenn man die heute ziemlich allgemein herrschende Ansicht über die Konstitution der Chinone konsequent durchführen will, d. h. wenn man die unten stehende Formel I der Formel II vorzieht, so muß auch die Formelschreibweise einer großen Anzahl von Farbstoffen geändert werden.

I II

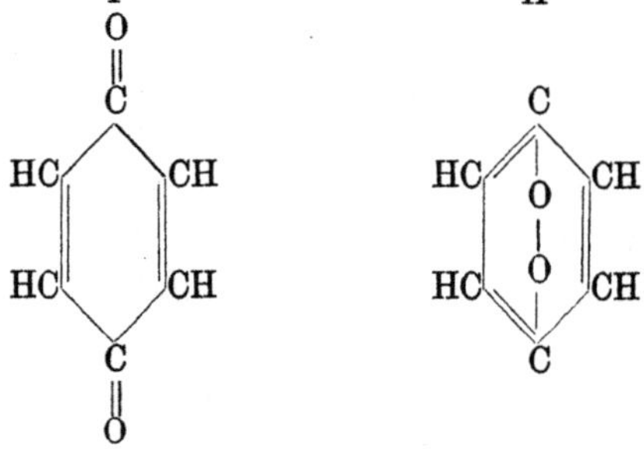

Chinon.

Man muß alsdann in den vom Chinonimid abgeleiteten Indaminen ebenfalls eine Umwandlung der tertiären Kohlenstoffatome in sekundäre annehmen.

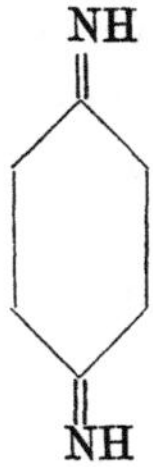

Chinondiimid.

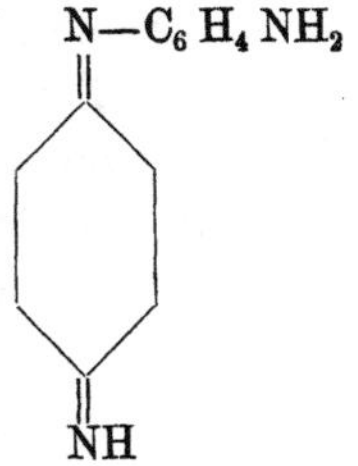

Indamin.

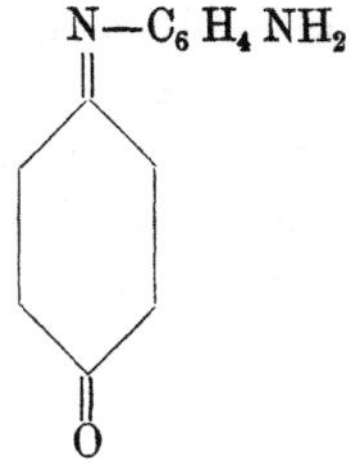

Indophenol.

Auch im Rosanilin und in der Rosolsäure kann eine ähnliche Konstitution angenommen werden.

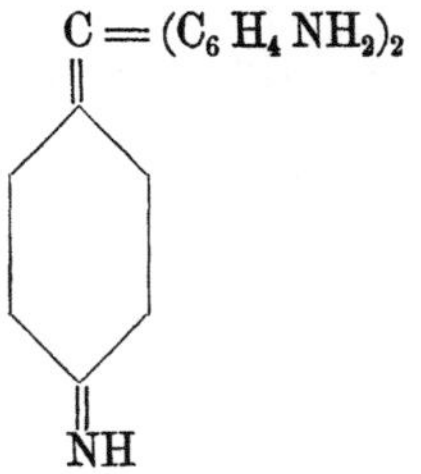

Rosanilin.

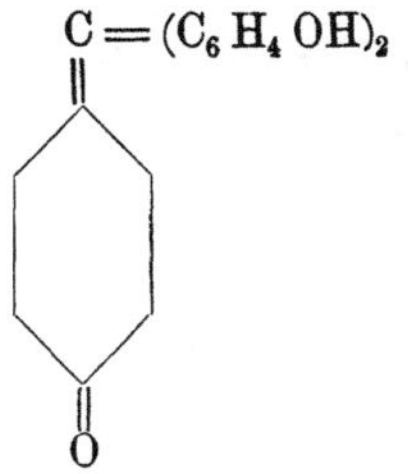

Rosolsäure.

Hier wäre der Sauerstoff der einen Ketongruppe durch einen zweiwertigen Methanrest vertreten.

Analog den Parachinonen sind die Orthochinone, z. B. das β-Naphtochinon, das Phenanthrenchinon etc., konstituiert, diese bilden aber wieder den Übergang zu einer Reihe von Körpern, die sich in mancher Hinsicht den Parachinonen an die Seite stellen lassen: den Azinen.

Reagiert ein Orthochinon auf ein Orthodiamin, so treten die Sauerstoffatome des letzteren aus, und an ihre Stelle treten tertiär gebundene Stickstoffatome. Es wird so ein neuer, aus zwei Stickstoff- und vier Kohlenstoffatomen bestehender sechsgliedriger

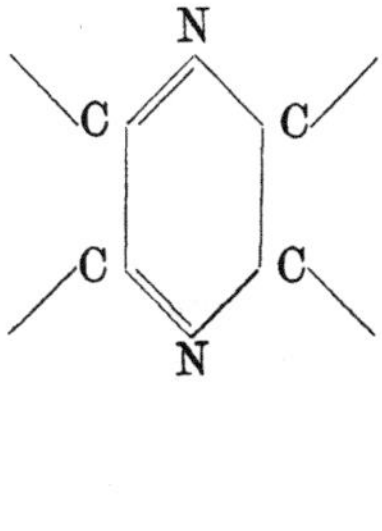

Ring gebildet, welcher sich insofern mit dem Pararing vergleichen läßt, als hier die beiden in Parastellung befindlichen chromophoren CO-Gruppen durch tertiäre Stickstoffatome vertreten sind.

Diese Analogie tritt am deutlichsten hervor, wenn man das einfachste aromatische Azin mit dem Anthrachinon vergleicht:

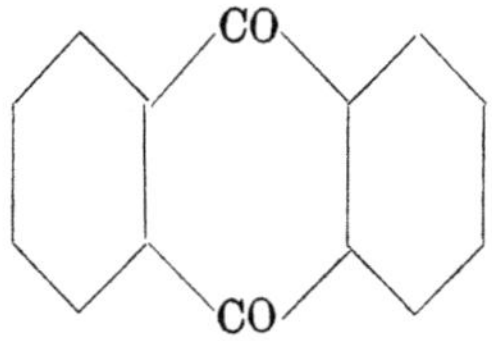

Anthrachinon.

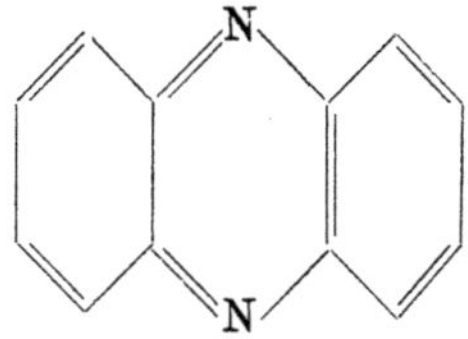

Phenazin.

Den Azinen sind in gewisser Hinsicht das Chinolin und das Acridin analog,

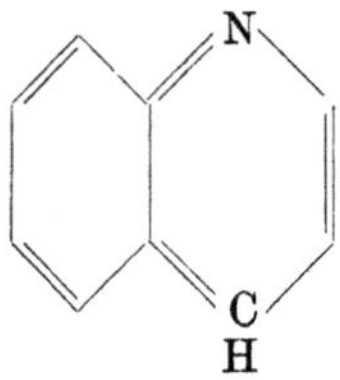

Chinolin.

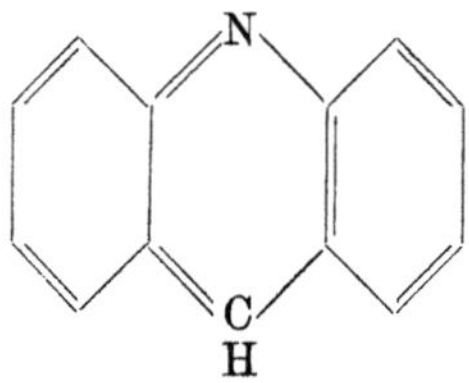

Acridin.

Hier ist nur *ein* Kohlenstoff durch Stickstoff vertreten, und wohl darum die chromogene Natur dieser Körper weniger ausgeprägt wie die der vorigen.

Ähnliche mehrgliedrige Ringe entstehen, wenn ein zweiwertiges Radikal wie Sauerstoff, Schwefel oder die Imidgruppe zwischen die beiden Benzolkerne substituierter Diphenylamine in Orthostellung zum Stickstoff tritt. Zum Beispiel:

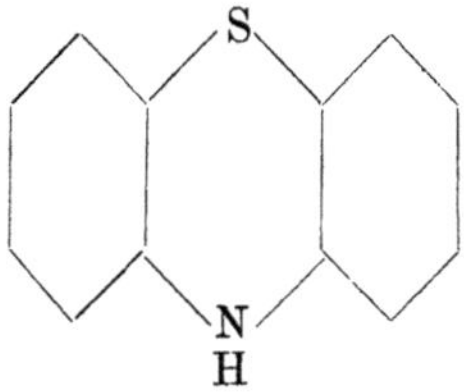

Thiodiphenylamin.

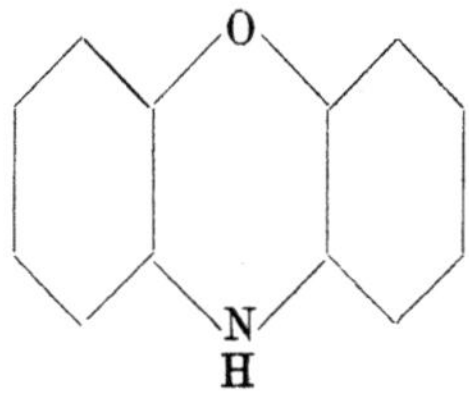

Phenoxazin.

Derartige Ringe wirken aber nicht als Chromophor, denn sie lassen sich nicht ohne Sprengung hydrieren. Ihre Paraoxy-

und Paraaminoderivate sind jedoch die Leukoverbindungen wichtiger Farbstoffe, der Oxazone und Thiazone (Thionine), welche analog den Indaminen und Indophenolen einen Parachinonrest enthalten und sich von diesen nur durch das Vorhandensein des in der Orthobindung befindlichen zweiwertigen Radikals unterscheiden.

Typische Beispiele für solche Konstitution bilden folgende Farbstoffe:

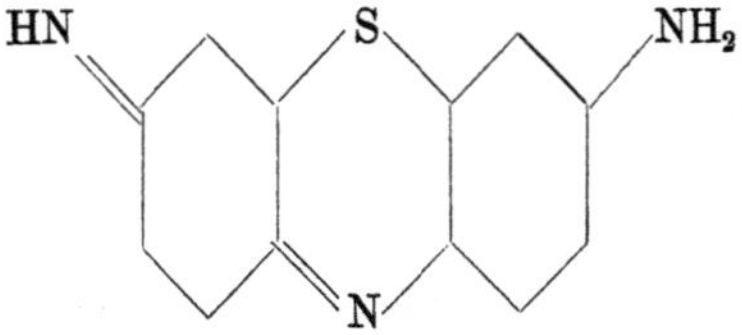

Thionin.

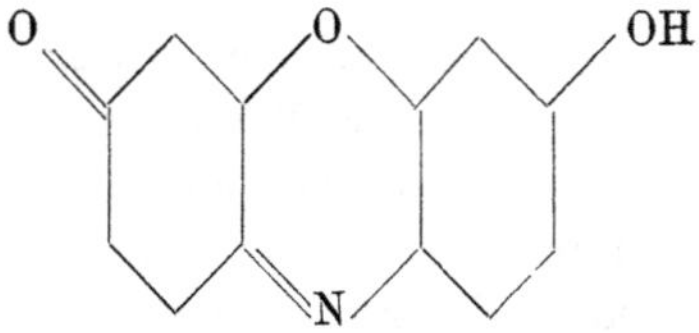

Resorufin.

Als zweiwertiges Radikal könnte in sonst ganz analog konstituierten Körpern auch die freie oder substituierte Imidgruppe, an Stelle des tertiär gebundenen Stickstoffs der dreiwertige Methanrest $\equiv C - H$ oder Phenylmethanrest $\equiv C - C_6H_5$ stehen.

Es läßt sich im allgemeinen die Regel aufstellen, daß die einfachsten Chromophore zunächst gelbe Farbstoffe erzeugen, und daß die Farbe erst bei den stärkeren und komplexeren durch Rot in Blau etc. übergeht. So sind z. B. alle wahren Chinolin- und Acridinfarbstoffe gelb gefärbt, während bei den Azinen nur die einfachsten Repräsentanten diese Farbe zeigen, die dann durch Eintritt salzbildender Gruppen in Rot bis Blau übergeht.

In noch anderen Farbstoffen muß der Lactonring $- O - C = O$ angenommen werden, in welchem ebenfalls wieder die Sauerstoffatome durch primär gebundenen Stickstoff ersetzt werden können (Indigofarbstoffe).

Überblickt man die Konstitution der hier behandelten Chromogene, so findet man, daß die meisten derselben das Chromophor in einem geschlossenen Ring als eine Gruppe enthalten, die sich von den übrigen Gliedern durch Valenz und Bindung wesentlich unterscheidet.

Aber nicht überall stehen die Chromophore im geschlossenen Ring. So wirkt die Ketogruppe, auch wo sie in offener Kette steht, als Chromophor, noch stärker die Thioketogruppe $C = S$, und die Ketimidgruppe $C=NH$, wie sie im Tetramethyl-Diamidothiobenzophenon:

$$(CH_3)_2NC_6H_4-\underset{\underset{\displaystyle S}{\|}}{C}-C_6H_4N(CH_3)_2$$

und dem Auramin:

$$(CH_3)_2NC_6H_4-\underset{\underset{\displaystyle NH}{\|}}{C}-C_6H_4N(CH_3)_2,$$

angenommen werden müssen.

Zwei andere Klassen von Farbstoffen, deren Chromophor scheinbar in offener Kette steht, lassen sich den Ortho- und Parachinonen einreihen, wenn man ihre tautomeren Formen in Berücksichtigung zieht. Es sind dieses die Nitro- und Azokörper. Bekanntlich sind die Oxyazoverbindungen den Chinonhydrazonen tautomer:

$$C_6H_5-N=N-C_6H_4OH \qquad C_6H_5-\overset{H}{N}-N=C_6H_4=O$$

Oxyazobenzol — Benzochinonphenylhydrazon.

Wenn die Darstellung des Oxyazobenzols durch Einwirkung von Phenylhydrazin auf Chinone auch nicht gelingt, so lassen sich doch die Hydrazone der Naphtochinone sehr leicht erhalten, und diese sind identisch mit den entsprechenden Oxyazonaphtalinen.

Daraus geht hervor, daß die Oxy- und Aminoazokörper als chinoide Verbindungen aufgefaßt werden können, nämlich als Hydrazone der Chinone nnd Chinonimide.

Nur das Azobenzol selber, welches doch entschieden ein Chromogen ist, läßt sich dieser Auffassung schwierig anpassen. Ein Versuch der Anpassung hat zu der nachstehenden Formel geführt, welche gleichzeitig der Umlagerung des Hydrazobenzols in Benzidin Rechnung tragen soll.

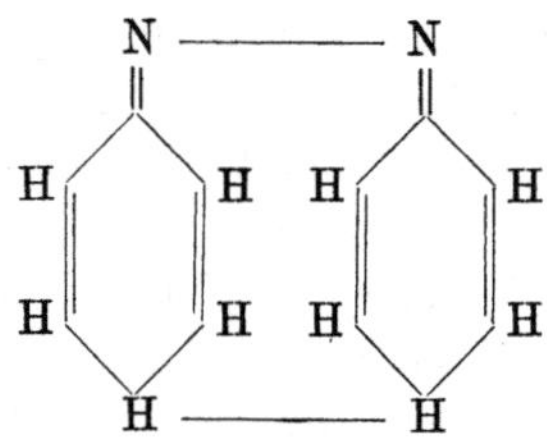

Was nun die Nitrogruppe betrifft, so wäre sie in der Form NO_2 das einzige einwertige Chromophor. Die einfachsten Nitrokörper aber sind kaum gefärbt, zu Farbstoffen werden sie erst durch Hinzutritt der auxochromen Hydroxyle und zwar sind diese in der Orthostellung am wirksamsten.

Von den Nitrosophenolen, welche den Nitrophenolen sehr nahe stehen, wissen wir, daß sie den Oximen der Chinone tautomer sind. Auch hier ließe sich eine solche Tautomerie im Sinne der nachstehenden Formeln annehmen.

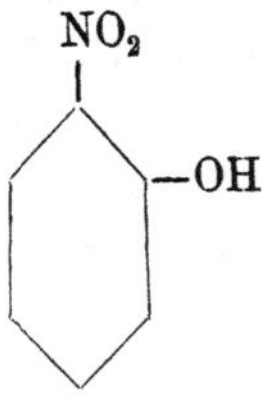

o-Nitrophenol.

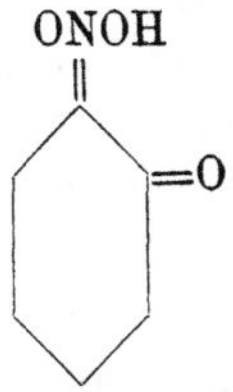

o-Isonitrophenol.

Mit dieser Annahme würden die Nitrokörper, welche als einwertige Chromophore immer eine Ausnahmestellung einnahmen, den chinoiden Farbstoffen angereiht*).

Die hier vorgeführten zahlreichen Chromophore haben alle das eine gemeinsam: eine oder mehrere Doppelbindungen! Die Doppelbindung aber muß wohl unstreitig als Ursache der Färbung angesehen werden, denn ihre Lösung bewirkt sofort den Übergang des Farbstoffes in den farblosen Leukokörper.

Eine Eigentümlichkeit der Radikale, welche als Chromophore dienen können, ist die, daß sie dem betreffenden Körper stets eine gewisse Tendenz entweder zur Basizität oder zur Acidität verleihen, daß sie mit andern Worten niemals völlig neutrale Gruppen sind. Durch die eintretenden salzbildenden Gruppen wird diese Eigenschaft nach der einen oder anderen Richtung verstärkt. Wir können die Chromophore nach diesem Verhalten in säurebildende (elektronegative) und basenbildende (elektropositive) einteilen.

Die Chinongruppe ist z. B. ein stark säurebildendes Chromophor. Während die einfach hydroxylierten Kohlenwasserstoffe nur

*) Diese vom Verfasser schon früher ausgesprochene, vielfach angefochtene Ansicht erhält durch die aus Polynitrokörpern dargestellten Salze eine wesentliche Stütze. (Meisenheimer, Ber. 36, p. 434.)

schwach saure Eigenschaften besitzen, ist der Säurecharakter der hydroxylierten Chinone ein sehr starker. Eine ähnliche Wirkung kommt der Nitrogruppe zu. Chromophore, welche neben Stickstoff keinen Sauerstoff enthalten, zeigen die Tendenz zur Basenbildung.

Es bleibt hier noch übrig, die mehrfach erwähnten salzbildenden Gruppen einer näheren Betrachtung zu unterziehen.

Die Wirkung dieser salzbildenden Gruppen kann eine ganz verschiedene sein, und wir sind auch hier berechtigt, dieselben in zwei scharf gesonderte Klassen zu teilen.

Einige vorzugsweise saure Radikale, wie z. B. die Sulfogruppe SO_3H und die Carboxylgruppe COOH, sind imstande, einem Chromogen saure Eigenschaften zu verleihen, ohne die Färbung desselben erheblich zu beeinflussen oder zu steigern.

Derartige Körper zeigen dann das Verhalten von sauren Farbstoffen, und dem eingetretenen Säurerest kommt die Rolle zu, die Vereinigung mit der Faser zu vermitteln.

Azobenzol hat z. B. als völlig neutraler Körper keine Verwandtschaft zur Tierfaser. Die Sulfosäuren und Carbonsäuren desselben wirken dagegen als schwache Farbstoffe. Ganz anders ist der Einfluß der Hydroxyl- sowie der Aminogruppe.

Diese Radikale erteilen einerseits dem Chromogen saure oder basische Eigenschaften, andererseits wird aber durch ihren Eintritt die Färbung des Körpers erheblich modifiziert, meist gesteigert, häufig sogar erst hervorgerufen. Während die Radikale der ersteren Kategorie (die Sulfo- und Carboxylgruppe) einfach als „Salzbildner“ bezeichnet werden können, möchten wir für die letzteren die von Witt vorgeschlagene Bezeichnung „Auxochrome“ (*6*) adoptieren.

Diese Gruppen stehen zu den Chromophoren stets in gewissen, noch nicht aufgeklärten Beziehungen. Wir sehen z. B. an dem oben erwähnten Beispiel der Oxychinone, daß die chromophore Chinongruppe dem auxochromen Hydroxyl stark saure Eigenschaften erteilt. Ein ähnliches ist in den Phthaleïnen und Rosolsäurefarbstoffen der Fall. Diese Hydroxylgruppen übernehmen aber gleichzeitig die Rolle der Salzbildner: sie sind es, welche die Verwandtschaft zur Faser vermitteln. Etwas anders ist in den meisten Fällen das Verhalten der auxochromen Aminogruppen zu den basenbildenden Chromophoren.

---

6) Witt, Ber. 21, p. 325.

Es kann dieses Verhalten leicht an den basischen Triphenylmethanfarbstoffen, z. B. am Rosanilin, klar gemacht werden. Das Rosanilin enthält das Chromophor $= C = R = NH$, außerdem aber zwei auxochrome Aminogruppen.

Unstreitig ist es die Imidgruppe des Chromophors, an welche sich bei Bildung der einsäurigen rotgefärbten Rosanilinsalze der Säurerest anlagert, und welche auch bei der Fixation auf der Faser die vermittelnde Rolle spielt.

Letzteres geht schon aus dem Umstand hervor, daß sich das Rosanilin mit der roten Farbe dieser Salze anfärbt, während die durch Absättigen der Aminogruppen entstehenden Salze gelb gefärbt sind.

Noch augenfälliger liegen die Verhältnisse bei den Safraninen. Dieselben sind starke Basen und bilden einsäurige rote Salze, in welchen das Säureradikal an der chromophoren Azoniumgruppe

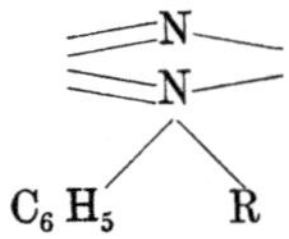

steht. Der Farbstoffcharakter kommt aber erst durch die Gegenwart der auxochromen Aminogruppen zur Entwicklung. Letztere bilden aber noch labile, blau resp. grün gefärbte Salze. Die rote Farbe, mit welcher sich Safranin auf der Faser fixiert, beweist nun, daß hier das Chromophor und nicht die Aminogruppen die Bindung vermittelt, während letztere nur den Basencharakter des Körpers verstärken, aber nicht selbst als Salzbildner wirken.

Mit dieser Verstärkung wird aber gleichzeitig die Intensität der Färbung bedeutend erhöht, wie denn, nach einem von Witt ausgesprochenen Satz, unter zwei sonst analogen Farbstoffen stets derjenige der bessere ist, welcher die stärksten salzbildenden Eigenschaften besitzt.

Es ergibt sich daraus von selbst, daß die Gegenwart eines basischen Auxochroms neben einem säurebildenden Chromophor oder das umgekehrte Verhältnis stets einen schwachen Farbstoff erzeugt. So z. B. besitzen die Nitraniline nur einen schwachen, die Nitrophenole dagegen einen weit stärkeren Farbstoffcharakter.

Aus dem oben Gesagten geht hervor, daß man die wirklichen Farbstoffe, ihrem Verhalten zur Faser gemäß, in zwei große Klassen: in basische und saure Farbstoffe einteilen kann.

Indifferente gefärbte Körper, wie z. B. der Indigo, zeigen an und für sich keine Verwandtschaft zur Faser. Sie können nur zum Färben dienen, wenn sie aus einer löslichen Verbindung unlöslich auf der Faser niedergeschlagen werden (wie bei der Küpenfärbung), oder wenn man ihnen durch Überführung in eine Sulfosäure salzbildende Eigenschaften verleiht.

Als neutrale Farbstoffe (wohl auch Salzfarbstoffe) könnten die Salze gewisser Azosulfosäuren bezeichnet werden, welche sich direkt auf der Pflanzenfaser fixieren.

Basische und saure Farbstoffe fixieren sich im allgemeinen nur auf der tierischen Faser direkt. Die Pflanzenfaser bedarf einer besonderen Beize.

Für basische Farbstoffe dient zu diesem Zweck ganz allgemein die Gerbsäure (Tannin), welche mit ihnen schwerlösliche Verbindungen eingeht. (Siehe oben.)

Wir haben oben bereits das Färben auf Beizen besprochen und fügen hier noch hinzu, daß dasselbe im engen Zusammenhang mit der Konstitution der Farbstoffe steht. Nach einer von Liebermann und v. Kostanecki aufgestellten Regel, welche hauptsächlich für Oxychinone und Chinonoxime gelten soll, ist für das Zustandekommen einer Beizenfärbung Orthostellung der chromophoren und auxochromen Gruppen notwendig. Diese Regel ist wohl dahin zu erweitern, daß die Orthostellung für das Zustandekommen einer Beizenfärbung die günstigste ist. An und für sich ist die Eigenschaft, auf Beizen zu färben, unter den Farbstoffen sehr verbreitet, sie ist nur nicht überall so stark ausgeprägt wiebei den orthoständigen Dioxychinonen (siehe unten: Art. Oxychinonfarbstoffe).

Um den Wert eines Farbstoffes als Handelsware zu bestimmen, gibt es nur ein zuverlässiges Mittel: das Probefärben. Alle zu demselben Zwecke vorgeschlagenen Titriermethoden sind mehr oder weniger unzuverlässig und werden durch die Natur der vorhandenen Verunreinigungen beeinflußt.

Nur bei einigen in sehr reinem Zustande zur Verwendung kommenden Farbstoffen werden neben der Probefärbung gewichtsanalytische Bestimmungen vorgenommen. So z. B. bestimmt man in dem teigförmigen Alizarin nach sorgfältigem Auswaschen den Trockengehalt und etwaigen Aschengehalt.

Das Probefärben ist nichts anderes als eine kolorimetrische Vergleichung des zu untersuchenden Farbstoffs mit einem solchen von bestimmtem Gehalt und bekannter Qualität. Werden zwei derartige Farbstoffproben in gleichen Mengen auf genau gleich schwere Woll- oder Seidenstränge gefärbt, so wird man eine Differenz im Farbstoffgehalt von 2—5 Proz. an der Nuancendifferenz beider Stränge noch wahrnehmen können.

Bei einer zweiten Färbung wird es dann gelingen, durch Abänderung der Mengenverhältnisse der Produkte, beide Stränge auf dieselbe Tiefe zu bringen, und der relative Farbgehalt des zu untersuchenden Körpers, mit Bezug auf den bekannten, ergibt sich dann durch einfache Rechnung. Gleichzeitig kann man aber aus der erhaltenen Nuance einen Schluß auf die Reinheit des Farbstoffes sowie auf die Natur etwa vorhandener Verunreinigungen ziehen.

Für den Zeugdruck finden sowohl die basischen als auch diejenigen sauren Farbstoffe Verwendung, welche mit Metalloxyden Lacke zu bilden imstande sind (Beizenfarbstoffe).

Bei der Anwendung der basischen Farbstoffe in der Druckerei macht man von der Unlöslichkeit der entsprechenden Tanninverbindungen Gebrauch.

Die Tannate sämtlicher Farbbasen sind unlöslich in Wasser, aber meist löslich in verdünnter Essigsäure. Man druckt die Farbstoffe gleichzeitig mit Tannin und verdünnter Essigsäure auf. Der in der Essigsäure gelöste Tanninlack durchdringt die Faser, durch das nachfolgende Dämpfen wird die Essigsäure verjagt, und der Lack bleibt in unlöslicher Form zurück. Durch eine nachträgliche Passage von Brechweinstein erhalten die basischen Farbstoffe eine größere Seifenbeständigkeit.

Beizenfarbstoffe wie Alizarin etc. werden in Form der freien Säuren gleichzeitig mit der metallischen Beize (Aluminium-, Eisen- oder Chromacetat) aufgedruckt. Das nachfolgende Dämpfen verjagt auch hier die Essigsäure der Acetate, und das zurückbleibende Metalloxyd vereinigt sich mit der Farbsäure zu einem festhaftenden Lack.

Von den in der Natur vorkommenden Farbstoffen ist bis jetzt nur eine kleine Anzahl auf synthetischem Wege dargestellt worden (Indigblau, Alizarin, Purpurin, Quercetin, Luteolin und Morin). Trotzdem ist die Zahl der künstlich dargestellten Farbstoffe eine außerordentlich große.

Einige derselben wie die Phtaleïne, die Xanthone und die Rosolsäure stehen vielleicht betreffs ihrer Konstitution zu einigen natürlich vorkommenden Farbstoffen in gewisser Beziehung, die meisten gehören jedoch eigenen Körperklassen an, welche weder im Tierreich noch im Pflanzenreich vertreten zu sein scheinen.

Während die in der Natur vorkommenden Körper mit wenigen Ausnahmen (Indigblau, Berberin) nur aus Kohlenstoff, Wasserstoff und Sauerstoff bestehen, finden sich in vielen künstlichen Farbkörpern stickstoffhaltige Gruppen, welche ihnen häufig einen ausgesprochenen Basencharakter verleihen. Einige enthalten ferner Chlor, Brom, Jod oder Schwefel.

Das Ausgangsmaterial für die Darstellung dieser Körper haben bis jetzt fast ausschließlich die Produkte der trocknen Destillation geliefert, unter denen namentlich der bei der Gasfabrikation abfallende Steinkohlenteer eine wichtige Rolle spielt. Die Entdeckung und erste Darstellung der künstlichen Farbstoffe knüpft sich deshalb eng an die ersten Untersuchungen der Produkte der trocknen Destillation, und die weitere Entwicklung der Leuchtgasindustrie hat, im Verein mit einer Reihe darauf bezüglicher wissenschaftlicher Arbeiten, die jetzt in großartigem Maßstabe betriebene Farbenfabrikation ins Leben gerufen.

Das Verdienst, die ersten Farbstoffe aus den Produkten der trocknen Destillation dargestellt zu haben, gebührt v. Reichenbach (Pittakal aus Holzteer 1832) und Runge (Rosolsäure aus Steinkohlenteer 1834) (7).

Die Entdeckungen dieser Chemiker blieben jedoch lange Zeit unbeachtet, und erst, nachdem durch eine Reihe von wissenschaftlichen Untersuchungen die Kenntnis der Produkte der trocknen Destillation wesentlich gefördert worden war, nahm die Bildung gefärbter Derivate aus denselben wieder die Aufmerksamkeit der Chemiker in Anspruch.

Die Untersuchungen von Mitscherlich, A. W. Hofmann, Zinin, Fritzsche u. a. waren es, welche den Zusammenhang zwischen Benzol, Anilin, Phenol etc. aufklärten, die Konstitution dieser Körper klarlegten und dadurch der späteren Farbenindustrie den Boden ebneten.

Der erste zur technischen Verwendung kommende Farbstoff, das „Mauveïn“, wurde 1856 von Perkin entdeckt; fast in dieselbe

---

7) Runge, Poggendorffs Annal. 31, pag. 65 u. 512. Reichenbach, Schweigers Journ. f. Chem. 68, p. 1.

Zeit fällt die Beobachtung des Rosanilins durch Nathanson, welcher es durch Erhitzen (*8*) von Anilin mit Äthylenchlorid erhielt.

Zwei Jahre später (1858) berichtet A. W. Hofmann (*9*) der Pariser Akademie über das rote Produkt, welches er durch Einwirkung von Anilin auf Kohlenstofftetrachlorid erhalten hatte. Hofmann sowohl als Nathanson hatten, wenn sie mit reinem Anilin gearbeitet haben, bereits das Pararosanilin in Händen.

Die darauf folgenden 10 Jahre sind fast ausschließlich der technischen und wissenschaftlichen Ausarbeitung des Rosanilins und seiner Derivate gewidmet.

Am 8. April 1859 wurde von Renard (frères) und Franc (*10*) in Lyon das erste Patent auf ein von Verguin erfundenes Verfahren zur Darstellung eines roten Farbstoffs durch Einwirkung von Zinnchlorid auf Anilin genommen.

Bald darauf erschienen in England und Frankreich eine Menge von Patenten, in welchen statt des Zinnchlorids andere Oxydationsmittel vorgeschlagen wurden. Es ist nicht ersichtlich, ob bei allen diesen Verfahren Rosanilin oder andere Farbstoffe (Mauveïn) gebildet wurden. Von Renard frères wurde zuerst der Name „Fuchsin" für das damals noch sehr unreine Handelsprodukt eingeführt.

Von Bedeutung ist von den vielen Oxydationsmitteln nur das von Gerber-Keller vorgeschlagene salpetersaure Quecksilber (Oktober 1859) (*11*).

Im folgenden Jahre wurde in England gleichzeitig von H. Medlock und von Nicholson die Arsensäure als Oxydationsmittel eingeführt (*12*).

Einige Monate später wurde dieses Verfahren von Girard und de Laire in Frankreich patentiert (*13*).

In einem im Jahre 1861 von Laurent und Castelhaz (*14*) genommenen Patent (Einwirkung von Nitrobenzol auf Eisen und Salzsäure) kann man die ersten Anfänge des Nitrobenzolverfahrens

---

8) Nathanson, Annal. 98, p. 297. — *9*) A. W. Hofmann, Jahresber. 1858, p. 351. — *10*) Renard frères & Franc, Brev. d'invent. 8. April 1859 nebst 5 Zusätzen. — *11*) Gerber-Keller, Brev. d'invent. 29. 10. 1859. — *12*) Medlock, Engl. Pat. v. 18. Jan. 1860. Nicholson, Engl. Pat. v. 26. Jan. 1860. — *13*) Girard u. de Laire, Brev. d'invent. 26. Mai 1860. — *14*) Laurent u. Castelhaz, Brev. d'invent. 10. Dez. 1861.

erblicken. Im Jahre 1861 (*15*) entdeckten Kolbe und Schmitt die Synthese der Rosolsäure.

In dasselbe Jahr fällt die erste Beobachtung des Anilinblaus durch Girard und de Laire und in das Jahr 1862 die weitere Ausbildung dieses Prozesses durch Nicholson (*16*), Monnet und Dury (*17*), welche die Essigsäure, und Wanklyn (*18*), welcher die Benzoësäure im Blaubildungsprozeß anwendet.

Im selben Jahre stellte A. W. Hofmann (*19*) die Zusammensetzung des Rosanilins und seine Bildung aus Anilin und Toluidin fest.

Die Entdeckung des Aldehydgrüns fällt ebenfalls in das Jahr 1862 (*20*).

Im Jahre 1863 entdeckte Hofmann die Äthyl- und Methylderivate des Rosanilins und erkannte das Anilinblau als Triphenylrosanilin (*19*).

In dasselbe Jahr fällt die Darstellung des Anilinschwarz durch Lightfoot (*21*).

1864 bis 1866 kamen mit dem Aminoazobenzol (*22*) und dem bald darauf folgenden Phenylenbraun (*23*) die ersten Azofarbstoffe in den Handel.

1866 wiesen Caro und Wanklyn (*24*) den Zusammenhang zwischen Rosanilin und Rosolsäure nach. In demselben Jahre wurde von Keisser das erste Patent auf Jodgrün genommen (*25*).

1867 stellten Girard und de Laire das Diphenylaminblau dar (*26*).

In demselben Jahre wurde das bereits 1861 von Lauth beobachtete Methylviolett von Poirrier und Chapat im großen dargestellt.

1869 stellten Hofmann und Girard (*27*) die Zusamensetzung

---

15) Kolbe u. Schmitt, Annal. 119, p. 169. — *16*) Nicholson, Moniteur Scientif. 7, p. 5. Brev. d'invent. 10. Juli 1862. — *17*) Monnet u. Dury, Brev. d'invent. 30. Mai 1862. — *18*) Wanklyn, Engl. Pat. Nov. 1862. — *19*) Hofmann, Cpt. rend. 54, p. 428; 56, p. 1033 u. 945; 57, p. 1131. Jahresber. 1862, p. 428. Zeitschr. f. Chem. 1863, p. 393. — *20*) Usèbe, Brev. d'invent. v. 28. Okt. 1862. — *21*) Lightfoot, Engl. Pat. v. 17. Jan. 1863. Brev. d'invent. v. 28. Jan. 1863. — *22*) Martius u. Grieß, Zeitschr. f. Ch. IX, p. 132. — *23*) Caro u. Grieß, Zeitschr. f. Ch. X, p. 278. — *24*) Caro u. Wanklyn, Journ. f. pr. Ch. 100, p. 49. — *25*) Keisser. Brev. d'invent. v. 18. April 1866. — *26*) Girard de Laire u. Chapoteaut, Brev. d'invent. v. 21. März 1866 u. 16. März 1867. — *27*) Hofmann u. Girard, Ber. 2, p. 447.

des Jodgrüns fest. Rosenstiehl wies die Existenz mehrer Rosaniline (*28*) nach.

In dasselbe Jahr fällt die synthetische Darstellung des Alizarins durch Gräbe und Liebermann (*29*), welche als erste technisch durchgeführte Synthese eines in der Natur vorkommenden Farbstoffes von hervorragender Bedeutung ist.

1872 untersuchten Hofmann und Geyger (*30*) das einige Jahre früher in der Technik aufgetauchte Safranin sowie das Indulin.

1873 veröffentlicht Hofmann seine Untersuchungen über Methylviolett und Methylgrün (*31*).

1874 gelangen die Phtaleïne Baeyers (Eosin) zur technischen Verwendung.

1876 entdeckten E. und O. Fischer das Pararosanilin und stellten den Zusammenhang desselben mit Triphenylmethan fest (*32*).

1877 stellte Caro (*33*) auf Grund der 1876 von Lauth (*34*) entdeckten Schwefelwasserstoffreaktion das Methylenblau dar. Fast in dieselbe Zeit fällt die Entdeckung des Malachitgrüns von E. u. O. Fischer (*35*) sowie von Doebner (*36*) und die von O. N. Witt und Roussin in die Technik eingeführte Synthese der Azofarbstoffe, welche für die Folge eine außerordentliche Bedeutung erlangen sollte.

1879 führte R. Nietzki mit dem Biebricher Scharlach den ersten Tetrazofarbstoff in die Farbentechnik ein.

1880 wurde von Baeyer (*37*) das erste Patent auf die künstliche Darstellung des Indigoblaus genommen.

1881 folgen die Indophenole (*38*) und Gallocyanine von Witt und Köchlin.

1883—84 führen H. Caro und A. Kern (*39*) die Synthese der Triphenylmethanfarbstoffe mit Chlorkohlenoxyd in die Technik ein. Es folgte das Auramin und das Viktoriablau durch dieselben.

---

28) Rosenstiehl, Bull. de la Soc. industr. d. Mulhouse 1869. — *29*) Ber. 2, p. 14. — *30*) Hofmann u. Geyger, Ber. 5, p. 526. — *31*) Hofmann, Ber. 6, p. 352. — *32*) E. u. O. Fischer, Annal. 194, p. 274. — *33*) D. Patent v. 15. Dez. 1877, No. 1886. — *34*) Ber. 9, p. 1035. — *35*) E. u. O. Fischer, Annal. 206, p. 130. — *36*) Doebner, Ber. 11, p. 1236. — *37*) D. Pat. No. 11857 v. 19. März 1880. — *38*) Witt u. Köchlin, D. Pat. No. 15915 u. No. 19580. — *39*) Caro u. Kern, Amerik. Patente v. 25. Dez. 1883, 22. April, 8. Juli u. 2. Dez. 1884.

1884 wurden von Böttiger die ersten baumwollfärbenden Azofarbstoffe zum Patent angemeldet (*40*).

In dem darauffolgenden Jahrzehnt waren namentlich erhebliche Fortschritte auf dem Gebiet der Azofarbstoffe zu verzeichnen, unter denen die beizenfärbenden Azofarbstoffe, Azoschwarz etc., hervorzuheben sind. Durch die Entdeckung der beizenziehenden Eigenschaften der Salicylazofarbstoffe erwuchs in dem „Alizaringelb" (Nietzki 1887) dem Gelbholz und Kreuzbeerenfarbstoff zum erstenmal eine erfolgreiche Konkurrenz.

Von neuen Farbstoffklassen sind aus diesem Zeitraum hauptsächlich die Rhodamine, Rosinduline, Thiazolfarbstoffe, Pyronine und die einfachen Acridinfarbstoffe zu erwähnen.

1892 machte die Technik die ersten Versuche zur Einführung des synthetischen Indigos.

Im Jahre 1893 lenkte Vidal die Aufmerksamkeit auf eine Klasse von schwefelhaltigen Farbstoffen, welche eine nie geahnte Wichtigkeit erlangen sollte. Als Vorläufer dieser Schwefelfarbstoffe muß der Cachou de Laval von Croissant und Bretonnière (1873) angesehen werden.

Eine große Anzahl von rein wissenschaftlichen Untersuchungen hat einerseits die Konstitution der schon bekannten Farbstoffe mehr oder weniger aufgeklärt, andererseits viel zur Auffindung neuer synthetischer Methoden beigetragen, von denen viele in der Farbentechnik Verwendung finden*).

Die von der Farbentechnik gegenwärtig verarbeiteten Rohmaterialien sind das im Steinkohlenteer enthaltene Benzol und seine Homologen (Toluol, Xylol), das Naphtalin und das Anthracen. Der Steinkohlenteer der Gasfabriken wird zunächst in besonderen Fabriken, den Teerdestillationen, weiter verarbeitet. Die Teerdestillationen liefern obige Rohmaterialien meist in nicht völlig reinem Zustande. Diese werden nun von einigen Farbenfabriken direkt weiter verarbeitet, meistens sind es aber wieder eigene Etablissements, welche aus dem Rohbenzol: Anilin, Toluidin und Xylidin, aus dem Naphtalin: Naphtylamin und Naphtol darstellen. Das Rohbenzol wird zunächst einer sorgfältigen frak-

---

40) D.R.P. 28 753; Friedl., p. 364.

*) Vergl. Heinrich Caro, Über die Entwicklung der Teerfarbenindustrie. Berlin 1893, R. Friedländer & Sohn.

tionierten Destillation unterworfen und daraus die Bestandteile: Benzol, Toluol und Xylol in möglichst reinem Zustande gewonnen. Die höher siedenden flüssigen Kohlenwasserstoffe finden meist unter der Bezeichnung *„solvent naphta“* als Lösungsmittel, namentlich für die Reinigung von Anthracen, Verwendung. Benzol, Toluol und Xylol werden durch Nitrieren und darauf folgende Reduktion in Anilin, Toluidine und Xylidine verwandelt.

Die Anilinfabriken liefern gegenwärtig diese Basen im Zustande vorzüglicher Reinheit. Namentlich verlangt man von dem zur Blaufabrikation verwendeten Anilin (Blauöl) eine vollständige Reinheit.

Ebenso werden jetzt die isomeren Nitrotoluole durch sorgfältige fraktionierte Destillation getrennt und aus diesen Ortho- und Paratoluidin in vorzüglicher Reinheit dargestellt. Benzidin, Tolidin etc. sowie die Sulfosäuren der Naphtalinderivate bilden gegenwärtig ebenfalls wichtige Handelsartikel.

Eine chemische Klassifikation der organischen Farbstoffe bietet in vieler Hinsicht große Schwierigkeiten. Die in den älteren Lehr- und Handbüchern befolgte Einteilung derselben nach der Natur des zugrunde liegenden Kohlenwasserstoffs muß als eine völlig künstliche betrachtet werden, da bei Durchführung derselben ganze chemisch gut charakterisierte Gruppen wie z. B. die Azokörper auseinandergerissen, andererseits Farbstoffe von ganz verschiedener Konstitution zusammengeführt werden.

Es wurde in der Handbuchauflage*), dem Vorläufer dieses Buches, zum ersten Male versucht, die Farbstoffe nach ihrer chemischen Konstitution, namentlich mit Bezug auf ihre farbgebende Gruppe, zu klassifizieren. Allerdings wurde diese Einteilung durch die in vielen Fällen noch mangelhafte Kenntnis der Beziehungen zwischen Konstitution und Farbstoffcharakter bedeutend erschwert.

Diese Einteilung der Farbstoffe in natürliche Gruppen hat in den beiden ersten Auflagen dieses Buches wesentliche Veränderungen erfahren, die fortschreitende Erkenntnis der chemischen Konstitution der Farbstoffe hat mit der Zeit eine immer größere Vereinfachung dieser Einteilung herbeigeführt. In der zweiten

---

*) Ladenburg, Handwörterbuch d. Chemie, Artikel „Organische Farbstoffe“.

Auflage konnten wir die früher getrennten Klassen der Safranine, Induline und Indamine in die gemeinsame Gruppe der Chinonimidfarbstoffe zusammenfassen, heute sind wir in der Lage, außer den schon in der dritten Auflage bei den Flavonen behandelten natürlichen Farbstoffen dort das Morin, Hämatoxylin und Brasilin sowie die Carminsäure passend unterzubringen.

Das Erscheinen eines vorzüglichen Spezialwerkes (Hans Rupe, Chemie der natürlichen Farbstoffe. 1900. Fr. Vieweg & Sohn) veranlaßte uns, die als Farbstoffe unbekannter Konstitution aufgeführten natürlichen Farbstoffe zum größten Teil ganz fortzulassen und nur den für die Färberei wichtigen und dabei theoretisch interessanten Orseillefarbstoff mit einigen anders nicht unterzubringenden Produkten wie Murexid und Kanarin als Anhang zu geben. Der in der dritten Auflage gegebenen Einteilung wurde eine neue Abteilung, bestehend aus den Azomethinen und Stilbenfarbstoffen, eingefügt. Heute können wir die früher im Anhang behandelten Schwefelfarbstoffe den Thiazolfarbstoffen beifügen.

Die Einteilung der Farbstoffe ist in der fünften Auflage mithin folgende:

I. Nitrokörper.
II. Azokörper.
III. Hydrazone, Formazyle und Pyrazolonfarbstoffe.
IV. Azomethine und Stilbenfarbstoffe.
V. Oxychinone und Chinonoxime.
VI. Di- und Triphenylmethanfarbstoffe.
VII. Chinonimidfarbstoffe.
VIII. Anilinschwarz.
IX. Chinolin- und Acridinfarbstoffe.
X. Thiazolfarbstoffe und Schwefelfarbstoffe.
XI. Oxyketone, Xanthone, Flavone und Indone.
XII. Indigofarbstoffe.
XIII. Anhang (Orseille, Murexid und Kanarin).

Mit Bezug auf ihre Färbeeigenschaften können die Farbstoffe, wie dieses aus dem oben Gesagten hervorgeht, in folgende Gruppen eingeteilt werden:

I. Basische Farbstoffe (auf tierische Faser sowie auf Tanninbeize in neutralem Bade färbend).
II. Saure Farbstoffe (auf tierische Faser im sauren Bade färbend).

III. Beizenfarbstoffe (nur auf gewisse Metalloxyde wie Eisen Chrom etc. färbend).

IV. Neutrale oder Salzfarbstoffe (Säuren, welche in Form ihrer Alkalisalze auf Pflanzen — sowie auf tierische Faser färben).

Als fünfte Gruppe schließen sich hier diejenigen Farbstoffe an, welche wie Indigo, gewisse unlösliche Azofarbstoffe etc. wegen ihrer Unlöslichkeit nicht aufgefärbt werden und deshalb direkt auf der Faser erzeugt werden. Sie werden je nach ihrer Herkunft als Küpen- oder Entwicklungsfarben bezeichnet.

Hierzu müssen auch die Schwefelfarbstoffe gerechnet werden, welche meistens in Form der in Schwefelnatrium gelösten Leukoverbindungen gefärbt werden.

I. Nitrokörper.

Sämtliche Nitroderivate der Amine und Phenole zeigen einen mehr oder weniger ausgesprochenen Farbstoffcharakter, welcher namentlich bei letzteren stark zur Geltung kommt, weil die Nitrogruppe stets als säurebildendes Chromophor wirkt und den sauren Charakter des Hydroxyls bedeutend verstärkt.

Durch Eintritt mehrerer Nitrogruppen vermag sogar ein Körper, welcher eine schwach basische Gruppe enthält (z. B. Diphenylamin), saure Eigenschaften anzunehmen.

Die sauren Nitrokörper sind besonders in Form ihrer Salze stark gefärbt. p-Nitrophenol ist z. B. farblos, seine Salze dagegen sind gelb gefärbt.

Andererseits verlieren basische Nitroderivate ihren Farbstoffcharakter, sobald sie sich mit Säuren zu Salzen vereinigen.

Nitrophenole verlieren ebenfalls den Farbstoffcharakter, sobald durch Eintritt eines Alkylrestes die sauren Eigenschaften des Hydroxyls aufgehoben sind. Nitranisol verhält sich z. B. wie ein nitrierter Kohlenwasserstoff.

Von den Nitrophenolen sind diejenigen am stärksten gefärbt, in denen Nitrogruppe und Hydroxyl zueinander in der Orthostellung stehen.

Alle zur technischen Verwendung kommenden Nitrophenole entsprechen diesen Bedingungen, sie sind Derivate des Orthonitrophenols und seiner Analogen.

Die nahen Beziehungen, in welchen die Nitrophenole zu den sogenannten Nitrosophenolen stehen, und die Tatsache, daß die letzteren Körper wohl richtiger als Chinonoxime aufgefaßt werden müssen, macht eine analoge Konstitution der Nitrophenole wahrscheinlich und läßt auf einen gewissen Zusammenhang zwischen Hydroxyl- und Nitrogruppe schließen.

Da die Zahl der gefärbten Nitrokörper eine außerordentlich große ist, konnten hier nur diejenigen berücksichtigt werden, welche technische Verwendung gefunden haben. Dieselben sind sämtlich Säurefarbstoffe.

Dinitrophenolsulfosäure (*1*).

$$H \overset{4}{SO_3} C_6 H_2 \overset{2:6}{(NO_2)_2} \overset{1}{OH}.$$

Eine Dinitrophenolsulfosäure, welcher vermutlich die obige Konstitution zukommt, wird durch Erwärmen der o-Nitrophenol-p-Sulfosäure mit verdünnter Salpetersäure erhalten. Eine ähnliche Sulfosäure (vermutlich: $\overset{1}{OH} . \overset{2}{NO_2} . \overset{4}{NO_2} . H \overset{6}{SO_3}$) entsteht durch Nitrieren der Phenoldisulfosäure unter Abspaltung einer Sulfogruppe. Derartige Produkte haben unter den Bezeichnungen „Flavaurin“ oder „Neugelb“ Verwendung gefunden. Sie erzeugen auf Wolle und Seide eine hellgelbe Nuance, sind jedoch ziemlich farbschwach.

Trinitrophenol (Pikrinsäure) (*2*, *3*).

$$C_6 H_2 (NO_2)_3 OH.$$

Die Pikrinsäure entsteht durch Einwirkung von Salpetersäure auf Phenol sowie auf viele andere organische Körper (Indigo, Xantorhoeaharz, Aloe). Man stellt sie technisch durch Erhitzen von Phenolsulfosäure (*3*) mit konzentrierter Salpetersäure dar.

Sie bildet im reinen Zustande hellgelbe Blätter, welche bei 122,5^0 schmelzen, sich schwierig in Wasser, leichter in Alkohol lösen.

Mit Metallen bildet sie schön krystallisierbare Salze, von denen sich das Kaliumsalz $C_6 H_2 (NO_2)_3 OK$ durch Schwerlöslichkeit auszeichnet.

Die Pikrinsäure erzeugt im sauren Bade auf Wolle und Seide ein schönes grünstichiges Gelb und findet trotz der Unechtheit der damit erzeugten Färbungen eine starke Verwendung, namentlich in der Seidenfärberei.

Hauptsächlich dient sie zum Nuancieren grüner und roter Farbstoffe.

---

1) D.R.P. No. 27 271 (erloschen). — *2*) Laurent, Annal. 43, p. 219. — *3*) Schmitt u. Glutz, Ber. 2, p. 52.

Dinitrokresol.

$$C_6H_2\overset{CH_3}{\underset{(NO_2)_2}{}}OH.$$

Unter dem Namen Viktoriaorange oder Safransurrogat wurde das Natronsalz eines Dinitrokresols als orangegelber Farbstoff in den Handel gebracht (*4*, *5*). Vermutlich wurde dasselbe durch Behandlung des rohen Kresols mit Salpetersäure, teilweise wohl auch durch Behandlung der rohen Toluidine mit salpetriger Säure und Kochen der entstehenden Diazoverbindung mit Salpetersäure dargestellt. Es wurde darin einerseits das Dinitroparakresol ($CH_3 : OH : NO_2 : NO_2 = 1. 4. 3. 5.$) vom Schmelzpunkt 83,5, andererseits das Dinitroorthokresol (1. 2. 3. 5.) (*6*), Schmelzpunkt 85,8, nachgewiesen.

Gegenwärtig kommt das Produkt nur noch selten zur Verwendung.

Dinitronaphtol (Martiusgelb).

$$C_{10}H_5(NO_2)_2\overset{\alpha}{O}H. \quad (\overset{1}{O}H.\overset{2}{N}O_2.\overset{4}{N}O_2.)$$

Das Dinitro-α-Naphtol wurde früher durch Kochen des α-Diazonaphtalins (*7*) mit verdünnter Salpetersäure dargestellt. Gegenwärtig gewinnt man es ausschließlich durch Behandeln der α-Naphtoldisulfosäure (*8*) (1 : 2 : 4) mit Salpetersäure.

Das reine Dinitronaphtol bildet in Wasser fast unlösliche, in Alkohol, Äther und Benzol schwerlösliche Nadeln vom Schmelzpunkt 138°. Seine Salze sind in Wasser verhältnismäßig leicht löslich.

In den Handel kommt meistens das Natron-, seltener das Kalksalz. Im sauren Bade erzeugt es auf Wolle und Seide ein schönes Goldgelb.

Das Dinitronaphtol besitzt nicht den vielen Nitrokörpern eigenen bitteren Geschmack und wird aus diesem Grunde ebenso wie das folgende häufig zum Färben von Nahrungsmitteln (Nudeln und Makkaroni) benutzt.

---

4) Schunck, Annal. 39, p. 6; 65, p. 234. — *5*) Martius u. Wichelhaus, Ber. 2, p. 207. — *6*) Piccard, Ber. 8, p. 685. — 7) Martius, Zeitschr. für Chem. 1868, p. 80. — *8*) Darmstädter u. Wichelhaus, Annal. 152, p. 299.

Dinitronaphtolsulfosäure (Naphtolgelb S).

$$C_{10}H_4(NO_2)_2\overset{\alpha}{OH}HSO_3. \quad (\overset{1}{OH}.\overset{2}{NO_2}.\overset{4}{NO_2}.\overset{7}{SO_3}H.)$$

Während beim Behandeln der Mono- oder Disulfosäure des α-Naphtols mit Salpetersäure die Sulfogruppen vollständig durch Nitrogruppen ersetzt werden, ist dieses bei der Nitrierung der α-Naphtoltrisulfosäure (Stellung der Sulfogruppen 2 : 4 : 7) nur teilweise der Fall. Hier werden ebenfalls zwei Sulforeste verdrängt, während der dritte (Stelle 7) bestehen bleibt (*9*). Das gebildete Produkt ist die Monosulfosäure des Dinitronaphtols. Diese Sulfosäure (*10*) bildet in reinem Zustande lange gelbe, in Wasser leicht lösliche Nadeln.

In den Handel kommt das Kaliumsalz, welches sich durch Schwerlöslichkeit auszeichnet.

Auf Wolle und Seide erzeugt es im sauren Bade dieselbe Nuance wie das Martiusgelb, es unterscheidet sich von diesem jedoch dadurch, daß Säuren in der Lösung seiner Salze keinen Niederschlag bewirken, während das Dinitronaphtol dadurch sofort gefällt wird.

Die damit erhaltenen Färbungen zeichnen sich vor den mit letzterem erhaltenen durch größere Beständigkeit aus.

Eine andere Dinitronaphtolmonosulfosäure wird durch Nitrieren der Schöllkopfschen Naphtoldisulfosäure dargestellt und enthält die Sulfogruppe in Stellung 8.

Ein Tetranitronaphtol (*11*) hat versuchsweise unter dem Namen „Sonnengold“ Verwendung gefunden.

Tetranitrodiphenol.

$$\genfrac{}{}{0pt}{}{(NO_2)_2}{OH}\!>\!C_6H_2-C_6H_2\!<\!\genfrac{}{}{0pt}{}{(NO_2)_2}{OH}.$$

Dieser Körper entsteht, wenn das aus Benzidin mit salpetriger Säure dargestellte Tetrazodiphenyl mit Salpetersäure gekocht wird. In Form seines Ammoniaksalzes kam derselbe unter der Bezeichnung „Palatine-Orange“ in den Handel und soll namentlich in der Papierfärberei Verwendung gefunden haben.

---

9) D. Patent 10785 v. 28. Dez. 1879. Friedl. p. 327. — *10*) Lauterbach, Ber. 14, p. 2028. — *11*) Merz u. Weith, Ber. 15, p. 2714.

Hexanitrodiphenylamin (Aurantia) (*12*).

$(NO_2)_3 C_6 H_2 NH C_6 H_2 (NO_2)_3$.

Das Hexanitrodiphenylamin entsteht durch energische Einwirkung von Salpetersäure auf Diphenylamin. Es bildet gelbe, bei 238° schmelzende Prismen und zeigt das Verhalten einer Säure, welche mit Alkalien beständige, krystallisierbare Salze bildet.

Auf Wolle und Seide erzeugt es ein leidliches Orange, findet jedoch seit Entdeckung der Azofarben kaum noch Verwendung.

Unter dem Namen „Salicylgelb" fand eine Nitrobromsalicylsäure versuchsweise Verwendung (*13*).

Isopurpursäure (*14*).

$C_8 H_5 N_5 O_6$.

Die Isopurpursäure oder Dicyanpikraminsäure entsteht in Form ihres Kaliumsalzes bei der Behandlung von Pikrinsäure mit Cyankaliumlösung.

Das Ammoniaksalz, welches aus diesem durch doppelte Umsetzung mit Salmiak erhalten wird, ist eine Zeitlang als Farbmaterial unter dem Namen „Grénat soluble" in den Handel gekommen, findet jedoch gegenwärtig keine Verwendung mehr.

Die Isopurpursäure erzeugt auf Seide und Wolle rotbraune Töne.

Auch die durch partielle Reduktion aus der Pikrinsäure dargestellte Pikraminsäure: $C_6 H_2 (NO_2)_2 NH_2 OH$ hat als Farbstoff Verwendung gefunden.

Gegenwärtig findet wohl von diesen Farbstoffen nur noch die Pikrinsäure und das Naphtolgelb (letzteres meist in Form der Sulfosäure) technische Anwendung.

Tetranitrophenolphtaleïn (siehe: bei Phenolphtaleïn, Triphenylmethanfarbstoffe) gehört streng genommen ebenfalls unter die Nitrofarbstoffe, ist aber, gleich den nitrierten Eosinen, bei den Phtaleïnen behandelt.

---

12) Gnehm, Ber. 9, p. 1245. — *13*) Schering, D. Patent 15 117 und 15 889. — *14*) Hlasiwetz, Annal. 110, p. 289. Baeyer, Jahresb. 1859, p. 458.

II. Azofarbstoffe.

Die Azofarbstoffe bilden eine scharf gesonderte Gruppe von Körpern, welche als Chromophor sämtlich die Azogruppe $-N=N-$ enthalten.

Diese zweiwertige Gruppe ist zum Unterschied von der ähnlich konstituierten Diazogruppe stets mit zwei Benzolkernen (oder andern aromatischen Kohlenwasserstoffen) verbunden und bewirkt so den Zusammenhang derselben.

Durch Eintreten der Azogruppe in Kohlenwasserstoffe oder diesen sich analog verhaltende Körper (z. B. Anisol, Phenetol) entstehen zunächst gefärbte Körper ohne eigentlichen Farbstoffcharakter. Erst durch Eintritt von Gruppen, welche den Azokörpern saure oder basische Eigenschaften verleihen, wird die Verwandtschaft zur Faser vermittelt.

Azobenzol ist kein Farbstoff, obwohl stark gefärbt. Die Azobenzolsulfosäure dagegen besitzt, wenn auch nur schwache, färbende Eigenschaften. Andererseits wird aber durch Einführung auxochromer Gruppen wie der Hydroxyl- und Aminogruppe, die Färbekraft bedeutend erhöht und die Nuance modifiziert.

Bemerkenswert ist die Tautomerie der Azofarbstoffe mit den Hydrazonen der Chinone und Chinonimide. Dieselbe findet in den nachstehend zusammengestellten Formeln ihren Ausdruck.

$$C_6H_5-N=N-C_6H_4OH$$
Oxyazobenzol

$$C_6H_5-\overset{H}{N}-N=C_6H_4=O$$
Benzochinon = Phenylhydrazon

$$C_6H_5-N=N-C_6H_4NH_2$$
Aminoazobenzol

$$C_6H_5-\overset{H}{N}-N=C_6H_4=NH$$
Phenylhydrazon des Chinonimids.

In der Tat sind überall da, wo Phenylhydrazone aus Phenylhydrazin und Chinonen entstehen, diese identisch mit dem aus dem entsprechenden Phenol mit Diazobenzol gebildeten Azofarbstoff.

So z. B. bildet sich ein Hydrazon mit α Naphtochinon und Phenylhydrazin, welchem seiner Entstehung gemäß die Konstitutionsformel:

$$C_6H_5 - \overset{H}{N} - N = C_{10}H_6 = O$$

zukommen sollte. Derselbe Körper entsteht aber durch Kuppelung von Diazobenzol mit α Naphtol und sollte dieser Bildungsweise gemäß nach folgender Formel konstituiert sein:

$$C_6H_5 - N = N - C_{10}H_6OH.$$

Während die Oxyazokörper, welche Hydroxyl zur Azogruppe in der Parastellung enthalten, das Verhalten wahrer Phenole zeigen, besitzen die entsprechenden Orthokörper Eigenschaften, welche sich besser durch die Hydrazonformel erklären lassen. So sind z. B. die Azofarbstoffe des β Naphtols, bei welchen Orthostellung sich findet, in Alkalien unlöslich, zeigen also keinen Phenolcharakter.

Von den entsprechenden Aminoazokörpern verhalten sich nur die Parakörper wie wahre Amine: Sie lassen sich leicht und glatt diazotieren, während dieses bei den orthoständigen β Naphtylaminfarbstoffen nicht der Fall ist.

Aus diesem Grunde werden von einigen Chemikern die Orthoazofarbstoffe als Hydrazone, die Parafarbstoffe als wahre Azokörper betrachtet.

Obwohl diese Auffassung manches für sich hat, läßt sie sich doch nicht streng durchführen. So reagieren häufig Orthokörper wie wahre Oxyazokörper, während sich beispielsweise aus dem paraständigen α Naphtol ein Körper bildet, der mit dem entsprechenden Hydrazon identisch ist (s. oben).

Beispielsweise bildet der aus Diazobenzol und Paraphenolsulfosäure erhaltene Azofarbstoff, welcher in die Reihe der Orthokörper gehört, einen Sauerstoffäther, verhält sich also ganz wie ein wahres Hydroxylderivat (*1*). Ein analoges Verhalten zeigt das Benzol-Azoparakresol (*2*). Andererseits lassen sich aus Orthoazokörpern auch Acetyl- und Benzoylderivate darstellen, welche das Säureradikal am Stickstoff enthalten (*3*).

---

1) Cassella & Co., D.R.P. 26. 11. 1887. Weinberg, Ber. XX, p. 3171. — *2*) I. R. Geigy, D.R.P. 42006. — *3*) Goldschmidt, Ber. XXIV, p. 2300 und p. 2314.

Es liegt hier also wieder ein vollständiger Fall von Tautomerie vor.

Wir werden uns im nachstehenden Text ohne Unterschied der Oxy- und Aminoazoformel bedienen, ohne uns deshalb für alle Fälle prinzipiell für dieselbe zu entscheiden.

Den einfachsten Azokörpern kommt wie den einfachst konstruierten Farbstoffen überhaupt die gelbe Farbe zu. Einerseits durch Vermehrung der auxochromen Gruppen, andererseits durch Anhäufung von Kohlenstoff im Molekül nimmt die Nuance an Tiefe zu. In vielen Fällen geht dieselbe dabei durch Rot in Violett und Blau, in anderen Fällen in Braun und Schwarz über.

Bei Farbstoffen, welche außer der Benzolgruppe keinen höheren Kohlenwasserstoff enthalten, ist meist nur die gelbe, orangegelbe oder braune Farbe vertreten. Erst durch Einführung des Naphtalinrestes entstehen rote, violette, blaue und schwarze Farbstoffe.

Die Einführung an sich ganz indifferenter Gruppen (wie z. B, des Methoxyls : $O\,CH_3$) kann ebenfalls eine auffallende Veränderung der Färbung veranlassen. Grüne Azofarbstoffe enthalten häufig eine Nitrogruppe und verdanken dann wohl den chromophoren Eigenschaften derselben ihre Nüancierung. Auch scheint die Dioxynaphtalinsulfosäure S die Färbung nach grün zu modifizieren. (Diamantgrün S. 77.) Bei einigen Azoderivaten der Triphenylmethan- und Safraninreihe wird die Färbung durch das Chromophor dieser Gruppen beeinflußt und kann alsdann ebenfalls eine grüne sein.

Ebenso spielt die relative Stellung der chromophoren Gruppen eine bedeutende Rolle. Der Körper:

$$\begin{matrix}(HSO_3)_2 \\ \beta \\ HO\end{matrix} \!\!>\! C_{10}H_4 - N_2 - C_6H_4 - N_2 - C_{10}H_4 \!<\!\! \begin{matrix}(SO_3H)_2 \\ \beta \\ OH\end{matrix}$$

ist z. B. blau gefärbt, wenn die beiden Azogruppen im bindenden Benzolrest die Parastellen, rot dagegen, wenn diese die Metastellen besetzen.

Die Regel, daß die Nüance mit der Vergrößerung des Moleküls an Tiefe zunimmt, ist keine ganz allgemein gültige. Der vorerwähnte Farbstoff wird z. B. röter, wenn das bindende Benzol durch einen höheren Kohlenwasserstoff ersetzt wird.

Fast sämtliche Azofarbstoffe geben beim Lösen in konzentrierter Schwefelsäure charakteristische Farbenreaktionen. Sehr wahrscheinlich macht sich hier der basische Charakter der Azogruppe der konzentrierten Säure gegenüber geltend. Charakteristisch ist, daß die meisten substituierten Azokörper sich mit derselben Farbe in Schwefelsäure lösen, welche dabei der ihnen zugrunde liegende Azokohlenwasserstoff zeigt. Azobenzol wird von Schwefelsäure mit gelbbrauner Farbe aufgenommen, ebenso seine Oxy- und Aminoderivate, obwohl letztere durch verdünnte Säuren rot gefärbt werden. α Azonaphtalin färbt sich durch konzentrierte Schwefelsäure blau, ebenso seine Oxy- und Aminoderivate. In gemischten Azokörpern bewirkt eine vorhandene Sulfogruppe, je nach ihrer Stellung, interessante Veränderungen. Das Benzolazo-βNaphtol

$$C_6H_5 - N_2 - C_{10}H_6\overset{\beta}{O}H$$

löst sich z. B. mit rotvioletter Farbe in Schwefelsäure, und vermutlich ist diese Färbung dem ihm zugrunde liegenden Azokörper $C_6H_5 - N_2 - C_{10}H_7$ eigen. Dieselbe wird auch nicht verändert, wenn ein Sulforest in das Benzol eintritt. Steht der Sulforest dagegen im Naphtol, so löst sich der Körper mit gelber Farbe, also mit der Farbe des Azobenzols, in Schwefelsäure.

Diese Erscheinung läßt sich wohl nur so erklären, daß die Schwefelsäure ihren salzbildenden Einfluß zunächst auf ein Stickstoffatom der Azogruppe erstreckt, und daß hier in einem Falle das an Benzol, im anderen Falle das an Naphtalin gebundene Stickstoffatom in Angriff genommen wird.

Bei Gegenwart mehrerer Azogruppen im Molekül sind die Farbenveränderungen durch die Stellung der Sulfogruppe noch mannigfaltiger.

Die substituierten Azokörper entstehen ganz allgemein durch Einwirkung von Diazoverbindungen auf Phenole und Amine. Bei Anwendung der letzteren treten häufig Diazoamidoverbindungen als Zwischenprodukte auf.

Die Erfahrung hat gelehrt, daß die Azogruppe zur Amino- oder Hydroxylgruppe meistens in die Parastellung tritt, sobald eine solche frei ist. Ist dieselbe besetzt, so wird die Orthostelle in Angriff genommen. Wenigstens ist diese Regel für die Benzolreihe gültig, während in der Naphtalinreihe Abweichungen stattfinden. Kondensationen in der Metastellung sind bisher nicht beobachtet worden.

Während nur einige Azoverbindungen durch vorsichtige Hydrierung in die meist leicht oxydierbaren Hydrazokörper übergeführt werden können, lassen sie sich sämtlich durch energische Reduktion spalten. Dabei findet stets eine völlige Lösung der Stickstoffbindung statt, und die Stickstoffatome der Azogruppe werden durch Wasserstoffaufnahme in Aminogruppen übergeführt. Azobenzol zerfällt z. B. in zwei Moleküle Anilin, Aminoazobenzol in 1 Molekül Anilin und 1 Molekül Paraphenylendiamin.

$$C_6H_5-N=N-C_6H_4NH_2+4H=C_6H_5NH_2+H_2N-C_6H_4-NH_2.$$

Diese Spaltung dient in vielen Fällen zur Erkennung von Azokörpern und zur Feststellung ihrer Konstitution.

Die zur technischen Verwendung kommenden Azofarbstoffe sind bei weitem zum größten Teil Sulfosäuren, während die Zahl der basischen Azofarbstoffe eine beschränkte ist.

Die schwach basischen Aminoazokörper fixieren sich nur schwierig auf der Faser, sie werden jedoch zu brauchbaren basischen Farbstoffen, wenn eine zweite Aminogruppe, und zwar in denselben Kern, in Orthostellung zur Azogruppe tritt. Das Chrysoidin:

$$C_6H_5-N_2-C_6H_3(NH_2)_2$$

entspricht diesen Bedingungen.

Die zweite, benachbarte Aminogruppe befähigt den Körper, beständige Salze zu bilden. Diese (einsäurigen) Salze besitzen, ähnlich der Base, eine gelbe Färbung, und mit dieser fixiert sich das Chrysoidin auf der Faser. Die zweisäurigen Salze sind rot gefärbt und werden durch Wasser zerlegt, verhalten sich also wie die des Aminoazobenzols. Hier tritt zweifellos die in Para befindliche Aminogruppe in Salzbildung. Das symmetrische Diaminoazobenzol, welches zwei Aminogruppen auf beide Kerne verteilt in Para zur Azogruppe enthält, zeigt ein dem Aminoazobenzol durchaus analoges Verhalten. Es ist als Farbstoff unbrauchbar.

Gewisse Tatsachen lassen es überhaupt zweifelhaft erscheinen, ob die in Para befindlichen Aminogruppen bei der Salzbildung den Säurerest binden, möglicherweise sind es auch die Stickstoffatome der Azogruppe, welchen diese Rolle zukommt. Das Aminoazobenzol, eine an sich schwache Base, behält seine basischen Eigenschaften bei, wenn es acetyliert wird, und bildet nach wie vor rotgefärbte Salze, während die viel stärker basischen einfachen Amine, wie z. B. das Anilin, in fast völlig indifferente

Acetylverbindungen übergehen. Jedenfalls spricht diese Tatsache deutlich für einen nahen Zusammenhang zwischen Amino- und Azogruppe.

Ein interessantes Verhalten zeigen die Sulfosäuren der Aminoazoverbindungen. Dieselben scheinen im freien Zustande nicht zu existieren, wenigstens läßt ihre Färbung die Annahme zu, daß zwischen der Sulfogruppe und der basischen Gruppe stets eine Salzbildung stattfindet.

Während das freie Aminoazobenzol z. B. eine gelbe Farbe besitzt, zeigen die Sulfosäuren desselben die rote Färbung der Aminoazobenzolsalze. Sättigt man dagegen die Sulfogruppe durch ein Alkali ab, so kommt dem entstehenden Salz die Färbung des freien Aminoazobenzols zu.

Diese Aminosulfosäuren verhalten sich wie Säurefarbstoffe, färben die Faser jedoch stets mit der Farbe ihrer Alkalisalze oder mit derjenigen der freien Aminoazobase an.

Letztere Tatsache läßt den Schluß zu, daß die Sulfogruppe hier die Vereinigung mit der Faser vermittelt, und daß der saure Charakter derselben durch letztere abgesättigt wird.

Noch auffallender als beim Aminoazobenzol zeigt sich dieses Verhalten bei der Sulfosäure des Phenylaminoazobenzols (Tropäolin OO), bei welchem Körper ein Übergang von Orange nach Violett zu konstatieren ist; ebenso beim Dimethylaminoazobenzol und seiner Sulfosäure, welche von Gelb nach Rot variiert.

Die bereits seit langer Zeit bekannten Azokörper haben als Farbstoffe seit etwa 25 Jahren eine hohe Bedeutung erlangt; so waren es zunächst die scharlachroten Nuancen, welche die Cochenille fast vom Markt verdrängt haben; dann aber folgten Farbstoffe in allen Nuancen, teilweise von hervorragender Echtheit, und wir können sagen, daß die Gruppe der Azofarbstoffe heute bei weitem die reichhaltigste ist. Der erste im größeren Maße zur Verwendung gekommene Azofarbstoff war das schon im Jahre 1867 von Caro und Griess entdeckte Triaminoazobenzol (Phenylenbraun).

Nach Entdeckung des Phenylenbrauns war fast zehn Jahre lang kein erheblicher Fortschritt auf dem Gebiete der Azofarbstoffe zu verzeichnen. Erst mit dem 1876 von Witt entdeckten Chrysoidin sehen wir die synthetische Darstellung der Azokörper praktisch verwirklicht.

Dem Chrysoidin folgen nun schnell die fast gleichzeitig von Witt und Roussin dargestellten, ungleich wichtigeren, sauren Azofarbstoffe, welche namentlich durch die von Roussin gemachte Einführung der Naphtole eine hohe Bedeutung erlangt haben.

In den letzten Jahrzehnten ist die Verwendung der Azofarbstoffe in verschiedene ganz neue Stadien getreten. So brachte die Mitte der achtziger Jahre die direkten Baumwollfarbstoffe, das Ende derselben die ersten beizenziehenden Azofarben, welche in der Echtwollfärberei und dem Kattundruck zum Ersatz für die natürlichen Farbstoffe berufen sind.

Nicht minder wichtig hat sich die direkte Erzeugung von Azofarben auf der Faser gezeigt, welche in der Baumwollfärberei in den letzten Jahren große Umwälzungen zustande gebracht hat.

Die technische Darstellung der Azofarbstoffe ist im allgemeinen sehr einfach. Wo es sich darum handelt, Diazokörper mit Phenolen zu kombinieren, stellt man erstere zunächst dar, indem man das betreffende Amin oder dessen Sulfosäure in Wasser löst oder möglichst fein suspendiert und dieser Flüssigkeit die nötige Menge Salzsäure und Natriumnitrit hinzufügt. Ein vorwaltender Überschuß von letzterem Reagens kann meistens durch die Tüpfelprobe auf Jodkaliumstärkepapier bezw. die Bläuung des letzteren festgestellt werden.

Nach vollzogener Diazotierung läßt man die Flüssigkeit in die alkalische Lösung des entsprechenden Phenols oder dessen Sulfosäuren einlaufen und sorgt dafür, daß dieselbe stets alkalisch bleibt.

Nach einiger Zeit wird der Farbstoff ausgesalzen und gewöhnlich durch Filterpressen abfiltriert. Komplizierter ist meistens die Kombination der Diazokörper mit Aminen. Einige derselben, wie z. B. das Metaphenylendiamin, vereinigen sich direkt in neutraler wässeriger Lösung mit ersteren, andere, wie das Diphenylamin, müssen in Weingeist gelöst und allmählich der möglichst konzentriert gehaltenen Lösung des Diazokörpers hinzugefügt werden. Für die Darstellung des Aminoazobenzols sowie überhaupt aller Verbindungen, deren Bildung die eines Diazoaminokörpers vorangeht, muß ein großer Überschuß des Amins angewandt werden, welcher die entstehende Diazoaminoverbindung in Lösung hält.

Die Nomenklatur der Azofarbstoffe bereitet wohl mehr Schwierigkeiten, als dieses bei irgend einem anderen Kapitel der Farbstoffchemie der Fall ist. Mehr wie irgendwo müssen hier die Formeln aushelfen, will man nicht zu unendlichen Wortkomplexen seine Zuflucht nehmen.

Wenn wir schon in der ersten Auflage dieses Buches auf eine erschöpfende Behandlung dieses Kapitels verzichten mußten, so müssen wir uns jetzt noch mehr auf die wichtigsten Farbstoffe beschränken. Die Zahl der zur technischen Anwendung kommenden Körper hat sich in der mittlerweile verstrichenen Zeit zum mindesten verdoppelt, und täglich werden neue Repräsentanten der Klasse zu Patent angemeldet.

I. Aminoazoverbindungen.

Aminoazobenzol (*4*, *5*).

$$C_6H_5 - N = \overset{1}{N} - C_6H_4\overset{4}{NH_2}.$$

Das Aminoazobenzol entsteht durch Umlagerung des Diazoaminobenzols, wenn dieses, am besten in Anilin gelöst, mit salzsaurem Anilin in Berührung kommt. Es ist demnach überall das schließliche Reaktionsprodukt, wo ein Salz des Diazobenzols bei mäßiger Temperatur mit einem Anilinüberschuß in Berührung kommt.

Auf diesem Prinzip beruht seine Darstellung im großen:

Man versetzt Anilin mit so viel Salzsäure und Natriumnitrit, daß nur etwa ein Drittel desselben in Diazoaminobenzol übergeführt wird, und dieses im überschüssigen Anilin gelöst bleibt. Die Salzsäuremenge muß ferner so bemessen sein, daß nach Zersetzung des Nitrits noch etwas salzsaures Anilin in der Mischung vorhanden ist. Die Umlagerung des Diazoaminobenzols wird durch gelindes Erwärmen befördert. Sobald diese vollzogen ist, sättigt man das überschüssige Anilin mit verdünnter Salzsäure ab und trennt es durch Filtration von dem schwerlöslichen salzsauren Aminoazobenzol.

---

4) Griess u. Martius, Zeitschr. f. Chem. 1866, p. 132. — *5*) Kekulé, Zeitschr f. Chem. 1866, p. 688.

Das freie Aminoazobenzol bildet gelbe, bei 127,5° schmelzende Nadeln, welche sich teilweise unzersetzt sublimieren lassen. Mit Säuren bildet es rotgefärbte, sehr unbeständige Salze, welche schön kristallisieren und einen bläulichen Flächenschimmer zeigen. Durch Wasser werden dieselben zersetzt, in verdünnten Säuren lösen sie sich schwierig mit roter Farbe, auf Tanninbeize fixiert sich das Aminoazobenzol mit der roten Farbe des Salzes. Konzentrierte Schwefelsäure löst das Aminoazobenzol mit gelbbrauner Farbe.

Durch Reduktionsmittel wird es mit Leichtigkeit in Anilin und Paraphenylendiamin gespalten. Bei vorsichtiger Behandlung mit Zinkstaub in alkalischer Lösung geht es in das farblose, an der Luft schnell wieder oxydierbare Aminohydroazobenzol über. Obwohl das Aminoazobenzol selbst als Farbstoff unbrauchbar ist, bildet es ein wichtiges Ausgangsmaterial für die technische Darstellung verschiedener Farbstoffe.

Aminoazobenzolmonosulfosäure (*6*, *7*).

$$HS\overset{1}{O}_3\,C_6H_4 - \overset{4}{N} = \overset{1}{N} - C_6H_4\,N\overset{4}{H}_2.$$

Diese Säure entsteht neben der Disulfosäure bei der Behandlung des Aminoazobenzols mit rauchender Schwefelsäure, sie bildet sich ferner in kleiner Menge bei der Einwirkung von p-Diazobenzolsulfosäure auf salzsaures Anilin. Auch durch vorsichtige Reduktion der Nitroazobenzolsulfosäure kann sie erhalten werden.

Man erhält sie durch Zersetzung ihrer Salze mit Salzsäure in Form eines gallertartigen, fleischroten Niederschlages, welcher sich nach einiger Zeit in feine Nadeln verwandelt. Ihre Salze sind in kaltem Wasser durchweg schwierig, in heißem leicht löslich. Das Natronsalz bildet goldgelbe Blättchen.

Aminoazobenzoldisulfosäure (*6*, *7*).

$$HS\overset{1}{O}_3\,.\,C_6H_4 - \overset{4}{N} = \overset{1}{N} - C_6H_3\,\overset{4}{N}H_2\,SO_3H.$$

Bildet sich bei energischerer Behandlung des Aminoazobenzols mit rauchender Schwefelsäure. Violettschimmernde, dem Chrom-

---

6) Grässler, D. Pat. 4186; Friedl., p. 439. — 7) Griess, Ber. XV, p. 2183.

chlorid ähnliche Nadeln, welche beim Trocknen verwittern. Die Säure ist in Wasser leicht löslich, wird daraus jedoch durch Mineralsäuren abgeschieden. Ihre Salze sind gelb gefärbt, äußerst leicht löslich und schwer kristallisierbar.

Sie enthält die Sulfogruppen in verschiedenen Benzolkernen und wird durch Reduktionsmittel in Sulfanilsäure und p Phenylendiaminsulfosäure gespalten.

Beide Sulfosäuren des Aminoazobenzols, namentlich die Disulfosäure, finden als gelbe Farbstoffe Verwendung. Das Natronsalz der letzteren kommt unter dem Namen Säuregelb oder Echtgelb in den Handel. Sie dienen ferner zur Herstellung von Disazofarbstoffen, z. B. des Biebricher Scharlachs und des Croceïns.

Acetylaminoazobenzol (*8*), $C_6H_5 - N_2 - C_6H_4NHC_2H_3O$, bildet bei 141° schmelzende gelbe Blättchen. Löst sich unverändert mit roter Farbe in Salzsäure und wird erst beim Kochen verseift.

Dimethylaminoazobenzol (*9*).

$$C_6H_5 - N = \overset{1}{N} - C_6H_4\overset{4}{N}(CH_3)_2.$$

Dimethylaminoazobenzolsulfosäure (*10*). *Helianthin.*

$$H\overset{1}{S}O_3 - C_6H_4 - \overset{4}{N} = \overset{1}{N} - C_6H_4 - \overset{4}{N}(CH_3)_2.$$

Das Dimethylaminoazobenzol entsteht durch Einwirkung von Dimethylanilin auf salzsaures Diazobenzol, während bei Anwendung der Diazobenzolsulfosäure statt des letzteren die obige Monosulfosäure erhalten wird.

Die Base bildet goldgelbe, bei 115° schmelzende Blättchen, das Chlorhydrat, $C_{14}H_{15}N_3HCl$, violette, in Wasser schwer lösliche Nadeln. Der Basencharakter des Aminoazobenzols scheint durch Einführung von Alkylresten in die Aminogruppe verstärkt zu werden, denn die Salze des Dimethylaminoazobenzols sind weit beständiger als die des Aminoazobenzols. Eine verdünnte Lösung der Base wird schon durch geringe Säuremengen rot gefärbt. Auf dieser Eigenschaft beruht die Anwendung des Körpers als Indikator bei der alkalimetrischen Titration. Essigsäure sowie Aminosulfosäuren sind ohne Wirkung auf den Körper. Das freie Dimethylaminoazobenzol findet als Butterfarbe Verwendung.

---

8) Schultz, Ber. XVII, p. 463. — *9*) Griess, Ber. X, p. 528. — *10*) Witt, Chemikerzeitg. 1880, No. 26.

Die Monosulfosäure bildet violettschimmernde, schwer lösliche Nadeln. Ihre Salze sind goldgelb, meist gut kristallisierbar. Chlorcalcium fällt aus der wässerigen Lösung der Alkalisalze das unlösliche Kalksalz in Form eines schillernden Niederschlags.

Das Natronsalz der Sulfosäure hat als Farbstoff unter den Bezeichnungen Tropäolin D, Orange III und Helianthin Verwendung gefunden. Auf Wolle und Seide erzeugt der Farbstoff ein hübsches Orange, doch steht die große Säureempfindlichkeit desselben seiner Brauchbarkeit entgegen.

Phenylaminoazobenzol (*11*).

$$C_6H_5 - N = \overset{1}{N} - C_6H_4\overset{4}{N}HC_6H_5.$$

Entsteht durch Einwirkung von Diphenylamin auf Diazobenzolchlorid. Es kristallisiert in goldgelben, in Alkohol, Äther, Benzol, und Ligroin löslichen, in Wasser unlöslichen Prismen oder Blättchen vom Schmelzpunkt 82°. Säuren färben die alkoholische Lösung violett und fällen die Salze in Form grauer Kristalle. Konzentrierte Schwefelsäure löst es mit grüner Farbe, welche beim Verdünnen mit Wasser durch Blau in Violett übergeht.

Durch Behandeln mit Amylnitrit geht es in ein bei 119,5° schmelzendes Nitrosamin über.

Durch Reduktionsmittel wird es in Anilin und p Aminodiphenylamin gespalten.

Phenylaminoazobenzolsulfosäure (*11*).

$$\overset{1}{H}SO_3 - C_6H_4 - \overset{4}{N} = \overset{1}{N} - C_6H_4\overset{4}{N}HC_6H_5.$$

Tropäolin OO. Orange IV.

Entsteht durch Einwirkung von p Diazobenzolsulfosäure auf eine saure alkoholische Diphenylaminlösung. Die Säure bildet graphitartige, in Wasser schwierig, mit rotvioletter Farbe lösliche Nadeln. Ihre Salze sind gut kristallisiert, goldgelb und mit Ausnahme der ganz unlöslichen Calcium- und Baryumsalze in heißem Wasser leicht, in kaltem schwer löslich. Konzentrierte Schwefelsäure löst den Körper mit violetter Farbe. Das Natriumsalz findet

11) Witt, Ber. XII, p. 259.

unter obigen Bezeichnungen als Farbstoff starke Verwendung. Es erzeugt auf Wolle und Seide ein schönes Orange.

Die aus der Metaaminobenzolsulfosäure dargestellte isomere Verbindung findet unter dem Namen Metanilgelb Verwendung und zeichnet sich durch eine gelblichere Nuance aus.

Auch aus verschiedenen Diazotoluolsulfosäuren sind mit Diphenylamin gelbe Farbstoffe dargestellt worden.

Fast alle Phenylaminoazoverbindungen lassen sich durch vorsichtige Behandlung ihrer Nitrosamine mit Salpetersäure in Nitrokörper überführen, welche die Nitrogruppe im Diphenylaminrest enthalten. Verschiedene so erhaltene Körper finden als Farbstoffe unter der Bezeichnung Azoflavin, Citronin, Jaune indien Verwendung. Sie zeichnen sich vor den nicht nitrierten Farbstoffen durch ein gelbere Nuance aus.

Auch höhere Sulfosäuren des Phenylaminazobenzols sind versuchsweise als Farbstoffe angewandt worden.

Aminoazotoluolbenzol (*12*)

$$C_6H_4\overset{1}{C}\overset{4}{H_3} - \overset{1}{N} = \overset{4}{N} - C_6H_4NH_2.$$

Aus p Diazotuluol und Anilin. Lange gelbbraune Nadeln. Schmelzpunkt 147°.

Aminoazotoluole (*12*)

$$C_6H_4\overset{1}{CH_3} - \overset{2}{N} = \overset{1}{N} - C_6H_3\overset{3}{CH_3}\overset{4}{NH_2}.$$

Aus Orthotoluidin in ähnlicher Weise wie Aminoazobenzol aus Anilin erhalten. Die Reaktion geht aber viel leichter und glatter von statten als bei den Benzolderivaten und erfordert einen viel geringeren Überschuß der Base. Schmelzpunkt 100°.

Neben diesem reinen Orthoaminoazotoluol existiert noch eine gemischte Para-Ortho-Verbindung, welche durch Umlagerung von p Diazoaminotoluol mit o Toluidin dargestellt werden kann. Metatoluidin bildet sowohl reine als gemischte (mit o und p) Aminoazotoluole (*13*).

Bei allen diesen Körpern steht die Aminogruppe zur Azogruppe in Parastellung, und die Basen bilden mit konzentrierten Säuren rote Salze.

---

12) Nietzki, Ber. X, p. 662; X, p. 1155. — *13*) Nölting u. Witt, Ber. XII, p. 77.

Durch Umlagerung von p Diazoaminotoluol entsteht ein p Aminoazotoluol, welches mit Salzsäure ein grünes Salz bildet und die Aminogruppe zur Azogruppe in Orthostellung enthält:

$$\overset{1}{C_6H_4}\,\overset{4}{CH_3} - N = \overset{1}{N} - C_6H_3\,\overset{4}{CH_3}\,\overset{2}{NH_2} \quad (13).$$

Schmelzpunkt 118,5°.

Sämtliche Aminoazotoluole werden durch rauchende Schwefelsäure in Sulfosäuren übergeführt, von denen einige als gelbe Farbstoffe Verwendung finden.

Aminoazoxylole.

Es sind sieben isomere Aminoazoxylole bekannt, in betreff deren wir auf die Literatur verweisen (*14*, *15*). Im allgemeinen zeigen dieselben dem Aminoazobenzol und den Aminoazotoluolen verwandte Eigenschaften.

Diaminoazobenzole.

A. Chrysoidin (*16*, *17*) Phenylazo-m Phenylendiamin.

$$C_6H_5 - N = \overset{4}{N} - C_6H_3 \begin{matrix} \overset{1}{NH_2} \\ {}_3 \\ NH_2 \end{matrix}.$$

Das Chrysoidin entsteht beim Vermengen äquivalenter Lösungen von salzsaurem Diazobenzol und m Phenylendiamin. Die Base krystallisiert aus heißem Wasser in gelben, bei 117,5° schmelzenden Nadeln, ist schwierig in Wasser, leicht in Alkohol, Äther und Benzol löslich (*17*).

Es bildet mit Säuren Salze (*17*), von denen die einsäurigen beständig und in Lösung gelb, die zweisäurigen rot und durch Wasser zersetzlich sind.

$C_{12}H_{12}N_4HCl$ bildet, je nach schnellerer oder langsamerer Ausscheidung, lange, rote, verfilzte Nadeln oder anthracitschwarze, treppenförmige Oktaëder mit grünem Flächenschimmer. Durch einen Salzsäureüberschuß entsteht das mit roter Farbe lösliche, durch Wasser zersetzliche Salz $C_{12}H_{12}N_4(HCl)_2$.

Durch Reduktion wird das Chrysoidin in Anilin und Triaminobenzol gespalten (*17*).

---

14) Nietzki, Ber. XIII, p. 472. — *15*) Nölting und Forel, Ber. XVIII, p. 2681. — *16*) Hofmann, Ber. X, p. 213. — *17*) Witt, Ber. X, p. 656.

$C_{12}H_{10}N_4(C_2H_3O)_2$ entsteht beim Erwärmen mit Essigsäureanhydrid. Gelbe Prismen. Schmelzpunkt 250° (*17*).

Beim Erwärmen mit Jodmethyl entsteht ein Dimethylderivat.

Tetramethylchrysoidin wurde aus Tetramethylphenylendiamin und Diazobenzolchlorid dargestellt (*17*).

Aus Chrysoidin entsteht mit rauchender Schwefelsäure eine Sulfosäure, welche sich ebenfalls aus p Diazobenzolsulfosäure und m Phenylendiamin darstellen läßt.

Das von Witt entdeckte Chrysoidin ist einer der wenigen, technisch verwendeten, basischen Azofarbstoffe. Es färbt wie alle basischen Farbstoffe die mit Tannin gebeizte Baumwolle und findet in der Baumwollfärberei namentlich als Nuancierungsmittel Verwendung. Seine Nuance ist ein etwas orangestichiges Goldgelb. Als erster auf dem Wege der glatten Synthese dargestellter Azofarbstoff ist es von historischem Interesse.

B. Symmetrische Diaminoazobenzole (*18*, *19*).

Paraazoanilin

$$\overset{1}{NH_2}C_6H_4-\overset{4}{N}=\overset{1}{N}-C_6H_4\overset{4}{NH_2}.$$

Entsteht durch Verseifen seiner unten beschriebenen Acetylderivate mit Salzsäure (*19*, *18*).

Lange, flache, bei 140° schmelzende gelbe Nadeln.

Die einsäurigen Salze sind mit grüner, die zweisäurigen mit roter Farbe in Alkohol löslich.

Acetylderivat (*19*) $C_{12}H_{11}N_4C_2H_3O$. Bildet sich bei Behandlung von Diazoacetanilid mit Anilin und wenig Salzsäure. Schmelzpunkt 212°. Bildet mit roter Farbe lösliche Salze.

Diacetylderivat $C_{12}H_{10}N_4(C_2H_3O)_2$ (p Azo-Acetanilid). Entsteht durch Reduktion von Nitracetanilid mit Zinkstaub und alkoholischem Ammoniak (*18*). Gelbe, bei 282° schmelzende Nadeln.

Tetramethylderivat (*20*) $(CH_3)_2\overset{1}{N}C_6H_4\overset{4}{N}=\overset{1}{N}C_6H_4\overset{4}{N}(CH_3)_2$ (Azylin). Entsteht durch Einwirkung von Stickoxyd auf Dimethylanilin sowie durch Einwirkung von p Diazodimethylanilin auf Dimethylanilin (*21*).

---

18) Mixter, Amer. chem. Journ. 5, p. 282. — *19*) Nietzki, Ber. XVII, p. 345. — *20*) Lippmann u. Fleissner, Ber. XV, p. 2136; XVI, p. 1415. — *21*) Nölting, Ber. XVIII, p. 1143.

Die als Hydrazoverbindungen angesehenen Körper: das Diphenin von Gerhardt und Laurent (*22*) sowie das Hydrazoanilin von Haarhaus (*23*) dürften ebenfalls als Diaminoazoverbindungen aufzufassen sein, da sie einen entschiedenen Farbstoffcharakter zeigen, welcher den Hydrazoverbindungen abgeht.

Triaminoazobenzol

$$H_2\overset{1}{N} - C_6H_4 - \overset{3}{N} = \overset{4}{N} - C_6H_3\begin{cases}\overset{1}{N}H_2\\ \overset{3}{N}H_2\end{cases} \quad (24)$$

(Phenylenbraun, Vesuvin, Bismarckbraun).

Das Triaminoazobenzol bildet braungelbe, in kaltem Wasser wenig, in heißem leicht lösliche warzige Kristalle. Schmelzpunkt 137°. Säuren färben die braungelbe Lösung rotbraun und bilden zweisäurige Salze.

Das Triaminoazobenzol bildet sich neben anderen Azokörpern bei Behandlung von Metaphenylendiamin mit salpetriger Säure. Sein Chlorhydrat bildet einen Bestandteil des unter obigen Bezeichnungen in den Handel kommenden Farbstoffes. Es ist außer dem Chrysoidin der einzige zur Verwendung kommende basische Aminoazokörper und in seinem Verhalten zur Faser diesem ähnlich. Es findet in der Baumwollfärberei sowie in der Lederfärberei Verwendung.

Das käufliche Bismarckbraun dürfte der Hauptmenge nach aus dem Disazokörper von der Formel:

$$C_6H_4\begin{cases}N = N - C_6H_3(NH_2)_2\\ N = N - C_6H_3(NH_2)_2\end{cases} \quad (24\,a)$$

bestehen.

Diaminoazotoluole siehe (*26*, *27*).

Benzol-Azonaphtylamin (*28*, *29*).

$$C_6H_5 - N = \overset{4}{N} - C_{10}H_6\overset{1}{N}H_2.$$

Durch Einwirkung von Diazobenzol auf *a* Naphtylamin.

---

22) Laurent, Annal. 75, p. 74. — *23*) Haarhaus, Annal. 135, p. 164. — *24*) Caro u. Griess, Zeitschr. f. Chem. 1867, p. 278. — *24a*) Täuber, Ber. 30, p. 2111. — *25*) Roussin u. Poirrier, D.R.P. 6715. — *26*) Buckney, Ber. XI, p. 1453. — *27*) A. W. Hofmann, Ber. X, p. 28. — *28*) Gries, Annal. 137 p. 60. — *29*) Weselsky u. Benedikt, Ber. XII, p. 228.

Sulfosäuren: a) durch Einwirkung von p Diazobenzolsulfosäure auf α Naphtylamin, und b) auf β Naphtylamin (*22*, *23*).

Aus p Diazotoluol und α Naphtylamin ist die entsprechende Toluolverbindung dargestellt (*27*).

Ein Farbstoff, welcher sich durch Einwirkung von p Nitrodiazobenzol (aus Paranitranilin) auf Naphthionsäure (α Naphtylamin α Sulfosäure) bildet, findet unter dem Namen Orseilleersatz oder Orseillin Verwendung (*25*). Derselbe färbt Wolle im sauren Bade bräunlichrot.

Aminoazonaphtalin (*30*).

$$C_{10}H_7 - N = \overset{4}{N} - C_{10}H_6\overset{1}{N}H_2.$$

Entsteht durch Einwirkung von salpetriger Säure auf überschüssiges α Naphtylamin und wird am leichtesten durch Vermischen einer Lösung von 2 Mol. salzsaurem Naphtylamin mit 1 Mol. Natriumnitrit erhalten. Die Base bildet rotbraune, bei 175° schmelzende Nadeln, welche einen grünen Metallreflex zeigen, sich schwierig in Alkohol, leichter in Xylol lösen.

Die Salze sind in Alkohol mit violetter Farbe löslich und werden durch Wasser zersetzt. Die Aminogruppe steht zur Azogruppe in der α Parastellung.

Sulfosäuren des Körpers entstehen einerseits durch Behandlung desselben mit rauchender Schwefelsäure, andererseits durch Kombination der Diazonaphtalinsulfosäuren mit α Naphtylamin.

Eine durch Einwirkung von Natriumnitrit auf Naphthionsäure entstehende Aminoazonaphtalindisulfosäure entspricht einem in seiner Konstitution von Obigem verschiedenen Azokörper, da in dieser Säure die sonst von der Azogruppe in Anspruch genommene zweite α Stelle durch die Sulfogruppe besetzt ist, und erstere in die Ortho- (β) Stelle (2 : 1) tritt.

Beim β Naphtylamin und seiner Sulfosäure, sowie bei α Naphtalinderivaten mit besetzter Parastelle (wie die oben erwähnte Naphthionsäure) greifen Diazokörper in die Orthostelle zur Aminogruppe ein.

Während das α (Para-) Aminoazonaphtalin und seine Analogen sich insofern dem Aminoazobenzol analog verhalten, daß sie sich

30) Perkin u. Church, Annal. 129, p. 108.

durch Einwirkung von salpetriger Säure weiter diazotieren lassen, zeigen die Orthoverbindungen ein abweichendes Verhalten: Sie bilden keine beständige Diazoverbindung, eine Tatsache, die für die Bildung der Diazofarbstoffe von großer Bedeutung ist.

Außer den Naphtalinderivaten mit besetzter Parastelle gibt es aber auch solche, welche bei unbesetzter Parastelle ganz oder teilweise in Orthostellung kuppeln. Hierher gehören die α Naphtylaminsulfosäuren 1 : 5 und 1 : 3, während die Säuren 1 : 6 und 1 : 7 sich wie α Naphtylamin verhalten.

Gemischte Aminoazonaphtalinsulfosäuren werden durch Einwirkung von diazotierten β Naphtylaminsulfosäuren auf α Naphtylamin dargestellt und dienen als Grundlage der sehr wichtigen schwarzen Disazofarbstoffe.

Azofarbstoffe aus Diazoammoniumbasen.

Diazotiert man Aminoderivate des Trimethylphenylammoniumchlorids oder seiner Analogen, so entstehen durch Kuppelung dieser Diazoverbindung mit Phenolen und Aminen Farbstoffe, welche den starken Basencharakter der quartären Ammoniumverbindungen zeigen. Dieselben sind zum Teil wertvolle basische Farbstoffe.

Eine derartige Verbindung kommt unter dem Namen „Azophosphin“ in den Handel und erzeugt auf tannierter Baumwolle ähnliche Töne wie das Phosphin (Chrysanilin). Zur Herstellung dieses Farbstoffes dient ein m Aminotrimethylphenylammoniumchlorid, welches diazotiert und mit Resorcin gekuppelt wird. Man erhält die Ammoniumbase durch Methylieren von m Nitranilin und Reduktion des entstandenen Nitroammoniumchlorids.

Hierher gehört auch das Indoin, der Azofarbstoff aus diazotiertem Safranin und β Naphtol, welcher als blauer basischer Farbstoff auf tannierter Baumwolle starke Verwendung findet. (Siehe Safranin w. u.)

Unter dem Namen „Janusfarbstoffe“ bringen die Höchster Farbwerke eine Reihe von Farbstoffen in den Handel, welche die Eigenschaft zeigen, sowohl Wolle als ungebeizte Baumwolle in neutralem Bade zu färben. Dieselben sind teilweise Disazofarbstoffe des m Aminotrimethylphenylammoniumchlorids, meistens ist dieses mit Metatoluidin in Mittelstellung und darauf mit einem Phenol gekuppelt. So kommt z. B. unter dem Namen Janusrot ein Produkt in den Handel, welches aus der Ammoniumbase mit m Toluidin und β Naphtol gebildet ist, und welchem danach folgende Konstitution zukommt:

$$\begin{array}{c} \text{Cl} \diagdown \qquad\qquad \diagup \overset{1}{\text{CH}_3} \\ (CH_3)_3 \equiv N - C_6H_5 - N = N - C_6H_3 - \overset{3}{N} = N\,C_{10}H_6\overset{\beta}{OH} \end{array}$$

Einige andere Janusfarbstoffe (Janusblau, Janusgrün) enthalten einen Diazosafraninrest.

II. Oxyazoverbindungen.

Oxyazobenzol (*31*, *32*, *33*).

$$C_6H_5 - \overset{1}{N} = N - C_6H_4\overset{4}{OH}$$

(Phenoldiazobenzol).

Durch Einwirkung von Diazobenzol auf Phenolnatrium (*32*) sowie bei Behandlung der Diazobenzolsalze mit kohlensaurem Baryt (*31*).

In Wasser wenig, in Alkohol sowie in Alkalilauge leicht lösliche, bei 151° schmelzende Nadeln (*31*).

Der Körper entsteht ferner durch Einwirkung von Nitrosophenol auf Anilin (*33*) sowie durch Einwirkung von Schwefelsäure auf das isomere Azoxybenzol (*34*).

p Sulfosäure: $H\overset{1}{SO_3} - C_6H_4 - \overset{4}{N} = \overset{1}{N} - C_6H_4\overset{4}{OH}$.

Entsteht durch Behandlung des vorigen mit rauchender Schwefelsäure sowie durch Einwirkung von p Diazobenzolsulfosäure auf Phenolnatrium.

Der Körper hat unter der Bezeichnung Tropäolin Y als Farbstoff Verwendung gefunden.

Die damit erzielte Nuance ist jedoch wenig lebhaft und stark ins Bräunliche ziehend.

Die isomere Metasulfosäure entsteht in gleicher Weise aus der m Diazobenzolsulfosäure und Phenolnatrium (*35*).

---

31) Griess, Annal. 154, p. 211. — *32*) Kekulé u. Hidegh, Ber. III, p. 234. — *33*) Kimmich, Ber. VIII, p. 1026. — *34*) Wallach u. Kiepenheuer, Ber. XIV, p. 2617. — *35*) Griess, Ber. XI, p. 2192.

Dioxyazobenzol (*36*).

I. Unsymmetrisches: $$C_6H_5 - N = N - C_6H_3\begin{matrix} \overset{1}{OH} \\ \overset{3}{OH} \end{matrix}.$$

Bildet sich durch Einwirkung von Diazobenzol auf Resorcin. Rote, in Alkalilauge, Alkohol und Äther lösliche Nadeln. Schmelzpunkt 161°.

p Sulfosäure:

$$H\overset{1}{SO_3} - C_6H_4 - \overset{4}{N} = \overset{1}{N} - C_6H_3\begin{matrix} \overset{2}{OH} \\ \overset{4}{OH} \end{matrix}.$$

(Tropäolin 0.)

Entsteht durch Behandeln des vorigen mit Schwefelsäure (*37*) sowie durch Einwirkung von p Diazobenzolsulfosäure auf Resorcin.

Die Säure bildet im auffallenden Lichte fast schwarze, grünschillernde, im durchfallenden rote Nadeln. Starke Säure, welche aus Kochsalzlösung Salzsäure frei macht und dabei in das Natriumsalz übergeht.

Die Salze sind orangegelb und werden nur durch konzentrierte Salzsäure oder verdünnte Schwefelsäure zerlegt.

Der Körper besitzt ein starkes Färbevermögen und erzeugt auf Wolle und Seide im sauren Bade ein schönes Goldgelb. Er hat als Farbstoff namentlich in der Seidenfärberei Verwendung gefunden.

Die Metasulfosäure entsteht aus m Diazobenzolsulfosäure und Resorcin (*36*).

II. Symmetrische Dioxyazobenzole (Azophenole) sind durch Schmelzen von Nitro- und Nitrosophenol mit Kali dargestellt worden (*38*).

a) Paraazophenol aus p Nitro- oder Nitrosophenol. Schmelzpunkt 204°.

b) Orthoazophenol aus o Nitrophenol. Schmelzpunkt 171°.

Cumylazoresorcin $(CH_3)_3C_6H_2 - N = N - C_6H_3(OH)_2$. Aus Diazocumol und Resorcin (*39*). Schmelzpunkt 199°.

---

36) Baeyer u. Jäger, Ber. VIII, p. 148. — *37*) Witt, Ber. XI, p. 2196. — *38*) Jäger, Ber. VIII, p. 1499. — *39*) Liebermann u. Kostanecki, Ber. XVII, p. 130 u. 882.

Oxyazobenzoltoluol (*33*), (Phenoazotoluol) $CH_3\,C_6\,H_4 - N = N\,C_6\,H_4\,OH$. Aus Nitrosophenol und Paratoluidin. Schmelzpunkt 151°.

Aminooxyazobenzol (*40*):

$$H_2\overset{1}{N}C_6H_4 - \overset{3}{N} = \overset{1}{N} - C_6H_4\overset{4}{O}H.$$

Schmelzpunkt 168°. Entsteht durch Verseifen des Acetylderivats:

$$C_2H_3O - HN - C_6H_4 - N = N - C_6H_4OH.$$

Schmelzpunkt 208°, welches durch Einwirkung von Phenolnatrium auf die aus Monacetyl-Metaphenylendiamin dargestellte Diazoverbindung erhalten wird.

Auch durch Einwirkung der isomeren Kresole auf Diazokörper sind Oxyazoverbindungen erhalten worden (*39*, *41*, *42*).

α Naphtalin-Azoresorcin (*43*): $C_{10}H_7 - N = N - C_6H_3(OH)_2$. Rote, gegen 200° schmelzende Nadeln.

Naphtolazofarbstoffe.

Diese, zu den Oxyazokörpern gehörigen Verbindungen haben im Laufe der letzten Jahrzehnte durch ihre Farbenschönheit und ihr starkes Färbevermögen eine so große Bedeutung für die Tinktorialindustrie erlangt, daß eine Zusammenstellung derselben in einem eigenen Abschnitt am Platze sein dürfte.

Die beiden isomeren Naphtole vereinigen sich wohl mit sämtlichen Diazoverbindungen zu Azokörpern, und zwar gilt hier die Regel, daß beim α Naphtol:

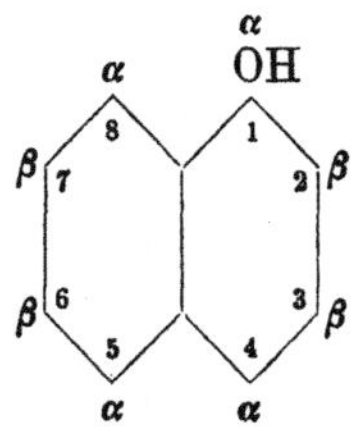

40) Wallach u. Schulze, Ber. XV, p. 3020. — *41*) Mazzara, Gaz. chim. It. 9, p. 424. — *42*) Nölting u. Kohn, Ber. XVII, p. 351. — *43*) Walbach, Ber. XV, p. 28.

die Azogruppe in die zweite α Stellung desselben Kerns, also wie bei den Benzolderivaten mit freier Parastelle, in die Parastellung tritt. Die einfachsten α Naphtolazokörper sind demnach dem folgenden Schema gemäß konstituiert:

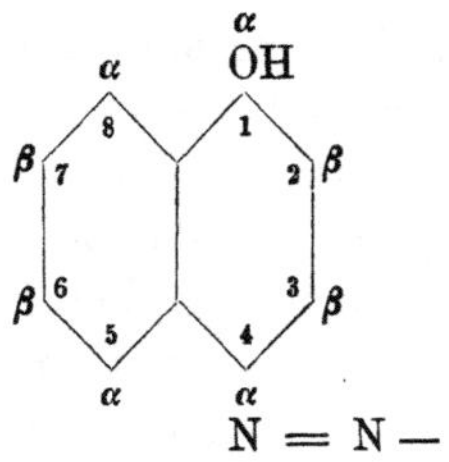

Das β Naphtol:

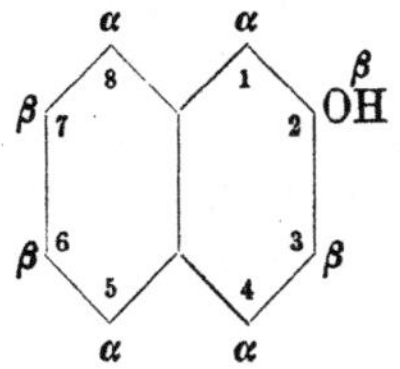

besitzt keine freie Parastelle, und hier tritt die Azogruppe zum Hydroxyl in Orthostellung, und zwar in die benachbarte α Stelle:

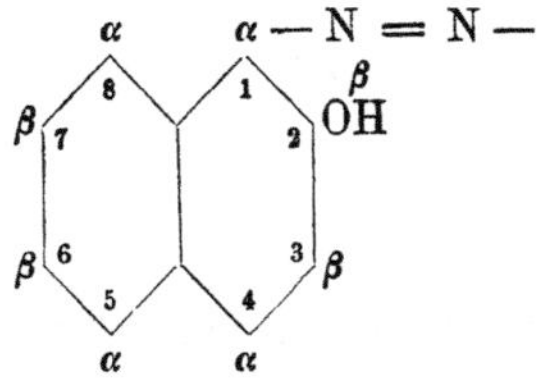

Die früher ausgesprochene Ansicht (vergl. 1. Auflage dieses Buches), daß bei einer Besetzung der Ortho-α Stelle des β Naphtols die Azogruppe in eine andere Stellung, z. B. in Stelle 3 (β_2) tritt, hat sich als irrig erwiesen. β Naphtolderivate, in denen diese α Stelle besetzt ist, liefern überhaupt keine Azofarbstoffe, desgleichen α Naphtolderivate bei Besetzung der Stellen 2 und 4 (z. B. die α Naphtoldisulfosäure 1 : 2 : 4).

Im allgemeinen sind die Azokörper, bei welchen die Orthostellung zwischen Chromophor und Auxochrom vorliegt, weit brauchbarere Farbstoffe als die Körper der Parareihe.

Letztere zeigen in viel höherem Grade die lästige Eigenschaft, ihre Nüance unter dem Einflusse von Alkalien und Säuren zu ändern, als es bei den ersteren der Fall ist. Es gilt dies sowohl von den Oxy- als von den Aminoazokörpern, namentlich aber von den Naphtolfarbstoffen.

Das β Naphtol liefert deshalb im allgemeinen viel brauchbarere Farbstoffe als das α Naphtol. Die Farbstoffe aus letzterem zeigen mit Alkalien auffallende Farbenveränderungen.

Ist aber im α Naphtol die Parastelle besetzt, wie es bei der $\alpha\alpha$ Sulfosäure (1:4) desselben der Fall ist, so greift die Azogruppe in die β (Ortho-) Stellung ein, und es entstehen beständige und brauchbare Farbstoffe. Aber auch bei freier Parastelle bilden α Naphtol und seine Derivate häufig Orthoazokörper.

Während die Diazoverbindungen auf das β Naphtol nur immer einmal reagieren, ist das α Naphtol imstande wie das Phenol, zwei Azogruppen aufzunehmen. In den so entstehenden Disazokörpern tritt dann die zweite Azogruppe in die Stellung 2, so daß dieselben dem folgenden Schema entsprechen:

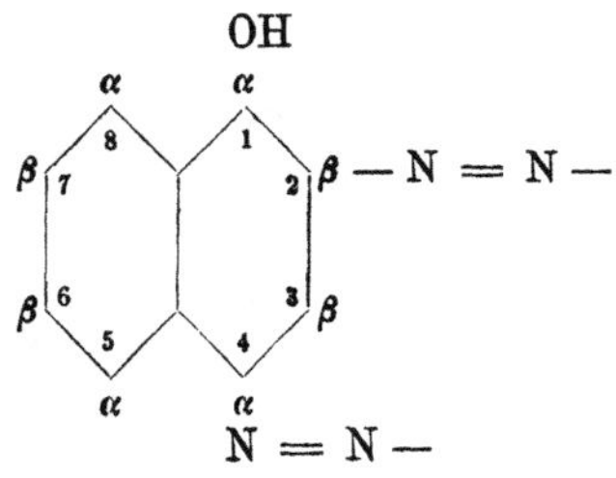

Die Naphtolazofarbstoffe kommen fast ausschließlich in Gestalt ihrer Sulfosäuren zur Verwendung.

Diese können einerseits durch Kombination sulfonierter Diazoverbindungen mit Naphtolen, andererseits von beliebigen Diazoverbindungen mit Naphtolsulfosäuren erzeugt werden.

Mit Hilfe der isomeren Naphtolsulfosäuren lassen sich aus derselben Diazoverbindung ganz verschiedene Farbstoffe erzeugen.

Nachstehend haben wir die wichtigsten Sulfosäuren der Naphtole in einer Tabelle zusammengestellt. Den Naphtolsulfosäuren folgen hier die nicht minder wichtigen Sulfosäuren der Naphtylamine, Aminonaphtole und Dioxynaphtaline. Auf Vollständigkeit macht diese Tabelle nicht Anspruch.

Der Kürze halber ist hier OH durch |, SO_3H durch + und NH_2· durch N bezeichnet.

α Naphtolsulfosäuren.

Monosulfosäuren.

1:2

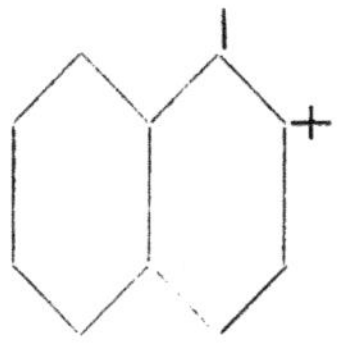

Schäffersche Säure. Schäffer. Annal. 152. 293.

1:3

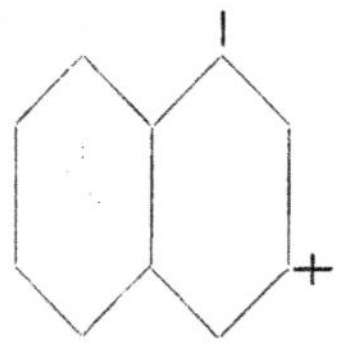

Bad. Anilin- u. Sodafabr. D. R.-Patent 57 910. Pat.-Anm. 9563 Kalle & Co.

1:4

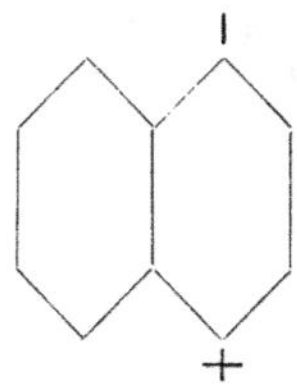

α Säure. Nevile u. Winther. Ber. 13. 1949.

1:5

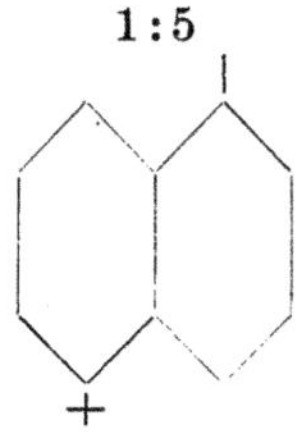

L Säure. Erdmann. Annal. 247. 343. Schulz. Ber. 20. 3161.

1:6

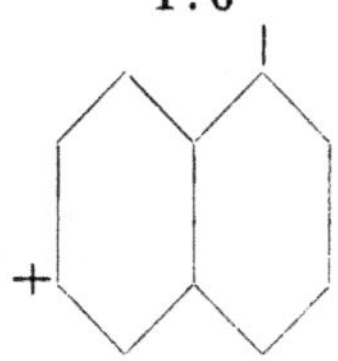

1:7

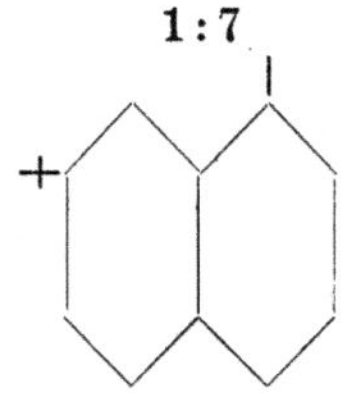

Liebmann u. Studer. Pat.-Anm. 4327 v. 6. Juni 1887.

1:8

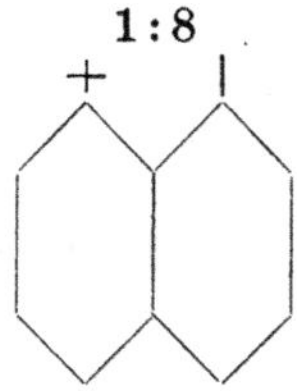

Schöllkopfsche Säure. D.R.P. 40 571. Erdmann. Annal. 247. 348.

Disulfosäuren.

1:2:4

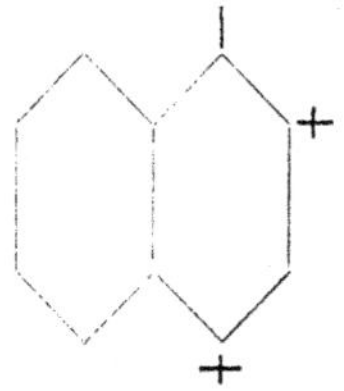

Disulfosäure für Naphtolgelb. Bender. Ber. 22. 999.

1:2:7

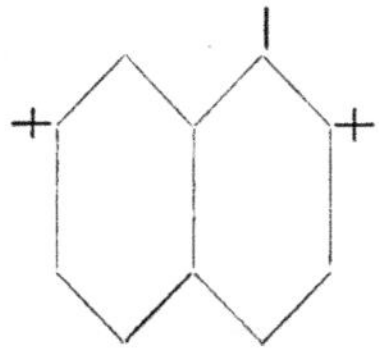

Bender. Ber. 22. 996.

1:3:8

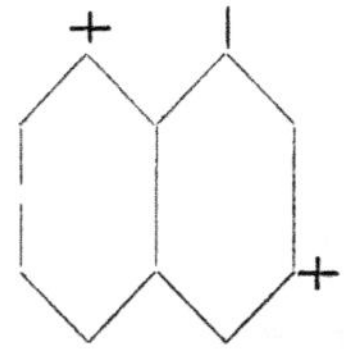

ε Disulfosäure. D.R.P. 55 094. Ber. 22. 3332.

1:4:6

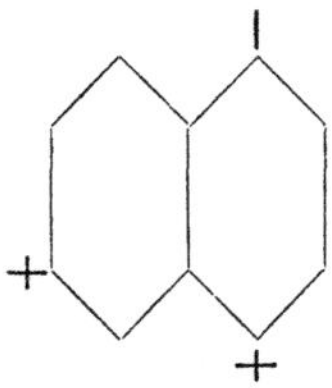

Dahl & Co.
D.R.P. 41957.

1:4:7

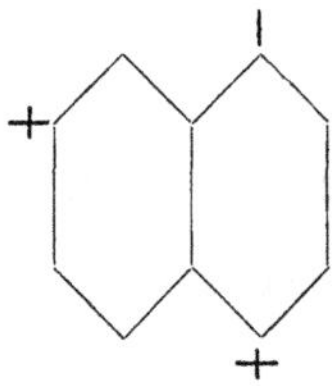

Dahl & Co.
D.R.P. 41957.
Armstrong u.
Wynne. Proc.
C. S. 1890. 17.

1:4:8

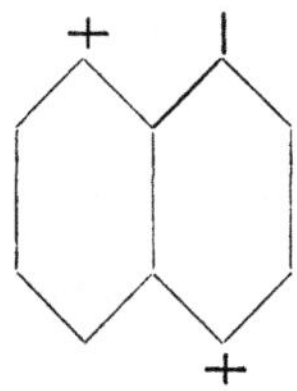

Disulfosäure S
oder δ. Schöllkopf.
D.R.P. 40571.
Ber. 23. 3090.

1:3:6

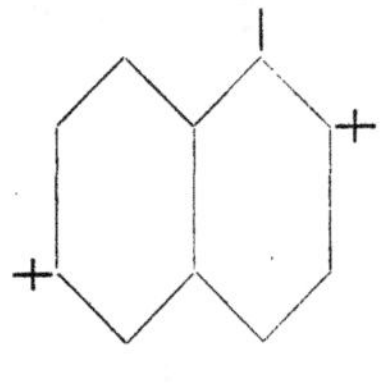

Gürke u. Rudolf.
D.R.P. 38281.

Trisulfosäuren.

1:2:4:7

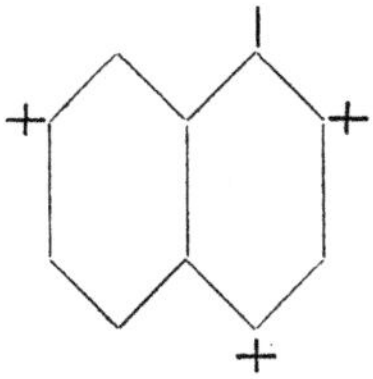

Sulfosäure für Naphtolgelb S.
D.R.P. 10785. Ber. 22. 996.

1:3:6:8

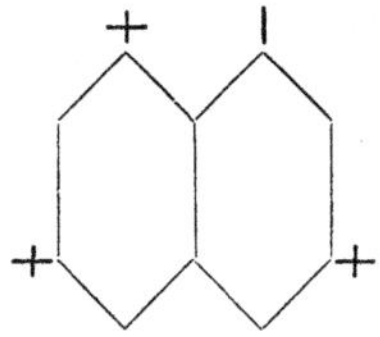

Sulfosäure für Chromotrop.
D.R.P. 56058.

β Naphtolsulfosäuren.

Monosulfosäuren.

2:6

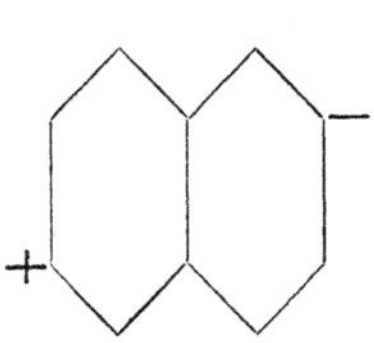

Schäffersche oder
β Säure. Ann. 152.
206.

2:8

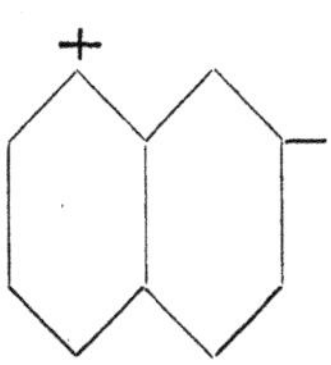

α- oder Croceïn-Säure.
D.R.P. 18027.

2:5

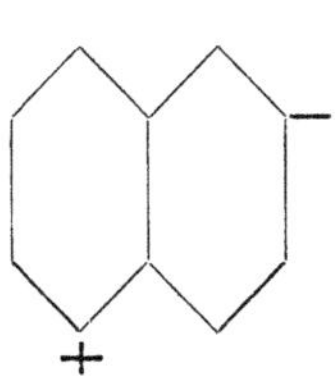

γ Monosulfosäure.
Dahl & Co.
D.R.P. 29084.

2:7

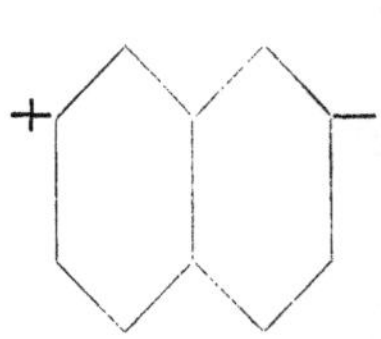

F oder δ Säure.
D.R.P. 42112
u. 45221.

Disulfosäuren.

2:3:6

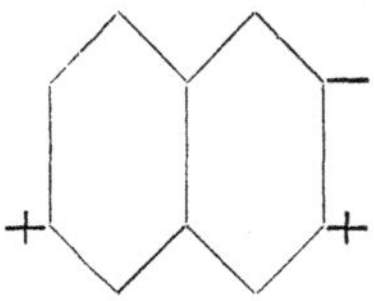

R Säure.
D.R.P. 3229.

2:3:7

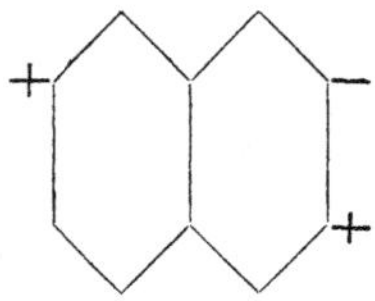

δ Disulfosäure.
D.R.P. 4400.
Weinberg.
Ber. 20. 2911.

2:4:8

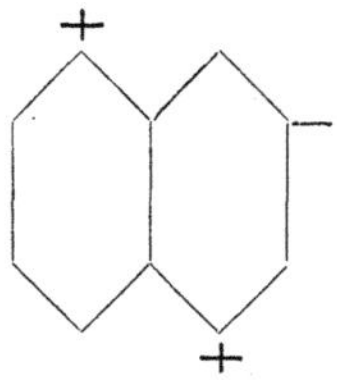

Disulfosäure C.
Pat.-Anm. Cassella & Comp. C. 3542.

2:6:8

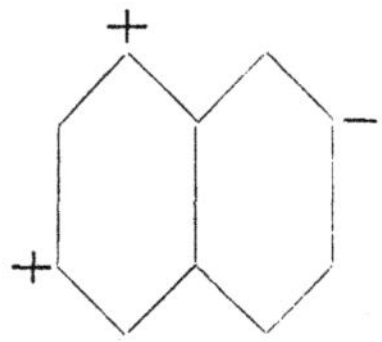

G Säure.
D.R.P. 3229.

Trisulfosäure.

2:3:6:8

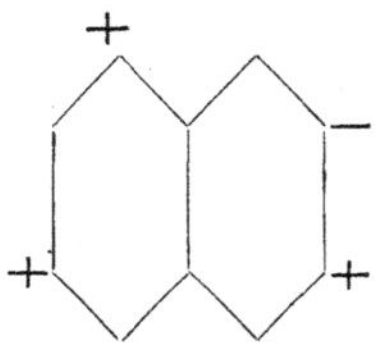

D.R.P. 22038.
Höchster Farbwerke.

Dioxynaphtalinsulfosäuren.

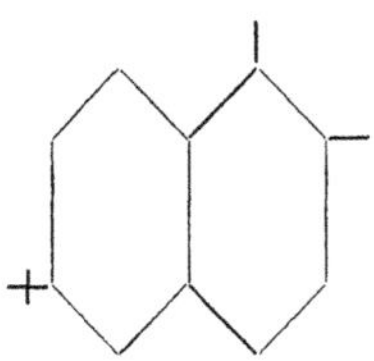

β Naphtohydrochinonsulfosäure
Witt. Ber. 14. 3154.

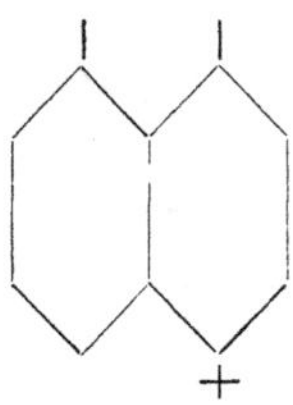

Dioxynaphtalinsulfosäure S.
D.R.P. 54116.

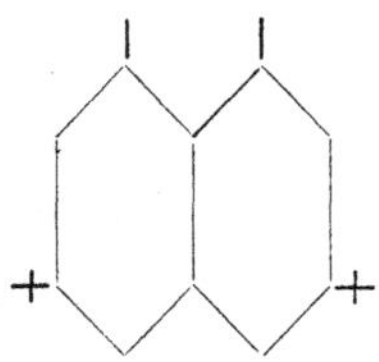

Chromotropsäure.
D.R.P. 67563.

Naphtylaminsulfosäuren*).

α Säuren.

1:4

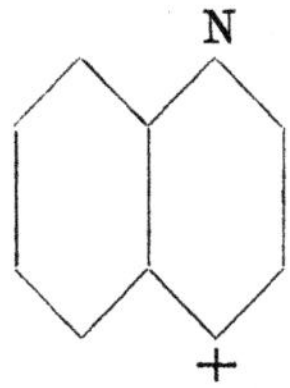

Naphthionsäure.
(Piria.)

1:5

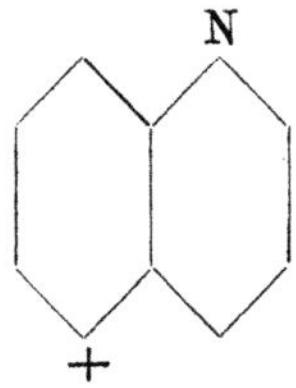

Laurent.

1:6

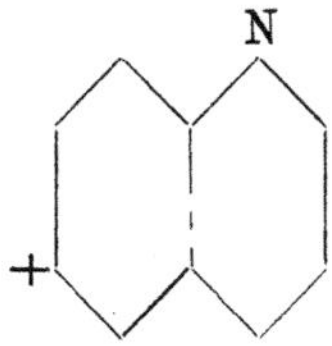

(Cleve.)

1:7

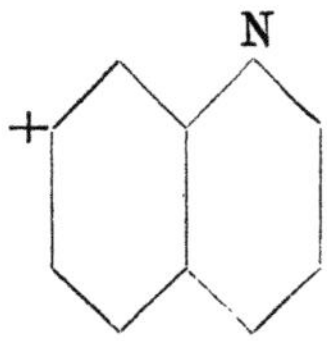

Cleve.

1:8

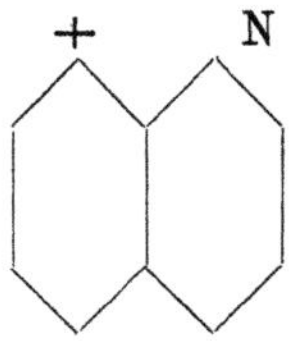

Schöllkopf.

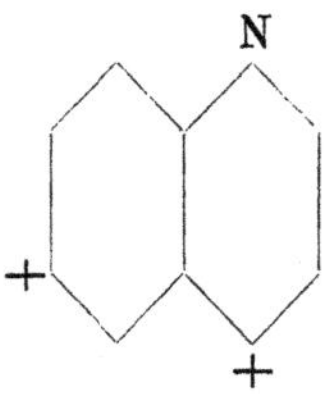

Dahl II.

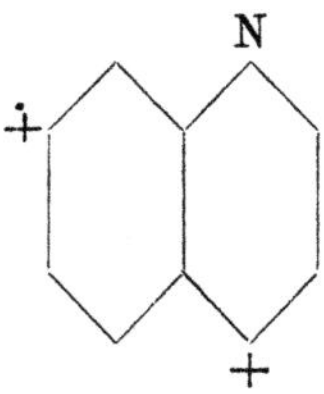

Dahl III.

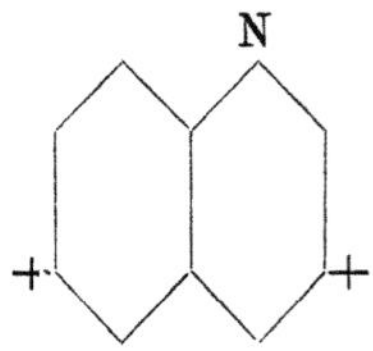

Freund.

β Säuren.

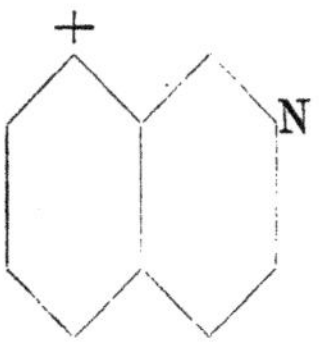

α Säure.
Bad. Anilin-
u. Sodafabr.

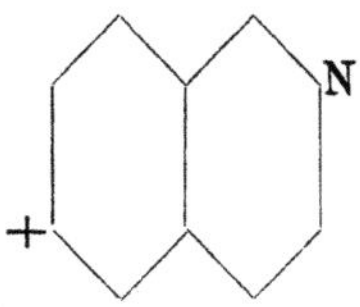

Brönnersche
(β) Säure.

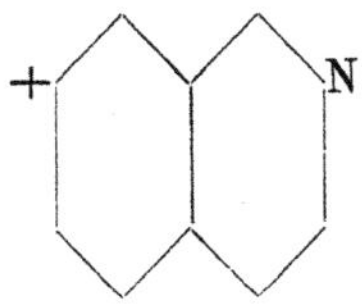

F oder δ Säure.

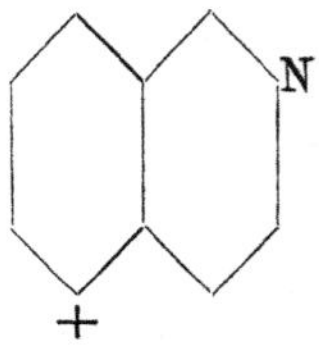

δ Säure oder
Dahlsche Säure.

*) N = NH_2, + = SO_3H.

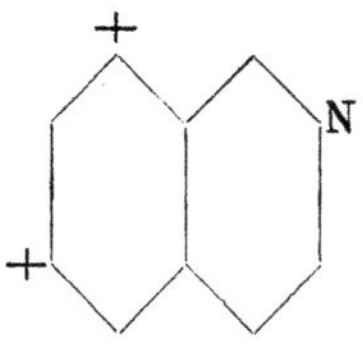

Amino-G Säure.

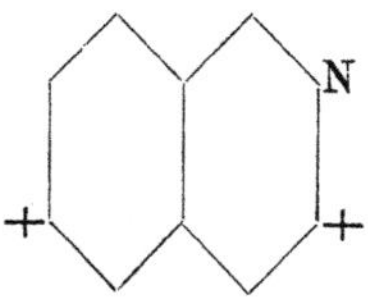

Amino-R Säure.

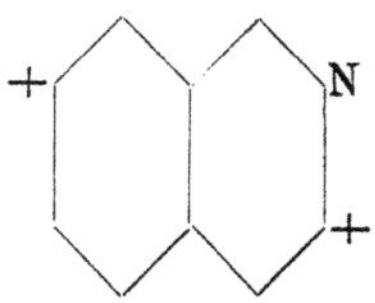

δ Disulfosäure.

Aminonaphtolsulfosäuren.

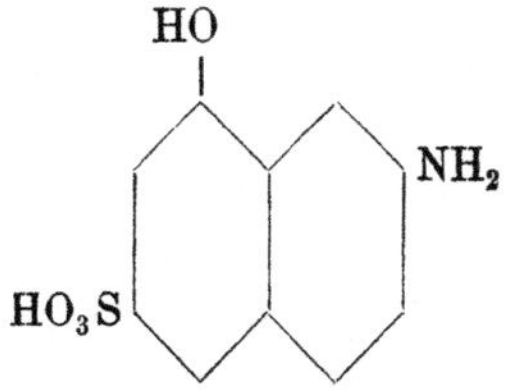

Aminonaphtolsulfosäure G.

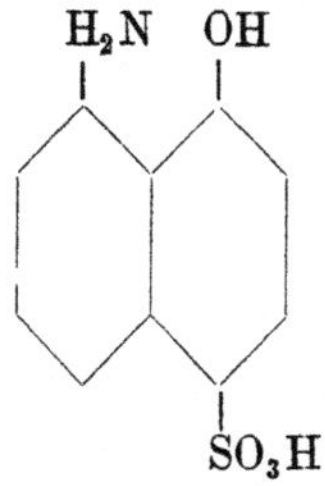

Aminonaphtolsulfosäure S.

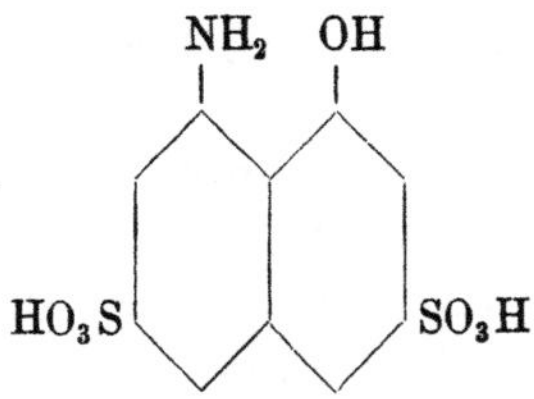

Aminonaphtoldisulfosäure H.

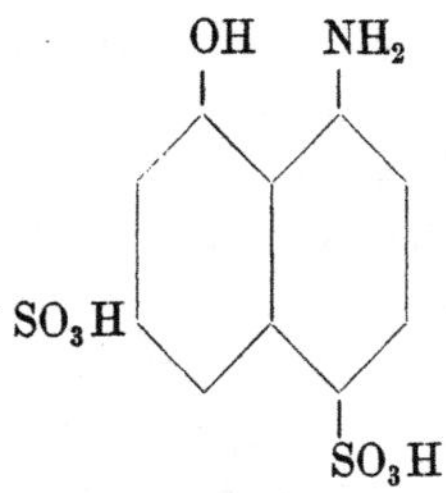

Aminonaphtoldisulfosäure K.

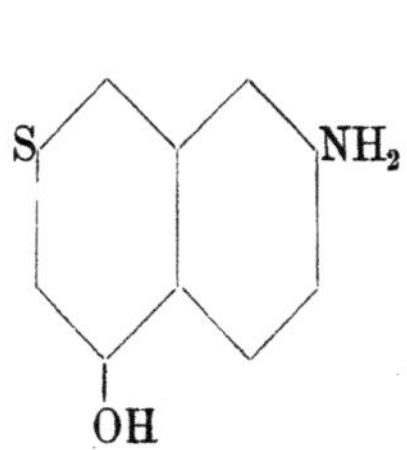

J Säure.

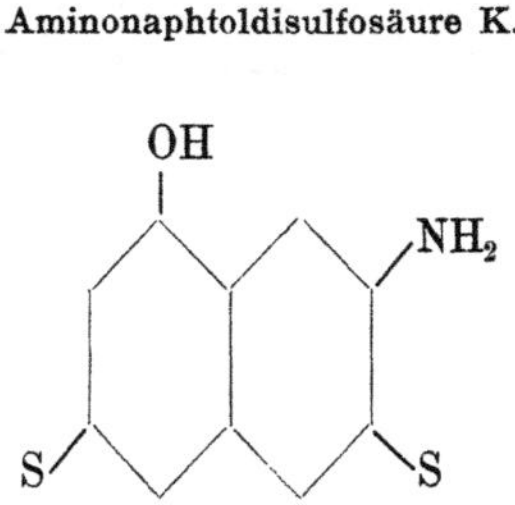

R R Säure.

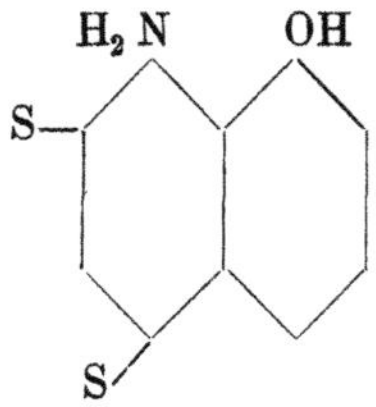

S S Säure.

In diesen Tabellen glauben wir die wichtigsten Derivate des Naphtols und Naphtylamins zusammengefaßt zu haben. Vollständige Zusammenstellungen finden sich in G. Schulz und Julius Tabellen, Gärtners Verlag 1902, sowie in Täuber und Normann, Die Derivate des Naphtalins, Gärtners Verlag 1896.

Von den hier angeführten Sulfosäuren der Naphtole findet nur eine beschränkte Anzahl zur Darstellung von Azofarbstoffen Verwendung, vom α Naphtol ist es hauptsächlich eine Monosulfosäure (Nevile und Winther [1 : 4]) und die Disulfosäure 1 . 3 . 6 (Kalle); vom β Naphtol sind es: die Schäffersche Säure (2 : 6), die Croceïnsäure (2 : 8), die beiden Disulfosäuren R (2 : 3 : 6) und G (2 : 6 : 8). Auch die Trisulfosäure des β Naphtols hat technische Verwendung gefunden.

Die Sulfosäuren des α Naphtols, welche Hydroxyl- und Sulfogruppe in der sogenannten Peristellung (1 : 8) enthalten wie die Schöllkopfsche Säure und die sich davon ableitenden Di- und Trisulfosäuren, gehen zwischen den beiden Gruppen eine eigentümliche innere Anhydrisation ein. Es entstehen Körper, welche den Namen „Sultone“ erhalten haben. Das einfachste Sulton entsteht beim Erhitzen der Schöllkopfschen Säure und hat die folgende Konstitution:

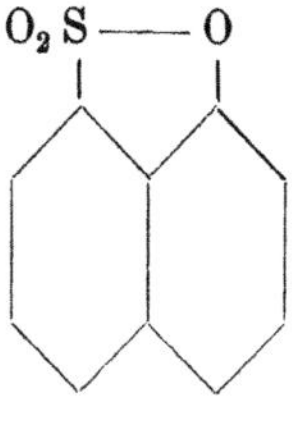

Merkwürdigerweise ist dieser Körper unzersetzt flüchtig. Aus den Di- und Trisulfosäuren entstehen entsprechende Sultonsulfosäuren.

Von allen Sulfosäuren haben wohl unstreitig die beiden Disulfosäuren R und G die größte Wichtigkeit erlangt.

Sulfoniert man β Naphtol mit gewöhnlicher Schwefelsäure bei niederer Temperatur, so entstehen zunächst zwei Monosulfosäuren, die Schäffersche und die Croceïnsäure. Während die letztere beim weiteren Sulfonieren mit stärkerer Schwefelsäure ausschließlich G Disulfosäure zu liefern scheint, geht die Schäffersche Säure in ein Gemisch von letzterer mit R Säure über. Man wird daher beim höheren Sulfonieren des β Naphtols stets ein Gemisch von diesen beiden Disulfosäuren erhalten. Dieselben lassen sich in Form ihrer sauren Natriumsalze durch Alkohol trennen. Das Salz der G Säure ist darin leicht löslich, das der R Säure fast unlöslich. Eine andere Trennungsmethode beruht auf der Tatsache, daß die G Säure ein in Wasser schwerlösliches Kaliumsalz bildet, welches sich auf Zusatz von Chlorkalium zu einem Gemenge beider Säuren abscheidet.

Die Trennung der Schäfferschen Säure von der Croceïnsäure läßt sich mit Weingeist ausführen, da nur letztere ein darin lösliches (basisches) Natriumsalz bildet.

Die Azofarbstoffe sowohl der verschiedenen Mono- als der Difulsosäuren unterscheiden sich wesentlich in bezug auf ihre Nuance.

Croceïnsäure und G Säure geben sehr ähnliche, meistens stark gelbstichige Farbstoffe, welche sich durch leichte Löslichkeit auszeichnen. Erheblich blaustichiger ist die Färbung der aus der Schäfferschen Säure erhaltenen Körper, während die R Säure die blaustichigsten Farbstoffe liefert. Croceïnsäure und G Säure zeigen außerdem die Eigenschaft, sich viel schwieriger als die übrigen mit Diazokörpern zu kombinieren. Versetzt man ein Gemisch von Croceïnsäure und Schäfferscher Säure mit einer Diazoverbindung (am besten ein Diazoxylol), so bildet sich zuerst der Farbstoff der Schäfferschen Säure, ein Verfahren, welches zur technischen Trennung beider Säuren benutzt worden ist.

Über die Naphtylaminsulfosäuren vergl.: Amidoazonaphtalin sowie weiter unten bei den Disazofarbstoffen. Desgleichen Aminonaphtolsulfosäuren.

Benzolazo-α Naphtol (*44*).

$$C_6H_5 - N = \overset{4}{N} - C_{10}H_6\overset{1}{O}H.$$

Entsteht durch Einwirkung von Diazobenzolchlorid auf alkalische Naphtollösung. Gelbe, in Alkalien mit roter Farbe lösliche Blättchen.

Monosulfosäure.

$$H\overset{1}{S}O_3C_6H_4 - \overset{4}{N} = \overset{4}{N} - C_{10}H_6\overset{1}{O}H.$$

(Orange I. Tropäolin 000 No. II) (*45*).

Entsteht durch Einwirkung von p Diazobenzolsulfosäure auf α Naphtol. Die freie Säure bildet fast schwarze grünschillernde Blättchen. Konzentrierte Schwefelsäure löst sie mit violetter Farbe. Die Alkalisalze sind orangegelb, in Wasser leicht löslich und werden durch überschüssiges Alkali rot gefärbt (Unterschied von den β Naphtolfarbstoffen).

Das Natronsalz findet unter obigem Namen Verwendung in der Färberei.

Im sauren Bade erzeugt es auf Wolle und Seide ein Orange, welches etwas röter und weniger rein ist als das mit β Naphtolorange erzeugte. Das Kalksalz ist unlöslich, amorph. Wegen der Eigenschaft, unter dem Einfluß der Alkalien die Farbe zu verändern, stehen die α Naphtolfarben den aus β Naphtol erzeugten an technischer Bedeutung nach.

Benzolazo-β Naphtol (*45*).

$$C_6H_5 - N = \overset{1}{N} - C_{10}H_6\overset{2}{O}H.$$

Gelbe, in Alkalilauge unlösliche Blättchen.

Die Körper vom Typus des Benzolazo-β Naphtols (namentlich das Paranitroderivat) haben als auf der Faser erzeugte Farbstoffe eine hohe Bedeutung erlangt. Die entsprechenden α Naphtolfarbstoffe sind wegen ihrer Alkalilöslichkeit zu diesem Zwecke unbrauchbar.

---

44) Liebermann, Ber. 16, p. 2858. — *45*) Witt, Chemikerzeitung 1880, No. 26.

Monosulfosäure.

$$\overset{1}{HSO_3}\,C_6H_4 - \overset{4}{N} = \overset{1}{N} - C_{10}H_6\,\overset{2}{OH}.$$

(Orange II. Tropäolin 000 No. I) (*45*).

Aus p Diazobenzolsulfosäure und β Naphtol. Die Säure bildet orangegelbe, in Wasser lösliche Blättchen, welche beim Trocknen unter Wasserverlust in ein mennigrotes Pulver übergehen.

Die Alkalisalze sind der Säure ähnlich und werden durch überschüssiges Alkali nicht verändert. (Unterschied von den *α* Naphtolfarbstoffen.) Das Kalksalz ist schwerlöslich, das Baryumsalz ganz unlöslich. Konzentrierte Schwefelsäure löst den Körper mit fuchsinroter Farbe.

Auf Wolle und Seide erzeugt es ein schönes Orange und gehört zu den wichtigsten Azofarbstoffen.

Monosulfosäure.

$$C_6H_5 - N = \overset{1}{N} - C_{10}H_5\,\overset{2}{OH}\,\overset{6}{HSO_3}.$$

(Croceïn-Orange,)

Aus Diazobenzol und der Schäfferschen β Naphtolmonosulfosäure (β Säure). Die Nuance des Farbstoffs ist etwas gelblicher als die des vorigen. In konzentrierter Schwefelsäure löst es sich mit orangengelber Farbe.

Disulfosäure.

$$C_6H_5 - N = N - C_{10}H_4 \begin{matrix} \diagup (HSO_3)_2 \\ \diagdown \overset{2}{OH} \end{matrix}$$

(Orange G.)

Entsteht durch Einwirkung von β Naphtoldisulfosäure G auf Diazobenzol. Gelbstichiges Orange, in konzentrierter Schwefelsäure mit orangegelber Farbe löslich.

α Naphtalinazo-β Naphtol.

$$C_{10}H_7 - \overset{1}{N} = \overset{1}{N} - C_{10}H_6\,\overset{2}{OH} \quad (\alpha\ \beta \text{ Oxyazonaphtalin}).$$

Entsteht durch Einwirkung von *α* Diazonaphtalin auf β Naphtol und ist die Muttersubstanz einer Reihe von wichtigen

Farbstoffen. Das aus α Diazonaphtalin und α Naphtol erhaltene Paraoxyazonaphtalin bildet Derivate, welche als Farbstoffe weniger geeignet sind, weil sie wie alle Paranaphtolfarbstoffe durch Alkalien die Nuance ändern. Die durch Einwirkung der α Naphtol-α Sulfosäure und ihrer Derivate erhaltenen brauchbaren Azofarbstoffe sind Orthoderivate und entsprechen einem unbekannten Oxyazonaphtalin von der Stellung:

$$C_{10}H_7 - \overset{1}{N} = \overset{2}{N} - C_{10}H_6\overset{1}{O}H.$$

Diese Substanz dürfte vielleicht mit dem Naphtohydrazon des β Naphtochinons identisch sein. (Vergleiche Einleitung der Azokörper.)

Monosulfosäure.

$$HS\overset{4}{O}_3C_{10}H_6 - \overset{1}{N} = \overset{1}{N} - C_{10}H_6\overset{2}{O}H.$$

Echtrot. Roccelin.

Entsteht durch Einwirkung von α Diazonaphtalinsulfosäure (aus Naphthionsäure) auf β Naphtol. Als roter Farbstoff dürfte der Körper kaum noch Bedeutung haben.

Weitere Naphtalin-β Naphtolfarbstoffe siehe in nachfolgender Tabelle.

III. Azofarbstoffe aus den isomeren Naphtoldisulfosäuren.

Wie schon Seite 54 bemerkt wurde, geben die isomeren Disulfosäuren des β Naphtols mit Diazoverbindungen Azofarbstoffe von ganz verschiedener Nuance. Die Farbentechnik hat von dieser Tatsache Gebrauch gemacht.

Während die Disulfosäure G mit Diazoverbindungen der Benzolreihe orangegelbe, mit denen des Naphtalins scharlachrote Farbstoffe bildet, entstehen aus der Sulfosäure R schon mit den Diazokörpern der Benzolreihe rote Farbstoffe, deren Tiefe im allgemeinen mit der Molekulargröße wächst (*46*).

Letztere Säure erzeugt mit den Diazoverbindungen der Xylole sowie der höheren Homologen des Benzols scharlachrote Farb-

---

46) Meister Lucius u. Brüning, D. R. P. 3229; Friedl., I, 377.

stoffe, welche unter dem Namen Ponceau R, RR, RRR und G in der Wollfärberei eine großartige Verwendung finden. α Diazonaphtalin erzeugt mit der R Säure ein tiefes Bordeauxrot. (Bordeaux B.)

Die Bedeutung dieser Tatsache für die Farbstoffindustrie ist eine außerordentliche. Man ist hier in der Lage, die beiden nebeneinander entstehenden Sulfosäuren passend zu verwerten, weil man aus jeder derselben, je nach der Wahl des Diazokörpers, blaustichige und gelbstichige Farbstoffe erhalten kann. So liefert beispielsweise die G Säure mit α Diazonaphtalin und seinen Sulfosäuren Farbstoffe, wie sie sich in ähnlicher Nuance auch aus der R Säure und den Homologen des Benzols erhalten lassen.

Ähnliche Verhältnisse liegen zwischen den beiden Monosulfosäuren, der Croceinsäure und der Schäfferschen Säure, vor, doch ist dieses Verhalten von geringerer Bedeutung, weil zwar die erstere schön gelbstichige Farbstoffe liefert, die Farbstoffe der Schäfferschen Säure dagegen wenig wertvoll sind.

In nachstehender Tabelle sind die wichtigsten der mittels der Naphtoldisulfosäuren dargestellten Azofarbstoffe, soweit dieselben nicht in das später behandelte Kapitel der Disazokörper gehören, zusammengestellt.

Ponceau 2 G	(Farbw. Höchst)	R Säure mit Diazobenzol
- R	(Bad. Anil.- u. Sodaf.)	- - Diazopara- und Metaxylol (aus käuflichem Xylidin)
- 2 R	(Aktienges. f. Anilin)	R Säure mit Diazometaxylol (rein)
- 3 R	(Farbw. Höchst)	R Säure mit Diazoäthylmetaxylol
- 3 R	(Bad. Anil. u. Sodaf.)	R Säure mit Diazopseudocumol
- 4 R	(Aktienges. f. Anilin)	- - desgl.
- 2 R	(Farbw. Höchst)	- - desgl.
Bordeaux B	desgl.	- - α Diazonaphtalin
Amaranth	(Cassella & Co.)	R Säure mit α Diazonaphtalinsulfosäure
Bordeaux S	(Farbw. Höchst)	R Säure mit α Diazonaphtalinsulfosäure
Coccinin }	(desgl.)	R Säure mit Diazoanisol
Phenetolrot }	(desgl.)	- - Diazophenetol
Anisolrot }	(desgl.)	- - Homologen
Orange G	(desgl.)	G Säure mit Diazobenzol

Ponceau 2 G	(Bad. Anil.- u. Sodaf.)	G Säure mit Diazopseudocumol
Krystallponceau	(Cassella & Co.)	- - α Diazonaphtalin
Neu-Coccin	(Farbw. Höchst)	- - Diazonaphthionsäure
Croceïn 3 B X	(Bayer.) (47)	Croceïnsäure - - - -
Sorbinrot (Biebricher Säurerot)	(Bad.)	α Naphtoldisulfo 1:3:6 + Acetylparaphenylendiamin.

Beizenfarbstoffe und Chromierfarbstoffe.

Wenn wir bei Aufstellung dieser Farbstoffgruppe von dem Prinzip der chemischen Einteilung abweichen, so geschieht es, weil die hier aufgeführten Farbstoffe durch dieselben gemeinsamen Färbeeigenschaften eine große Wichtigkeit erlangt haben. Im übrigen gehören sie aber zum Teil verschiedenen Klassen an und würden ohne die erwähnten Färbeeigenschaften kaum ein erhebliches chemisches Interesse in Anspruch nehmen.

Unter den eigentlichen Beizenfarbstoffen sind zunächst die Farbstoffe aus Carbonsäuren zu erwähnen.

Die Diazoverbindungen der Carbonsäuren bilden mit Phenolen und Aminen Azokörper.

Ebenso werden solche durch Kombination von anderen Diazoverbindungen mit den Orthophenolcarbonsäuren erhalten.

Sämtliche Azocarbonsäuren zeigen eine mehr oder weniger ausgeprägte Verwandtschaft zu metallischen Beizen (namentlich Chromoxyd). Diese tritt am stärksten bei den Oxycarbonsäuren auf. Der erste technisch dargestellte Farbstoff dieser Art wurde durch Kombination von m Diazobenzoësäure und Diphenylamin dargestellt. Er wurde unter dem Namen Jaune resistant à savon (Poirier) in den Handel gebracht, da er aber der Seife nicht genügend widerstand, erlangte er keine Bedeutung. Ebenso erging es dem von Grieß aus β Naphtol und Diazobenzoësäure dargestellten Azofarbstoff. Erst die vom Verfasser in die Technik eingeführten beizenfärbenden Salicylsäurefarbstoffe hatten bleibenden Erfolg.

Nitrobenzol-Azosalicylsäure.

Die Kombinationen der isomeren Nitrodiazobenzole mit Salicylsäure zeichnen sich in hohem Grade durch ihre beizenfärbenden

47) D.R.P. 20402. Friedl., I, p. 373.

Eigenschaften aus. Die Paraverbindung färbt Chrombeize mit orangegelber, die Metaverbindung mit ziemlich rein gelber Farbe an (*49*).

Beide kommen unter dem Namen Alizaringelb (Höchster Farbwerke) in den Handel, erstere unter der Bezeichnung Alizaringelb R, letztere als Alizaringelb G G. Die Metaverbindung wird namentlich als Ersatz für Kreuzbeeren im Kattundruck verwandt. Oxynaphtoësäuren erzeugen braune Farbstoffe.

Aus β Diazonaphtalinsulfosäuren (namentlich von der Stellung 2 : 8 und 2 : 5) und Salicylsäure entstehen Farbstoffe, welche unter dem Namen „Beizengelb" in der Echtwollfärberei Verwendung finden (*49 a*).

Aus Diazobenzoësäuren und Salicylsäure (*48*) werden ebenfalls beizenziehende gelbe Farbstoffe dargestellt, welche unter der Bezeichnung „Diamantgelb" in den Handel kommen (*50*). Auch aus Amidosalicylsäure werden Beizenfarbstoffe dargestellt; da dieselben meistens zu den Disazofarbstoffen gehören, sind sie dort behandelt.

Unter der Bezeichnung „Diamantflavin" (Bayer, D.R.P. 60373) kommt ein gelber Beizenfarbstoff in den Handel, welcher in der Weise dargestellt wird, daß man Tetrazodiphenyl mit einem Molekül Salicylsäure kuppelt und darauf durch Kochen mit Wasser die noch vorhandene Diazogruppe gegen Hydroxyl umtauscht.

Die Konstitution des Farbstoffs entspricht demnach der Formel:

$$\overset{1}{HO} - C_6H_4 \overset{4}{-} C_6H_4 - N = N - C_6H_3 - \overset{4}{O}H\overset{3}{C}OOH.$$

Durch Kuppeln von tetrazotiertem Thioanilin und seinen Analogen mit zwei Molekülen Salicylsäure entstehen gelbe Beizenfarbstoffe, welche unter der Bezeichnung „Anthracengelb" in der Wollfärberei Verwendung finden (Cassella & Co.).

Ferner gehören hierher die aus Amidosalicylsäure dargestellten Marken von Diamantschwarz und Diamantgrün (siehe unten unter Disazofarbstoffen) sowie der unter dem Namen Walkorange benutzte Farbstoff aus Diazoazobenzolmonosulfosäure und Salicylsäure. Auch die Oxynaphtoësäuren oder Naphtolcarbonsäuren liefern zum Teil beizenziehende Farbstoffe. Insbesondere die α Naphtol-β Carbonsäure 1 : 2, welche sich der Salicylsäure analog verhält.

---

48) Stebbins, Ber. 13, p. 716. — *49*) Nietzki, D.R.P. 44170. — *49 a*) Nietzki, American Patent. — *50*) Bayer & Co., D.R.P. 44380.

Ihre Farbstoffe sind meist braun. Die 2 β Naphtol α 1 Carbonsäure spaltet beim Kuppeln die Carboxylgruppe ab und liefert die entsprechenden β Naphtolazofarbstoffe. Die β Naphtolcarbonsäure 2:3 liefert Beizenfarbstoffe von geringem Wert. Die Stellung 2 : 3 scheint im Naphtalin nicht die Bedeutung einer Orthostellung zu besitzen.

Die Eigenschaft, auf Beizen zu färben scheint, ebenso wie bei den Dioxychinonen durch orthoständige Auxochrome bedingt zu werden. Sie ist im ganzen häufiger, als man glaubt, und kommt in geringem Maß allen β Naphtol-Azofarbstoffen zu. Am meisten tritt sie (außer bei den Carbonsäuren) bei den Ortho- und Peri-Di-Oxynaphtalinen beziehungsweise deren Azofarbstoffen hervor. Hierher gehören die von Witt aus Orthonaphto-Hydrochinonsulfosäure dargestellten Beizenfarbstoffe, welche jedoch keine Bedeutung erlangt haben (*51*).

Außer den eigentlichen Beizenfarbstoffen gibt es noch eine Kategorie von Substanzen, welche unter dem Namen der Chromierfarbstoffe in letzter Zeit eine hohe Bedeutung für die Wollfärberei erlangt haben.

Diese Farbstoffe fixieren sich wie gewöhnliche Säurefarbstoffe auf der tierischen Faser und geben dann meistens eine Färbung von geringer Echtheit. Durch nachträgliche Behandlung mit Bichromat geht diese Färbung in ein sehr echtes Schwarz, Braun etc. über.

Am längsten bekannt ist diese Eigenschaft bei den Chromotropen (siehe: Dioxynaphtalinfarbstoffe), wo sie mit der Peristellung der Hydroxyle in Zusammenhang steht. Später hat man gefunden, daß sie einer großen Anzahl von einfachen sowie von Disazofarbstoffen zukommt, welche alle einen Orthoaminophenolrest und an diesem einen β Naphtolrest (mit oder ohne Sulfogruppe) enthalten. Die Theorie dieser Färbungen ist bisher keineswegs aufgeklärt. Da die Farblackbildung nicht durch Chromoxydsalze, sondern nur durch Chromsäure vor sich geht, so scheint hier eine Oxydationswirkung vorzuliegen, und es ist nicht unwahrscheinlich, daß diese eine Veränderung des Farbstoffes bewirkt. Möglicherweise werden hier zwei Naphtolreste zu Dinaphtol kondensiert, während die Hydroxyle des Phenols die Lackbildung vermitteln.

Aus der großen Anzahl der in letzter Zeit patentierten Farbstoffe dieser Klasse führen wir nachstehende Beispiele an:

---

51) Witt, Ber. 14, p. 3154.

Säurealizarinschwarz R (Höchst):	Nitroorthoaminophenolsulfosäure + β Naphtol,
Säurealizarinschwarz S. E. (Höchst):	Disazofarbstoff: o . o . Diaminophenolsulfosäure + 2 Mol. β Naphtol,
Diamantschwarz P. V. (Baeyer):	Orthoaminophenolsulfosäure + Dioxynaphtalin 1 : 5,
Anthracenchromschwarz (Cassella):	Aminonaphtolsulfosäure R + β Naphtol,
Palatinchromblau (Bad.):	1-Amino-2-naphtol-4-sulfosäure + β Naphtol,
Palatinchromschwarz (Bad.):	o.o. Diaminophenol-p-sulfosäure + 2 Mol. β Naphtol. (Siehe Säurealizarinschwarz S. E.)

Auch die unten S. 76 beschriebenen Marken des Tuchrots, welche dem Typus des Biebricher Scharlachs angehören, sind als Beizen beziehungsweise Chromierfarbstoffe im weiteren Sinne zu betrachten. Es scheint, als ob diese Farbstoffe dazu berufen sind, das noch immer viel gebrauchte Blauholz zu ersetzen.

IV. Dioxynaphtalinfarbstoffe (*52*, *53*).

Von den freien Dioxynaphtalinen haben diejenigen von der Stellung 1 : 5 und 2 : 7 als Kuppelsubstanzen für Azofarbstoffe Verwendung gefunden. Wichtiger sind einige Sulfosäuren, namentlich solche, welche sich von dem Peridioxynaphtalin (1 : 8) ableiten.

(Orthooxynaphtalinsulfosäuren siehe: Beizenfarbstoffe S. 75 bis 76).

Es sind hier namentlich zwei Sulfosäuren von Wichtigkeit

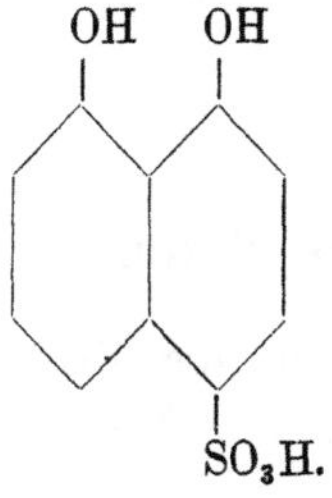

Dioxynaphtalinsulfosäure S.

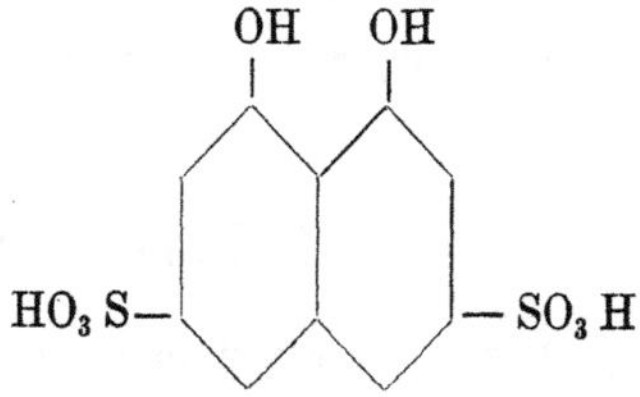

Chromotropsäure (siehe Tabelle S. 57).

---

52) Bayer, D.R.P. 54116. — *53*) Höchst, D.R.P. 67563.

Die Dioxynaphtalinsulfosäure S dient für die Darstellung der verschiedenen Marken von Azofuchsin (*54*). (Mit Diazobenzol- oder -toluol-sulfosäuren kombiniert.) Die Chromotropsäure (primär), mit Diazokörpern der Benzol- und Naphtalinreihe gekuppelt, bildet die verschiedenen Marken der als „Chromotrope" bezeichneten Farbstoffe. Obige Namen erhielten diese Körper wegen ihres Verhaltens gegen Beizen. Sie sind nämlich ausgesprochene Chromierfarbstoffe, und ihre Nüance, welche in der sauren Färbung von einem lebhaften Eosinrot bis zu Violett variiert, geht beim Kochen mit Chromat in ein tiefes Schwarzblau oder Schwarz über.

Hauptsächlich wohl wegen ihres hohen Preises haben die Chromotrope in dieser Anwendung nicht den erwarteten Erfolg gehabt. Da sie aber wie auch das Azofuchsin vorzügliche Egalisierfarbstoffe sind, haben sie als solche starke Verwendung gefunden.

Ein in dieser Beziehung sehr wichtiger Farbstoff, das Viktoriaviolett (Höchst), leitet sich in der Weise von der Chromotropsäure ab, daß diese mit Paranitrodiazobenzol kombiniert und darauf die Nitrogruppe zur Aminogruppe reduziert wird.

Seine Konstitution entspricht somit der Formel:

$$NH_2 - C_6H_4 - Chr.,$$

wobei Chr. den Rest der Chromotropsäure bedeutet*). Die Dioxynaphtalinsulfosäure S wird durch Verschmelzen der Naphtolsulfosäure S (1 : 4 : 8) dargestellt; die Chromotropsäure entsteht durch Verschmelzen einer α Naphtoltrisulfosäure (1 . 3 . 6 . 8) (oder des entsprechenden Sultons), welche man durch Nitrieren der Naphtalintrisulfosäure, Reduktion und Ersetzen der Aminogruppe durch Hydroxyl erhält (*53*). Auch durch Diazotieren und Verkochen der Aminonaphtoldisulfosäure H (siehe unten) wird die Chromotropsäure erhalten.

V. Tetrazo- oder Disazofarbstoffe.

Diese Verbindungen unterscheiden sich von den einfachen Azokörpern dadurch, daß sie die Azogruppe $- N = N -$ mehr als einmal im Molekül enthalten.

---

54) Bayer & Co., D.R.P. 54116.

*) Chromotropsäure scheint ausschließlich in o Stellung zu kuppeln.

Nach ihrer Entstehung und Konstitution lassen sich dieselben in verschiedene Gruppen einteilen. Die erste derselben, deren Repräsentant das von Griess entdeckte Phenolbidiazobenzol ist, enthält zwei Azogruppen und die auxochromen Hydroxyl- oder Aminogruppen in einem Benzolkern. Diese Körper entstehen durch Einwirkung von Diazoverbindungen auf Oxy- oder Aminoazokörper. Wir bezeichnen sie als primäre Disazokörper.

Die zweite Klasse enthält an einem Kern nur die beiden Azogruppen, während die Auxochrome sich in einem andern Kern befinden. Dieselben entstehen einerseits durch Einwirkung von Diazoazoverbindungen (aus Aminoazoverbindungen dargestellt) auf Amine oder Phenole (sekundäre unsymmetrische Disazofarbstoffe), andererseits durch doppelte Diazotierung und Kuppelung von Diaminen (sekundäre symmetrische Disazofarbstoffe). Als Beispiel für die erstere Klasse möge der Biebricher Scharlach, für die letztere das Kongorot dienen (*55*, *56*).

1. Primäre Disazokörper.

Phenoldisazobenzol (Phenolbidiazobenzol) (*57*, *58*).

$$C_6H_5 - N = \overset{1}{N} - C_6H_3\overset{2}{O}H - \overset{5}{N} = N - C_6H_5.$$

Bildet sich bei Einwirkung von kohlensaurem Baryum auf Diazobenzolnitrat sowie bei Einwirkung des letzteren auf Oxyazobenzol.

Braune Blättchen. Schmelzp. 131°.

Aus p Diazotoluol und Oxyazobenzol entsteht die homologe Verbindung. Schmelzp. 110° (*58*).

Resorcindisazobenzol (*55*).

$$C_6H_5 - N_2 - C_6H_2(OH)_2 - N_2 - C_6H_5.$$

Durch Einwirkung von Diazobenzolchlorid auf m Dioxyazobenzol entstehen zwei isomere Verbindungen (*55*).

Das Azotoluolresorcin (aus p Diazotoluol und Resorcin) reagiert ebenfalls auf Diazobenzol und Diazotoluol unter Bildung verschiedener Disazokörper (*55*).

---

55) Wallach, Ber. 15, p. 2825. — *56*) Nietzki, Ber. 17, p. 344 u. 1350. — *57*) Griess, Annal. 137, p. 60. — *58*) Griess, Ber. 9, p. 627 u. Ber. 16, p. 2028.

Amidierte Azokörper derselben Klasse entstehen durch Einwirkung von Diazoverbindungen auf das unsymmetrische Diaminoazobenzol (Chrysoidin) und seine Homologe.

Aus Chrysoidin und Diazobenzolchlorid entsteht z. B. Azobenzolphenylendiaminbenzol (*63*).

$$C_6H_5-N=N-C_6H_2(NH_2)_2-N=N-C_6H_5.$$

Schmelzp. 250°.

Auch Homologe sowie Carbonsäuren dieses Körpers sind dargestellt worden (*59, 60*).

Unter den Disazofarbstoffen des Resorcins haben einige technische Verwendung gefunden. Als Beispiel möge das Resorcinbraun der Aktienges. Berlin dienen. Hier sind gleiche Moleküle Diazo-m Xylol und p Diazobenzolsulfosäure an 1 Mol. Resorcin gekuppelt.

Von ungleich größerer Bedeutung ist eine Reihe von primären Disazofarben, welche durch zweimalige Kuppelung mit Diazoverbindungen aus den Peri-Aminonaphtolsulfosäuren dargestellt werden. Es kommen hier namentlich die Disulfosäuren H und K sowie die Monosulfosäure 1 : 8 : 4 in Betracht (vergl. die Tab. S. 59).

Diese Säuren kombinieren sich mit Diazoverbindungen zweimal, und zwar in der Orthostellung zur Amino- und Hydroxylgruppe. Die früher vertretene Ansicht, daß die alkalische Kuppelung in Parastellung zum Hydroxyl vor sich ginge, hat sich als irrig erwiesen; dieselbe erfolgt immer in o Stellung, sauer zur Aminogruppe, alkalisch zum Hydroxyl. Durch aufeinander folgende saure und alkalische Kuppelung lassen sich zwei verschiedene Gruppen einfügen.

Als typisches Beispiel mag hier das Naphtolblauschwarz (Cassella) dienen.

Dasselbe wird hergestellt, indem H Säure einmal sauer mit p Diazonitrobenzol und darauf alkalisch mit Diazobenzol gekuppelt wird. Die Konstitution des Farbstoffes entspricht demnach der Formel:

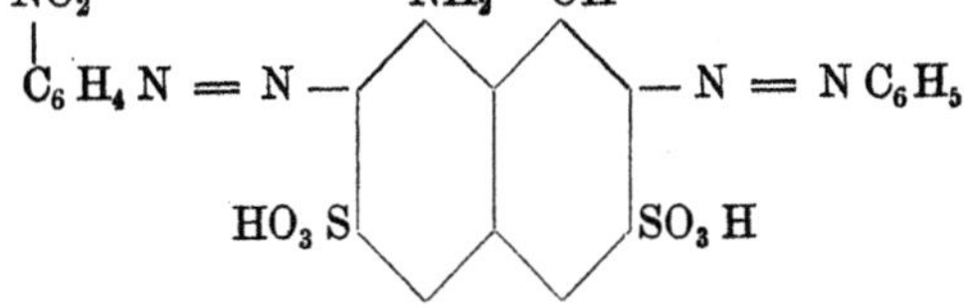

59) Caro u. Schraube, Ber. 10, p. 2230. — *60*) Nietzki, Ber. 13, p. 800.

Aus der Monosulfosäure 1 : 8 : 4 wird mit Diazobenzolsulfosäure und α Naphtylamin das Palatinschwarz (B A S) dargestellt.

Andere, unter dem Namen Blauschwarz bekannte Farbstoffe werden in ähnlicher Weise aus der K Säure gemacht.

2. Sekundäre Disazokörper.

A. Unsymmetrische.

Azofarbstoffe aus Aminoazoverbindungen der Benzolreihe.

Die Aminoazokörper, deren einfachster Repräsentant das Aminoazobenzol ist, werden durch Behandlung mit salpetriger Säure in die entsprechenden Diazoverbindungen übergeführt, welche ebenso wie einfache Diazokörper auf Phenole und Amine unter Bildung von Azofarbstoffen reagieren. Wie die Aminoazokörper reagieren auch die Sulfosäuren derselben.

Benzolazobenzol-Azophenol (Tetrazobenzol-Phenol).

$$C_6H_5 - N = \overset{1}{N} - C_6H_4 - \overset{4}{N} = \overset{1}{N} - C_6H_4\overset{4}{O}H \ (59).$$

Entsteht durch Einwirkung von Diazoazobenzol auf Phenol und muß als einfachster Repräsentant dieser Körperklasse angesehen werden.

Benzolazobenzol-Azo-β Naphtol (*60*).

$$C_6H_5 - N = \overset{4}{N} - C_6H_4 - \overset{1}{N} = \overset{1}{N} - C_{10}H_6(\overset{2}{O}H).$$

(Tetrazobenzol-β Naphtol.)

Aus Diazoazobenzol und β Naphtol. Ziegelrotes Pulver oder braune, grün schillernde Blättchen. Unlöslich in Alkalien. Schwerlöslich in Alkohol, löslich in heißem Eisessig. Konzentrierte Schwefelsäure löst es mit grüner Farbe.

Die Sulfosäuren des Körpers bilden je nach der Stellung der Sulfogruppen die unter dem Namen „Biebricher Scharlach“ und Croceïn in den Handel kommenden Farbstoffe.

Monosulfosäure.

$$H\overset{1}{S}O_3C_6H_4-\overset{4}{N}=\overset{1}{N}-C_6H_4-\overset{4}{N}=\overset{1}{N}-C_{10}H_6\overset{2}{O}H \; (60).$$

Aus Diazoazobenzolmonosulfosäure und β Naphtol. Das Natriumsalz bildet rote, in kaltem Wasser schwer, in heißem leichter lösliche Nadeln oder ein amorphes rotes Pulver. Die heiße wäßrige Lösung erstarrt beim Erkalten zu einer Gallerte. Kalk- und Barytsalze sind unlöslich.

Disulfosäuren.

A. $$HSO_3C_6H_4-N=N-C_6H_3HSO_3-N=\overset{1}{N}-C_{10}H_6\overset{2}{O}H.$$

Biebricher Scharlach (*60*, *61*).

Aus Diazoazobenzoldisulfosäure und β Naphtol.

Natronsalz in Wasser leicht löslich, zerfließt mit wenig Wasser zu einem zähen Sirup, welcher bei längerem Stehen kristallinisch wird. Aus verdünntem Alkohol kann es in roten Nadeln erhalten werden. Kalk- und Baryumsalze sind unlöslich.

Die Disulfosäure kommt meistens für sich, häufig auch mit der Monosulfosäure gemengt, unter dem Namen Biebricher Scharlach als Farbstoff in den Handel. Auf Wolle und Seide erzeugt er eine schön cochenillerote Nüance. Konzentrierte Schwefelsäure löst beide Sulfosäuren mit grüner Farbe.

B. $$HSO_3-C_6H_4-N=N-C_6H_4-N=\overset{1}{N}-C_{10}H_5\overset{2}{O}HHSO_3.$$

Die beiden isomeren Monosulfosäuren des β Naphtols bilden bei der Einwirkung auf Diazoazobenzolsulfosäure Farbstoffe, deren Charakter, je nach der Stellung der Sulfogruppe, erheblich verschieden ist. Der Azofarbstoff aus der Sulfosäure von Schäffer (β Säure) zeigt eine wenig schöne, blaustichige Nüance, während der mit Hilfe der α Säure erhaltene Farbstoff eine Färbung besitzt, welche der des Biebricher Scharlachs an Reinheit überlegen ist, ihm aber an Lichtechtheit nachsteht.

Der Körper kommt unter dem Namen Croceïn 3 B in den Handel (*62*). Er besitzt die Eigenschaft, ungebeizte Baumwolle

---

61) Nietzki, Ber. 13, p. 1838. — *62*) D.R.P. 18027 (13. 3. 82). — *63*) Griess, Ber. 16, p. 2028.

anzufärben, wenn auch die Verwandtschaft zu dieser im Vergleich mit den Kongofarbstoffen eine geringe ist. Aus der o Aminoazotoluolsulfosäure entsteht unter gleichen Bedingungen ein Farbstoff von bläulicherer Nüance, Croceïn 7 B. Alle mit Hilfe der β Naphtol-α Sulfosäure erzeugten Tetrazofarbstoffe bilden leicht lösliche, kristallisierbare Kalksalze, während bei den Azofarben der anderen Säure die Kalksalze amorph und unlöslich sind.

Der α Säure ähnlich verhält sich die G Disulfosäure. Mit Diazoazobenzol erzeugt dieselbe einen Farbstoff, welcher dem Croceïn 3 B in den Eigenschaften sehr nahe kommt und unter dem Namen Brillantcroceïn M (Cassella & Co.) zur Verwendung kommt.

Je nach der Stellung der Sulfogruppen zeigen alle hierher gehörigen Körper ein eigentümliches Verhalten gegen konzentrierte Schwefelsäure.

Die Sulfosäuren, welche nur Sulfogruppen in den Benzolresten enthalten, zeigen die Reaktion der schwefelfreien Azokörper: sie färben sich mit konzentrierter Schwefelsäure grün. Stehen die Sulfogruppen dagegen allein im Naphtalinrest, so werden die Azokörper bei gleicher Behandlung violett gefärbt. Alle Farbstoffe, welche in beiden Resten sulfoniert sind, lösen sich dagegen mit rein blauer Farbe in Schwefelsäure. Erhitzt man die grüne, schwefelsaure Lösung des Benzoldisazobenzol-β Naphtols, so färbt sich dieselbe nach und nach blau. Die so entstehende Sulfosäure ist identisch mit dem durch Kombination von Diazoazobenzolmonosulfosäure mit β Naphtol-β Monosulfosäure erhaltenen Farbstoff.

Azokörper aus Diazoazobenzol und Metadiaminen vergl. S. 84.

Durch Kombination von Diazoazobenzoldisulfosäure mit Phenyl-β Naphtylamin entsteht ein unter dem Namen „Wollschwarz" zur Verwendung kommender Farbstoff.

Mit Salicylsäure und den Oxynaphtoësäuren entstehen Beizenfarbstoffe.

Nachstehend sind einige der wichtigsten Disazofarbstoffe dieser Klasse tabellarisch zusammengestellt.

Sudan III (Agfa)	Aminoazobenzol + β Naphtol,
Fettponceau (M)	Aminoazotoluol + β Naphtol,
Tuchrot G (Baeyer)	Aminoazobenzol + α Naphtolsulfosäure 1.4,
Brillantcroceïn (C, By, M)	Aminoazobenzol + β Naphtoldisulfosäure γ,
Ponceau 5 R (M)	Aminoazobenzol + β Naphtoltrisulfosäure,

Tuchrot 3 G extra (By)	Aminoazotoluol + β Naphtylaminsulfosäure 2.6,
Tuchrot G extra (By)	Aminoazotoluol + β Naphtolsulfosäure 2.6,
Tuchrot O (M)	Aminoazotoluol + β Naphtoldisulfosäure 2.3.6,
Orseillerot A (Bad.)	Aminoazoxylol + β Naphtoldisulfosäure 2.3.6,
Tuchscharlach G (K)	Aminoazobenzolmonosulfosäure + β Naphtol,
Croceïnscharlah 3 B (By, K)	Aminoazobenzolmonosulfosäure + β Naphtolsulfosäure 2.8,
Biebricher Scharlach (K)	Aminoazobenzoldisulfosäure + β Naphtol,
Echtponceau 2 B (B)	Aminoazobenzoldisulfosäure + β Naphtoldisulfosäure 2.3.6,
Croceïnscharlach 8 B (K, By)	Aminoazotoluolsulfosäure + β Naphtolsulfosäure 2.8,
Bordeaux G (By)	Aminoazotoluolsulfosäure + β Naphtolsulfosäure 2.6,
Bordeaux B X (By)	Aminoazoxyloldisulfosäure + β Naphtol,
Walkorange (D)	Aminoazobenzolsulfosäure + Salicylsäure.

Azoschwarz.

Unter den Disazoverbindungen, welche sich von den Aminoazonaphtalinen ableiten, besitzen einige eine tief blauschwarze Färbung, und man ist imstande, durch Auffärben von nicht zu geringen Quantitäten die Wollfaser schwarz zu färben. Der erste derartige Farbstoff wurde von der Badischen Anilin- und Sodafabrik durch Einwirkung von diazotierter β Naphtylamin-α Monosulfosäure auf α Naphtylamin und Kombination des nochmals diazotierten Produktes mit β Naphtoldisulfosäure R dargestellt. (1883.)

Das Produkt erzeugte violettschwarze Nuancen, die von einem wirklichen Schwarz noch ziemlich entfernt waren. In einer später unter dem Namen Naphtolschwarz in den Handel gebrachten Substanz (Cassella & Co.) war die β Naphtylamin-α Sulfosäure durch die β Naphtylamindisulfosäure G ersetzt.

Später wurde auch das mittelständige α Naphtylamin durch Sulfosäuren desselben ersetzt, da aber die meisten α Naphtylaminsulfosäuren, auch solche mit freier Parastellung wie 1 : 3 und 1 : 5, in Orthostellung kuppeln, und die Orthoaminoazokörper sich nicht weiter diazotieren lassen, so eignen sich dazu nur die beiden Cleveschen Säuren 1 : 6 und 1 : 7.

Nachstehend haben wir einige der wichtigsten schwarzen Farbstoffe nach ihren Komponenten zusammengestellt*):

Handelsname	Wird diazotiert	Gekuppelt mit	Diazotiert und gekuppelt mit
Naphtolschwarz Cassella & Co. D. R. P. 39 029	β Naphtylamindisulfosäure G		β Naphtoldisulfosäure R
Naphtylaminschwarz D. Cassella & Co. D. R. P. 39 029 II. Zusatz.	α Naphtylamindisulfosäure 1 : 3 : 6		α Naphtylamin
Naphtolschwarz 6 B. D. R. P. 39 029	α Naphtylamin-α Disulfosäure 1 : 4 : 6	α Naphtylamin	β Naphtoldisulfosäure R
Blauschwarz B. Bad. Anilin- und Sodafabrik	β Naphtylamin-α Monosulfosäure 2 : 8		desgl.
Jetschwarz Bayer & Co. D. R. P. 48 924	Aminobenzoldisulfosäure		Phenyl-α Naphtylamin
Diamantschwarz Bayer & Co. D. R. P. 51 504	Aminosalicylsäure		α Naphtolsulfosäure 1 : 5
Biebricher Patentschwarz 4 NA Kalle & Cie.	Naphthionsäure	Clevesäure	α Naphtylamin
Biebricher Patentschwarz BO Kalle & Cie.	α Naphtylamindisulfosäure	Clevesäure	R Salz
Naphtalinsäureschwarz Baeyer	Metanilsäure	Clevesäure	α Naphtylamin
Diamantgrün*)	Aminosalicylsäure	Naphtylamin	Dioxynaphtalinsulfosäure S (1.8.4)
Wollschwarz D. R. P. 38 425	Aminoazobenzoldisulfosäure	Toluyl-α Naphtylamin	

*) Nach Julius Schultz. Nach anderen Angaben ist Diamantgrün ein Monoazofarbstoff aus Aminosalicylsäure und Dioxynaphtalinsulfosäure S.

Handelsname	Wird diazotiert	Gekuppelt mit	Diazotiert und gekuppelt mit
Diaminogenschwarz (Cassella)	Acetyldiaminonaphtalinsulfosäure: 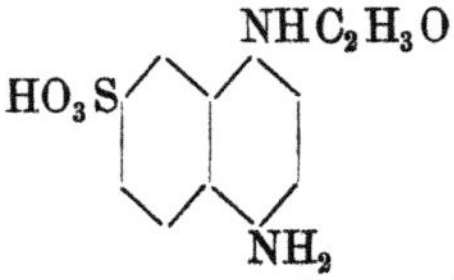	α Naphtylamin	Aminonaphtolsulfosäure G
Diaminogenblau BB	desgl.	desgl.	β Naphtolsulfosäure 2:6 (Schäffer)
Diaminogenblau G	desgl.	desgl.	β Naphtoldisulfosäure R

(Aus den letzten drei Farbstoffen wird schließlich die Acetylgruppe durch Verseifen entfernt.)

Das Diamantschwarz zeigt ebenso wie das Diamantgrün die allen Salicylsäurefarbstoffen zukommende Eigenschaft, metallische Beizen anzufärben. Die Zahl der schwarzen Azofarbstoffe ist mit obigen Beispielen keineswegs erschöpft.

Die Farbstoffe, welche dem Typus der Naphtolschwarz entsprechen, sind Säurefarbstoffe und dienen in der Wollfärberei als Ersatz für Blauholzschwarz, welches sie an Licht- und Säureechtheit übertreffen, ihm an Walkechtheit jedoch nachstehen. Die Diaminogenfarben werden wie das weiter unten beschriebene Diaminschwarz ausschließlich in der Baumwollfärberei verwendet.

Die zur Darstellung der Diaminogenfarben benutzte Acetyldiaminonaphtalinsulfosäure wird durch Acetylieren, Nitrieren und Reduzieren der Cleveschen α Naphtylaminsulfosäure (1:7) und 1.6. dargestellt.

Die Diaminogenfarbstoffe enthalten nach dem Verseifen eine freie Aminogruppe in einem Naphtalinkern. Sie sind somit Paraaminoderivate des Naphtolschwarz und seiner Analogen und besitzen vermöge dieser Konstitution die Eigenschaft, einerseits direkt auf Baumwolle zu färben, andrerseits nochmals diazotierbar zu sein. Auf diesen Eigenschaften beruht die wichtige Verwendung der Körper in der Baumwollfärberei. Die erhaltenen Färbungen werden auf der Faser diazotiert und mit kuppelungsfähigen

Verbindungen weiter entwickelt. Zur Entwickelung (s. unten) dient für Schwarz m Phenylen- oder Toluylendiamin, für Blau β Naphtol. Die so erhaltenen Färbungen zeichnen sich durch hervorragende Echtheit gegen Licht und Seife aus.

Zur Gruppe des Naphtolschwarz gehören auch die Sulfoncyanine, von denen das eine durch Kuppelung von Diazometanilsäure mit α Naphtylamin, nochmaliger Diazotierung und Kuppelung mit Phenyl 1.8 Naphtylaminmonosulfosäure dargestellt wird. Bei dem anderen ist statt des mittleren Naphtylaminrestes Clevesche Säure vorhanden.

*B. Sekundäre symmetrische Disazofarbstoffe**).

Meldola (*64*) stellte Disazoverbindungen dar, indem er Nitrodiazokörper mit Phenolen oder Aminen kombinierte, alsdann die Nitrogruppe reduzierte, die entstehenden Aminoverbindungen durch salpetrige Säure aufs neue in Diazokörper verwandelte und diese mit Phenolen oder Aminen wieder zu Azokörpern kombinierte. Ähnliche Farbstoffe stellten einerseits Wallach, andererseits Nietzki durch Diazotierung von Monoacetyl-Diaminen und nochmalige Diazotierung des daraus erhaltenen verseiften Azofarbstoffes dar. Es entsprechen diese Körper dem Typus:

$$R - N = N - C_6H_4 - N = N - R.$$

Das von Nietzki aus Paraphenylendiamin mit der R Säure dargestellte Produkt repräsentiert den ersten blauen Azofarbstoff.

Azofarbstoffe aus Benzidin und analogen Basen.

Hierher gehören auch die unter dem Namen Kolumbiaschwarz und Oxydiaminschwarz bekannten sehr wichtigen Baumwollfarbstoffe (siehe Tabelle S. 84).

Die aus Benzidin und analogen Basen durch Einwirkung von salpetriger Säure entstehenden Tetrazoverbindungen kombinieren sich mit Phenolen und Aminen zu teils gelben oder roten, teils blauen oder violetten Azofarbstoffen, welche die bemerkenswerte Eigenschaft besitzen, sich in Form ihrer Alkalisalze auf ungebeizter Pflanzenfaser zu fixieren, und die infolgedessen in letzter

---

64) Meldola, Journ. of chem. Societ. Nov. 1883 u. März 1884.

*) Wir schlagen diese Bezeichnung für die nachstehende Klasse von Farbstoffen vor, obwohl sie nicht in allen Fällen ganz korrekt sein mag.

Zeit eine außerordentliche technische Bedeutung erlangt haben. Aus Tetrazodiphenyl entsteht mit Naphthionsäure ein Farbstoff

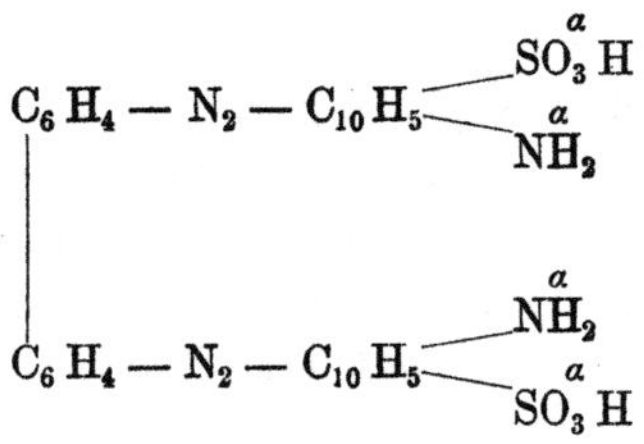

welcher unter dem Namen „Kongorot“ starke Verwendung findet (*65*).

Die Sulfosäure ist blau gefärbt, die Salze sind schön scharlachrot und fixieren sich auf Baumwolle mit derselben Farbe. Leider wird diese, übrigens ziemlich seifenechte Färbung schon durch schwache Säuren in Blau umgewandelt.

Diese Eigenschaft tritt weniger hervor bei den aus Tetrazo-o Ditolyl (aus o Tolidin und salpetriger Säure erhalten) dargestellten Farbstoffen, unter welchen sich namentlich das mit Naphthionsäure dargestellte Produkt „Benzopurpurin 4 B“ durch große Schönheit auszeichnet. Auch die Sulfosäuren des β Naphtylamins bilden mit Benzidin und Tolidin wichtige Farbstoffe (*66*).

Sehr wichtig ist der Umstand, daß Tetrazodiphenyl und seine Analogen sich zunächst (namentlich in Natriumacetat oder Sodalösung) nur mit einem Molekül der Komponenten kuppeln. Das zweite Molekül vereinigt sich dann beim Erwärmen in alkalischer Lösung. Dadurch ist man in der Lage, gemischte Azofarbstoffe darzustellen. Man kuppelt z. B. erst mit Naphthionsäure in der Kälte und dann alkalisch und unter Erwärmen mit einer Naphtolsulfosäure und erhält so einen gemischten Farbstoff. Durch Erzeugung dieser Mischfarbstoffe ist die Zahl der hierher gehörenden Körper eine so außerordentlich große geworden, daß wir uns auch hier auf die allerwichtigsten beschränken müssen.

Es hat sich gezeigt, daß eine Reihe von anderen Diaminen bei der sekundären Kuppelung baumwollziehende Farbstoffe liefern,

---

65) Böttiger, D.R.P. 28 753, 27. 2. 84; Friedl., I, p. 470. — *66*) D.R.P. v. 17. 3. 88; Friedl., I, p. 473.

wenn auch das Benzidin, die einfachste dieser Basen, von keiner anderen in dieser Hinsicht übertroffen wird.

Auch hier haben sich Gesetzmäßigkeiten konstatieren lassen. Zunächst müssen die Aminogruppen stets in Parastellung zur Bindung stehen.

Substitution durch indifferente Gruppen (z. B. Methoxyl) ist ziemlich wirkungslos, wenn sie in Orthostellung zur Aminogruppe eintritt. Tritt sie aber in die Metastellung zum Amin, also in Ortho zur Bindung, so hebt sie meistens die baumwollfärbenden Eigenschaften auf.

Unter den Diaminbasen, welche, ähnlich wie Benzidin und Tolidin, direkte Baumwollfarbstoffe erzeugen, sind zu erwähnen:

Diaminostilben $H_2\overset{4}{N}\,C_6H_4 - \overset{1}{C}H = \overset{1}{C}H - C_6H_4\,\overset{4}{N}H_2$

Diaminostilbendisulfosäure (symmetrisch SO_3H in 3)

Äthoxybenzidin $H_2\overset{4}{N}\,C_6H_4 \overset{1}{-} C_6H_3(OC_2H_5)\overset{4}{N}H_2$

Dianisidin (Dimethoxybenzidin) $H_2\overset{4}{N}(\overset{2}{C}H_3O)C_6H_3 \overset{1}{-} C_6H_3(\overset{2}{C}H_3O) - \overset{4}{N}H_2$

Diaminoazoxybenzol und seine Homologe $H_2\overset{3}{N}\,C_6H_4 - \overset{O}{\overbrace{\overset{1}{N} - N}} - C_6H_4\,\overset{3}{N}H_2$

Paraphenylendiamin $H_2\overset{1}{N} - C_6H_4 - \overset{4}{N}H_2$

Diaminocarbazol $H_2\overset{4}{N} - \underbrace{C_6H_3 \overset{1}{-} C_6H_3}_{\overset{2}{NH}}\,\overset{4}{N}H_2$

Naphtylendiamin (1 : 5)

Diaminodiphenylharnstoff $H_2N\,C_6H_4 - NH - CO - NH - C_6H_4\,NH_2$

Benzidinsulfondisulfosäure $H\,SO_3\,H_2N\,\underbrace{C_6H_2 - C_6H_2}_{SO_2}\,NH_2\,SO_3H$

Eine sehr interessante Bildungsweise von Diphenyldiazofarbstoffen wurde von der Bad. Anilin- und Sodafabrik entdeckt. Sie beruht auf der Tatsache, daß bei Oxydation von einfachen Benzolazokörpern sich zwei Benzolreste zum Diphenyl kondensieren. So treten z. B. zwei Moleküle des aus Diazobenzol und Naphthionsäure erhaltenen Azokörpers zu Kongorot zusammen.

Im allgemeinen bilden die Naphtylaminsulfosäuren, welche in Orthostellung kuppeln, rote Farbstoffe, deren Farbe durch Säuren nach Blau hin modifiziert wird. Naphtolsulfosäuren (namentlich 1 : 4) geben violette bis blaue Farbstoffe, während Phenol und Salicylsäure Gelb erzeugen.

Der Eintritt von Methoxylen in das Diamin modifiziert die Färbung nach Blau hin. Für blaue Farbstoffe wird daher mit Vorliebe das Dianisidin benutzt. Die Sulfosäuren des β Naphtylamins geben gelbere Farbstoffe als die entsprechenden α Körper. Von ganz besonderer Wichtigkeit sind hier die Aminonaphtolsulfosäuren G oder $\gamma = 2:8:6$, $H = 1:8:3:6$ und $K = 1:8:4:6$ (siehe Tabelle S. 59).

Die G- oder γ Säure zeigt die Eigenschaft, je nachdem sie in saurer oder alkalischer Lösung reagiert, sich verschieden zu kuppeln.

In saurer Lösung findet die Kuppelung in Orthostellung zur Aminogruppe, in alkalischer in Orthostellung zum Hydroxyl statt.

Die in letzterer Weise entstehenden Farbstoffe lassen sich nochmals diazotieren und zu komplizierten Farbstoffen kuppeln.

Auf dieser Tatsache beruht die Anwendung des sehr wichtigen Diaminschwarz, dessen verschiedene Marken durch alkalische Kuppelung der Aminonaphtolsulfosäure G mit Benzidin und seinen Analogen dargestellt werden. Die mit diesem Farbstoff erhaltenen Baumwollfärbungen werden auf der Faser diazotiert und mit β Naphtol, Phenylendiamin etc. weiter entwickelt, wodurch viel kräftigere, echtere Färbungen bezw. andere Nuancen erhalten werden.

Während die G Säure meist zur Herstellung von schwarzen Farbstoffen dient, liefern die beiden Peridisulfosäuren H und K, namentlich mit Dianisidin, blaue Farbstoffe von hervorragender Schönheit (Diaminreinblau).

Nachstehend geben wir eine tabellarische Zusammenstellung der wichtigsten im Handel befindlichen direkten Baumwollfarbstoffe:

Handelsname	Diazotierte Base	Kombiniert mit
Kongorot	Benzidin	2 M. Naphthionsäure
Kongokorinth G . . .	Benzidin	1 „ Naphthionsäure, 1 „ αNaphtolsulfosäure (1 : 4).
Chrysamin G	Benzidin	2 M. Salicylsäure
Diaminscharlach . . .	Benzidin	1 „ Phenol, 1 „ β Naphtoldisulfosäure G, am Phenol äthyliert
Benzoorange	Benzidin	1 M. Naphthionsäure, 1 „ Salicylsäure
Diaminechtrot	Benzidin	1 „ Salicylsäure, 1 „ Amidonaphtolsulfos. G
Diaminviolett N . . .	Benzidin	2 „ Aminonaphtolsulfosäure G (sauer gekuppelt)
Diaminschwarz RO . .	Benzidin	2 M. Aminonaphtolsulfos. G
Diaminschwarz BH . .	Benzidin	1 „ Aminonaphtolsulfos. H, 1 „ Aminonaphtolsulfos. G
Naphtaminschwarz RE	Benzidin	1 „ Aminonaphtolsulfos. K, 1 „ Aminonaphtolsulfos. G
Diaminbraun M . . .	Benzidin	1 „ Salicylsäure, 1 „ Aminonaphtolsulfos. G
Diamingrün	Benzidin	1 „ Aminonaphtolsulfos. H, 1 „ Phenol Dieses Produkt mit 1 Mol. p Nitrodiazobenzolchlorid kombiniert
Benzopurpurin B . . .	Tolidin	2 M. βNaphtylamin-βSulfosäure (2 : 6).
Benzopurpurin 4 B . .	Tolidin	2 M. Naphthionsäure.
Diaminrot 3 B	Tolidin	2 M. β Naphtylaminsulfosäure F (2 : 7).
Brillantkongo R . . .	Tolidin	1 M. Naphtylamindisulfosäure R. 1 M. βNaphtylamin-βSulfosäure (2 : 6).
Deltapurpurin	Tolidin	1 M. βNaphtylaminsulfos. F, 1 M. β Naphtylaminsulfosäure (2 : 6).
Azoblau	Tolidin	2 M. Naphtolsulfos. (1:4).

Handelsname	Diazotierte Base	Kombiniert mit
Diaminblau 3 B . . .	Tolidin	2 M. Aminonaphtolsulfos. H.
Diaminblau BX . . .	Tolidin	{ 1 M. Aminonaphtolsulfos. H. 1 M. Naphtolsulfos. (1:4).
Toluylenorange . . .	Tolidin	2 M. m Toluylendiaminsulfosäure.
Toluylenorange G . .	Tolidin	{ 1 M. o Kresotinsäure. 1 M. Toluylendiaminsulfos.
Diaminreinblau FF . .	Dianisidin	2 M. Aminonaphtolsulfosäure (1 : 8 : 2 : 4).
Diaminbrillantblau G .	Dianisidin	2 M. Perichlornaphtoldisulfosäure (1 : 8 : 3 : 6).
Dianilblau G	Dianisidin	2 M. Chromotropsäure.
Benzazurin G	o Dianisidin	2 M. Naphtolsulfos. (1:4).
Brillantazurin 5 G . .	Dianisidin	2 M. Dioxynaphtalinsulfosäure S.
Hessisch Purpur . . .	Diaminostilbendisulfosäure	{ Naphthionsäure, β Naphtylaminsulfos. (2 : 6 oder 2 : 7) je nach der Marke.
Brillantgelb	Diaminostilbendisulfosäure	2 M. Phenol.
Chrysophenin	An einem Hydroxyl äthyliertes Brillantgelb.	
Rouge St. Denis . . .	Diaminoazoxytoluol	2 M. β Naphtolsulfos. (2:6).
Columbiaschwarz . . .	Einseitige Kombination von p Phenylendiamin mit Clevesäure	Diazotiert und mit Amidonaphtolsulfosäure G gekuppelt.
	Der Farbstoff wird nochmals diazotiert und mit m Phenylendiamin kombiniert.	

Ferner sind hier die verschiedenen Marken des „Benzoscharlach“ zu erwähnen, welche aus einen Harnstoff der 2 Amino-5 Naphtol-7 Sulfosäure:

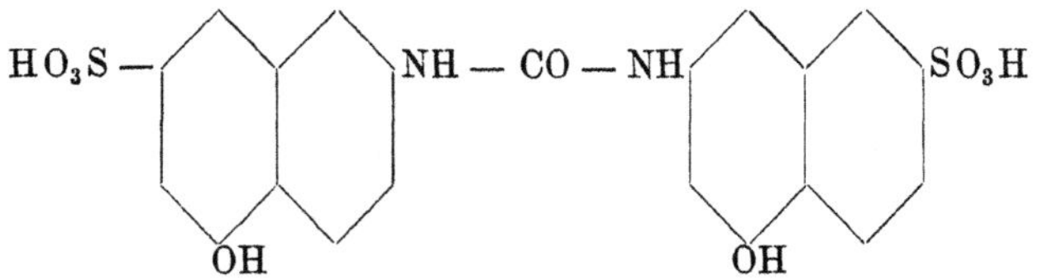

durch einfache Kuppelung mit Diazobenzol etc. dargestellt werden. Es sind dieses direkte Baumwollfarbstoffe von scharlachroter Nüance und vollständiger Säureechtheit. Schließlich das Benzobraun, eine Kombination des Bismarkbraun mit diazotierter Sulfanilsäure oder Naphthionsäure.

Siehe ferner: Thiazol-Azofarben.

Erzeugung von Azofarbstoffen auf der Faser.

Die Erzeugung von Azofarbstoffen auf der Faser, welche gegenwärtig in Baumwollfärberei und Kattundruck eine bedeutende Rolle spielt, wird hauptsächlich nach zwei, prinzipiell verschiedenen Methoden ausgeführt. Die erste beruht auf der Verwendung einiger direkt ziehender Baumwollfarbstoffe, welche freie Aminogruppen enthalten. Dieselben werden aufgefärbt, durch ein salpetrige Säure enthaltendes saures Bad auf der Faser diazotiert und alsdann durch Einbringen in die Lösung eines Phenols oder Amins (α und β Naphtol, Naphtylamin etc.) ein neuer Farbstoff erzeugt. Wir haben bereits bei Gelegenheit des Diaminschwarz und der Diaminogenfarbstoffe (Seite 78) ein solches Verfahren behandelt. In ganz ähnlicher Weise benutzt man die Primulinsulfosäure (siehe „Thiazolfarbstoffe") zur Erzeugung sehr mannigfaltiger Färbungen. Diese Sulfosäure fixiert sich im alkalischen Bade mit schwach gelber Farbe auf Baumwolle. Durch Einbringen in eine saure Nitritlösung wird der Farbstoff auf der Faser diazotiert und dann in einem alkalischen Bade von Naphtol oder andern dazu geeigneten Entwicklern die gewünschte Nüance erzeugt. Die gebräuchlichen Entwickler sind die Naphtole, Naphtylamine, Aminonaphtoläther, Phenylendiamin, Aminodiphenylamin und Resorcin.

Ein anderes Verfahren beruht auf der Erzeugung eines unlöslichen Farbstoffes innerhalb der Faser. Ein solcher wird meistens mit Hilfe von β Naphtol erzeugt. Mit einer alkalischen Lösung des letzteren wird die Faser zunächst imprägniert und dann getrocknet. Dabei scheint das Naphtol mit der Baumwollfaser, ähnlich dem Tannin, eine lose Verbindung einzugehen. Durch Einbringen in die mit Natriumacetat oder Kreide neutralisierte Lösung eines Diazokörpers wird der Farbstoff entwickelt.

Selbstverständlich dürfen nur Diazokörper, welche unlösliche Farbstoffe bilden, also keine Sulfosäuren, angewendet werden.

Es finden Verwendung:

Para- und Meta-Nitrodiazobenzol, die Diazonaphtaline und Diazoazobenzol, ferner Diazonitroanisole, Diazonaphtoläther, Benzidin, Tolidin und Dianisidin sowie neuerdings auch ein p Aminobenzol-Azo-α Naphtylamin (Schwarz der Höchster Farbwerke).

Von diesen Basen hat das diazotierte Paranitranilin die größte Wichtigkeit erlangt, weil es mit β Naphtol eine dem Alizarinrot (Türkischrot) sehr ähnliche Nuance erzeugt, welche letzterem an Echtheit wenig nachsteht. Da die Diazotierung der Base in den Färbereien mancherlei Schwierigkeiten bereitet und die Lösung der Diazoverbindung nur kurze Zeit halbar ist, hat man sich bemüht, diesem Übelstand durch Herstellung haltbarer Diazokörper abzuhelfen.

Zuerst wurde die von Schraube und Schmidt beobachtete Umwandlung der Diazokörper in Isodiazokörper (Nitronitrosamin) verwertet. Diese Isodiazoverbindungen sind völlig haltbar und können beim Gebrauch durch Behandlung mit verdünnten Säuren in normale Diazokörper zurückverwandelt werden, allerdings nicht ohne Verlust. Von anderer Seite werden die schwerlöslichen Salze des Nitrodiazobenzols mit hochmolekularen Säuren, z. B. Naphtalinsulfosäure, in fester Form zur Verwendung gebracht oder die Lösung des Nitrodiazobenzolsulfats wird mit kristallwasserhaltigen Salzen wie Alaun oder Natriumsulfat im Vakuum eingedampft und dadurch die Explosionsfähigkeit der Verbindung aufgehoben (Azophorrot Höchst).

Nächst dem Paranitranilin ist wohl das Dianisidin die wichtigste Base, weil sie mit β Naphtol eine blauviolette Färbung liefert, welche sich durch Zusatz von Kupfersalzen in ein indigoartiges Blau verwandeln läßt.

Metanitranilin erzeugt ein gelbstichiges Orange. Die Erzeugung der Azofarbstoffe auf der Faser hat in den letzten Jahren sehr an Umfang zugenommen, sie findet sowohl in der Färberei als in der Druckerei Verwendung und macht den übrigen Baumwollfarbstoffen starke Konkurrenz.

Wie Prudhomme zuerst beobachtete, gehen die Azokörper des β Naphtols bei der Behandlung mit Natriumbisulfit in eine labile lösliche Sulfosäure über. Man hat diese Tatsache zur Fixierung unlöslicher Azokörper bezw. ihrer Tonerdelacke auf der Faser benutzt. So wurden von den Höchster Farbwerken rote Azofarbstoffe aus β Naphtol und Dichlordiazophenol sowie aus ersterem und Diaminophenolsulfon unter dem Namen „Azarin" in den Handel gebracht. Die Bisulfitverbindung wurde mit Tonerde aufgedruckt und gedämpft, wobei sich unter Spaltung der Sulfosäure der Tonerdelack des Azokörpers auf der Faser fixierte. Die Azarine finden gegenwärtig keine Verwendung mehr.

III. Hydrazon-, Pyrazolonfarbstoffe und Formazyle.

Das Phenylhydrazin reagiert auf die meisten Körper, welche die Gruppe CO enthalten, in der Weise, daß das Sauerstoffatom mit zwei an Stickstoff gebundenen Wasserstoffatomen ausgeschieden wird und dafür der Rest des Phenylhydrazins eintritt.

Offenbar sind es hier die zwei Wasserstoffatome der Aminogruppe, welche austreten, und die Hydrazone enthalten deshalb den Rest $C = N - NHC_6H_5$.

Die Tatsache, daß die Hydrazone einiger aromatischer Chinone mit den aus Phenolen und Diazoverbindungen entstehenden Oxyazoverbindungen identisch sind, läßt auf nahe Beziehungen zwischen Azokörpern und Hydrazonen schließen.

So ist z. B. das Einwirkungsprodukt von Phenylhydrazin auf α Naphtochinon mit dem aus α Naphtol und Diazobenzol erhaltenen Benzolazo-α Naphtol identisch, während demselben nach ersterer Bildung die Formel:

$$C_6H_5 - \overset{H}{N} - N = C_{10}H_6 = O,$$

nach letzterer die Formel:

$$C_6H_5 - N = N - C_{10}H_6OH$$

zukommen sollte.

Wenn wir demnach die Hydrazone aromatischer Chinone als Azokörper behandeln und nach den Bildungsweisen derselben darstellen können, so setzt uns wieder die Reaktion des Phenylhydrazins in den Stand, zu den Hydrazonen fetter Ketone zu gelangen, welche durch die Azoreaktion nicht oder nur schwierig zu erhalten sind. Auch diese zeigen mit den Azokörpern viel Verwandtschaft. Sie werden wie diese durch Reduktion in Aminokörper gespalten und zeigen die den einfachsten Repräsentanten dieser Klasse eigene gelbe Farbe.

Bis jetzt hat aber keiner dieser Farbstoffe eine technische Bedeutung erlangt, weil ihr Färbevermögen zu gering ist. Der einzige wichtige Körper, welcher früher hierher gezählt wurde, das Tartrazin, ist nach neueren Untersuchungen von Anschütz (*1*) kein Hydrazon, sondern ein Pyrazolon.

In der Färberei haben nur die Einwirkungsprodukte von aromatischen Hydrazinen auf Dioxyweinsäure, die Tartrazine, Verwendung gefunden.

Tartrazin (*2*).

Dieser Farbstoff wird durch Einwirkung von Phenylhydrazinsulfosäure auf Dioxyweinsäure dargestellt.

Diese Säure, welcher im wasserhaltigen Zustande die Formel:

$$\begin{array}{l} COOH \\ | \\ C\begin{array}{l} -OH \\ -OH \end{array} \\ | \\ C\begin{array}{l} -OH \\ -OH \end{array} \\ | \\ COOH \end{array}$$

zukommt, muß als Hydrat der Ketonsäure:

$$\begin{array}{l} COOH \\ | \\ CO \\ | \\ CO \\ | \\ COOH \end{array}$$

aufgefaßt werden.

In erster Phase reagiert wohl die Phenylhydrazinsulfosäure auf die Dioxyweinsäure unter Bildung des Dihydrazons:

$$\begin{array}{l} COOH \\ | \\ C = N - NHC_6H_4SO_3H \\ | \\ C = N - NHC_6H_4SO_3H \\ | \\ COOH. \end{array}$$

---

1) Anschütz, Annal. 294, p. 219. — *2*) D.R.P. 43294, Ziegler u. Locher, Ber. 20, p. 834.

In zweiter Phase findet aber unter Wasseraustritt zwischen einer Carboxyl- und einer Hydrazingruppe die Schließung des Pyrazolonringes statt und dem Tartrazin muß die nachstehende Konstitution zukommen:

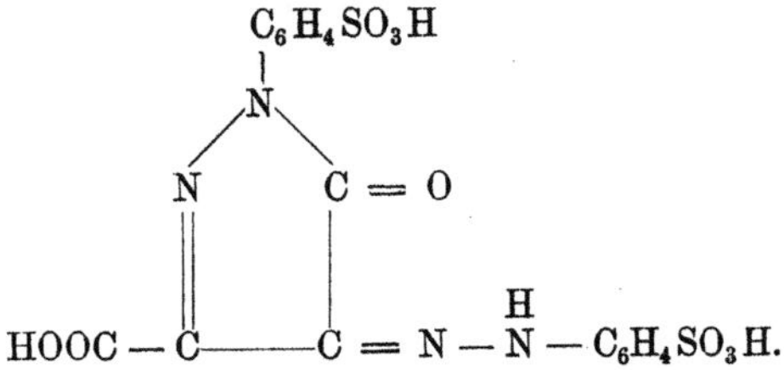

Die Darstellung des Farbstoffes geschieht einfach durch Erhitzen der beiden Komponenten in angesäuerter Lösung.

Eine andere Methode zur Darstellung des Tartrazins benutzt als Ausgangsmaterial den Oxalessigester:

$$C_2H_5O - CO - COCH_2COOC_2H_5.$$

Derselbe wird zunächst durch Phenylhydrazinsulfosäure in das entsprechende Hydrazon:

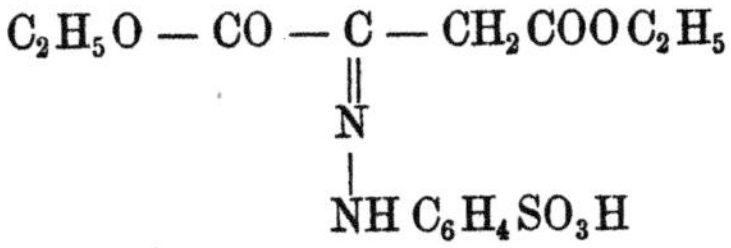

übergeführt, dieses geht unter Einwirkung von Diazobenzolsulfosäure zuächst in das Dihydrazon:

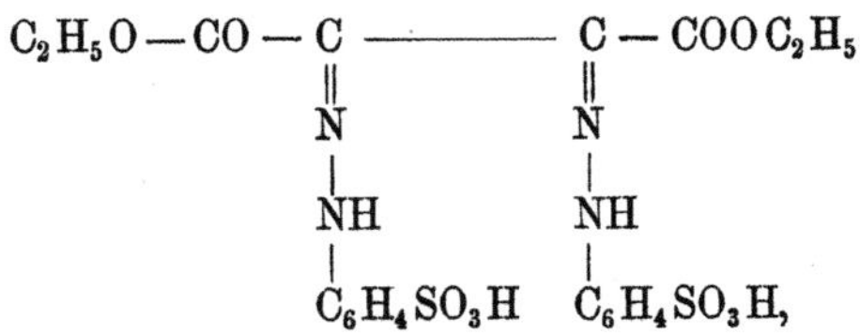

über, welches nichts anderes ist als der Äthylester des Dioxyweinsäure-Dihydrazon und beim Verseifen in Tartrazin übergeht.

Das Tartrazin bildet in Form des Natriumsalzes ein schön orangegelbes kristallinisches Pulver.

Auf der tierischen Faser erzeugt es im sauren Bade ein schönes Goldgelb, welches namentlich wegen seiner großen Lichtbeständigkeit und Walkechtheit geschätzt wird. Es findet hauptsächlich in der Wollfärberei Verwendung.

Das Tartrazin färbt auch metallische Beizen (namentlich Chrombeize) an. Diese Eigenschaft kommt noch mehr bei einem aus Hydrazinbenzoësäure dargestellten Produkt zur Geltung. Auch nitrierte Tartrazine sind als Beizenfarbstoffe vorgeschlagen.

Hier mag noch eine kleine Klasse von Farbstoffen Erwähnung finden, die „Formazyle". Mit diesem Namen bezeichnete v. Pechmann eine Klasse von Verbindungen, welche eine Azogruppe und eine Hydrazogruppe an einem Kohlenstoffatom enthalten. Ihre Konstitution entspricht somit dem Schema:

$$R - C \begin{array}{l} \diagup N = NR \\ \diagdown N - \underset{H}{N} - R \end{array}$$

Für die Farbstoffchemie ist namentlich eine ihrer Bildungsweisen von Interesse: durch Einwirkung von Diazokörpern auf die Hydrazone der Aldehyde, welche eine fast unbegrenzte Menge von Synthesen in Aussicht stellt. Von einer Verwendung derselben ist nichts bekannt.

IV. Azomethine und Stilbenfarbstoffe.

Mit dem Namen Azomethine läßt sich passend eine Klasse von Farbstoffen bezeichnen, welche bis jetzt nur ein rein theoretisches Interesse besitzen. Dieselben können als Azokörper bezeichnet werden, in denen das eine Stickstoffatom durch die dreiwertige Methingruppe $\equiv CH$ ersetzt ist, als Chromophor fungiert hier also der Rest $-\overset{H}{C}=N-$ und die Grundsubstanzen (Chromogene) dieser Verbindungen sind nichts anderes als die Benzylidenverbindungen aromatischer Amine

$$C_6H_5-N-N=C_6H_5 \qquad C_6H_5-\overset{H}{C}=N-C_6H_5$$

Azobenzol — Benzylidenanilin.

Während Benzylidenanilin nur schwach gelb gefärbt ist, tritt der Farbstoffcharakter beim Eintritt auxochromer Gruppen, namentlich der Aminogruppe, deutlich hervor, und es entstehen Farbstoffe, welche in ihrem Verhalten viel Ähnlichkeit mit dem Aminoazobenzol besitzen. Der erste Repräsentant dieser Gruppe wurde von Möhlau durch Einwirkung von Nitrosodimethylanilin auf Dimethylanilin in salzsaurer Lösung dargestellt und mit dem Namen Rubifuscin bezeichnet (*1*).

Diesem Körper kommt die folgende Konstitution zu:

$$(CH_3)_2N-C_6H_4-\overset{H}{C}=N-C_6H_4-N(CH_3)_2.$$

Die Bildung des Körpers wird durch den Umstand erklärt, daß ein Teil des Nitrosodimethylanilins unter Bildung von Formaldehyd zersetzt wird, und dieser die betreffende Gruppe CH liefert.

---

1) Möhlau, Ber. 16, p. 3081; Ber. 19, p. 2010.

Nach Rudolf bildet sich derselbe Körper durch Einwirkung von p Dimethylaminobenzaldehyd auf Dimethylparaphenylendiamin nach dem Schema

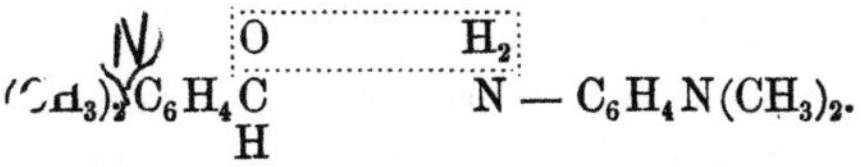

Das Rubinfuscin ist im freien Zustande gelb gefärbt, mit Säuren bildet es, ähnlich dem Aminoazobenzol, rote labile Salze.

Eine sehr interessante Klasse von Azomethinen stellte Rupe durch Einwirkung der Imidazole (Acetanhydro-Orthodiamine) auf Aminobenzaldehyde (beziehungsweise Nitrobenzaldehyde und nachherige Reduktion) dar. Die Kondensationsprodukte des Ortho- und Para-Aminoaldehyds zeigen den Charakter von Azomethinfarben, aber nicht die Metaverbindungen.

Erstere färben sich mit Säuren rot wie Aminoazobenzol und fixieren sich mit derselben Farbe auf tannierter Baumwolle.

Azoxystilben — Dinitrosostilben.

Hier möge eine eigentümliche Farbstoffklasse Platz finden, deren Repräsentanten früher bei den Azokörpern behandelt wurden.

Behandelt man Paranitrotoluol-Orthosulfosäure $(\overset{1}{C}H_3 . \overset{2}{S}O_3H . \overset{4}{N}O_2)$ mit Alkalilauge, so entstehen je nach Zeitdauer der Einwirkung und Konzentration der Lauge verschiedene Farbstoffe. Der eine derselben wurde von Bender und Schultz als Sulfosäure des Azoxystilbens:

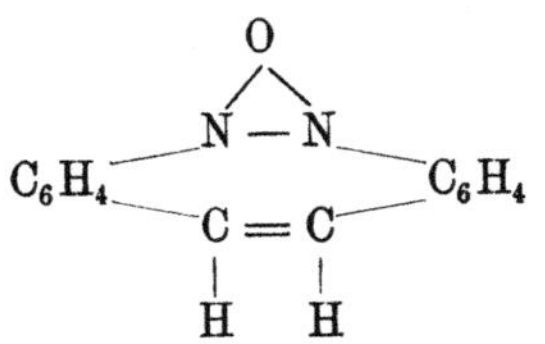
(2, 3)

bezeichnet und bildet sich hauptsächlich bei Anwendung verdünnter Natronlauge. Als Farbstoff ist er unter dem Namen Sonnengelb und Mikadogelb zur Verwendung gekommen. Führt man dieselbe Reaktion mit konzentrierter Natronlauge aus, so entsteht

---

2) D.P. 38735 v. 29. I. 86; Friedl., p. 510. — *3*) Bender u. Schultz, Ber. 19, p. 3234.

ein von ersterem verschiedener Farbstoff (*4*), welcher von der Firma Kalle unter dem Namen Direktgelb in den Handel gebracht wird. Nach Fischer und Hepp bildet sich bei dieser Reaktion eine Dinitrostilbendisulfosäure (*5*). Beide Farbstoffe fixieren sich auf ungebeizter Baumwolle, ersterer mit etwas bräunlicher, letzterer mit rein gelber Farbe. Beide Körper werden durch Reduktion in Diaminostilbensulfosäure übergeführt. Augenscheinlich sind diese Körper den Azomethinen und Azofarbstoffen insofern zur Seite zu stellen, als hier die Azogruppe vollständig durch die Gruppe $-\overset{H}{C}=\overset{H}{C}-$, den Äthylenrest, ersetzt ist. Daß diese hier wirklich als Chromophor der Farbstoffe betrachtet werden muß, ist kaum zweifelhaft, denn durch die Gegenwart der Nitroso- oder Azoxygruppe allein lassen sich die Farbstoffeigenschaften der Körper kaum erklären.

---

4) D.P. 79241. — *5*) Fischer u. Hepp, Ber. 26, p. 2231.

V. Oxychinone und Chinonoxime.

Wie schon in der Einleitung erwähnt, zählen die Chinone, gleichviel ob die Chinongruppe in denselben die Ortho- oder die Parastellung einnimmt, zu den vorzüglichsten Chromogenen, welche durch Eintritt auxochromer Gruppen leicht in wirkliche Farbstoffe übergeführt werden. Da die Chinongruppe zu den säurebildenden Chromophoren gehört und einer eintretenden Hydroxylgruppe stark saure Eigenschaften verleiht, so tritt der Farbstoffcharakter namentlich bei den Oxychinonen stark zutage.

Sämtliche Oxychinone sind gefärbt, bilden noch stärker gefärbte Salze und fixieren sich meist direkt auf der tierischen Faser, aber die so erhaltenen Färbungen sind schwach und für die Färbereipraxis ohne Bedeutung.

Die wahre Farbstoffnatur kommt erst in den Verbindungen einer Anzahl dieser Körper mit gewissen Metalloxyden zum Vorschein, mit anderen Worten, die Oxychinone gehören zu den Beizenfarbstoffen und zeichnen sich durch die Eigenschaft aus, schön gefärbte, auf der Faser haftende Lacke zu bilden.

Es hat sich die interessante Tatsache herausgestellt, daß nur solchen Oxychinonen diese Eigenschaft zukommt, welche mindestens ein Hydroxyl in benachbarter Stellung zum Chinonsauerstoff enthalten, daß im allgemeinen aber die Gegenwart zweier, gleichzeitig zueinander in Orthostellung befindlicher Hydroxyle nötig ist (*1*, *2*).

Alle übrigen Oxychinone bilden zwar gefärbte und häufig unlösliche Metallsalze, doch geht letzteren die Eigenschaft, auf der Faser zu haften, völlig ab.

1) Fitz, Ber. 8, p. 631. — *2*) v. Kostanecki, Ber. 20, p. 3144.

Alle Oxychinone der Benzolreihe enthalten mindestens ein Hydroxyl neben dem Chinonsauerstoff, und allen kommt, soweit sie untersucht sind, in stärkerem oder geringerem Maße die Eigenschaft des Beizenfärbens zu. Das Tetroxychinon, die Rhodizonsäure (Dioxydichinoyl) und die Nitranilsäure (Dinitrodioxychinon) zeigen diese Eigenschaft in hohem Maße, während sie bei dem Dioxychinon sowie bei der Chlor- und Bromanilsäure nur schwach hervortritt.

Das Färbevermögen dieser Körper ist jedoch nur ein geringes und erst in der Naphtalinreihe finden wir in dem Naphtazarin, einem Dioxychinon, einen Beizenfarbstoff von genügender Intensität und Beständigkeit. In ihrem Verhalten den Oxychinonen nahestehend sind die Chinonoxime. Hier zeigen nur die von den Orthochinonen sich ableitenden Körper dieser Klasse die Eigenschaft des Beizenfärbens.

Wird in einem Orthochinon das eine oder beide Chinonsauerstoffatome durch die Isonitrosogruppe NOH vertreten, so entstehen die Mono- oder Dioxime.

Beide zeigen die Eigenschaft, sich auf metallischen Beizen, namentlich auf Eisen- oder Kobaltoxyd, zu fixieren. Am meisten ist dieselbe jedoch bei den Monoximen ausgeprägt, und die letzteren haben deshalb seit einiger Zeit in der Färberei Verwendung gefunden.

Naphtazarin (Dioxynaphtochinon) (*3*).

$C_{10}H_4O_2(OH)_2$.

Dieser Körper wurde im Jahre 1861 von Roussin dargestellt und zuerst für Alizarin gehalten. Zur damaligen Zeit galt das Alizarin für ein Derivat des Naphtalins und Roussin bemühte sich, es aus diesem Kohlenwasserstoff darzustellen. Das Naphtazarin entsteht durch Erhitzen des α Dinitronaphtalins*) mit konzentrierter Schwefelsäure und Eintragen von Zinkstücken in die erhitzte Lösung.

Es bildet sich auch beim bloßen Erhitzen des Dinitronaphtalins mit konzentrierter Schwefelsäure. Zu seiner technischen Darstellung erhitzt man diesen Körper mit einer Lösung

3) Roussin, Jahresber. 1861, p. 955; Aguiar u. Baeyer, Ber. 4, p. 251.

*) Stellung 1:5, wahrscheinlich aber auch 1:8.

von Schwefel in rauchender Schwefelsäure oder auch von letzterer bei Gegenwart anderer Reduktionsmittel. Dabei entsteht als Zwischenprodukt das Aminooxynaphtochinonimid:

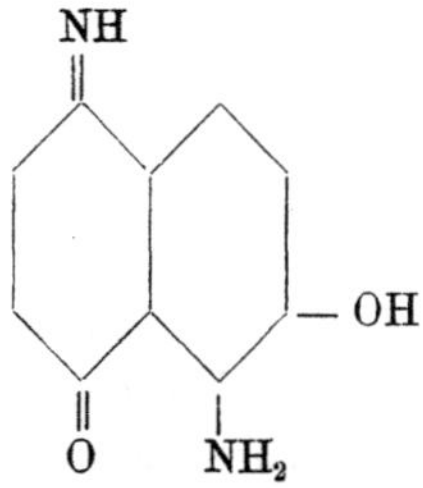

Durch Behandlung dieses Produktes mit rauchender Schwefelsäure sind Sulfosäuren des Naphtazarins sowie eine Reihe von anderen Beizenfarbstoffen dargestellt worden. Durch Kondensation des Naphtazarins mit Anilin und seinen Homologen entstehen Anilidoverbindungen, deren Sulfosäuren als Farbstoffe Verwendung fanden. Im sublimierten Zustande bildet das Naphtazarin kantharidenglänzende Nadeln, welche sich wenig in Wasser, leichter mit roter Farbe in Alkohol und Eisessig lösen. In Alkalien löst es sich mit blauer, in konzentrierter Schwefelsäure mit roter Farbe. Mit Natriumbisulfit geht es eine in Wasser leicht lösliche Verbindung ein. Das Naphtazarin gehört zu den vorzüglichen Beizenfarbstoffen. Es fixiert sich auf Tonerde mit violetter, auf Chromoxyd mit violettschwarzer Farbe, und erzeugt in genügender Stärke auf gechromter Wolle gefärbt, ein tiefes Schwarz.

Das Naphtazarin findet hauptsächlich in Form seiner Bisulfitverbindung Verwendung und wird unter dem Namen „Alizarinschwarz" sowohl in der Wollfärberei als im Zeugdruck benutzt. Ein Anilid des Naphtazarins kommt in Form seiner Bisulfitverbindung unter dem Namen Alizarinschwarz S.R.A. zur Verwendung (*3b*).

Nach Untersuchungen von Schunck (*3a*) ist das Naphtazarin das Orthodihydroxylderivat des α Naphtochinons von der Konstitution:

3a) Schunck u. Marchlewski, Ber. 27, p. 3462; Zincke u. Schmidt, Annal. 286, p. 27. — *3b*) Witt, Ausstellungsbericht 1900.

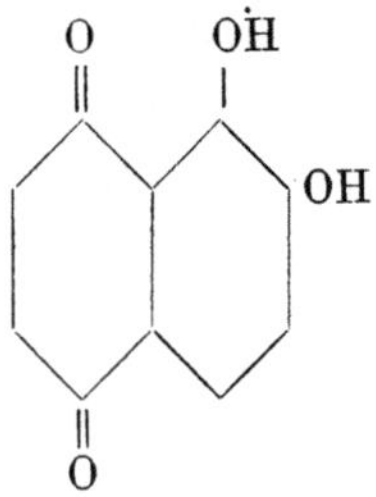

also das Analogon des Alizarins in der Naphtalinreihe.

Durch Oxydation läßt sich das Naphtazarin in das Naphtapurpurin überführen, welches vermutlich das dem Purpurin entsprechende Trioxynaphtochinon ist.

Anthrachinonfarbstoffe.

Während das Anthrachinon selbst nur schwach gelblich gefärbt ist, besitzen die meisten Hydroxylderivate desselben eine mehr oder weniger ausgesprochene orangegelbe bis rote Färbung. Die Lösungen ihrer Alkalisalze sind meist blau oder violett gefärbt. Obwohl einige derselben an und für sich Verwandtschaft zur tierischen Faser zeigen und sich nach Art der Säurefarbstoffe darauf fixieren, besitzt diese Färbung doch keinen praktischen Wert.

Die Verwendbarkeit der Anthrachinonfarbstoffe beruht zum größten Teil auf der Eigenschaft, sich mit Metalloxyden zu unlöslichen, auf der Faser haftenden Lacken zu vereinigen, deren Färbung je nach der Natur der Metalle erheblich variiert.

Mit anderen Worten: Die Anthrachinonfarbstoffe sind fast ausschließlich Beizenfarbstoffe, und zwar findet man unter ihnen die charakteristischsten und wichtigsten aller Beizenfarbstoffe, das Alizarin und seine Derivate.

Vor etwa 10 Jahren konnte noch mit Recht behauptet werden, daß alle technisch verwertbaren Anthrachinonfarbstoffe Derivate des Alizarins und Beizenfarbstoffe seien. Heutzutage kennt man eine Reihe von wichtigen sauren Wollfarbstoffen, welche sich vom Anthrachinon ableiten. Als Beizenfarbstoffe sind die Anthrachinonderivate nur dann tauglich, wenn sie zwei Hydroxylgruppen in

Orthostellung zueinander, und zwar das eine benachbart zu einer Chinongruppe, enthalten. Der einfachste Körper dieser Art ist das Alizarin, es sind daher alle Farbstoffe dieser Kategorie „Alizarinderivate“.

Diese von Liebermann und v. Kostanecki aufgestellte Regel ist aber heutzutage nicht mehr ganz streng durchzuführen. Schon bei Anwendung der Chrombeize zeigen sich viele Farbstoffe als Beizenfarbstoffe, welche es der Tonerde gegenüber nicht sind. Bei einigen Farbstoffen, welche nur ein Hydroxyl in benachbarter Stelle zur Chinongruppe enthalten, ist die Affinität zu den Beizen vorhanden, aber schwach ausgebildet. (Vergl. Einleitung z. d. Oxychinonfarbstoffen oben S. 8.) Es gibt sogar beizenfärbende Anthrachinonfarbstoffe, welche keine Hydroxyle, sondern nur Amino- oder Iminogruppen enthalten. In den meisten Fällen aber ist die obige Regel zutreffend und hat viel zur Entwicklung der Anthrachinonfarbstoffchemie beigetragen*).

Diese Anthrachinonfarbstoffe gehören zu den wichtigsten Produkten der Farbenindustrie. Während sich ihre Verwendung vor kurzem noch auf den Kattundruck und die Baumwollfärberei beschränkte, konsumiert zurzeit wohl die Echtwollfärberei die größere Menge dieser Farbstoffe. Die damit erhaltenen Färbungen übertreffen, speziell bei Anwendung von Chrombeize, alles andere, namentlich die früher angewandten natürlichen Farbstoffe, an Walk- und Lichtechtheit.

Zur Bezeichnung der Stellungsisomerie im Anthracen sind verschiedene Wege eingeschlagen. Man benutzt häufig die beim Naphtalin früher übliche Bezeichnung α und β für die Wasserstoffatome der beiden äußeren Benzolkerne, während die des mittleren mit γ bezeichnet werden.

Ferner ist es üblich, die Stellung der mittleren Kohlenstoffatome in jedem Seitenring mit den Ziffern 1 und 2 zu bezeichnen und dann von links nach rechts weiter zu zählen. Da wir es hier nur mit dem Anthrachinon und seinen Derivaten zu tun haben, so scheint es einfacher, die mittleren Kohlenstoffatome ganz unberücksichtigt zu lassen und von diesen ab die in Frage kommenden

*) Es scheint wenigstens sicher zu sein, daß zwei orthoständige Hydroxyle jedes beliebige Chromogen zum Beizenfarbstoff machen, aber nicht alle Beizenfarbstoffe enthalten solche Hydroxyle.

Stellen wie beim Naphtalin mit den Ziffern 1—8 zu bezeichnen. Das nachstehende Schema wird dieses erläutern:

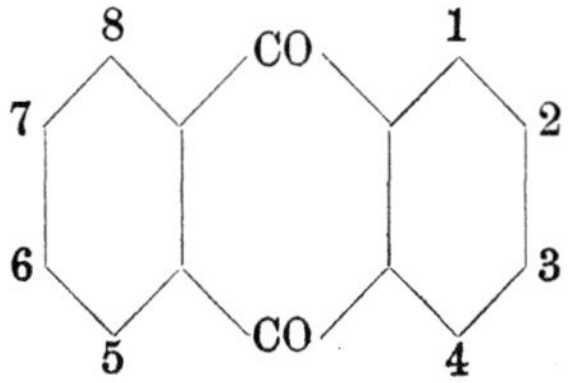

Bei den Anthracenderivaten wären die mittleren Kohlenstoffatome als 9 und 10 zu bezeichnen.

Die Darstellung des künstlichen Alizarins aus dem Anthracen des Steinkohlenteers gehört wohl zu den wichtigsten Erfolgen, welche die angewandte Wissenschaft jemals errungen hat. Diesem Umstand sowie der bald sich entwickelnden Massenproduktion dieses Farbstoffes ist es wohl zuzuschreiben, daß die Chemie der Anthracenfarbstoffe sich nicht in dem Maße entwickelte, wie es bei anderen Farbstoffklassen der Fall war. Erst seit etwa 10 Jahren sehen wir einen mächtigen Aufschwung auf diesem Gebiete, der zu einer Reihe ganz neuer Produkte von bis dahin nicht bekannten Eigenschaften führte.

Während bisher das Anthracen des Steinkohlenteers das alleinige Ausgangsmaterial bildete, werden jetzt auch die lange bekannten Synthesen der Anthrachinonderivate, namentlich diejenige, welche meta-substituierte Benzoësäuren als Ausgangsmaterial benutzt, zur Farbstoffbildung angewandt.

Alizarin.

$C_{14}H_8O_4$ (*4, 5, 6*).

Das Alizarin ist einer der wenigen, in der Natur vorkommenden Farbstoffe, welche auf synthetischem Wege dargestellt wurden, und außer dem Indigo der einzige, dessen künstliche Darstellung praktische Verwendung findet. Es findet sich, meist nicht frei, sondern in Form eines Glukosids, der Ruberythrinsäure $C_{26}H_{28}O_{14}$ (*4, 5*),

4) Rochleder, Annal. 80, p. 324. — *5*) Schunck, Annal. 66, p. 176; Jahresb. 1855, p. 666. — *6*) Gräbe und Liebermann, Annal. Spl. 7, 300; Ber. 2, p. 14, 332 u. 505; 3, p. 359.

im Krapp (der Wurzel von Rubia tinctorum), sowie in einigen anderen Pflanzen.

Die Ruberythrinsäure spaltet sich beim Kochen mit Säuren sowie durch Gärung in Glukose und Alizarin:

$$C_{26}H_{28}O_{14} + 2H_2O = C_{14}H_8O_4 + 2C_6H_{12}O_6 \quad (4).$$

Das Alizarin bildet im kristallisierten Zustande rotbraune Nadeln, welche in Wasser fast unlöslich sind, sich spärlich in Alkohol, leichter in heißem Eisessig, Schwefelkohlenstoff und Glycerin lösen. Es schmilzt bei 289—290° und sublimiert bei höherer Temperatur in schön roten langen Nadeln. In Alkalilauge ist es mit violetter Farbe löslich. Kohlensäure fällt aus dieser Lösung meist die schwerlöslichen sauren Salze. Bei der Oxydation mit Salpetersäure liefert es Phtalsäure, beim Glühen mit Zinkstaub Anthracen. Mit Tonerde, Chrom, Baryum, Calcium, Eisen sowie mit den meisten Erd- und Schwermetallen bildet das Alizarin sehr charakteristisch gefärbte unlösliche Lacke. Der rote Tonerdelack, der schwärzlich violette Eisenlack sowie der braunviolette Chromlack sind allein für die Färberei von Wichtigkeit.

Das Alizarin enthält die beiden Hydroxylgruppen in benachbarter Stellung zu einer Carbonylgruppe des Anthrachinons, seine Konstitution entspricht demnach der nachstehenden Formel (*7*):

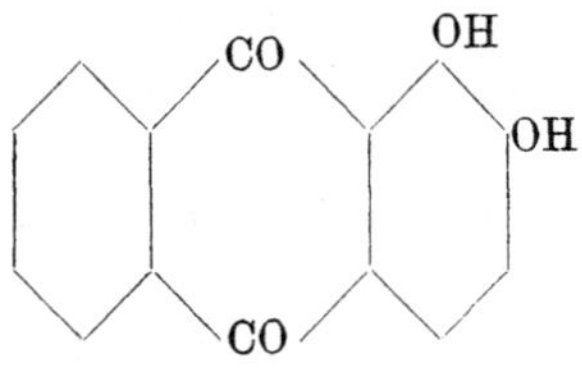

Die Hydroxylwasserstoffe des Alizarins lassen sich durch Alkohol und Säureradikale vertreten. Durch Erhitzen von Alizarin mit den betreffenden Jodiden bei Gegenwart von Alkalihydrat entstehen die β Alkylderivate (*8*, *9*, *16a*).

Essigsäureanhydrid bildet ein bei 184° schmelzendes Diacetylderivat (*10*). Bei Einwirkung von Chlor entsteht Monochloralizarin, bei Einwirkung von Antimonpentachlorid Dichlor- (*11*) und schließ-

---

7) Baeyer und Caro, Ber. 7, p. 972. — *8*) Schunck, Jahresb. 1874, p. 446. — *9*) Schützenberger, Farbstoffe, Berlin 1870, 2, 114. — *10*) Baeyer, Ber. 9, p. 1232. — *11*) Diehl, Ber. 11, p. 187.

lich Tetrachloralizarin. Auch die entsprechenden Bromderivate sind dargestellt worden (*11*, *12*, *13*).

Beim Erhitzen mit Ammoniak im geschlossenen Rohr entsteht vorwiegend 1 Amino-2 Oxyanthrachinon.

Künstlich ist das Alizarin durch Schmelzen des Bibromanthrachinons, des Nitroanthrachinons und der Anthrachinonsulfsäure mit Kali oder Natron, außerdem noch durch Kondensation von Phtalsäure mit Brenzkatechin (*14*), sowie durch Reduktion der Rufigallussäure (*16*) dargestellt worden. Nur die Darstellung aus dem Anthrachinon hat technische Verwendung gefunden und hat im Laufe der letzten Dezennien die Anwendung des Krapps in der Färberei fast verschwinden gemacht. Neuerdings ist auch Alizarin durch direktes Erhitzen mit Kali-Natronhydrat dargestellt worden. Über die technische Verwendbarkeit dieser Methode liegen noch keine näheren Angaben vor (*16b*).

Die künstliche Darstellung des Alizarins wurde zuerst im Jahre 1869 von Gräbe und Liebermann ausgeführt (*15*).

Nachdem diese Chemiker schon früher die Bildung von Anthracen aus dem natürlichen Alizarin beim Glühen desselben mit Zinkstaub beobachtet und dadurch diesen Körper als Derivat des Anthracens erkannt hatten, bemühten sie sich, umgekehrt das Alizarin aus dem Anthracen darzustellen. Sie erreichten dieses Ziel durch Schmelzen des Bibromanthrachinons mit Kali.

Noch in demselben Jahre entdeckten Gräbe und Liebermann im Verein mit Caro (*17*) die Bildung des Alizarins beim Verschmelzen der Anthrachinonsulfosäure mit Kali. Dieses Verfahren der Alizarindarstellung, welches im Prinzip das noch heute gebräuchliche ist, wurde fast gleichzeitig von H. Perkin (*18*) entdeckt.

Andere für die Darstellung des Körpers vorgeschlagene Methoden, z. B. Schmelzen von Bichloranthrachinon oder Nitroanthrachinon (*19*) mit Kali, haben keine praktische Bedeutung erlangt.

Lange Zeit war man der Ansicht, daß es die Anthrachinondisulfosäure sei, welche beim Verschmelzen in Alizarin übergehe.

---

12) Perkin, Jahresb. 1874, p. 485. — *13*) Stenhouse, Annal. 130, p. 343. — *14*) Baeyer u. Caro, Ber. 7, p. 972. — *15*) Gräbe und Liebermann, Annal. 160, p. 144. — *16*) Widman, Ber. 9, p. 856. — *16a*) Gräbe und Aders, Annal. 318, p. 369. — *16b*) Franz. Patent der B.A.S.F. 344680. — *17*) Engl. Pat. 1936 v. 25. Juni 1869. — *18*) Perkin, Engl. Pat. 1948 v. 26. Juni 1869. — *19*) Meister Lucius u. Brüning, Jahresb. 1873, p. 1122.

Diese Ansicht beruhte auf einem Irrtum, denn allein die Monosulfosäure (wohl hauptsächlich die β Säure) bildet Alizarin, während die Disulfosäuren Isopurpurin und Flavopurpurin liefern. Es soll diese Tatsache bereits im Jahre 1871 einzelnen Technikern bekannt gewesen sein, doch gelangte sie erst im Jahre 1876 durch Perkin (*20*) an die Öffentlichkeit.

Für die Gewinnung des Alizarins im großen wird zunächst ein möglichst reines Anthrachinon hergestellt. Zur Darstellung desselben oxydiert man allgemein das Anthracen mit Kaliumbichromat und verdünnter Schwefelsäure. Man wendet ein möglichst hochprozentiges Anthracen an, welches durch Sublimation mit überhitztem Wasserdampf in ein zartes Pulver übergeführt wurde.

Die Oxydation geschieht in verbleiten Holzgefäßen, in welchen das Gemisch durch direkten Dampf erhitzt werden kann. Wurde möglichst reines Anthracen und ein nicht zu konzentriertes Oxydationsgemisch angewandt, so scheidet sich das Anthrachinon in Form eines zarten grauen Pulvers aus, welches durch Waschen von den anhängenden Salzen befreit wird. Man löst das getrocknete Rohanthrachinon in konzentrierter Schwefelsäure und erhält dasselbe durch Fällen mit Wasser in reinerem Zustande. Durch Sublimation mit überhitztem Wasserdampf wird es weiter gereinigt.

Um es in die Monosulfosäure zu verwandeln, muß es mit ziemlich starker rauchender Schwefelsäure (von 30—40 % Anhydridgehalt) bei möglichst niedriger Temperatur behandelt werden.

Es entsteht hier hauptsächlich die β Säure, während die α Säure jedenfalls nur in kleinen Mengen gebildet wird.

Die Monosulfosäure läßt sich von den gleichzeitig gebildeten Disulfosäuren durch partielle Kristallisation der Natronsalze trennen. Beim teilweisen Sättigen des Säuregemisches mit Soda scheidet sich das monosulfosaure Natronsalz zuerst aus. Gegenwärtig ist das Verfahren der Sulfonierung derart ausgebildet, daß man vorwiegend Monosulfosäure neben wenig Disulfosäure zu erzeugen imstande ist.

Wie bereits oben bemerkt, findet im Schmelzprozeß einerseits eine Substitution der Sulfogruppe durch Hydroxyl, andrerseits eine direkte Oxydation statt.

---

20) Perkin, Ber. 9, p. 281.

Diese Oxydation wurde bei den älteren Alizarinprozessen durch den Luftsauerstoff bewirkt und geschah, wenn der Zutritt desselben ungenügend war, stets auf Kosten eines Teils der Substanz. Man bemühte sich deshalb, der Schmelze eine möglichst große Oberfläche zu geben und nahm den Schmelzprozeß in möglichst flachen Gefäßen vor.

Seit Ende der 70er Jahre ist dieses Verfahren verlassen. Man ersetzt jetzt die Wirkung der atmosphärischen Luft durch Hinzufügung eines Oxydationsmittels (Kaliumchlorat oder Salpeter) und nimmt die Schmelze in geschlossenen Druckgefäßen vor. Das Schmelzen unter Druck hat außerdem den Vorteil, daß man die Temperatur beliebig regulieren kann, selbst wenn die Schmelze stark wasserhaltig ist, während dieselbe in offenen Gefäßen eine größere Konzentration besitzen müßte, um die nötige Temperatur zu erreichen.

Man bringt in einen mit Rührer versehenen horizontalen zylindrischen Eisenkessel 1 Teil anthrachinonmonosulfosaures Natron mit ca. 3 Teilen Natronhydrat, fügt eine gewisse Menge Wasser und chlorsaures Kali oder Salpeter hinzu und erhitzt längere Zeit auf 180 bis 200°.

Die Schmelze wird darauf in Wasser gelöst und das Alizarin durch Zersetzen der entstandenen Natriumverbindung mit Salzsäure gefällt. Man wäscht dasselbe gut aus und bringt es in Form einer 10- bis 20 prozentigen Paste in den Handel. Zur Beurteilung des Wertes der Handelsware bestimmt man den Trocken- und Aschengehalt und nimmt schließlich eine Probefärbung damit vor.

Man unterscheidet blaustichiges und gelbstichiges Alizarin. Während ersteres ziemlich reines Alizarin ist, enthält letzteres die beiden Trioxyanthrachinone: Isopurpurin und Flavopurpurin. Das Alizarin fixiert sich zwar direkt auf Wolle, diese Färbung besitzt jedoch einen schwachen, gelbroten Ton, wie er den Lösungen des freien Alizarins eigen ist. Für die Färberei ist dieselbe ohne Wert. und das Alizarin kommt hier nur in Form seiner lebhaft gefärbten Lacke, namentlich des Tonerde- und Eisenlacks in Verwendung.

Je nach der Natur der Metalle, welche als Beizen dienen, erzeugt das Alizarin ganz verschiedene Töne. In der Baumwollfärberei und -druckerei benutzt man fast ausschließlich den schön roten Tonerdelack und den schwärzlich violetten Eisenlack, welch letzterer bei genügender Intensität fast schwarz erscheint.

Auf Wolle findet ebenfalls der Tonerdelack, aber auch der violettbraune Chromlack Verwendung.

Um Alizarin auf Baumwolle zu färben, wird diese mit den betreffenden Metalloxyden imprägniert. Man suspendiert das Alizarin möglichst fein in Wasser und erhitzt das Bad mit dem hineingebrachten Stoff allmählich bis zum Sieden. Obwohl das Alizarin in Wasser nur spurenweise löslich ist, genügt diese Löslichkeit doch, um die Vereinigung desselben mit dem auf der Faser haftenden Metalloxyd zu vermitteln. Für die Probefärbung mit Alizarin findet man Kattunmuster im Handel, auf welche Streifen von Tonerde, Eisenoxyd, sowie einem Gemenge beider in verschiedener Intensität aufgedruckt sind. In einem Alizarinbade erhält man auf einem solchen Stoff gleichzeitig verschiedene Nüancen.

Für den Zeugdruck wird die Alizarinpaste mit Aluminium- oder Eisenacetat und freier Essigsäure gemischt und aufgedruckt. Die Lackbildung geht alsdann erst bei dem nachfolgenden Dämpfen, welches die Acetate zersetzt, vor sich.

In der Alizarinfärberei werden eine große Anzahl von oft rein empirischen Handgriffen benutzt, namentlich in der Türkischrotfärberei. Man erhält z. B. lebhaft scharlachrote Töne (Türkischrot) auf Tonerdebeize nur mit Hilfe von Ölbeizen. Diese wurden früher in Form eines sehr sauren Olivenöls (Tournantöl) angewendet. Heutzutage benutzt man ausschließlich das unter dem Namen Türkischrotöl in den Handel kommende rizinusölsaure Ammoniak. Man erhält dieses Produkt durch Behandeln des Rizinusöls mit Schwefelsäure und Neutralisieren der ausgeschiedenen Ölsäure mit Ammoniak.

Vermutlich geht die Tonerde Doppelverbindungen ein, welche einerseits Fettsäuren, andrerseits Alizarin enthalten, und denen eine lebhafter rote Farbe zukommt als den reinen Alizarinlacken. Die Türkischrotfärberei ist ein sehr komplizierter Prozeß, bei welchem Kuhkotbäder und ähnliche Manipulationen von bis jetzt noch nicht völlig aufgeklärter Wirkung zur Anwendung kommen.

Die Praxis hat gelehrt, daß der schön rote Tonerdelack des Alizarins auf Baumwolle gar nicht zustande kommt, wenn kalkfreies Wasser zum Färben verwendet wird. Eine Untersuchung dieses Lackes zeigt auch stets einen erheblichen Kalkgehalt, so daß hier wohl stets die Existenz gemischter Lacke angenommen werden muß. Ebenso hat sich herausgestellt, daß statt des reinen

Chromlackes vorteilhaft ein Chrom-Magnesiumlack benutzt werden kann. Wenigstens gilt dieses für die Baumwollfärberei.

Wolle wird für die Alizarinfärberei ebenfalls mit Tonerde gebeizt. Man erreicht dieses meist durch Ansieden in einem Bad von Alaun und Weinstein.

Die Chrombeize erzeugt man durch Kochen der Wolle mit Kaliumbichromat und Weinstein.

Die mit Alizarin erzeugten Färbungen zeichnen sich durch große Beständigkeit aus. Sie widerstehen sowohl der Seife als der Behandlung mit Chlorkalk und sind fast unempfindlich gegen das Licht.

Alizarinsulfosäure (Alizarin S.).

Alizarinsulfosäure bildet sich bei vorsichtiger Behandlung von Alizarin mit rauchender Schwefelsäure. Dieselbe findet starke Verwendung in der Wollfärberei, hauptsächlich auf Aluminium-Weinsteinbeize und auf Chrom.

Andere Alizarinsulfosäuren entstehen durch partielles Verschmelzen der Anthrachinondisulfosäuren mit Alkali.

Nitroalizarin (*21*, *22*).

$C_{14}H_7(NO_2)O_4$.

Hauptsächlich die β Verbindung (von der Stellung $OH.OH.NO_2 = 1:2:3$) ist von technischer Bedeutung. Sie entsteht durch Behandlung des Alizarins (in Ligroin oder Nitrobenzol suspendiert) mit Untersalpetersäure oder Salpetersäure sowie durch vorsichtiges Nitrieren des Alizarins mit Salpetersäure in Eisessiglösung.

Das reine β Nitroalizarin bildet orangegelbe, bei 244° unter Zersetzung schmelzende Nadeln (*22*). Es sublimiert unter teilweiser Zersetzung in gelben Blättchen. Löslich in Benzol und Eisessig. In Alkalilauge löst es sich mit purpurroter Farbe. Der violette Kalklack wird durch Kohlensäure nicht zerlegt (Unterschied vom Alizarin). Es bildet ein bei 218° schmelzendes Diacetat (*22*).

Die α Verbindung entsteht vorwiegend, wenn Alizarin in schwefelsaurer Lösung mit Salpetersäure behandelt wird. Außerdem erhält man sie beim Nitrieren des Diacetylalizarins.

---

21) Rosenstiehl, Bullet. de la Soc. chim. 26, p. 63. — *22*) Schunck u. Römer, Ber. 12, p. 584.

Das · β Nitroalizarin erzeugt auf Tonerdebeize Orange, auf Eisenbeize ein rotes Violett.

Es findet unter dem Namen „Alizarinorange" Verwendung in Färberei und Druckerei und kommt als Paste in den Handel.

Hauptsächlich aber dient es zur Herstellung des Alizarinblaus (siehe unten).

Aminoalizarin $C_{14}H_7O_4NH_2$. Die β Verbindung wird durch Reduktion des Nitroalizarins mit Schwefelalkali erhalten. Sie dient zur Darstellung des Alizarinblaus.

Von den übrigen sehr zahlreichen Dioxyanthrachinonen verdienen noch das Anthrarufin, das Chinizarin und das Chrysazin Erwähnung, weil sie als Ausgangsmaterial für wichtige Anthracenfarbstoffe dienen.

Diesen Körpern kommen nachstehende Konstitutionsformeln zu:

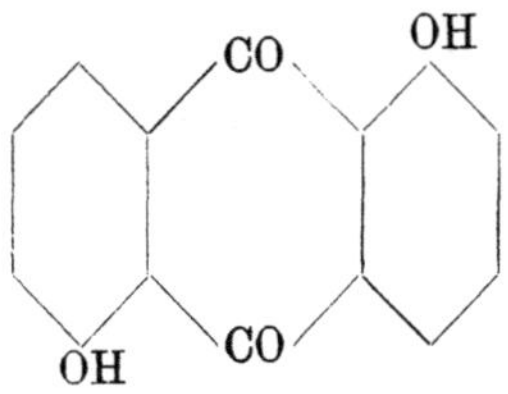

Anthrarufin.

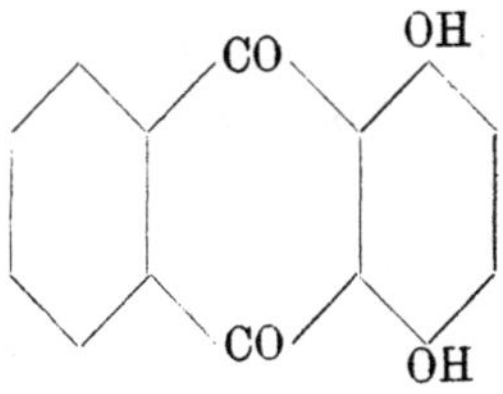

Chinizarin.

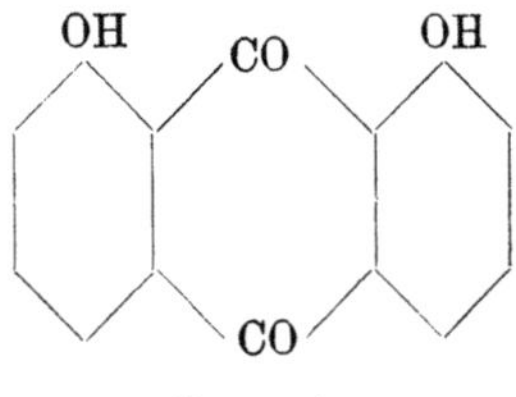

Chrysazin.

Ersterer entsteht durch Kondensation von Metaoxybenzoesäure mit konzentrierter Schwefelsäure, sowie durch Behandeln von Anthrachinon bezw. Erythroxyanthrachinon mit stark rauchender Schwefelsäure (75—95 % SO_3-Gehalt) mit oder ohne Anwendung von Borsäure. Chinizarin durch Kondensation von Hydrochinon mit Phtalsäureanhydrid sowie aus Anthrachinon durch Behandlung mit konzentrierter Schwefelsäure bei Gegenwart von

Borsäure, eventuell auch unter Zusatz von Natriumnitrit. Diese letztere Methode hat das Chinizarin zu einem leicht zugänglichen und daher für die Anthrachinonchemie sehr wichtigen Material gemacht. Zur Darstellung von Anthrarufin und Chrysazin ist es am zweckmäßigsten, von den Anthrachinon-1,5- und 1,8-Disulfosäuren auszugehen und diese in wäßriger Lösung mit Kalkhydrat unter Druck nach dem Verfahren der Höchster Farbwerke zu erhitzen. Dieses Verfahren ist eines der wichtigsten der ganzen Anthrachinonchemie (*22a*).

Trioxyanthrachinone.

Von den isomeren Trioxyanthrachinonen besitzen nur diejenigen technische Wichtigkeit, welche Oxyderivate des Alizarins sind, mithin zwei Hydroxyle in der Stellung 1 : 2 enthalten.

Die Zahl der diesen Bedingungen entsprechenden Körper ist sechs.

Wir geben nachstehend eine schematische Übersicht ihrer Konstitution:

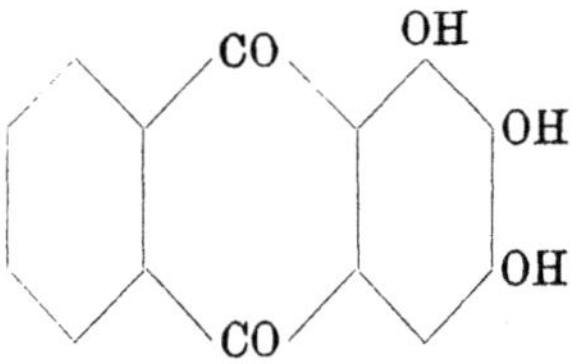

Anthragallol
1 : 2 : 3

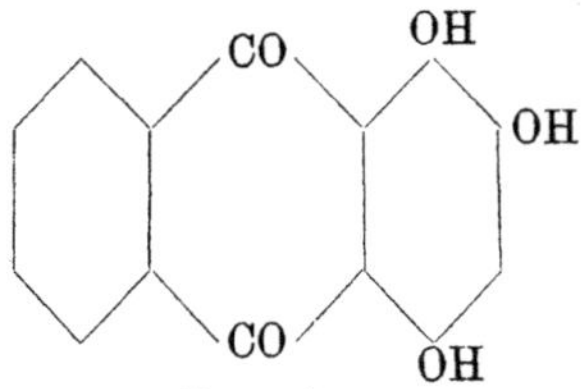

Purpurin
1 : 2 : 4

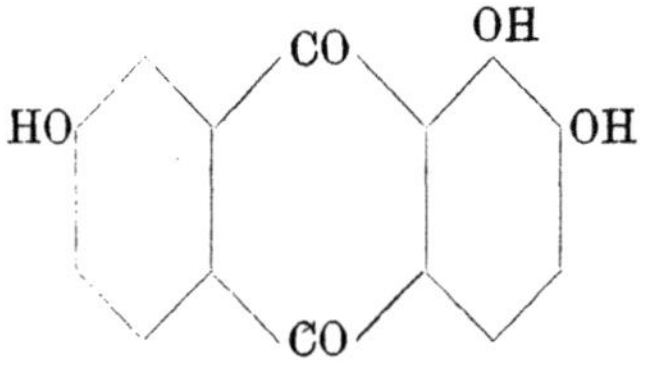

Isopurpurin
1 : 2 : 7

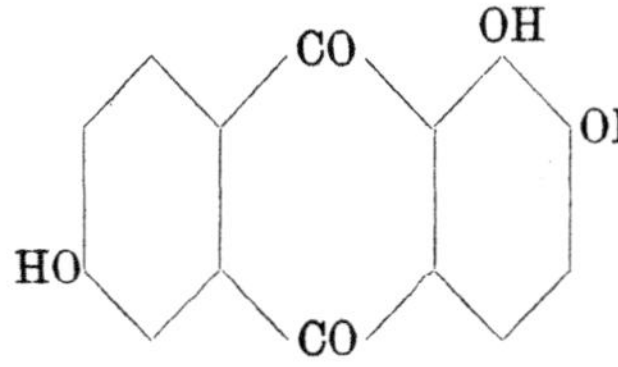

Flavopurpurin
1 : 2 : 6

22a) D.R.P. 106505.

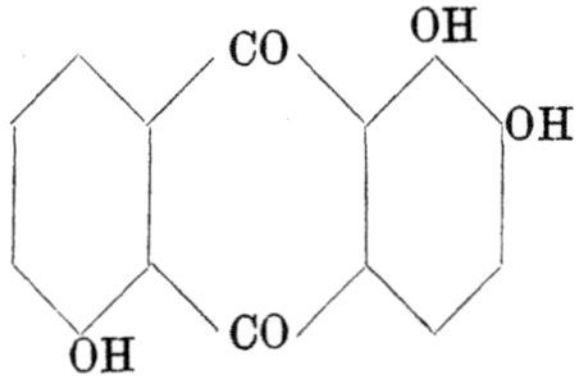

Oxyanthrarufin
1:2:5.

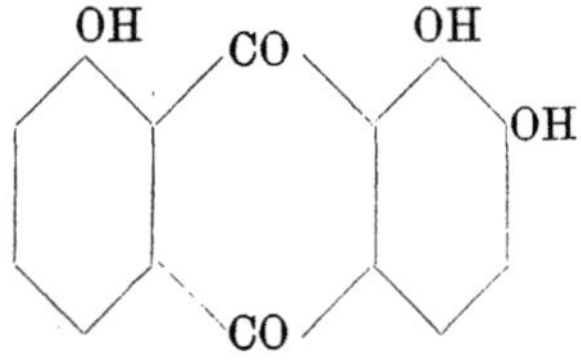

Oxychrysazin
1:2:8

Von diesen Körpern sind die drei Purpurine dem Alizarin am ähnlichsten; wir behandeln sie aus diesem Grunde zuerst.

A. **Purpurin.** Stellung 1:2:4.

Das Purpurin findet sich als Begleiter des Alizarins in der Krappwurzel (*23*), vermutlich wie dieses in Form eines Glukosids. Künstlich ist es aus dem Alizarin durch Erhitzen mit Schwefelsäure und Braunstein (*24*) oder Arsensäure sowie durch Schmelzen einer Alizarinsulfosäure (der sogenannten Alizarinpurpursulfosäure) mit Kali (*25*) dargestellt worden.

Das Purpurin bildet lange orangegelbe Nadeln, welche 1 H_2O enthalten. Es löst sich ziemlich leicht in Alkohol, ebenso in Äther, Eisessig und Benzol. Auch in Wasser ist es viel löslicher als Alizarin. Bei 100° verliert es das Wasser und sublimiert bei verhältnismäßig niedriger Temperatur. Schmelzpunkt 253°.

Die alkalische Lösung des Purpurins ist rotviolett und wird an Luft und Licht sehr schnell gebleicht. Die Gegenwart gewisser Metalloxyde hat einen charakteristischen Einfluß auf das Absorptionsspektrum der Purpurinlösungen, und dieses kann deshalb zum Nachweis von Tonerde und Magnesia benutzt werden (*26*, *27*). Das Purpurin löst sich in siedender Alaunlösung zu einer gelbrot fluoreszierenden Flüssigkeit und scheidet sich daraus beim Erkalten wieder ab. Da das Alizarin in Alaunlösung fast unlöslich ist, benutzt man dieses Verhalten zur Trennung beider Körper. Obwohl eine Lösung von Purpurin in wäßrigen Alkalien am Licht rasch gebleicht wird, ist der Purpurintonerdelack doch vollkommen lichtbeständig.

---

23) Strecker, Annal. 75, p. 20. — *24*) De Lalande, Jahresb. 1874, p. 486. — *25*) Perger, J. pr. [2] 18, 176. — *26*) H. Vogel, Ber. 9, p. 164. — *27*) H. Vogel, Lepel, Ber. 9, p. 1835; 10, p. 159.

Das Purpurin erzeugt auf Tonerdebeize ein schönes Scharlachrot, welches viel gelbstichiger ist als das mit Alizarin erhaltene, da es aber viel höher im Preise steht als das Isopurpurin, findet es nur beschränkte technische Verwendung.

Purpurinsulfosäure wird nach einem Patent der Höchster Farbwerke durch Oxydation der Alizarinsulfosäure dargestellt und findet als schön scharlachroter Beizenfarbstoff in der Wollfärberei Verwendung.

B. Isopurpurin (Anthrapurpurin) (*28*, *29*, *30*). Stellung 1:2:7.

Das Isopurpurin entsteht durch Verschmelzen der β Anthrachinondisulfosäure (*30*).

Es bildet orangefarbene, in heißem Alkohol leichtlösliche, in Benzol unlösliche Nadeln, welche oberhalb 330° schmelzen (*29*).

Bei der Oxydation liefert es keine Phtalsäure, hat also eine Hydroxylgruppe im andern Benzolkern stehen.

Das Isopurpurin bildet den Hauptbestandteil des unter der Bezeichnung „Alizarin für Rot" in den Handel kommenden Produktes. Es erzeugt auf Tonerdebeize ein schönes Scharlachrot. Der Eisenlack ist grauviolett und von geringem Wert.

C. Flavopurpurin (*30*, *31*). Stellung 1:2:6.

Entsteht durch Schmelzen der α Anthrachinondisulfosäure mit Natronhydrat und Kaliumchlorat.

Das Flavopurpurin bildet goldgelbe, oberhalb 330° schmelzende, in Alkohol leichtlösliche Nadeln.

Natronlauge löst es mit purpurroter, Ammoniak und Soda mit gelbroter Farbe.

Das Flavopurpurin erzeugt auf Tonerdebeize ein noch gelbstichigeres Rot als das Isopurpurin.

Es findet hauptsächlich in der Druckerei Verwendung, während sich die Anwendung des Isopurpurins mehr auf die Färberei erstreckt.

Zwei Dioxyanthrachinone, Anthraflavinsäure und Isoanthraflavinsäure (1 : 6 und 1 : 7), kamen früher, namentlich bei schlecht

---

28) Auerbach, Jahresb. 1874, p. 488. — *29*) Perkin, Jahresb. 1873, p. 450. — *30*) Schunck u. Römer, Ber. 9, p. 679; 10, p. 1823; 13, p. 42. — *31*) Caro, Ber. 9, p. 682.

geleiteten Schmelzen, zuweilen als Begleiter der vorigen in den käuflichen Produkten vor, sind jedoch für die Farbenindustrie gänzlich wertlos.

Isopurpurin und Flavopurpurin sind Hydroxylderivate des Alizarins, welche das dritte Hydroxyl im zweiten Benzolkern enthalten.

D. Anthragallol. Stellung 1 : 2 : 3.

Dieses Trioxyanthrachinon, welches nicht aus dem Anthracen, sondern durch Kondensation der Gallussäure mit Benzoesäure dargestellt wird, enthält die drei Hydroxylgruppen in benachbarter Stellung (1 : 2 : 3).

Man erhält das Anthragallol durch Erhitzen gleicher Moleküle Benzoesäure und Gallussäure mit konzentrierter Schwefelsäure.

Die Reaktion entspricht dem Schema:

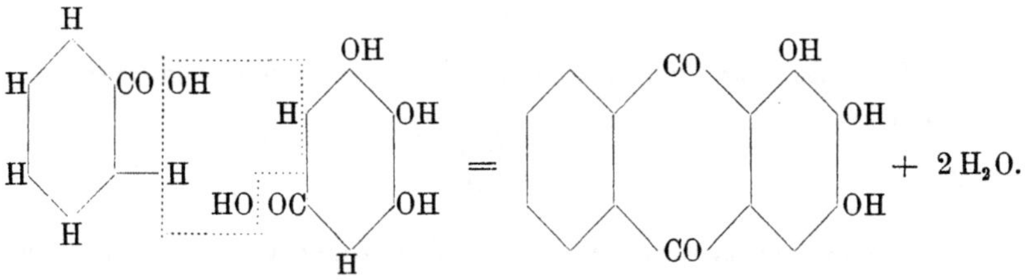

Benzoesäure Gallussäure Anthragallol.

Das Anthragallol besitzt eine braune Farbe und erzeugt auf Tonerde und Chromoxyd braune Nuancen. Ein Gemisch desselben mit mehr oder weniger Rufigallussäure kommt unter dem Namen „Alizarinbraun“ zur technischen Verwendung.

E. Oxyanthrarufin.

Das Oxyanthrarufin wird durch Einwirkung von rauchender Schwefelsäure auf Alizarin bei Gegenwart von Borsäure erhalten (*31 a*).

F. Oxychrysazin.

Oxychrysazin sowie Oxyanthrarufin entstehen glatt aus Chrysazin bezw. Anthrarufin in der Oxydationsschmelze.

---

31 a) D.R.P. 67061.

Tetraoxyanthrachinone.

Erhitzt man Oxyanthrachinone mit konzentrierter bezw. rauchender Schwefelsäure, so treten neue Hydroxyle in diese Körper ein, und zwar werden mit Vorliebe die beiden Parawasserstoffe des nicht substituierten Kerns angegriffen. Diese Reaktion wurde von R. Bohn (*32*) zuerst am Alizarinblau (s. unten) beobachtet und später von C. Gräbe und Philipps (*34 a*), E. Schmidt und L. Gattermann (*33*, *34*) näher untersucht. Hierbei treten offenbar zunächst zwei Sulfogruppen in die entsprechenden Stellen ein, die entstandene Disulfosäure spaltet schweflige Säure ab und kondensiert sich zu dem Schwefelsäureäther

$$R{<}{}^{O}_{O}{>}SO_2.$$

Diese Substanz wird durch Alkalilauge in den sauren Schwefelsäureäther

$$R{<}{}^{OSO_3H}_{OH}$$

durch Erhitzen mit Säuren unter Abspaltung von Schwefelsäure in das Dihydroxylderivat übergeführt.

Diese Reaktion scheint eine ganz allgemeine zu sein. Alle auf diesem Wege entstandenen Körper sind vermöge der Stellung der neu hinzugetretenen Hydroxyle Derivate des Chinizarins:

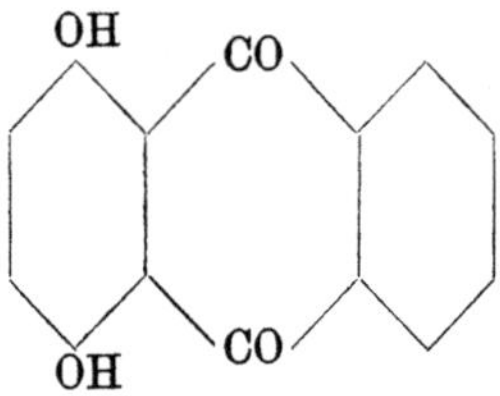

Noch leichter und glatter verläuft die Reaktion in den meisten Fällen, wenn man ein Gemisch von konzentrierter Schwefelsäure nnd Borsäure anwendet. Vermutlich entstehen bei dieser Reaktion

---

32) Ber. 23, p. 3739 und 22, p. 279, Ref. — *33*) Journ. pr. 43, p. 237 u. 246. — *34*) Journ. pr. 44, p. 103. — *34a*) Annal. 276, p. 21.

als Zwischenprodukte Borsäureäther, welche in der Folge verseift werden. Es gelingt z. B. mittels der Borsäuremethode, Anthrachinon direkt in Chinizarin überzuführen.

Alizarinbordeaux.

Tetraoxyanthrachinon 1:2:5:8. Chinalizarin.

Entsteht durch Erhitzen von Alizarin mit starker rauchender Schwefelsäure. Rote Nadeln, löslich in Nitrobenzol. Das Äthylderivat schmilzt bei 200°.

Auf Tonerdebeize erzeugt der Körper ein sehr schönes Bordeauxrot, auf Chrombeize ein blaues Violett. Isomere Substanzen entstehen aus Chinizarin.

Anthrachryson.

Tetraoxyanthrachinon 1:3:5:7.

Entsteht durch Erhitzen der symmetrischen Dioxybenzoesäure (1:3:5) mit konzentrierter Schwefelsäure in analoger Weise wie das Anthrarufin.

Das Anthrachryson enthält keine Hydroxyle in der Alizarinstellung und ist deshalb als Beizenfarbstoff unbrauchbar, doch hat es als Ausgangsmaterial für wichtige Farbstoffe gedient (siehe w. unten) (*35*, *35a*).

Alizarincyanin.

Pentaoxyanthrachinon 1:2:4:5:8.

Dieser Körper steht in demselben Verhältnis zum Purpurin wie das Bordeaux zum Alizarin. Es entsteht daher durch Oxydation von Bordeaux mit Braunstein in schwefelsaurer Lösung (*35b*). Auf Chrombeize erzeugt es ein rotstichiges Blau.

Behandelt man die Trioxyanthrachinone (Purpurin, Flavo- und Anthrapurpurin) in der oben angegebenen Weise mit Schwefelsäure (event. bei Gegenwart von Borsäure), so entstehen isomere Pentaoxyanthrachinone (*35c*), welche ebenfalls chromgebeizte Stoffe blau färben und teilweise als verschiedene Marken von Alizarincyanin Verwendung finden. Dabei soll das aus Purpurin dargestellte

35) D.R.P. 75490, 65375, 68123. — *35a*) Robiquet, Annal. 19, p. 204. — *35b*) D.R.P. 62018, 9. März 1892. — *35c*) D.R.P. 60855, 23. Dez. 1891. — *36*) D.R.P. 73684, 28. Dez. 1892.

Pentaoxyanthrachinon mit dem oben beschriebenen Alizarincyanin isomer, aber nicht identisch sein (*37*).

Auch Sulfosäuren der Alizarincyanine finden technische Verwendung.

Hexaoxyanthrachinone.

Rufigallussäure 1:2:3:5:6:7 (*35a*).

Entsteht durch Erhitzen von Gallussäure mit konzentrierter Schwefelsäure. Es treten bei diesem Prozeß, ähnlich wie bei der Bildung von Anthrachryson und Anthragallol, zwei Moleküle dieser Säure zusammen.

Die Rufigallussäure sublimiert in gelbroten Nadeln, sie löst sich in Alkalien mit violetter Farbe. Chromgebeizte Stoffe färbt dieselbe braun. Sie kommt, gemischt mit Anthragallol (s. oben), in dem unter dem Namen „Anthracenbraun" verwandten Färbmaterial vor.

Anthracenblau 1:3:4:5:7:8 oder 1:2:4:5:6:8 (*37a*).

Kann als Dipurpurin aufgefaßt werden. Dieser Körper entsteht durch Erhitzen von Di-o Nitroanthrachinon (1:5) mit rauchender Schwefelsäure. Dabei entsteht zunächst ein in Wasser löslicher Schwefelsäureäther, welcher durch Erhitzen mit gewöhnlicher Schwefelsäure verseift wird und in Hexaoxyanthrachinon und Schwefelsäure zerfällt. Das Hexaoxyanthrachinon erzeugt auf Chrombeize ein sehr schönes und echtes Blau.

Durch weniger energische Behandlung von Dinitroanthrachinon mit konzentrierter Schwefelsäure entstehen stickstoffhaltige Farbstoffe, welche von Gräbe und Liebermann, Böttger und Petersen, Liefschütz u. a. (*37b*) untersucht, aber in ihrer Konstitution nicht erkannt wurden.

Ob ein von den Elberfelder Farbwerken (*38*) durch Erhitzen von Anthrachryson mit rauchender Schwefelsäure dargestelltes Hexaoxyanthrachinon mit obigem identisch ist, ist aus den Angaben nicht ersichtlich.

Als Sulfosäure dieses Hexaoxyanthrachinons dürfte das „Säurealizarinblau" der Höchster Farbwerke aufzufassen sein, das auf folgende Weise dargestellt wird.

---

37) Gattermann, Journal f. pr. Ch. 43, p. 251. — *37a*) D.R.P. 67102, BASF. — *37b*) Liefschütz, Ber. 17, p. 893. — *38*) D.R.P. 65375.

Aus Anthrachryson erhält man durch Sulfonieren, Nitrieren und Reducieren eine Diaminoanthrachrysondisulfosäure, welche Wolle mit violetter Nüance anfärbt. Durch Kochen mit Alkalilauge geht dasselbe unter Austausch seiner Aminogruppen in eine Hexaoxyanthrachinon-Disulfosäure über, welche sowohl auf gebeizter als auch auf ungebeizter Wolle mit schön blauer Nüance anfärbt.

Unter dem Namen Säurealizarinblau (Höchst) (*35*) findet das Produkt in der Wollfärberei starke Verwendung.

Reduciert man das als Zwischenprodukt auftretende Dinitroanthrachryson mit Schwefelnatrium, so entsteht ein unter dem Namen Säurealizaringrün G bekannter Farbstoff. Derselbe enthält, außer den Sulfogruppen, noch Schwefel, und es dürfte ihm vielleicht eine merkaptanartige Konstitution zukommen (*36*).

Durch Oxydation der höher hydroxylierten Anthrachinone gelingt es, in der Parastellung befindliche Hydroxyle zu Chinongruppen zu oxydieren und so sekundäre Chinone zu erzeugen, welche ebenfalls Farbstoffcharakter besitzen.

Diese Chinone gehen durch Einwirkung von Ammoniak durch Austausch ihrer Hydroxyle sehr leicht in Aminoderivate über, welche ebenfalls als Farbstoffe Verwendung gefunden haben (*38*).

Alizarinblau (*39*, *40*, *41*).

Erhitzt man β Nitroalizarin mit Glycerin und Schwefelsäure, so bildet sich ein eigentümlicher blauer Farbstoff, welcher einerseits die den Alizarinfarbstoffen eigentümliche Eigenschaft, Lacke zu bilden, andrerseits aber den Charakter einer schwachen Base besitzt. Die Entdeckung des Alizarinblaus durch Prudhomme (*39*) und die von Gräbe (*40*) unternommene Feststellung seiner Konstitution gaben die Veranlassung zu der von Skraup ausgeführten Synthese des Chinolins aus Glycerin, Nitrobenzol und Anilin.

Das Alizarinblau besitzt die Zusammensetzung $C_{17}H_9NO_4$ und steht in denselben Beziehungen zum Alizarin wie das Chinolin zum Benzol. Es kommt ihm demnach die Konstitutionsformel

---

39) Prudhomme, Bullet. de la Soc. de Mulhouse 28, p. 62. — *40*) Gräbe, Annal. 201, p. 333. — *41*) Journ. of chem. Soc. 35, p. 800.

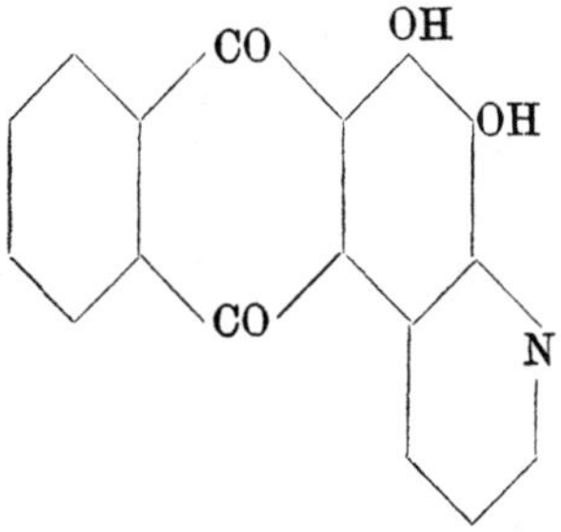

zu (*40*).

Im reinen Zustande (aus Benzol kristallisiert) bildet es bräunlichviolette, in Wasser unlösliche, in Äther und Alkohol schwer lösliche Nadeln. Es schmilzt bei 270° und sublimiert, orangegelbe Dämpfe bildend. In Alkalien löst es sich mit blauer Farbe, ein Alkaliüberschuß färbt die Lösung grün. Mit Säuren bildet es rötlich gefärbte, durch Wasser zerlegbare Salze.

Bei der Destillation mit Zinkstaub bildet das Alizarinblau Anthrachinolin: $C_{17}H_{11}N$ (*40*).

Das Alizarinblau bildet namentlich mit Chromoxyd einen beständigen indigblauen Lack.

Gegenwärtig kommt es hauptsächlich in Form seiner Natriumbisulfitverbindung zur Verwendung. Letztere bildet den wesentlichen Bestandteil des unter dem Namen Alizarinblau S (*42*) in den Handel kommenden Produkts. Diese Verbindung ist rötlich und zerfällt beim Erhitzen unter Abscheidung von Alizarinblau. Man druckt dieselbe mit Chromacetat auf und erhält durch Dämpfen den Chromlack des Alizarinblaus, welcher sich auf der Faser fixiert. Die Bisulfitverbindung des Alizarinblaus läßt sich aus ihren Lösungen durch Kochsalz kristallinisch abscheiden und kommt in Form eines bräunlichen, in Wasser leicht löslichen Pulvers in den Handel.

Für die technische Darstellumg des Alizarinblaus dient wohl jetzt, statt des Nitroalizarins, meistens das Aminoalizarin, welches bei Gegenwart von Nitrobenzol mit Glycerin und Schwefelsäure erhitzt wird.

Wendet man statt der β Verbindung die α Verbindung an, so entsteht ein grüner Farbstoff, welcher unter dem Namen „Alizarin-

42) D.R.P. 17695 v. 14. Aug. 1881; Friedl., p. 168.

grün S“ (Höchster Farbwerke) technische Verwendung gefunden hat. Derselbe wird hauptsächlich auf Nickelmagnesiumbeize fixiert (*42a*).

Durch Einwirkung von Glycerin und Schwefelsäure auf Aminoalizarinsulfosäure wird eine Alizarinblausulfosäure erhalten. Aus den Aminoderivaten von Anthra- und Flavopurpurin lassen sich die dem Alizarinblau entsprechenden Trioxyverbindungen erhalten. (*42b*).

Alizaringrün und Alizarinindigblau.

Wie R. Bohn (*43*, *44*, *45*) zuerst beobachtete, erleidet das Alizarinblau beim Erhitzen mit rauchender Schwefelsäure eine Hydroxylierung, welche der Bildung des Tetraoxyanthrachinons aus Alizarin analog ist. Auch hier findet zunächst die Bildung von Sulfosäuren bezw. Schwefelsäureäthern statt, welche unter Austritt von Schwefelsäure zersetzt werden.

Es entstehen nacheinander drei verschiedene Farbstoffe: Alizarinblaugrün, Alizaringrün und Alizarinindigblau. Das erste dieser Produkte, Alizarinblaugrün, entsteht durch Einwirkung sehr starker rauchender Schwefelsäure (70 % Anhydridgehalt) auf Alizarinblau. Dieser Körper hat sich als Trioxyanthrachinolinchinonsulfosäure, also als die Monosulfosäure des hydroxylierten Alizarinblaus erwiesen. Bei seiner Bildung tritt ein leicht zersetzliches Zwischenprodukt auf.

Durch Erhitzen mit gewöhnlicher Schwefelsäure auf 120° geht das Blaugrün in das Alizaringrün über, welches eine isomere Sulfosäure neben Tetraoxyanthrachinolinchinon enthält.

Steigert man die Temperatur auf 200°, so entsteht das Alizarinindigblau, nach Gräbe und Philipps (*45*) ein Gemenge von Tetra- und Pentaoxyanthrachinolinchinon mit der Sulfosäure des ersteren. Alle diese Körper bilden, ähnlich dem Alizarinblau, lösliche Bisulfitverbindungen, auf Chrombeize erzeugen sie sehr echte, indigblaue bis grüne Färbungen.

42a) D.R.P. 67470. — *42b*) D.R.P. 70665. — *43*) D.R.P. 46654 und 47252. — *44*) Schmidt u. Gattermann, Journ. pr. 44, p. 103. — *45*) Gräbe u. Philipps, Annal. 276, p. 21.

Amino- und Anilido-Anthrachinonfarbstoffe.

Während die bisher behandelten Farbstoffe Derivate des Alizarins waren und ihre Färbeigenschaften der Stellung von zwei Hydroxylgruppen verdanken, müssen wir die nachstehenden Körper in eine besondere Gruppe zusammenfassen. Dieselben enthalten Stickstoff und sind meistens Sulfosäuren von Amino- und Anilidoderivaten des Anthrachinons. Wie das Aminoanthrachinon können sie vermöge ihrer Stellung zu den Beizenfarbstoffen gehören, diese Eigenschaft ist aber hier von untergeordneter Bedeutung, sie sind vielmehr substantielle Wollfarbstoffe, und ihre Verwendung ist derjenigen der sauren Azofarbstoffe ähnlich. Im übrigen zeichnen sie sich durch klare Nüancen, durch großes Egalisationsvermögen und durch hervorragende Echtheit aus*). Ihrer Konstitution nach gehören sie teilweise viel eher zu den Chinonimidfarbstoffen als zu den Oxychinonen, und wenn sie an dieser Stelle behandelt sind, so geschieht dieses, weil es uns nicht praktisch erscheint, die Anthrachinonderivate voneinander zu trennen.

Die Anilidoderivate des Anthrachinons entstehen zum großen Teil durch Behandlung der betreffenden Oxyanthrachinone mit aromatischen Aminen, wobei die Hydroxylgruppen durch die Reste der Aminogruppe ersetzt werden. Aminogruppen werden auf dem gewöhnlichen Wege durch Nitrierung und Reduktion eingeführt. Die Substitution hat sich nicht nur auf die beschriebenen Derivate des Alizarins, sondern auch auf die übrigen technisch zugänglichen Di- und Tetraoxyanthrachinone ausgedehnt.

Ein sehr wesentlicher Fortschritt in der Beschaffung des Materials wurde durch die, fast gleichzeitig in den Höchster und den Elberfelder Farbwerken gemachte Beobachtung herbeigeführt, daß sich das Anthrachinon nicht in der β Stellung, sondern in der α Stellung sulfoniert, wenn man der rauchenden Schwefelsäure etwas Quecksilbersulfat zusetzt.

Nicht minder wichtig ist die oben erwähnte Kalkschmelze, welche einen glatten Austausch des α-ständigen Sulforestes gestattet. Andererseits wird auch die Methode von Nitrierung sowie

*) Man kann sagen, daß sie die reinen Nüancen der Triphenylmethanfarbstoffe mit der Echtheit der Alizarinfarbstoffe verbinden.

der Bromierung zum Einführen der betreffenden Hydroxyle benutzt. Die wichtigsten Ausgangsmaterialien für die betreffenden Farbstoffe bilden folgende Oxyanthrachinone:

Chinizarin 1 : 4.
Anthrarufin 1 : 5.
Chrysazin 1 : 8.
Anthrachryson 1 : 3 : 5 : 7.

Der älteste Farbstoff, den man in diese Reihe zählen kann, war das Alizarin-Saphirol, eine Diamino-Anthrarufindisulfosäure von der Konstitution:

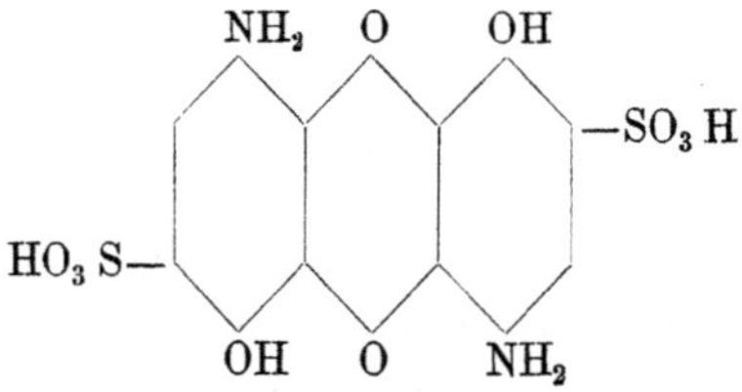

Das Saphirol ist der erste zur technischen Verwendung gekommene Anthrachinonfarbstoff, welcher kein Beizenfarbstoff ist, und muß in dieser Hinsicht als bahnbrechend angesehen werden. Es erzeugt im sauren Bade ein reines Blau, welches an Schönheit dem Triphenylpararosanilin fast gleichkommt.

Ein Derivat des Alizarin-Saphirols dürfte auch das Alizarincölestol sein, das anscheinend CH_2SO_3H am Stickstoff gebunden enthält.

Wir lassen hier eine Zusammenstellung einiger wichtiger Anthrachinon-Anilidofarbstoffe folgen, bemerken aber dazu, daß diese Zusammenstellung weder auf Vollständigkeit noch auf Richtigkeit Anspruch machen kann, da die Angaben bezüglich einzelner Handelsmarken im Widerspruch stehen, und dieser Widerspruch nicht immer durch die Erfinder selbst gelöst wird.

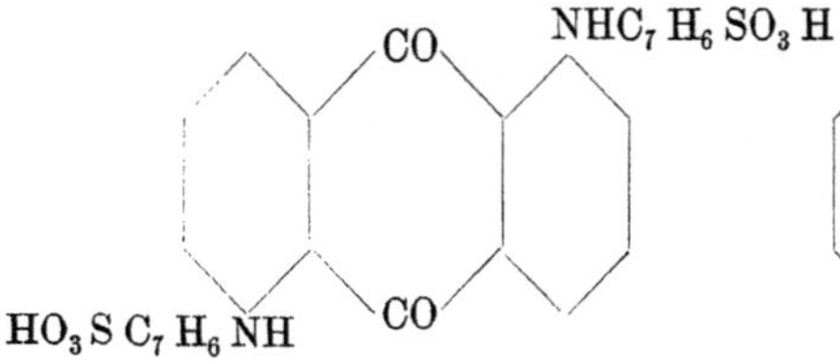

Anthrachinonviolett.

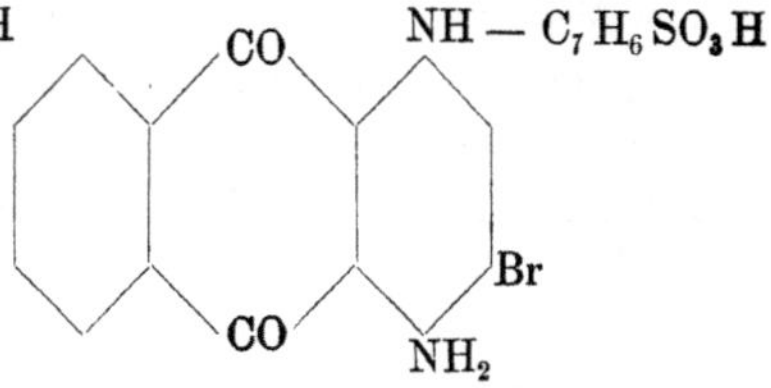

Alizarinreinblau.

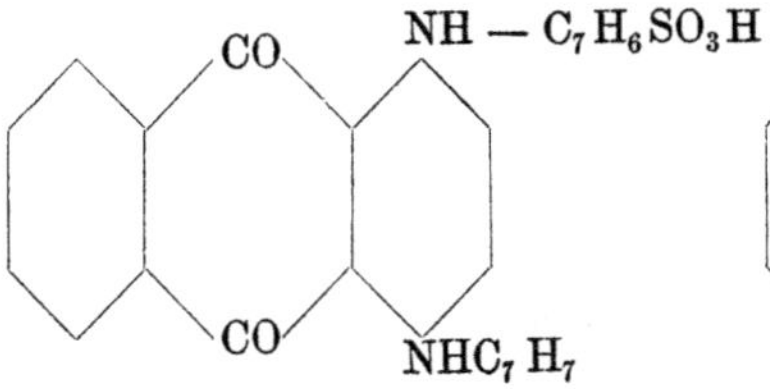

Alizarin-Cyaningrün.

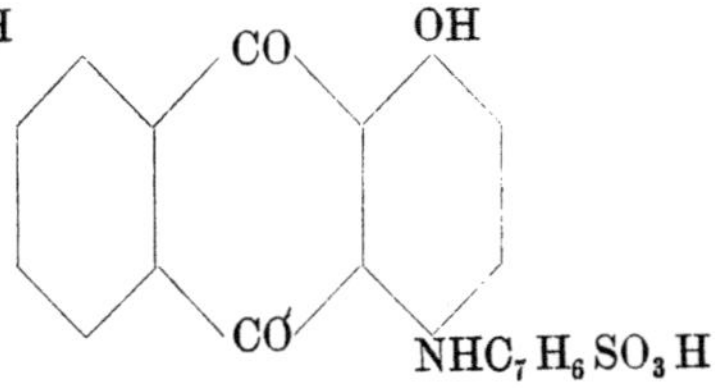

Alizarin-Irisol.

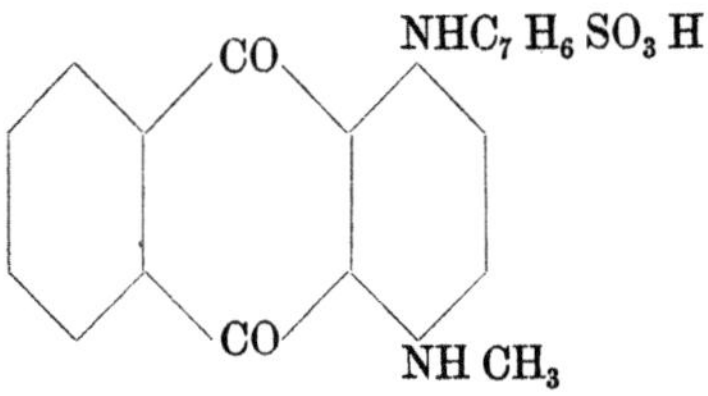

Alizarin-Astrol.

Auch hier lassen sich Gesetzmäßigkeiten konstatieren. So sind alle Farbstoffe, welche zwei Anilidoreste in der Stellung 1 : 4 enthalten, grün gefärbt, solche, welche nur einen Anilido-, daneben aber Amino- oder Hydroxylgruppen enthalten, blau oder violett. Dem Typus des Alizarincyaningrüns entsprechen verschiedene grüne, dem des Irisols und Astrols blaue Farbstoffe.

Indanthren.

Dieser von R. Bohn entdeckte und von Scholl und Berblinger näher untersuchte Farbstoff gehört streng genommen in die Klasse der Oxyazine; wenn wir ihn hier behandeln, so geschieht es, weil uns eine Trennung der Anthrachinonderivate nicht zweckmäßig erscheint. Das Indanthren verdankt seine Entstehung einer Reaktion, wie sie in ähnlicher Weise zuerst beim Oxyaminodimethylanilin (1 2 5) von Möhlau*) beobachtet wurde. Wie sich hier zwei Moleküle des Oxydiamins unter Austritt von Wasser und Ammoniak zum Oxazin kondensieren, so geschieht es hier mit 2 Molekülen β Aminoanthrachinon. Dabei lassen sich mehrere Reaktionsphasen feststellen:

---

*) Möhlau, Ber. 25, p. 1061.

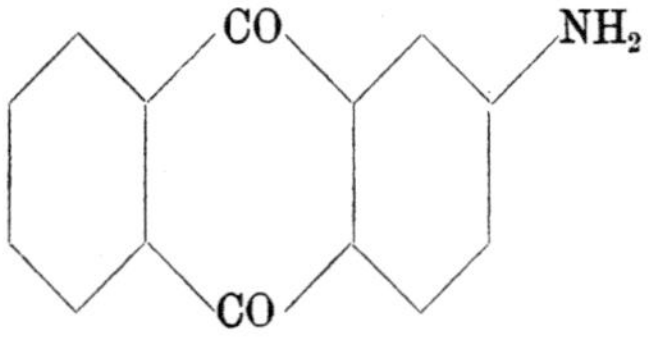

β Aminoanthrachinon wird mit Kalihydrat verschmolzen ($^1/_2$ Stunde bei ca. 200°) und die Schmelze in Wasser gegossen; es scheidet sich hierbei bei Luftzutritt ein alkaliunlöslicher, blauer Farbstoff ab, der durch Reduktionsmittel wie Natriumhydrosulfit in eine alkalilösliche Küpe, durch Oxydation in ein gelbes Produkt übergeführt wird; die Alkalischmelze soll hier gleichzeitig oxydierende und reduzierende Wirkung haben, indem einerseits aus dem Chinon ein alkalilösliches Hydrochinon gebildet, gleichzeitig aber das zur Aminogruppe o-ständige α Wasserstoffatom zur Hydroxylgruppe oxydiert werden soll; durch Kondensation zweier Moleküle würde dann die Bildung eines hydrierten Azinrings zustande kommen nach folgendem Schema:

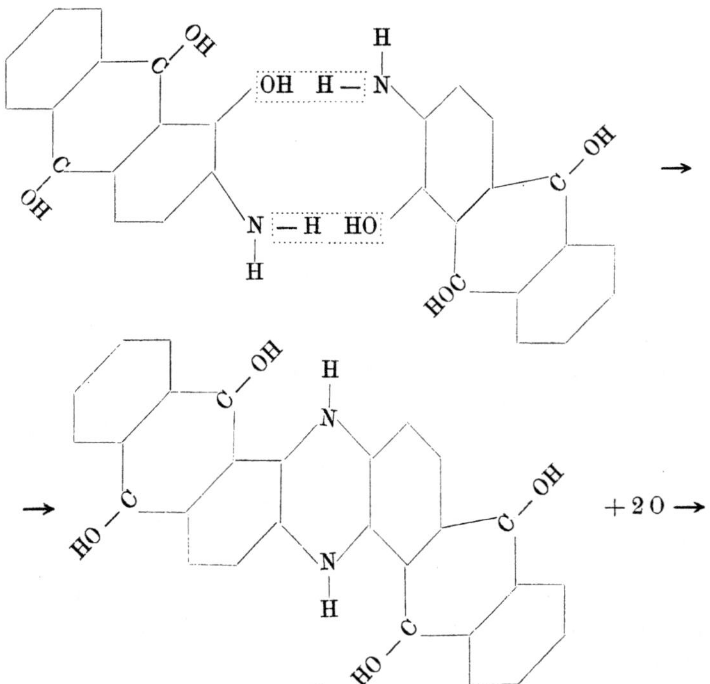

I.

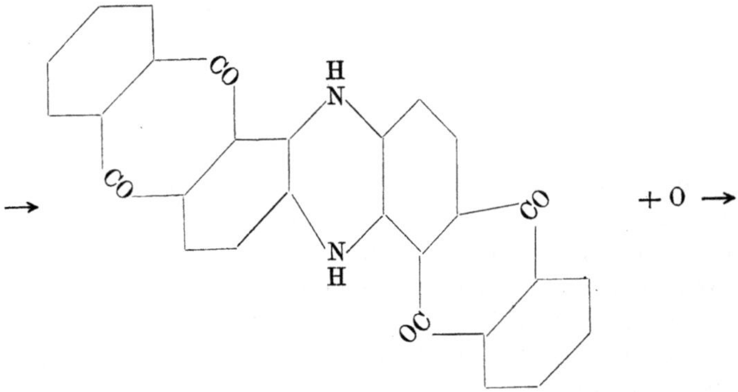

II.

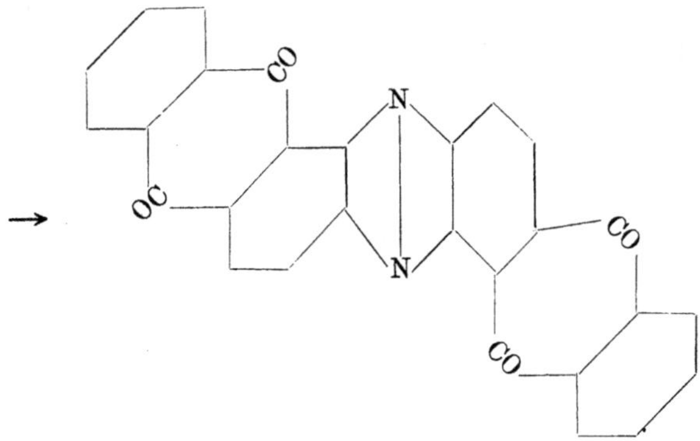

III.

Der Körper entsprechend Formel I sollte dann in der fertigen Alkalischmelze sowohl als in der Farbstoffküpe enthalten sein; II würde dem eigentlichen, durch Luftoxydation der wäßrigen Lösung entstehenden Farbstoff entsprechen, während III die Konstitution des aus letzterem durch stärkere Oxydationsmittel wie Chromsäure oder Salpetersäure entstehenden Azins, das sich durch gelbe Farbe auszeichnet, wiedergeben würde; letzteres liefert bei Reduktion den Farbstoff wieder zurück.

Das Indanthren ist ein Küpenfarbstoff und wird deshalb nur im reduzierten Zustande in alkalischer Lösung auf die Faser appliziert.

Seine Nüance ist ein sehr schönes Blau. Die hervorragende Echtheit scheint ihm eine große Bedeutung unter den Anthrachinonfarbstoffen zu sichern.

Daneben entsteht ein gelber Farbstoff von noch nicht bestimmter Konstitution, das „Flavanthren", welches ebenfalls technische Verwendung findet.

Chinonoxime.

Durch Einwirkung der salpetrigen Säure auf Phenole entstehen Körper, welche man früher als Nitrosophenole bezeichnet hat.

Die Tatsache, daß diese Verbindungen sich auch durch Einwirkung von Hydroxylamin auf Chinone erhalten lassen, vor allem aber ihr Übergang in Dioxime bei weiterer Behandlung mit demselben Reagens, spricht dafür, daß sie viel eher als Oxime der Chinone, d. h. als Chinone aufgefaßt werden müssen, in denen ein Sauerstoffatom durch die zweiwertige Gruppe = N — OH vertreten ist.

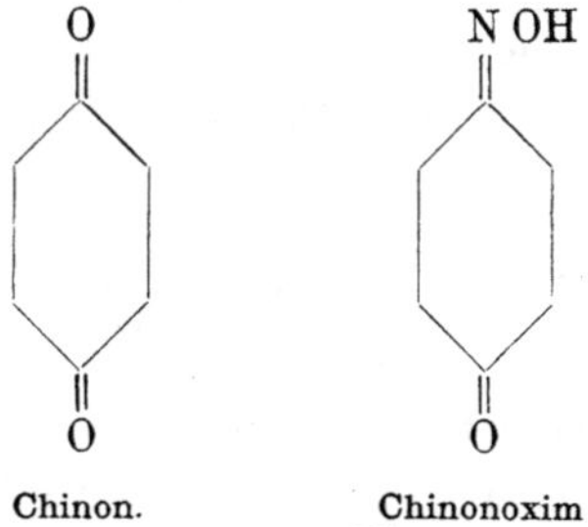

Chinon. Chinonoxim (Nitrosophenol).

Die Chinonoxime sind, analog den Chinonen, meist gelb gefärbt, besitzen jedoch an sich nur ein geringes Färbevermögen. Diejenigen unter diesen Verbindungen, welche sich von Orthochinonen ableiten, zeigen aber, analog gewissen Oxychinonen, die Eigenschaft, sich mit Metalloxyden (namentlich Eisen und Kobalt) zu stark gefärbten, auf der Faser haftenden Lacken zu verbinden.

Wir gehen hier nur auf die letztere Kategorie der Chinonoxime ein, von denen einige als Beizenfarbstoffe eine gewisse Bedeutung erlangt haben.

Dinitrosoresorcin (Dichinoyldioxim) (*46*).

$C_6H_2O_2(NOH)_2$.

Diese Verbindung entsteht durch Behandlung einer wässerigen Resorcinlösung mit salpetriger Säure (in Form von Natriumnitrit und Schwefelsäure). Das Dinitrosoresorcin kristallisiert aus Alkohol in Form von gelbbraunen Blättchen, welche bei 115° verpuffen. Es ist eine ziemlich starke zweibasische Säure und bildet mit Alkalien leicht lösliche Salze.

Dem Dinitrosoresorzin kommt vermutlich die Konstitutionsformel:

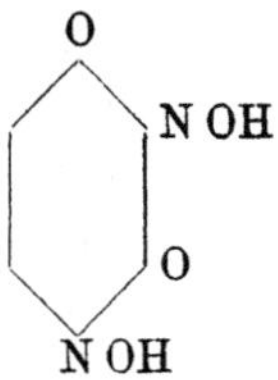

zu (*47*).

Das Dinitrosoresorcin bildet namentlich mit Eisenoxyd einen intensiv dunkelgrün gefärbten Lack und färbt deshalb mit Eisenbeize präparierte Baumwolle an. Es findet seit einiger Zeit unter dem Namen „Echtgrün" Verwendung in der Baumwollfärberei.

Naphtochinonoxime (*48*).

$C_{10}H_6.O.NOH$.

Vom β Naphtochinon leiten sich zwei Oxime ab, welche beide zum Unterschied von dem Oxim des α Naphtochinons (α Nitroso-α Naphtol) die Eigenschaft des Beizenfärbens zeigen.

α Nitroso-β Naphtol:

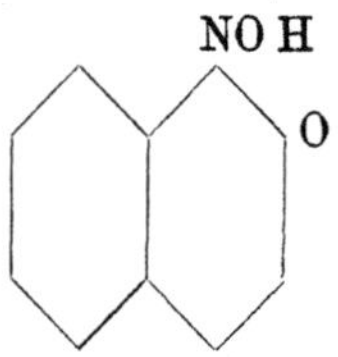

46) Fitz, Ber. 8, p. 631. — *47*) v. Kostanecki, Ber. 20, p. 3133. — *48*) Fuchs, Ber. 8, p. 625 u. 1026.

entsteht durch Einwirkung von salpetriger Säure auf β Naphtol, während sich aus α Naphtol unter gleichen Bedingungen das β Nitroso-α Naphtol:

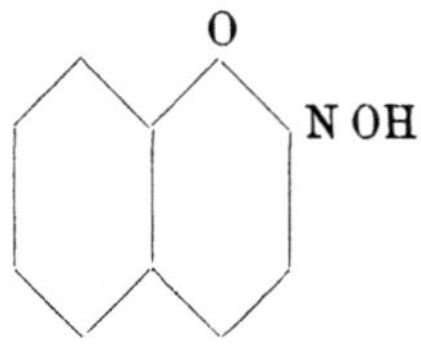

neben der αα Verbindung bildet.

Beide Körper verbinden sich mit Eisenoxyd zu dunkelgrün gefärbten Lacken. Der Kobaltlack ist intensiv dunkelrot gefärbt.

Eine Verwendung in der Färberei haben die Nitrosonaphtole nur in beschränktem Maße gefunden, häufiger aber kommt eine Sulfosäure der αβ Verbindung in Form ihrer Eisenverbindung unter dem Namen „Naphtolgrün" zur Verwendung (*49*, *50*).

Diese Sulfosäure entsteht durch Einwirkung von salpetriger Säure auf die Schäffersche β Naphtolmonosulfosäure. Die Eisenverbindung dieser Säure ist in Wasser löslich, fixiert sich jedoch nach Art der sauren Farbstoffe direkt auf der tierischen Faser.

Das Naphtolgrün hat in der Wollfärberei Verwendung gefunden.

Nitrosodioxynaphtalin (*51*). Die aus dem Dioxynaphtalin der Stellung 1 : 7 entstehende Nitrosoverbindung erzeugt auf Eisenbeize braungrüne Färbungen und kommt unter dem Namen „Dioxin" als Beizenfarbstoff in den Handel. Das Dioxynaphtalin scheint nur ein Mononitrosoderivat zu bilden.

---

49) Hoffmann, Ber. 18, p. 46. — *50*) D.R.P. No. 28065 v. 19. Jan. 1884; Friedl., p. 335. — *51*) Leonhardt & Co., D.R.P. 55204.

VI. Diphenyl- und Triphenylmethanfarbstoffe.

Das Diphenylmethan

$$C_6H_5 - \overset{H_2}{C} - C_6H_5$$

und das Triphenylmethan

$$\begin{array}{c} H \\ C_6H_5 - C - C_6H_5 \\ | \\ C_6H_5 \end{array}$$

sind Muttersubstanzen einer Reihe von Farbstoffen, welche in der Praxis eine außerordentliche Wichtigkeit erlangt haben. Gegenwärtig können wohl alle Di- und Triphenylmethanfarbstoffe dem Parachinontypus eingereiht werden.

Es gilt dieses auch von den früher als Laktone betrachteten Phtaleïnfarbstoffen. Andrerseits veranlaßten neuere Untersuchungen, daß dem in letzter Auflage ebenfalls hier untergebrachten Auramin seine alte Stellung als Ketonimid wiedergegeben werden mußte.

I. Diphenylmethanfarbstoffe.

Das Diphenylmethan selbst ist, obwohl von ihm einige wichtige Farbstoffe abstammen, niemals das Ausgangsmaterial für diese. Wie beim Triphenylmethan sind hier fast ausschließlich die Aminoderivate von Wichtigkeit, und zwar kommen auch nur diejenigen in Betracht, welche Aminogruppen und Methankohlenstoff zueinander in der Parastellung enthalten. Als einfachster Körper der Art ist das Diaminodiphenylmethan

$$H_2\overset{4}{N} - C_6H_4 - \overset{1}{C}H_2 - C_6H_4 - \overset{4}{N}H_2$$

von Wichtigkeit.

Das Diphenylmethan steht in naher Beziehung zum Benzophenon. Letzteres enthält statt der beiden Wasserstoffatome des Methanrestes ein Sauerstoffatom. Benzophenon wird durch Reduktion zunächst in Benzhydrol:

$$\begin{array}{c} C_6H_5 - C - C_6H_5 \\ \diagup \diagdown \\ H \quad OH \end{array}$$

und schließlich in Diphenylmethan übergeführt. Ähnliche Umwandlungen erleiden die Derivate dieser Körper, und wir müssen daher stets Derivate des Diphenylmethans, des Benzhydrols und Benzophenons gemeinschaftlich behandeln. Für die Darstellung dieser Körper sind nun in der letzten Zeit eine Reihe von sehr glatten Synthesen entdeckt worden.

Es sind namentlich zwei Reagentien, welche für diese zur Anwendung kommen: das Chlorkohlenoxyd (Phosgen) $CO\,Cl_2$ und der Formaldehyd $CO\,H_2$.

Beide wirken auf tertiäre aromatische Amine derart ein, daß ihr Kohlenstoffatom in die Parastelle zum Stickstoffatom beider Reste eingreift und dieselben miteinander verkettet. Während aber Phosgen mit Dimethylanilin das Benzophenonderivat:

$$(CH_3)_2\overset{4}{N} - C_6H_4 - \overset{1}{C}O - C_6H_4\overset{4}{N}(CH_3)_2$$

bildet, entsteht mit Hilfe des Formaldehyds das Diphenylmethanderivat:

$$(CH_3)_2\overset{4}{N} - C_6H_4 - \overset{1}{C}H_2 - C_6H_4 - \overset{4}{N}(CH_3)_2.$$

Reagieren beide Körper auf primäre oder sekundäre Amine, so greifen dieselben nicht in den Kern, sondern in die Aminogruppen ein, und während das Chlorkohlenoxyd substituierte Harnstoffe bildet, entsteht mittels Formaldehyd ein Methylenderivat der betreffenden Base.

Läßt man jedoch einen derartigen Körper, z. B. das Einwirkungsprodukt von Formaldehyd auf Anilin, bei Gegenwart eines Säureüberschusses auf ein zweites Molekül Anilin einwirken, so findet eine Umlagerung und Eingreifen in den Kern statt, und es wird pDiaminodiphenylmethan gebildet. (Vergl. Rosanilin, w. u.) Wir wollen hier zunächst die vom Benzophenon abgeleiteten Körper behandeln.

Tetramethyldiaminobenzophenon.

$$\begin{matrix}(CH_3)_2 N C_6 H_4 \\ (CH_3)_2 N C_6 H_4\end{matrix} > CO.$$

Diese Base wurde bereits im Jahre 1876 von Michler (*1*) dargestellt und ist später auch das Ausgangsmaterial für wichtige Triphenylmethanfarbstoffe geworden.

Das Tetramethyldiaminobenzophenon bildet sich durch Einwirkung von Chlorkohlenoxyd $CO Cl_2$ sowie von gechlortem Chlorameisensäureäther auf Dimethylanilin.

Das Tetramethyldiaminobenzophenon ist nicht oder doch nur sehr schwach gelblich gefärbt, es erzeugt aber auf tannierter Baumwolle eine blaßgelbe Färbung.

Der Farbstoffcharakter, welcher hier durch die Ketongruppe bedingt ist, tritt mit großer Deutlichkeit hervor, wenn der Sauerstoff dieser Gruppe durch Schwefel oder Imin (= NH) ersetzt ist.

Das analoge Thioketon entsteht in ähnlicher Weise durch Einwirkung des Kohlenstoffsulfochlorids $CS Cl_2$ (Thiophosgen) auf Dimethylanilin, kann aber auch aus dem entsprechenden Sauerstoffketon durch Behandeln mit Schwefelphosphor sowie durch Einwirkung von Schwefel auf Tetramethyldiaminodiphenylmethan gewonnen werden. Es ist dem Sauerstoffketon in seinen Reaktionen und seiner Wirkungsweise ähnlich (*2*). Es besitzt eine dunkelgelbe Farbe.

Durch Einwirkung von nascentem Wasserstoff geht das Tetramethyldiaminobenzophenon in das entsprechende Benzhydrol (*3*):

$$\begin{matrix}(CH_3)_2 N . C_6 H_4 \\ (CH_3)_2 N . C_6 H_4\end{matrix} > C < \begin{matrix}OH \\ H\end{matrix}$$

über. Dasselbe verbindet sich mit Säuren zu schön blau gefärbten Salzen, welche wie die Farbstoffe der Rosanilinreihe durch einen Säureüberschuß entfärbt werden.

Auf Seide sowie auf tannierter Baumwolle erzeugt es eine prachtvoll blaue Färbung, die aber schon durch schwache Alkalien oder Säuren vernichtet wird.

---

1) Michler, Ber. 9, p. 716. — *2*) Kern, D.R.P. Nr. 5430 v. 19. März 1887; Friedl., p. 96; Ber. 19, Ref. p. 889. — *3*) D.R.P. 27032 v. 23. Okt. 1883; Friedl., p. 99; Caro u. Kern, Amerik. Patent v. 25. Dez. 1883; 22. April, 8. Juli u. 2. Dez. 1884.

Es ist wahrscheinlich, daß der Körper in diesen gefärbten Salzen, ähnlich den Rosanilinfarbstoffen, als Anhydrid existiert, und daß dem Chlorhydrat z. B. die chinoïde Konstitution

$$\begin{array}{l}(CH_3)_2N - C_6H_4 \\ (CH_3)_2N = C_6H_4 \\ \quad\quad\;\; Cl\end{array} > C - H$$

zukommt.

Das aus dem Tetramethyldiaminobenzophenon mit Chlorphosphor entstehende Chlorid besitzt ebenfalls eine intensiv blaue Färbung und ist vermutlich nicht das einfache Ketonchlorid

$$\begin{array}{l}(CH_3)_2N\,C_6H_4 \\ (CH_3)_2N\,C_6H_4\end{array} > C = Cl_2,$$

sondern besitzt ebenfalls die chinoïde Konstitution:

$$\begin{array}{l}(CH_3)_2N - C_6H_4 \\ (CH_3)_2N = C_6H_4 \\ \quad\quad\;\; | \\ \quad\quad\;\; Cl\end{array} > C - Cl.$$

Auramin, $C_{17}H_{21}N_3$ (*4, 5, 6, 7*).

Dieser gleichzeitig von A. Kern und H. Caro (*4*) entdeckte Farbstoff entsteht durch Einwirkung von Ammoniak auf Tetramethyldiaminobenzophenon und wird am besten durch Zusammenschmelzen dieser Base mit Salmiak dargestellt.

Die Reaktion geht nach der Gleichung

$$C_{17}H_{20}N_2O + H_3N = C_{17}H_{21}N_3 + H_2O$$

vor sich.

Statt des Benzophenonderivats kann auch das Dichlorid sowie das Thioketon angewendet werden. Außerdem sind noch einige andere Verfahren zur Darstellung des Auramins in Anwendung gekommen.

1. Tetramethyldiaminodiphenylmethan wird mit Schwefel geschmolzen und gleichzeitig Ammoniak darüber geleitet (*5a*). Ver-

---

4) D.R.P. 29060 v. 11. März 1884; Friedl., p. 99; Caro u. Kern, Amerik. Pat. v. 25. Dez. 1883, 22. April, 8. Juli u. 2. Dez. 1884. — *5*) Kehrmann, Ber. 20, p. 2844. — *5a*) Ber. 27, Ref. 57. — *6*) Gräbe, Moniteur scientif. 1887, p. 600. — *7*) Gräbe, Ber. 20, p. 3260.

mutlich entsteht dabei das Thioketon oder Thiobenzhydrol als Zwischenprodukt.

2. Dimethyl-p Aminobenzoësäurechlorid (das erste Einwirkungsprodukt von Phosgen auf Dimethylanilin) reagiert auf Diphenylamin (oder andere sekundäre Basen) unter Bildung eines substituierten Säureamids:

$$(CH_3)_2N - C_6H_4 - CO - N = (C_6H_5)_2.$$

Durch Phosphorchlorid wird dieser Körper in ein Chlorid übergeführt, welches sich mit Dimethylanilin zu einem, vermutlich parachinoïden Farbstoff

$$\begin{matrix} (CH_3)_2N - C_6H_4 \\ (CH_3)_2N = C_6H_4 \\ \quad Cl \end{matrix} \!\!>\! C - N = (C_6H_5)_2$$

kondensiert. Dieser Körper geht durch Einwirkung von Ammoniak, unter Abspaltung von Diphenylamin, in Auramin über.

Das Auramin kommt in Form seines Chlorhydrats: $C_{17}H_{21}N_3HCl$ in den Handel. Dieses Salz ist in Wasser leicht löslich und kristallisiert daraus in schön goldgelben Blättchen.

Es wird schon durch anhaltendes Kochen mit Wasser, leichter bei Gegenwart von freien Mineralsäuren in Tetramethyldiaminobenzophenon und Ammoniak gespalten.

Alkalien fällen aus dem Chlorhydrat die Base, welche aus Benzol in fast farblosen, sich jedoch allmählich gelb färbenden Blättchen kristallisiert.

Leukoauramin (7), $C_{17}H_{23}N_3$, entsteht durch Reduktion des Auramins in alkoholischer Lösung mit Natriumamalgam. Der Körper bildet farblose, bei 135° schmelzende Kristalle, die sich in Eisessig mit blauer Farbe lösen (siehe unten).

Phenylauramin und Tolylauramin entstehen durch Einwirkung von Anilin und Toluidin sowohl aus Auramin als auch aus Tetramethyldiaminobenzophenon.

Das Auramin kann als Imid des Tetramethyldiaminobenzophenons angesehen und ihm demgemäß die Konstitutionsformel

$$\begin{matrix} (CH_3)_2NC_6H_4 \\ (CH_3)_2NC_6H_4 \end{matrix} \!\!>\! C = NH$$

zuerteilt werden.

Wir hatten diese Formel, welche schon in den früheren Auflagen dieses Buches benutzt war, in der letzten Auflage auf Grund neuerer Arbeiten durch die parachinoïde

$$\begin{array}{l} (CH_3)_2N - C_6H_4 \\ (CH_3)_2\underset{\displaystyle Cl}{N} = C_6H_4 \end{array} \!\!\gt C - NH_2$$

ersetzt.

Dieselbe hätte an sich den Vorteil, daß sie alle Derivate des Michlerschen Ketons unter einen gemeinsamen Gesichtspunkt bringt. Nach dieser Formel aber müßte die gelbe Farbe des Körpers sehr auffallen, da doch alle parachinoïden Diphenylmethanderivate blau oder violett sind. Inzwischen haben sich die Beobachtungen, welche zur Annahme der Parachinonformel führten, als unrichtig erwiesen, und die ältere Formel mußte daher restituiert werden.

Sehr merkwürdig ist die Existenz eines blauen Salzes des Leukoauramins, welches große Ähnlichkeit mit dem chinoïden Benzhydrol hat. Hier ist eine Anhydrisation ausgeschlossen und eine chinoïde Formel schwierig aufzustellen*) (*7a*).

Das Auramin ist, seiner obigen Formel gemäß, ein Ketonimid. Man kann es ebensogut in die Klasse der Azomethine stellen, da es die Gruppe C = N — enthält und man hätte es ebensogut dort abhandeln können, wenn nicht gegen eine Trennung von den übrigen Diphenylmethanderivaten praktische Bedenken vorlägen.

Während das oben beschriebene tetramethylierte Produkt lange der einzig bekannte Repräsentant der Klasse war, sind später durch das Schwefelverfahren einige einfachere Auramine erhalten worden. So läßt sich aus dem symm. Dimethyldiaminodiphenylmethan ein Dimethylauramin darstellen, dessen Färbung ein noch grünstichigeres Gelb zeigt als das Tetramethylderivat. Das in entsprechender Weise aus dem Dimethylditolylmethan (aus Monomethyl-o Toluidin und Formaldehyd) dargestellte Produkt kommt unter dem Namen Auramin G in den Handel.

Die Auramine gehören zu der kleinen Zahl der basischen gelben Farbstoffe und zeichnen sich unter diesen durch ihre sehr reine Nüance aus. Sie fixieren sich auf Tanninbeize und finden sowohl in der Baumwollfärberei als im Zeugdruck starke Verwendung.

---

*) Nach neueren Untersuchungen von Rosenstiehl soll die blaue Färbung des Leukokörpers doch von beigemengtem Benzhydrol herrühren.

7a) Gräbe, Ber. 35, p. 2615.

Pyronin.

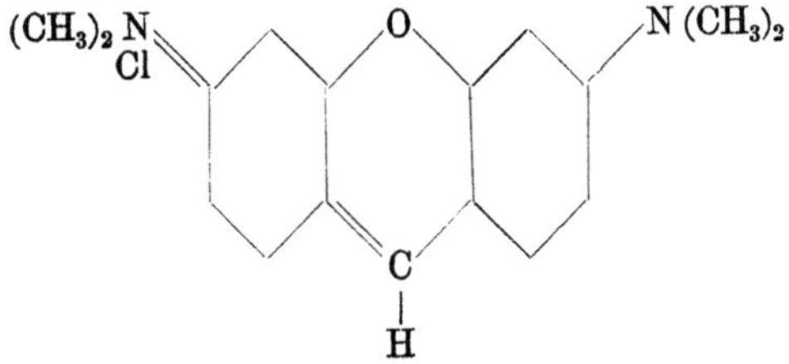

Dieser Körper ist nebst dem entsprechenden Äthylderivat der einzige bekannte Repräsentant einer Klasse von Diphenylmethanfarbstoffen, deren Analoge wir unter den Triphenylmethanfarbstoffen im Rosamin, Rhodamin und in den Phtaleïnen des Resorcins wieder finden.

Die chromophore Gruppe ist, wie in den Rosanilinen (s. Triphenylmethanfarbstoffe w. u.) die Verkettung eines Parachinonringes mit dem Methankohlenstoff und einem Stickstoffatom, entsprechend dem Schema $\equiv N = C_6H_4 = \overset{|}{C} - H$. Außerdem aber finden wir hier die Verkettung zweier Benzolkerne durch ein Sauerstoffatom, welches in Orthostellung zum Methankohlenstoff eingreift und mit diesem und den Kernen einen neuen sechsgliedrigen Ring bildet. Wir finden eine solche Verkettung in den oben erwähnten Triphenylmethanfarbstoffen, ferner in den Xanthonen und Oxazonen wieder.

Der unter dem Namen „Pyronin“ oder auch „Rose“ in den Handel gebrachte Farbstoff wird nach zwei ganz verschiedenen Verfahren hergestellt. Das eine Verfahren besteht darin, daß Tetramethyldiaminodiphenylmethan nitriert und reduziert wird. Es entsteht so eine Tetraminoverbindung:

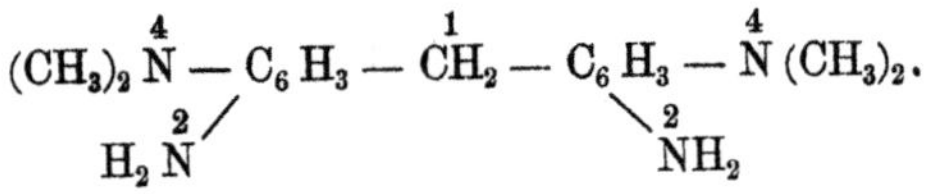

Durch Diazotieren und Kochen mit Wasser wird daraus die entsprechende Dioxyverbindung erhalten, welche durch Oxydation und Wasserabspaltung den Farbstoff liefert (*8*).

---

8) Gerber u. Co., Patentanmeld. v. 6. Sept. 1889; Friedl. II, p. 64.

Diese Dioxyverbindung:

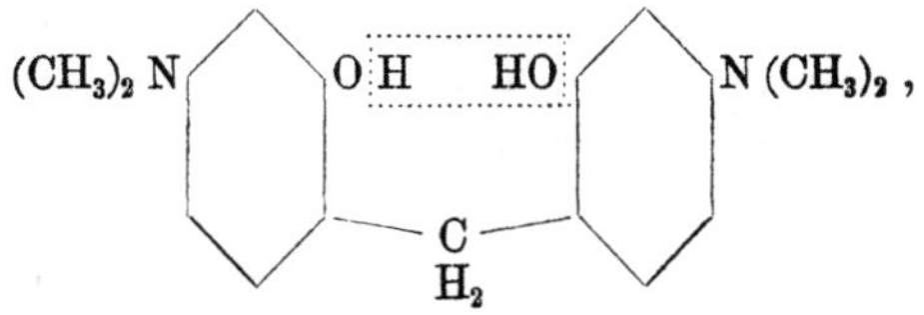

welche sich im Sinne des beistehenden Schemas bei der Behandlung mit Schwefelsäure anhydrisiert, kann aber in einfacher Weise durch Behandlung des Dimethylmetaaminophenols

$$(CH_3)_2\overset{1}{N} - C_6H_4 - \overset{3}{O}H$$

mit Formaldehyd erhalten werden, ein Prozeß, welcher genau der Bildung des Tetramethyldiaminodiphenylmethans aus Dimethylanilin (s. o.) entspricht (*9*).

Das Pyronin besitzt in Lösung eine schön rote Färbung mit gelber Fluoreszenz. Auf Seide und tannierter Baumwolle erzeugt es ein schönes Rosa.

Seine Lösung wird durch Alkalien (vermutlich unter Bildung einer Karbinolbase) langsam entfärbt, Mineralsäuren im Überschuß färben dieselbe gelb.

Durch Oxydation läßt sich aus dem Pyronin ein Farbstoff von veränderten Eigenschaften erhalten, welcher unter dem Namen „Acridinrot" in den Handel gekommen ist. Möglicherweise wird durch den Oxydationsprozeß ein Teil der am Stickstoff befindlichen Alkyle entfernt.

Ein Körper, welcher statt des Sauerstoffatoms ein Schwefelatom enthält, wurde von Sandmeyer durch Einwirkung von Schwefelsesquioxyd (Schwefel gelöst in rauchender Schwefelsäure) auf Tetramethyldiaminodiphenylmethan erhalten. Derselbe ist ein roter, stark fluoreszierender Farbstoff (*10*).

II. Triphenylmethanfarbstoffe.

Das Triphenylmethan ist samt seinen Analogen als Muttersubstanz einer Reihe von Farbstoffen anzusehen, von denen eine bedeutende Anzahl große technische Wichtigkeit erlangt hat.

9) Patentanm. Leonhardt u. Co. Nr. 5528 Kl. 22; Friedl. II, p. 62. — *10*) I. R. Geigy u. Co., D.R.P. 65739 v. 20. Febr. 1892.

Führt man in das Triphenylmethan Aminogruppen oder Hydroxyle in die Parastellung zum Methanrest ein, so entstehen Verbindungen, welche, an sich ungefärbt, als Leukokörper solcher Farbstoffe angesehen werden müssen.

Treten z. B. drei Aminogruppen, in Parastellung zum Methanrest, in die drei Benzolkerne ein, so entsteht die unter dem Namen Paraleukanilin bekannte Substanz:

$$\begin{array}{l} H_2N\,C_6H_4 \\ H_2N\,C_6H_4 \end{array}\!\!>\underset{\displaystyle H}{\underset{|}{C}} - C_6H_4\,NH_2.$$

Oxydiert man diesen Körper, so werden zwei Wasserstoffatome abgespalten, und es findet eine Kondensation zwischen dem Stickstoff einer Aminogruppe und dem Methankohlenstoff statt (vergl. Einleitung). Es entsteht das Pararosanilin

$$\begin{array}{l} H_2N\,C_6H_4 \\ H_2N\,C_6H_4 \end{array}\!\!>C<\!\!\begin{array}{l} C_6H_4 \\ \,| \\ NH\,. \end{array}$$

Dieser Körper ist aber nur in Form seiner Salze beständig. Durch Alkalien aus der wäßrigen Lösung abgeschieden, nimmt die Base schnell Wasser auf und geht in das farblose Triaminotriphenylcarbinol

$$\begin{array}{l} H_2N\,C_6H_4 \\ H_2N\,C_6H_4 \end{array}\!\!>\underset{\displaystyle OH}{\underset{|}{C}} - C_6H_4\,NH_2$$

über. Man hat letztere daher wohl auch als die freie Rosanilinbase bezeichnet. Mit Unrecht, denn diese freie Rosanilinbase existiert, sie ist nur sehr unbeständig, besitzt aber natürlich eine ganz andere Konstitution als das Carbinol. Während in den Carbinolen beispielsweise die Gruppe

$$H_2N - C_6H_4 - \overset{\vee}{C} - OH$$

vorhanden ist, wird beim Übergang in den Farbstoff unter Wasserbildung das Hydroxyl und ein Wasserstoff der Aminogruppe entfernt. Nach der von O. und E. Fischer aufgestellten Formel der hierher gehörenden Rosanilinfarbstoffe wird eine Bindung zwischen der entstehenden Imingruppe und dem Methankohlenstoff, gemäß dem Schema

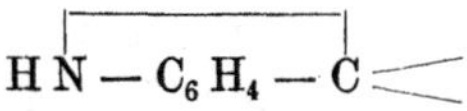

angenommen. Diese Bindung entspricht der Sauerstoffbindung, welche man im Chinon bei Zugrundelegung der älteren Formel annahm. Da nun die hierher gehörigen Farbstoffe mit den Derivaten des Chinons, namentlich mit den Chinoniminfarbstoffen, viel Verwandtschaft zeigen, so nehmen wir keinen Anstand, diese Formel der jetzt üblichen Schreibweise der Chinone, welche einen achtwertigen Benzolring (Benzoldihydrürring) voraussetzt, anzupassen und das Chromophor der Triphenylmethanfarbstoffe durch folgendes Schema auszudrücken:

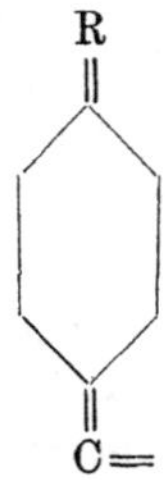

wobei R eine Imingruppe oder ein Sauerstoffatom bedeutet. Im Grunde sollte diese Schreibweise, die wir zuerst in der ersten Auflage dieses Buches benutzten, und die allgemeinen Anklang gefunden zu haben scheint, nichts anderes bedeuten als die von E. und O. Fischer benutzte, nämlich das Vorhandensein eines chinoïden Restes.

Wie schon bemerkt, kann die dem Methanrest gegenüberstehende Gruppe eine Imingruppe oder ein Sauerstoffatom sein. Im ersteren Fall gelangen wir zur Klasse der Rosanilinfarbstoffe, im zweiten zu derjenigen der Aurine oder Rosolsäuren. In der letzteren Farbstoffklasse findet eine Bildung der Carbinole nicht statt. Diese scheinen durchaus unbeständig zu sein und sich im Entstehen zu anhydrisieren. Rosaniline und Aurine, welche in der geeigneten Stellung metaständige Hydroxyle enthalten, zeigen Neigung, sich zu einem dem Pyronin analogen Ring zu kondensieren. (Siehe oben bei Pyronin, unten bei Fluoresceïn.)

Das im Chromophor enthaltene Imin muß gleichzeitig als salzbildende Gruppe der basischen Farbstoffe angesehen werden und scheint auch die Vereinigung mit der Faser zu vermitteln. Bringt man z. B. eine der ungefärbten Carbinolbasen mit der tierischen Faser in Berührung, so wird diese gerade so gefärbt wie mit den Farbstoffsalzen. Es scheint demnach eine salzartige Verbindung zu entstehen, in welcher die Faser der Imingruppe gegenüber die Rolle einer Säure spielt.

Weitere in den Körpern enthaltene Aminogruppen machen ihren basischen Charakter meistens nur konzentrierten Säuren oder Halogenalkylen gegenüber geltend, verstärken jedoch denjenigen der Imingruppe. Die Salzbildung in diesen Gruppen bewirkt fast immer eine auffallende Veränderung des Farbstoffcharakters. In den meisten Fällen wirkt dieselbe genau so, als ob die betreffende Gruppe gänzlich entfernt, acetyliert oder in eine Chinolingruppe verwandelt würde (vergl. grüne Farbstoffe w. u.).

Eine von der hier vertretenen ganz verschiedene Anschauung über die Konstitution der Rosanilinfarbstoffe wird von Rosenstiehl verteidigt.

Derselbe nimmt an, daß beispielsweise im Chlorid des Rosanilins das Chloratom an den Methankohlenstoff gebunden und im übrigen drei freie Aminogruppen vorhanden sind. Das Pararosanilinchlorid wäre demnach ein Triaminotriphenylmethylchlorid:

$$Cl - C \equiv (C_6H_4 \cdot NH_2)_3.$$

Er stützt die Formel hauptsächlich auf die Tatsache, daß Pararosanilinchlorid beim Überleiten von Salzsäuregas drei Moleküle desselben aufnimmt, mithin ein Tetrachlorid entsteht, welchem er die Formel

$$Cl - C \equiv (C_6H_4NH_2HCl)_3$$

erteilt.

Gegen diese Anschauung läßt sich folgendes einwenden: Einmal entbehrt ein Farbstoff dieser Konstitution jeder Analogie, während das Rosanilin sich doch zu den meisten Farbstoffen bekannter Konstitution, z. B. den Chinoniminfarbstoffen, in Beziehungen bringen läßt. Ferner läßt sich das betreffende Chloratom gegen die Reste aller organischen und anorganischen Säuren austauschen. Säurefreie Farbstoffe (die wahren Basen der Farbstoffe) scheinen wenigstens eine vorübergehende Existenz zu haben.

Außerdem aber zeigen sehr viele Körper, obwohl sie nicht eigentliche Basen sind, die Eigenschaft, sich mit Salzsäure zu verbinden. Solche Körper sind die Chinone, das Brasilëin, Hämatëin, die Fluoresceïnäther und viele andere.

Die Existenz zweier Rosanilinbasen läßt sich nach Homolka (Privatmitteilung) durch folgenden Versuch zeigen, welcher am besten mit dem leicht löslichen Neufuchsin (Tritolylmethan-Rosanilin, Seite 161) anzustellen ist*). Fügt man zu der roten wäßrigen Lösung des Chlorhydrats Alkalilauge, so fällt zunächst ein roter Niederschlag aus. Beim Schütteln mit Äther geht die abgeschiedene Base mit orangegelber Farbe in Lösung. Der in Lösung befindliche Körper ist sehr wahrscheinlich die wahre Rosanilinbase. Aus der Luft zieht dieselbe begierig Kohlensäure an, beim Aufgießen auf Papier geht die anfangs orangegelbe Farbe sofort in Fuchsinrot über, und beim Einleiten von Kohlensäure in die ätherische Lösung wird rotes Rosanilincarbonat gefällt. Erhitzt man die mit Alkali versetzte wäßrige Fuchsinlösung kurze Zeit, so wird diese Rosanilinbase in das Carbinol übergeführt. Dieses ist in Äther viel schwieriger löslich, die Lösung ist farblos und wird durch die Kohlensäure der Luft nicht verändert. Essigsäure führt die Carbinolbase langsam in das Rosanilinacetat über.

Der Übergang der basischen Carbinolderivate in die Farbstoffe ist meist ein allmählicher, und man kann häufig zunächst die Bildung farbloser Salze der ersteren Körper konstatieren. Das Tetramethyldiaminotriphenylcarbinol (die Base des Malachitgrüns) löst sich z. B. fast farblos in verdünnter Essigsäure, und erst beim Erwärmen oder bei längerem Stehen tritt die Farbstoffbildung ein.

A. v. Baeyer und Villinger ist unlängst die Abscheidung einer großen Anzahl von gefärbten Triphenylmethan-Farbstoffbasen gelungen, deren Zusammensetzung durch die Analyse festgestellt werden konnte. Dadurch wird die Existenz dieser schon früher vermuteten Zwischenprodukte bestätigt.

Basische Triphenylmethanfarbstoffe bilden meistens Sulfosäuren. Letztere besitzen zum größten Teil den Charakter von Säurefarbstoffen und zeigen im freien Zustande oder in Form ihrer sauren Salze die Färbung der ursprünglichen Farbstoffe.

---

*) Auch Pararosanilin und seine übrigen Homologen zeigen diese Eigenschaft, eignen sich jedoch wegen ihrer Schwerlöslichkeit weniger zur Anstellung dieses Versuches.

Ihre neutralen Alkalisalze sind ungefärbt, scheinen mithin Carbinolverbindungen zu sein.

v. Baeyer und Villinger haben sich ferner durch Aufstellung einer Nomenklatur der Triphenylmethanfarbstoffe verdient gemacht, und wir stehen nicht an, dieselbe hier zu benutzen.

Abgeleitet von dem Namen Fuchsin, welcher sich von Rosanilin durch vorteilhafte Kürze unterscheidet, bezeichnen sie als Fuchson und Fuchsonimin die einfachsten Repräsentanten der Aurin- und der Rosanilinreihe, die inneren Anhydride des Oxy- und des Aminotriphenylcarbinols. Nach diesen beiden Grundsubstanzen lassen sich die Derivate leicht benennen.

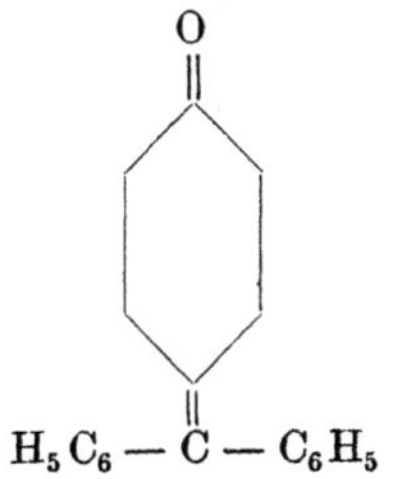

Fuchson

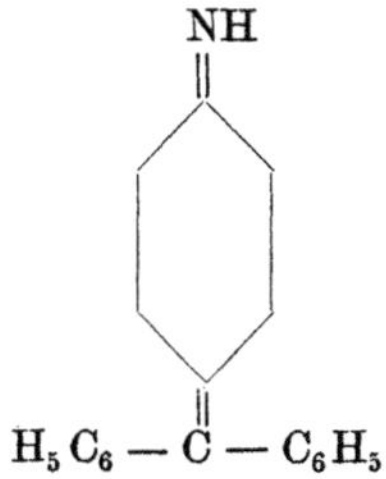

Fuchsonimin.

Salzsaures Pararosanilin wäre danach z. B. Diaminofuchsonimoniumchlorid, Kristallviolett: Hexamethyldiaminofuchsonimoniumchlorid. In der Tat liegt hier ein Bedürfnis nach einer passenden Nomenklatur vor, und die vorgeschlagene erscheint zweckmäßig. Schwierigkeiten dürften hie und da nicht ausbleiben. So läßt sie sich z. B. kaum auf die Farbstoffe vom Typus des Viktoriablaus anwenden.

Triphenylmethanfarbstoffe sind auf sehr verschiedenen Wegen dargestellt worden.

Die substituierten Benzophenone kondensieren sich z. B. mit tertiären Basen unter dem Einfluß wasserentziehender Mittel zu Triphenylmethanderivaten:

$$\begin{matrix}(CH_3)_2NC_6H_4 \\ (CH_3)_2NC_6H_4\end{matrix}\!\!>\!CO + C_6H_5N(CH_3)_2 + HCl$$

Tetramethyldiaminobenzophenon. Dimethylanilin.

$$= \begin{matrix}(CH_3)_2N - C_6H_4 \\ (CH_3)_2N = C_6H_4 \\ | \\ Cl\end{matrix}\!\!>\!C - C_6H_4N(CH_3)_2 + H_2O$$

Hexamethylrosanilin.

In ganz ähnlicher Weise reagiert das aus dem Tetramethyldiaminobenzophenon entstehende Chlorid. Dieser Körper, welchem eine blaue Färbung zukommt, gehört vermutlich zu den dem Rosanilin analogen Diphenylmethanfarbstoffen, und es kommt ihm die Konstitution

$$\left.\begin{array}{l}(CH_3)_2N - C_6H_4 \\ (CH_3)_2\underset{\underset{Cl}{|}}{N} = C_6H_4\end{array}\right\rangle C - Cl$$

zu.

Das Benzhydrol, welches durch Reduktion des Tetramethyldiaminobenzophenons entsteht (vergl. S. 128), und welches ebenfalls in Form seiner Salze einen Farbstoffcharakter besitzt, reagiert gleichfalls mit großer Leichtigkeit auf Amine, aber auch auf indifferente Körper wie Naphtalinsulfosäuren, Benzoësäure etc.

Bei dieser Reaktion entstehen jedoch keine Farbstoffe, sondern die Leukobasen derselben.

$$\underset{\text{Tetramethyldiaminobenzhydrol.}}{\left.\begin{array}{l}(CH_3)_2N\,.\,C_6H_4 \\ (CH_3)_2N\,.\,C_6H_4\end{array}\right\rangle C \left\langle\begin{array}{l}H \\ OH\end{array}\right.} + \underset{\text{Dimethylanilin.}}{C_6H_5N(CH_3)_2}$$

$$= \underset{\text{Hexamethylparaleukanilin.}}{\left.\begin{array}{l}(CH_3)_2N\,.\,C_6H_4 \\ (CH_3)_2N\,.\,C_6H_4\end{array}\right\rangle \underset{\underset{H}{|}}{C} - C_6H_4N(CH_3)_2} + H_2O$$

Triphenylmethanfarbstoffe entstehen ferner, wenn primäre, sekundäre oder tertiäre Monamine, welche Methylgruppen am Kohlenstoff oder am Stickstoff enthalten, oxydiert werden (Rosanilin, Methylviolett), ferner durch Behandlung methylfreier Benzolderivate mit Substanzen, welche einerseits wasserstoffentziehend, andrerseits kohlenstoffabgehend wirken wie Kohlenstofftetrachlorid, Oxalsäure oder Jodoform (Rosolsäure, Diphenylaminblau). Sie können ferner durch direkte Einführung von Aminogruppen in das Triphenylmethan sowie durch Kondensation aromatischer Basen und Phenole mit den im Methanrest gechlorten Toluolderivaten oder mit aromatischen Aldehyden dargestellt werden. Hierbei entstehen in den meisten Fällen zunächst Leukoverbindungen, welche durch Oxydation in Farbstoffe übergehen.

Eine Darstellung von Triphenylmethanfarbstoffen, welche neuerdings technische Wichtigkeit erlangt hat, besteht in einer gemeinsamen Oxydation von Paradiaminodiphenylmethan (seinen Derivaten und Homologen) und einem Monamin, welches freie Parastellen enthält.

Eine eigentümliche Klasse von Triphenylmethanfarbstoffen, die Phtaleïne, werden durch Kondensation des Phtalsäureanhydrids mit Phenolen erhalten.

Nach obigem können wir die Triphenylmethanfarbstoffe in zwei große Gruppen einteilen, in solche mit einer chinoïden Imingruppe und solche mit chinoïdem Sauerstoffatom. Unabhängig von dieser Einteilung in solche, welche die chromophore Chinongruppe in offener Kette enthalten, und solche, wo diese im geschlossenen Ring (analog dem Pyronin) enthalten ist. Dadurch kommen wir zu folgenden Gruppen:

Rosanilinfarbstoffe,
Aurine oder Rosolsäurefarbstoffe,
Phtaleïne und Rhodamine,
Rosaminfarbstoffe.

A. Rosanilinfarbstoffe.

Als Rosanilinfarbstoffe im weiteren Sinne müssen alle vom Triphenylmethan und seinen Analogen abgeleiteten basischen Farbstoffe angesehen werden, welche stickstoffhaltige Gruppen enthalten.

Der einfachste Farbstoff dieser Art leitet sich vom p Aminotriphenylmethan ab, es ist das das Fuchsonimin von Baeyer und Villinger*) bezw. ein Salz desselben

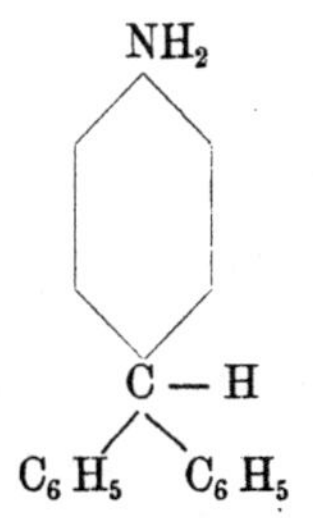

p Aminotriphenylmethan

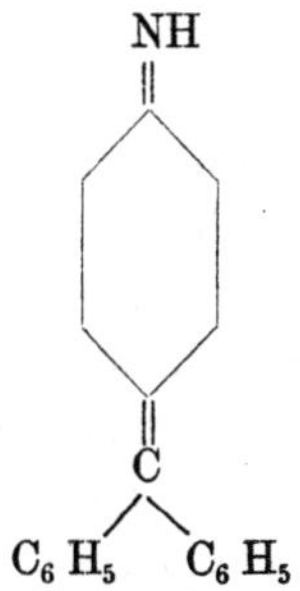

Fuchsonimin.

*) Ber. 37, p. 597 u. 2848.

Das Fuchsonimin ist gefärbt, sein Farbstoffcharakter kommt jedoch erst zur Geltung, wenn mindestens eine auxochrome Aminogruppe in einen der nichtchinoïden Benzolreste eintritt, und zwar in Parastellung zum Methankohlenstoff.

Hier zeigen sich bezüglich des Einflusses, welchen die Anzahl der auxochromen Aminogruppen und die in dieselben etwa eintretenden Alkylgruppen auf die Färbung ausüben, höchst interessante Gesetzmäßigkeiten.

Die einfachsten Rosanilinfarbstoffe des Amino- und Diaminofuchsonimoniumchlorids (Döbners Violett und Pararosanilin) sind violett bezw. bläulichrot gefärbt. Beide haben die Neigung, durch Alkylierung der Stickstoffgruppen durch Blauviolett in Grün überzugehen. Das Döbnersche Violett, welches nur 2 Stickstoffatome enthält, geht durch Einführung einer Alkylgruppe (von welcher man nicht weiß, ob sie am chinoïden Stickstoff oder an der Aminogruppe steht) in Blauviolett über.

Die Alkylierung des zweiten Stickstoffs (gleichgültig, ob sekundär oder tertiär) bewirkt Grünfärbung, wie dieses am Malachitgrün und am Viridin (Phenylaminofuchsonphenylimoniumchlorid) ersichtlich ist. Das Rosanilin hat ein Stickstoffatom bezw. eine Aminogruppe mehr. Wollen wir aus demselben einen grünen Farbstoff erhalten, so muß diese Gruppe erst beseitigt bezw. unwirksam gemacht werden. Eine Alkylierung in dem Sinne,, wie sie im Hexamethylrosanilin vorliegt, wo sämtliche Aminwasserstoffe substituiert und der chinoide Stickstoff in die quaternäre Ammoniumgruppe verwandelt ist, erzeugt noch kein Grün, sondern nur ein Violett. Es muß eine (alkylierte oder nichtalkylierte) Aminogruppe unwirksam gemacht werden, und dieses geschieht entweder durch Anlagerung eines Säurerestes (labile grüne Salze), eines quaternär gebundenen Halogenalkyls (Methylgrün, Jodgrün), ferner durch Umwandeln der Aminogruppe in einen Chinolinrest, durch Acetylierung oder durch gänzliche Entfernung der ganzen Gruppe (wie beim Malachitgrün).

Die folgenden Beispiele sollen diese Gesetzmäßigkeiten verdeutlichen:

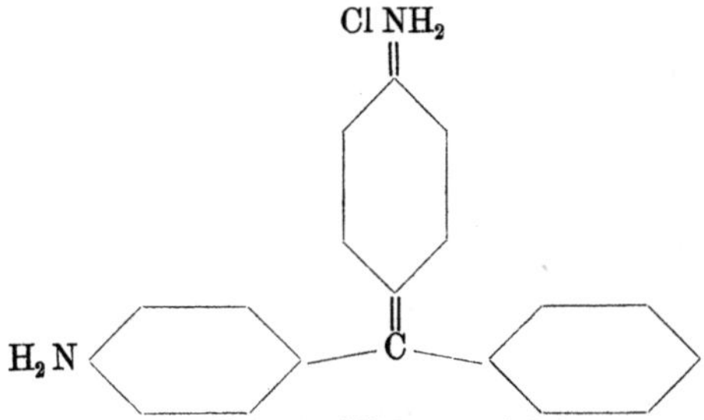

Döbners Violett, rotviolett.

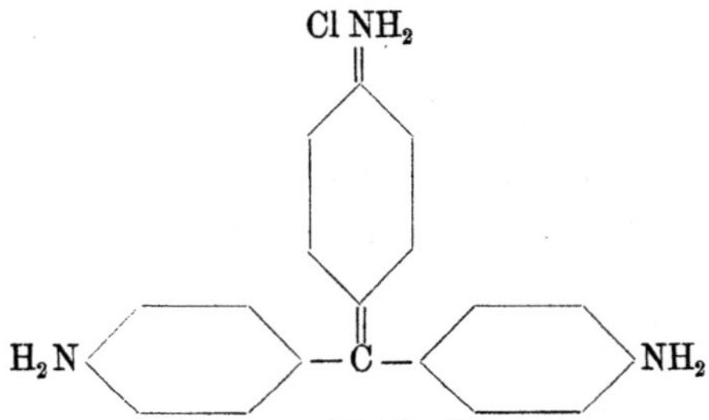

Pararosanilinchlorid, rot.

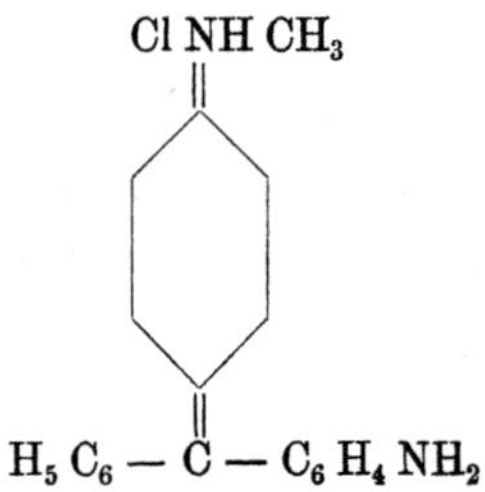

Blaugrün.

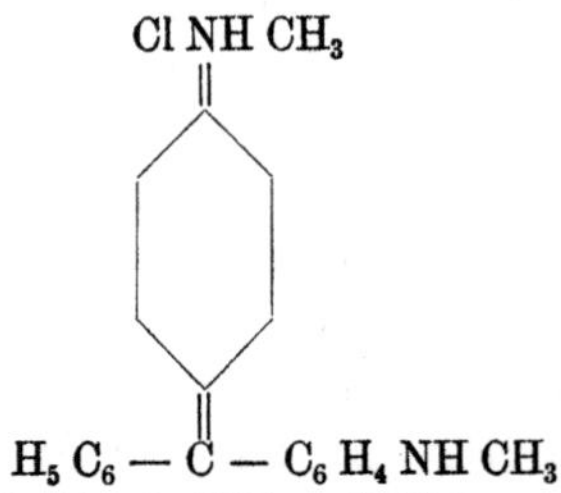

Grün (desgl. $(CH_3)_3$ u. $(CH_3)_4$).

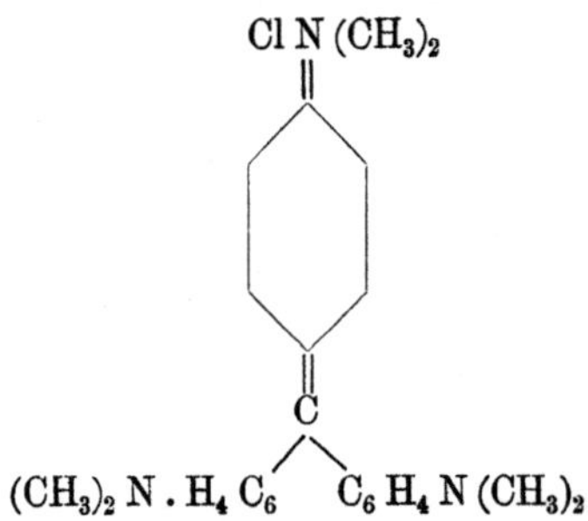

Hexamethylrosanilin
Violett.

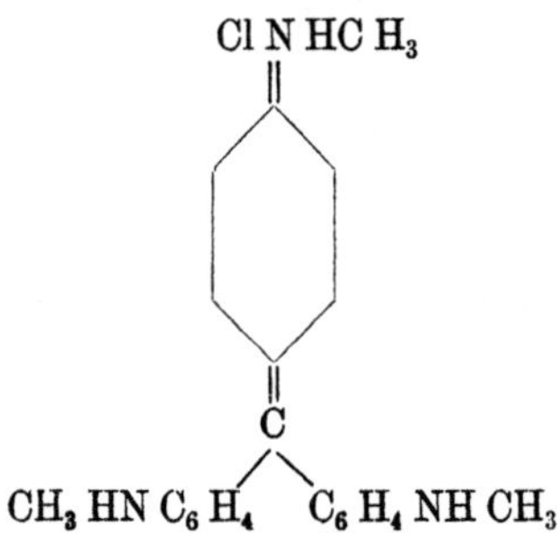

Trimethylpararosanilin
Violett.

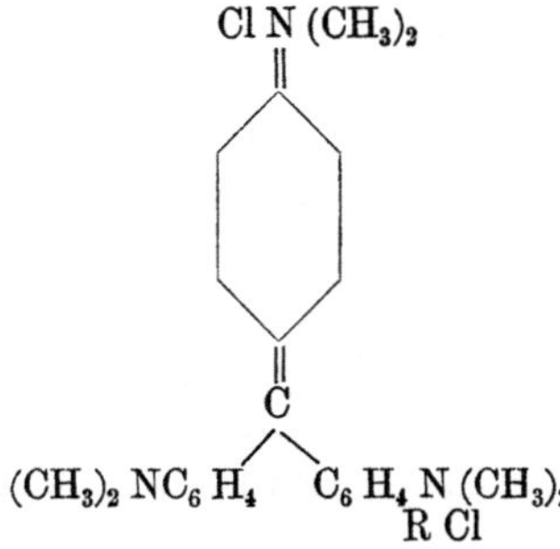

Grün.

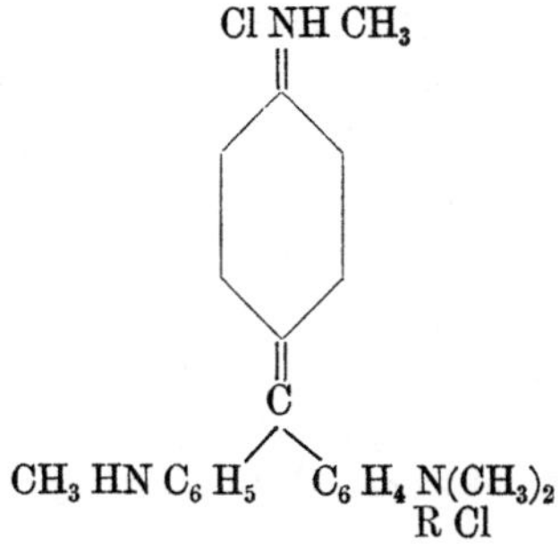

Grün.

Wie oben bemerkt, kann das mit R Cl bezeichnete Radikal ein Halogenalkyl sein. Jeder Mineralsäurerest tut aber die gleiche Wirkung. Ebenso die Einführung von Radikalen, welche den basischen Charakter der Aminogruppe stark abschwächen.

Bemerkenswert ist die Tatsache, daß die Substitution eines grünen Farbstoffes in der Orthostellung zum Methankohlenstoff in dem nichtchinoïden Benzolrest einen Rückgang der grünen Farbe nach Blau oder Violett zur Folge hat. Gleichzeitig wird der Übergang in das Carbinol erschwert, der Farbstoff wird somit alkaliecht (s. Patentblau w. u.).

Döbners Violett. (Aminofuchsonimoniumchlorid).

Bildet sich durch Erhitzen von Anilin mit Benzotrichlorid bei Gegenwart von Nitrobenzol (*11*). Es ist ein unscheinbares Violett ohne technische Bedeutung, aber interessant als Muttersubstanz des Malachitgrüns, seines Tetramethylderivates.

Malachitgrün = Tetramethylaminofuchsonimoniumchlorid.

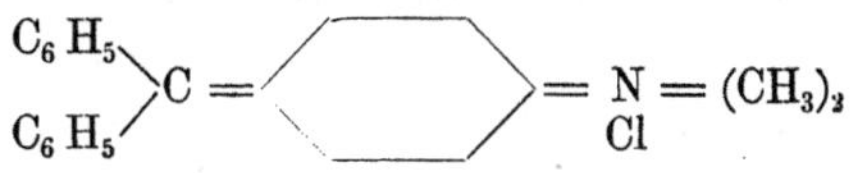

Entsteht durch Oxydation seiner Leukobase, des Tetramethyldiaminodiphenylmethans, ferner durch Einwirkung des Benzotrichlorids sowie des Benzoylchlorids auf Dimethylanilin. Ersteres bei Gegenwart von Chlorzink, letzteres bei Luftzutritt (*12*, *13*).

11) Döbner, Ber. 15, p. 234. — *12*) E. u. O. Fischer, Ber. 11, p. 950; 12, p. 796 u. 2348. — *13*) O. Döbner, Ber. 11, p. 1236.

Das Chlorid ist ein schön grüner, sehr intensiver Farbstoff und kristallisiert in grünen Blättchen (*14*).

Sulfat, $C_{23}H_{24}N_2H_2SO_4$, kristallisiert mit $1 H_2O$ in grünglänzenden Nadeln, wasserfrei in grünen, dicken Prismen.

Chlorzinkdoppelsalz, $C_{23}H_{24}N_2ZnCl_2$, grünglänzende Nadeln und Blättchen.

Oxalat. Große, grüne, in Wasser leicht lösliche Prismen.

Pikrat, $C_{23}H_{24}N_2C_6H_2(NO_2)_3OH$, schwer löslich.

Äthyläther, $C_6H_5\underset{\displaystyle OC_2H_5}{\underset{|}{C}}=[C_6H_4N(CH_3)_2]_2$. Bildet sich beim Erhitzen der Base mit Alkohol auf 110°. Farblos. Schmelzpunkt 162°.

Jodmethylat (*14*), $C_{23}H_{25}(OCH_3)N_2 2CH_3J + H_2O$. Entsteht beim Erhitzen der Base mit Jodmethyl und Methylalkohol. Farblose Nadeln.

Durch Einwirkung von konzentrierter Säure gehen die grünen einsäurigen Salze in die gelben zweisäurigen über, welche schon durch Wasser wieder zersetzt werden.

Das Malachitgrün ist der einfachste Repräsentant einer Farbstoffklasse, welche in der Farbstoffindustrie eine große Bedeutung erlangt hat. Vor dem älteren Methylgrün besitzt es den Vorzug, daß es gegen höhere Temperaturen beständig ist, daß es sich leichter auf Wolle fixieren läßt als dieses und daß es schließlich eine viel größere Färbekraft besitzt.

In den Handel kommt meistens das Chlorzinkdoppelsalz oder das Oxalat.

Das Malachitgrün wurde zuerst von O. Fischer (*12*) durch Oxydation des Tetramethyldiaminotriphenylmethans erhalten. Kurze Zeit darauf stellte es Döbner durch Einwirkung von Benzotrichlorid auf Dimethylanilin dar, ein Verfahren, welches patentiert (*13*, *15*) und zur technischen Darstellung des Produkts benutzt wurde. Eine Darstellung aus dem Tetramethyldiaminotriphenylmethan schien damals nicht ausführbar, weil der zur Erzeugung dieser Base nötige Benzaldehyd noch zu schwierig zu beschaffen war. Die Schwierigkeiten, welche mit der fabrikmäßigen Darstellung

---

14) O. Fischer, Annal. 206, p. 130. — *15*) D.R.P. 4322 v. 26. Febr. 1878; Friedl. I, p. 40.

des Bittermandelöls verbunden waren, wurden jedoch sehr bald überwunden, und gegenwärtig ist das Benzotrichloridverfahren, welches sehr wenig glatte Resultate gibt, vollständig verlassen. Die Darstellung des Malachitgrüns im großen ist gegenwärtig folgende:

Man stellt durch Erhitzen von 1 Mol. Benzaldehyd mit 2 Mol. Dimethylanilin unter Zusatz von Salzsäure (oder auch Schwefelsäure) die Triphenylmethanbase dar.

Das früher zur Kondensation angewandte Chlorzink wird wohl nicht mehr benutzt. Es hat sich herausgestellt, daß man nur so viel von obigen Säuren anwenden darf, als nötig ist, um etwa zwei Dritteile des Dimethylanilins in das betreffende Salz zu verwandeln. Überschüssige Salzsäure führt zur Bildung eines Dimethylaminobenzhydrols:

$$\begin{array}{c} (CH_3)_2NC_6H_4 - \underset{\substack{|\quad\diagdown\\ H\quad OH}}{C} - C_6H_5 \end{array} \quad (16)$$

Die Leukobase wird in Form ihres salzsauren Salzes unter Zusatz von etwas Essigsäure in verdünnter Lösung mit Bleisuperoxyd oxydiert. Man entfernt zunächst aus der Lösung das Blei, indem man es durch Zusatz von Natriumsulfat in Bleisulfat verwandelt, und fällt den Farbstoff durch Zusatz von Chlorzink und Kochsalz in Form des Chlorzinkdoppelsalzes, oder man scheidet durch Zusatz von Alkalicarbonat die Carbinolbase ab, welche durch Lösen mit Oxalsäure in das Oxalat verwandelt wird.

Durch Einwirkung von Alkali geht das Malachitgrün zunächst in die gelbe Farbbase und dann allmählich in das farblose Tetramethyldiamino-triphenylcarbinol über. Dieses bildet abgeschieden ein farbloses oder schwach graues Pulver. Aus Ligroin kristallisiert es in glänzenden, farblosen Blättchen oder in rundlichen Aggregaten. Schmelzpunkt 120°.

Bei der Behandlung mit Säuren geht der Körper unter Abspaltung von Wasser in intensiv grüngefärbte Salze über.

Nitroderivate des Malachitgrüns (*17*, *18*).

Die Paranitroverbindung entsteht durch Oxydation des aus Paranitrobenzaldehyd und Dimethylanilin dargestellten Nitrotetra-

16) Albrecht, Ber. 21, 3292. — *17*) E. u. O. Fischer, Ber. 11, 950; 12, 796 u. 2348. — *18*) O. Fischer u. J. Ziegler, Ber. 13, p. 672.

methyldiaminotriphenylmethans sowie durch Behandlung von Dimethylanilin mit Paranitrobenzoylchlorid (*17*) bei Gegenwart des Luftsauerstoffs.

Die Base $C_{23}H_{25}(NO_2)N_2O$ kristallisiert in gelben Prismen. Die Salze sind schön grün gefärbt, werden jedoch schon durch Wasser zersetzt. Bei vorsichtiger Reduktion gehen sie in einen violetten Farbstoff (Tetramethylpararosanilin) über, bei vollständiger Reduktion bilden sie Tetramethylparaleukanilin.

Die Metaverbindung (*18*, *19*) entsteht durch Oxydation des aus Metanitrobenzaldehyd und Dimethylanilin erhaltenen Nitrotetramethyldiaminotriphenylcarbinols. Sie ist der vorigen ähnlich, geht jedoch bei der Reduktion nicht in einen violetten Farbstoff über.

Tetraäthylgrün (*20*).

Die Salze dieser Base kommen als Farbstoffe unter dem Namen „Brillantgrün" in den Handel. Das Chlorzinkdoppelsalz bildet grünglänzende Nadeln,

das Sulfat: $C_{27}H_{32}N_2H_2SO_4$, goldglänzende Prismen. Die Nüance des Farbstoffes ist etwas gelbstichiger als die des vorigen.

Auch Sulfosäuren (*21*, *22*) der genannten Körper sowie im Benzolkern gechlorte Derivate (*23*) derselben haben als Farbstoffe Verwendung gefunden.

Säuregrün S.

Unter der Bezeichnung „Säuregrün S" kommt z. B. die Sulfosäure eines Diäthyldibenzyldiaminotriphenylcarbinols in den Handel. Man stellt aus Äthylbenzylanilin und Benzaldehyd zunächst eine Leukobase dar, verwandelt diese in eine Sulfosäure und führt sie durch Oxydation in den Farbstoff über. Wegen seiner geringen Alkaliechtheit findet es wenig Verwendung.

Die Sulfogruppe tritt hier in den Kern des Benzylrestes, welcher sich überhaupt als sehr leicht angreifbar erwiesen hat. Auch durch Kombination der Äthyl- oder Methylbenzylanilin-

---

19) Böttinger, Ber. 12, p. 975. — *20*) O. Fischer, Ber. 14, p. 2521. — *21*) D.R.P. 6714 v. 27. Okt. 1878; Friedl., I, p. 117. — *22*) D.R.P. 10410 v. 10. Juni 1879. — *23*) D.R.P. 4988 v. 6. Juni 1878.

sulfosäure mit Benzaldehyd und Oxydation der erhaltenen Leukoverbindung sind ähnliche Farbstoffe dargestellt worden.

Patentblau (Sulfosäure des hydroxylierten Malachitgrüns (*24*, *24a*)).

Eigentümliche grünlichblaue Farbstoffe lassen sich dadurch erhalten, daß in den nicht amidierten Benzolkern eine Hydroxylgruppe, und zwar in Metastellung zum Methankohlenstoff, eingeführt wird.

Man erhält diese Körper, indem man die Kondensationsprodukte von Dimethylanilin oder analogen Basen mit m Nitrobenzaldehyd (siehe oben) reduziert und die entstandene Aminogruppe durch Diazotieren und Kochen mit Wasser in das Hydroxyl umwandelt. Durch Behandeln der entstehenden Leukobase mit Schwefelsäure wird dieselbe in eine Disulfosäure übergeführt und aus dieser durch Oxydation der Farbstoff erhalten.

Die entstehenden Farbstoffsäuren enthalten die eine Sulfogruppe in Parastellung, die andere in Orthostellung zum Methankohlenstoff. Durch diese Konfiguration erhält der Körper Eigenschaften, welche von denen der übrigen sulfonierten Triphenylmethanfarbstoffe völlig abweichen. Diese entsprechen sonst nur im freien Zustande den gefärbten Anhydriden, während ihre neutralen Salze ungefärbt und ohne Zweifel Carbinolverbindungen sind. Die Disulfosäure des Oxymalachitgrüns aber wird durch verdünnte Alkalien nicht verändert, ein Umstand, welcher hauptsächlich die große Wichtigkeit, welche das Produkt für die Färberei erlangt hat, bedingt. Schon in der zweiten Auflage dieses Buches haben wir die Ansicht ausgesprochen, daß die Eigenschaften des Patentblaus nicht durch das Hydroxyl, sondern durch die eigentümliche Konfiguration der Sulfogruppe bedingt sind.

Obwohl der Farbstoff eine Disulfosäure ist, verhält er sich doch wie eine einbasische Säure. Dieser Umstand ließ von Anfang an vermuten, daß eine Sultonbildung zwischen der einen Sulfogruppe und dem Hydroxyl stattfindet; diese Annahme erwies sich jedoch als unhaltbar, denn es zeigte sich, daß hier das

---

24) Farbwerke Höchst D. R. P. 46 384. — *24a*) Erdmann, Annal. 294, p. 376.

Hydroxyl entbehrlich ist, und eine Sulfogruppe in Orthostellung zum Methankohlenstoff die Alkalibeständigkeit bedingt. So zeigte Sandmeyer, daß sich mit der Orthosulfosäure des Benzaldehyds Farbstoffe darstellen lassen, welche die Alkalibeständigkeit des Patentblaus, aber kaum saure Eigenschaften besitzen. Eine Sultonbindung zwischen Sulfosäure und Carbinolsauerstoff wäre hier unwahrscheinlich, denn derartige Körper dürften kaum die Eigenschaften eines Farbstoffes besitzen. Wahrscheinlich ist hier eine Bindung zwischen der Orthosulfogruppe und der Dimethylammoniumgruppe entsprechend der Formel:

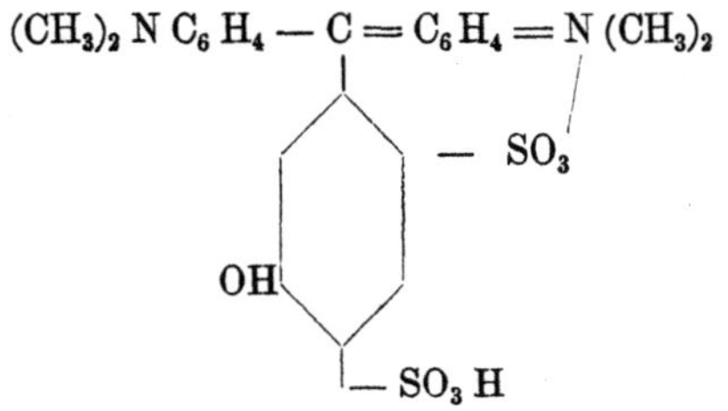

Ein anderes Verfahren zur Darstellung analoger Produkte wurde von Nölting entdeckt. Derselbe fand, daß bei der Kombination von Tetramethyldiaminobenzhydrol mit Aminen von besetzter Parastelle (vergl. S. 139) der Methankohlenstoff zur Aminogruppe in Orthostellung tritt, wenn die Kombination in salzsaurer Lösung, in Metastellung hingegen, wenn sie in konzentrierter Schwefelsäure vorgenommen wird (*25*). Durch Kombination des Carbinols mit Paratoluidin in der Metastellung entsteht so ein Homologes des durch Reduktion der m Nitroleukobase erhaltenen Körpers, und dieses kann wie jener durch Diazotieren und Aufkochen mit Wasser in die entsprechende Hydroxylverbindung übergeführt werden.

Ein Patentblau, in welchem das Dimethylanilin durch Monoäthyl-Orthotoluidin ersetzt ist, kommt unter dem Namen Cyanol in den Handel (*26*).

Durch Kombination der oben erwähnten Benzaldehyd-Orthosulfosäure mit Äthylbenzylanilin entsteht eine Leukobase, welche durch nachträgliches Sulfonieren (in den Benzylgruppen) und Oxy-

---

25) Nölting, Ber. **24**, p. 3126. — *26*) D.R.P. 73717, Cassella & Co.

dation in einen Farbstoff von sehr rein blauer Nüance übergeführt wird. Derselbe kommt unter dem Namen Erioglaucin (Geigy) in den Handel.

Durch Oxydation mit Eisenchlorid gehen die Körper der Patentblaureihe in neue wertvolle Farbstoffe über, welche den Namen Cyanine erhalten haben.

Durch Einführung von Chloratomen in den freien Benzolkern des Malachitgrüns entstehen blaue Farbstoffe, welche jedoch nicht die Alkaliechtheit des Patentblaus zeigen. Unter dem Namen „Firnblau“ kommt z. B. ein aus Dichlorbenzaldehyd erhaltener Farbstoff in den Handel (*27*).

Durch Kondensation der alkylierten Benzhydrole mit Carbonsäuren, Phenolen und deren Sulfosäuren, ferner mit Naphtalinsulfosäuren entstehen Leukoverbindungen, welche durch Oxydation in Triphenylmethanfarbstoffe übergeführt werden (*28*).

Vermutlich sind einige von der Firma Bayer & Co. in Elberfeld in den Handel gebrachte Druckfarbstoffe (für Chrombeize) in ähnlicher Weise durch Kombination des Benzhydrols mit Benzoesäure und ihren Derivaten dargestellt worden.

Auch durch Kombination der amidierten Diphenylmethane und Benzhydrole mit Pyrogallol und einigen Dioxynaphtalinen sind Farbstoffe von beizenfärbenden Eigenschaften hergestellt worden (*29*).

Historisches und theoretisches Interesse dürfte das Viridin von Meldola beanspruchen.

Es bildet sich dieser Körper durch Einwirkung von Benzylchlorid auf Diphenylamin und gleichzeitige Oxydation, wobei ersteres den Methankohlenstoff hergibt. Das Viridin ist das symmetrische Diphenylderivat des Döbnerschen Violetts, also Phenylaminofuchsonphenylimoniumchlorid. In Form seiner Sulfosäure hat es hie und da Verwendung gefunden.

Triphenylmethan-Azofarbstoffe.

Das durch Reduktion des m Nitrotetramethyldiaminotriphenylmethans dargestellte Tetramethyltriaminotriphenylmethan läßt sich durch salpetrige Säure in eine Diazoverbindung verwandeln, welche mit Phenolen und Aminen zu Azokörpern kombiniert werden

---

27) D.R.P. 71370 v. 10. Dez. 92. — *28*) D.R.P. 58483, 58969, 60606. — *29*) D.R.P. 59868, B.A.S.F.

kann. Durch Oxydation erhält man daraus Farbstoffe, welche sowohl Triphenylmethan- als Azofarbstoffe sind.

Durch Kombination der erwähnten Diazoverbindung mit Salicylsäure und nachherige Oxydation entsteht ein Farbstoff, welcher eine dem Malachitgrün ähnliche Nüance besitzt und als Salicylsäure-Azomalachitgrün aufgefaßt werden kann:

$$\begin{matrix} HOOC \\ HO \end{matrix} \!\!> C_6H_3 - N = \overset{1}{N} - C_6H_4 - \overset{3}{C} \!\!<\!\! \begin{matrix} C_6H_4 = N\overset{R}{(CH_3)_2} \\ C_6H_4N(CH_3)_2 \end{matrix} .$$

Vermöge des darin enthaltenen Salicylsäurerestes zeigt der Körper die Eigenschaft eines Beizenfarbstoffes. Er findet unter dem Namen „Azogrün" als Druckfarbstoff auf Chrombeize Verwendung. Seine Seifenechtheit läßt jedoch zu wünschen übrig (*30*).

Rosamine (*31*).

Diese Körper, welche sich ebenfalls vom Diaminotriphenylmethan ableiten, unterscheiden sich von den Farbstoffen der Malachitgrünreihe durch das Vorhandensein eines die amidierten Kerne bindenden Sauerstoffatoms. Sie können andrerseits als Pyronine (siehe Seite 132) aufgefaßt werden, in welchen das im Methankohlenstoff vorhandene Wasserstoffatom durch eine Phenylgruppe ersetzt ist. Ihr ganzer Charakter läßt auf eine Zusammengehörigkeit mit den Pyroninen schließen.

Sie bilden sich, wenn man in dem zur Darstellung des Malachitgrüns dienenden Benzotrichloridverfahren das Dimethylanilin durch Dimethylmetaaminophenol ersetzt. Dabei entsteht wohl zunächst ein dihydroxyliertes Malachitgrün, welches sich entsprechend dem nachfolgenden Schema anhydrisiert:

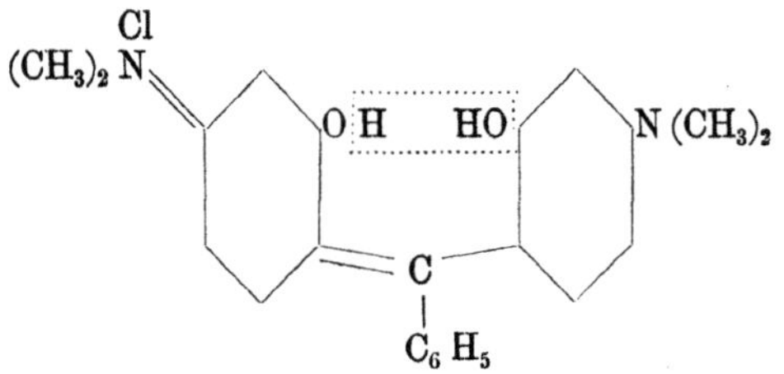

30) Patentanm. 4454 v. 14. Nov. 1889, Bayer & Co.; Friedl., II, p. 51. — 31) Heumann u. Rey, Ber. 22, p. 3001.

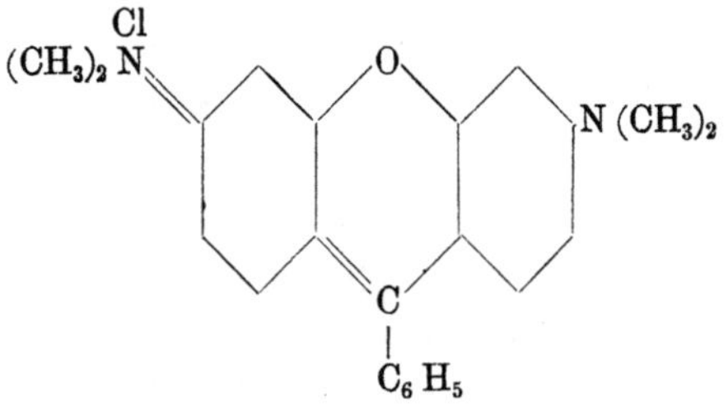

Rosamin (Chlorid).

Die Salze des Rosamins bilden blaurote Lösungen mit gelber Fluoreszenz. Konzentrierte Säuren färben sie orangerot.

Auf Seide erzeugen sie ein blaustichiges Rosa mit gelber Fluoreszenz.

Durch Übersättigen mit Alkalilauge bildet sich die farblose Carbinolbase:

$$C_{23}H_{23}N_2(OH)_3 \text{ (vermutlich } C_{23}H_{23}N_2O.OH + H_2O).$$

Die alkalische Lösung färbt ungebeizte Baumwolle rot.

Das entsprechende Äthylderivat wird in analoger Weise aus Diäthylmetaaminophenol gewonnen.

Die Rosamine entstehen auch durch Erhitzen der Resorcinbenzoine (siehe unten) mit Dimethyl- bezw. Diäthylamin. Ein praktisches Interesse haben dieselben nicht erlangt.

Pararosanilin.

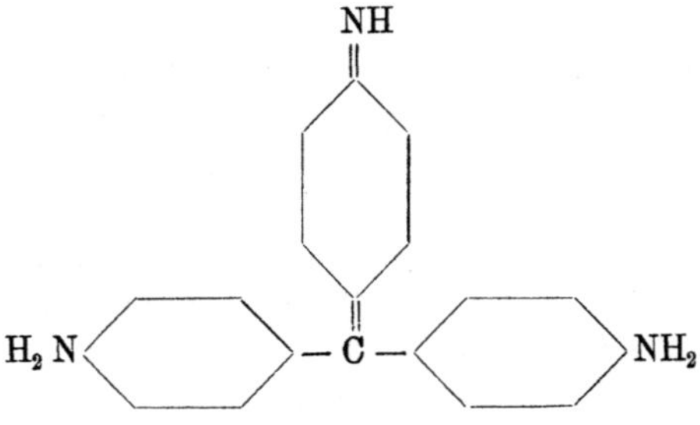

Diaminofuchsonimin.

Chlorid:

$$H_2N-C_6H_4-C\begin{array}{l} \diagup C_6H_4NH_2 \\ \diagdown\!\!\diagdown C_6H_4=NHHCl. \end{array}$$

Carbinolbase:

$$H_2N - C_6H_4 - \underset{\substack{|\\ OH}}{C} \genfrac{}{}{0pt}{}{\diagup C_6H_4NH_2}{\diagdown C_6N_4NH_2.}$$

Das Pararosanilin entsteht durch Erhitzen von 2 Mol. Anilin und 1 Mol. Paratoluidin (*32*) mit Arsensäure, Quecksilberchlorid und anderen Oxydationsmitteln, durch partielle Reduktion von Trinitrotriphenylcarbinol (*33*) mit Zinkstaub und Eisessig, durch Oxydation des Triaminotriphenylmethans (*33*) (Paraleukanilin) sowie durch Erhitzen der Pararosolsäure (*34*) (Aurin) mit Ammoniak auf 120°, ferner durch Erhitzen von reinem Anilin mit Kohlenstofftetrachlorid*) sowie mit Äthylenchlorid oder Jodoform. Es bildet sich ferner durch Einwirkung von Paranitrobenzaldehyd (*35*), Paranitrobenzyl- (*36*) und Benzalchlorid sowie von Paranitrobenzylalkohol auf Anilin. Die Carbinolbase bildet farblose, in kaltem Wasser wenig, in heißem leichter lösliche Blättchen. Mit einem Säuremolekül verbindet sie sich unter Wasseraustritt zu intensiv rot gefärbten Salzen. Die durch Säureüberschuß entstehenden dreisäurigen Salze sind gelb gefärbt und werden durch Wasser zerlegt. Reduktionsmittel führen es in Paraleukanilin (Triaminotriphenylmethan) über.

Beim Erhitzen mit Jodwasserstoffsäure im geschlossenen Rohr zerfällt es in Anilin und Paratoluidin.

Das Pararosanilin wurde zuerst von Rosenstiehl (*37*) dargestellt, doch haben erst E. u. O. Fischer (*33*) seine Zusammensetzung erkannt.

Die oben gegebene Konstitutionsformel geht aus folgenden Tatsachen hervor:

Bei der Behandlung des Pararosanilins mit salpetriger Säure entsteht eine Diazoverbindung, bei welcher alle drei Stickstoffgruppen in Diazogruppen verwandelt sind (diese ist also vermut-

32) Rosenstiehl, Annal. de Chim. et Phys. (5) 8, p. 192. — *33*) E. und O. Fischer, Annal. 194, p. 274. — *34*) Dale u. Schorlemer, Ber. 10, p. 1016. — *35*) D.R.P. 16750 v. 8. Febr. 1881; Friedl., p. 57. — *36*) Ph. Greiff, D. Pat. 15120 v. 26. Jan. 1881; Friedl., p. 49. — *37*) Rosenstiehl, Annal. de Ch. et Phys. (5) 8, p. 192.

*) Dem Verfasser gelang es nicht, aus reinem Anilin und Kohlenstofftetrachlorid Rosanilin zu erhalten. Es scheint wohl, daß die von Hofmann beobachtete Bildung desselben der Gegenwart von p Toluidin und einer Oxydationswirkung des Chlorkohlenstoffs zugeschrieben werden muß!

lich die Carbinolverbindung). Durch Kochen derselben mit Alkohol entsteht Triphenylcarbinol.

Bei vorsichtiger Reduktion des Trinitrotriphenylcarbinols (*33*) entsteht Pararosanilin, bei weiterer Reduktion Paraleukanilin.

Durch Einwirkung von Paranitrobenzaldehyd auf Anilin bei Gegenwart von Chlorzink entsteht Nitrodiaminodiphenylmethan, welches durch Reduktion in Paraleukanilin (*33*) übergeht.

Das Pararosanilin ist im technisch dargestellten Rosanilin enthalten. Seine Salze sind im allgemeinen denen des gewöhnlichen Rosanilins (s. weiter unten) ähnlich, meistens in Wasser etwas leichter löslich als diese.

Die synthetische Darstellung des Pararosanilins (aus Paranitrobenzaldehyd etc.) (*38*, *39*, *40*, *41*) scheint bis jetzt für die Praxis noch keine große Bedeutung erlangt zu haben, dagegen dürfte das Formaldehydverfahren, welches eine Synthese fast beliebiger homologer Rosaniline und ihrer Derivate gestattet, auch für die Darstellung von Pararosanilin von Wichtigkeit sein. Dasselbe beruht zunächst auf einer Darstellung von Diaminodiphenylmethan durch Einwirkung von Formaldehyd auf Anilin. Während Formaldehyd die tertiären Basen mit freien Parastellen glatt in Diphenylmethanderivate umwandelt, reagiert derselbe bei primären Basen zunächst auf die freie Aminogruppe und bildet Methylenderivate. Werden diese mit dem salzsauren Salz derselben Base erhitzt, so findet eine Umlagerung statt, und es bilden sich die betreffenden Diaminodiphenylmethanderivate. Diese gehen durch Oxydation mit einem weiteren Molekül eines Amins leicht in Triphenylmethanfarbstoffe über. Aus p Diaminodiphenylmethan und Anilin entsteht z. B. durch Oxydation Pararosanilin nach dem Schema:

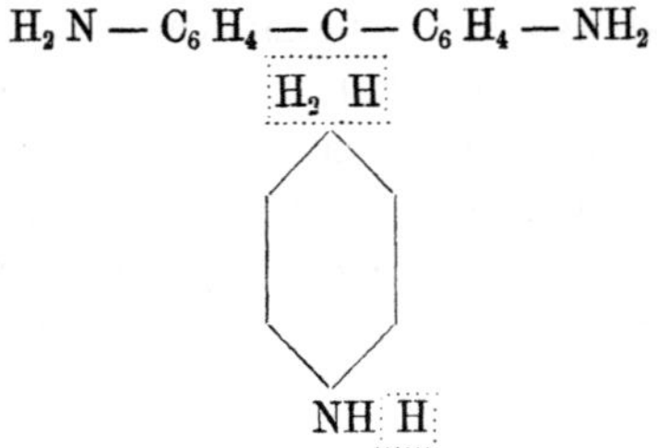

38) D.R.P. 16750 l. c. — 39) Greiff l. c. — 40) D.R.P. 16710 v. 24. Febr. 1881; Friedl., p. 57. — 41) D.R.P. 16766 v. 31. Dez. 1881; Friedl., p. 54.

Man kann hier sowohl das Diaminodiphenylmethan als auch das Anilin durch Homologe desselben mit unbesetzten Parastellen ersetzen und ist so in der Lage, eine große Anzahl von homologen und analogen Verbindungen darzustellen (*41a*).

Methylviolett (*42*).

Unter der Bezeichnung Methylviolett kommen Produkte in den Handel, welche durch Oxydation von Dimethylanilin, häufig auch von einem Gemenge dieser Base mit Monomethylanilin dargestellt werden. Man mischt meistens das Dimethylanilin mit Kupferchlorid oder Kupfersulfat, Essigsäure, chlorsaurem Kali und einer großen Menge Kochsalz. Neuerdings wird meist das chlorsaure Kali fortgelassen und statt der Essigsäure Phenol hinzugefügt. In allen Fällen wird das anwesende Kupferchlorid zu Chlorür reduziert, dieses wandelt sich durch das vorhandene Kaliumchlorat oder durch den Luftsauerstoff wieder in Chlorid um und wirkt so als Oxydationsüberträger. Das Kupferchlorür zeigt nun die Eigenschaft, mit dem Methylviolett eine fast unlösliche Doppelverbindung zu bilden, während das Kupferchlorid eine solche nicht eingeht. Man zersetzte früher diese Verbindung allgemein mit Schwefelwasserstoff und trennte das lösliche Violett vom unlöslichen Schwefelkupfer. Gegenwärtig erreicht man denselben Zweck, indem man das Kupferchlorür durch Eisenchlorid in Kupferchlorid überführt, welches beim Fällen des Violetts mit Kochsalz in den Mutterlaugen bleibt.

Interessant ist vom theoretischen Standpunkt ein älteres, nunmehr verlassenes Verfahren, bei welchem die Anwendung von chlorhaltigem Material völlig vermieden wurde. Man mischte das Dimethylanilin mit Kupfersulfat, Essigsäure und Sand. Das ausgelaugte Violett wurde in Form seines Sulfats mit Natriumsulfat ausgefällt. Die völlige Abwesenheit von Chlor verhinderte hier die Bildung der schwerlöslichen Kupferchlorürdoppelverbindung, und das reduzierte Kupfer wurde in Form von unlöslichem Oxydul beseitigt.

41a) D.R.P. 59 775 Farbw. Höchst. — *42*) A. W. Hofmann, Ber. 6, p. 352.

Welche Rolle in dem Violettprozeß das angewandte Phenol spielt, ist bis jetzt nicht aufgeklärt. Tatsache ist, daß die Ausbeuten durch dasselbe um ein bedeutendes erhöht werden.

Die Bildung von Methylviolett geht außerdem durch Einwirkung von Jod und von Chloranil auf Dimethylanilin vor sich.

Sie findet nicht statt, wenn Dimethylanilin in saurer Lösung mit Bleisuperoxyd, Braunstein oder Chromsäure oxydiert wird.

Dagegen läßt sich Tetramethyldiaminodiphenylmethan mit Dimethylanilin in saurer Lösung zu Methylviolett oxydieren. Dieser Prozeß wirft ein gewisses Licht auf den Methylviolettprozeß. Vermutlich wird bei der Oxydation des Dimethylanilins unter teilweiser Abspaltung von Methylgruppen Formaldehyd gebildet, welcher auf einen weiteren Anteil dieser Base unter Bildung von Tetramethyldiaminodiphenylmethan reagiert. Dieses wirkt dann bei Gegenwart weiterer Oxydationsmittel auf Dimethylanilin unter Bildung von Hexamethylrosanilin ein.

Da aber ein Teil der vorhandenen Basen durch Oxydation der Methylgruppen beraubt ist, findet gleichzeitig die Bildung von niedriger methylierten Farbstoffen statt.

Das Methylviolett bildet grünglänzende, amorphe Massen, ist in Wasser leicht löslich und färbt Wolle und Seide in neutralem Bade violett. Durch einen Überschuß von Mineralsäure wird die Lösung des Violetts zunächst blau, dann grün und schließlich schmutzig gelb gefärbt.

Das Methylviolett ist ein Gemenge, in welchem neben Hexamethylpararosanilin wohl hauptsächlich Pentamethyl- und Tetramethylpararosanilin vorkommen. War Monomethylanilin gegenwärtig, so sind hier wohl noch niedrigere Methylierungsstufen vorhanden.

Da die blaue Nüance sich mit der Zahl der Methylgruppen steigert, so sind die blauesten Marken des Handels am reichsten an der Hexamethylverbindung. Außerdem kommen aber noch benzylierte Violetts zur Anwendung, welche durch Einwirkung von Benzylchlorid auf die Violettbase entstehen. Nach Fischer wird hierbei das Hexamethylpararosanilin nicht angegriffen, und nur die niedriger methylierten Produkte nehmen Benzylgruppen auf (*43*).

---

43) O. Fischer u. Körner, Ber. 16, p. 2904.

Tetramethylpararosanilin (*44*),

$$(CH_3)_2N - C_6H_4 - C \begin{matrix} \diagup C_6H_4 - N(CH_3)_2 \\ \diagdown C_6H_4 = NH \end{matrix},$$

ist jedenfalls der von Fischer durch Oxydation des Tetramethyltriaminotriphenylmethans oder durch vorsichtige Reduktion des Paranitrobittermandelölgrüns erhaltene violette Farbstoff.

Das Monacetylderivat des Tetramethylpararosanilins ist ein schön grüner Farbstoff (*45*). Hier wirkt die Acetylgruppe neutralisierend auf eine Aminogruppe und schaltet diese gleichsam aus (siehe oben S. 141).

Pentamethylpararosanilin (*43*).

$$(CH_3)_2N - C_6H_4 - C \begin{matrix} \diagup C_6H_4 - N(CH_3)_2 \\ \diagdown C_6H_4 = NCH_3 \end{matrix}.$$

Das Chlorhydrat kommt im käuflichen Methylviolett vor. Man erhält es rein durch Zersetzen des Diacetylderivats mit Salzsäure.

Hexamethylpararosanilin (*43, 45, 46*),

$$[(CH_3)_2NC_6H_4]_2 = C = C_6H_4 = \overset{\overset{\displaystyle Cl}{|}}{N}(CH_3)_2,$$

bildet einen Hauptbestandteil des käuflichen Methylvioletts, es entsteht außerdem durch Einwirkung von Tetramethyldiaminobenzophenon,

$$(CH_3)_2NC_6H_4 - CO - C_6H_4N(CH_3)_2,$$

auf Dimethylanilin unter dem Einfluß wasserentziehender Mittel nach der Gleichung

$$C_{17}H_{20}N_2O + C_8H_{11}NHCl = C_{25}H_{30}N_3Cl + H_2O,$$

ferner durch Einwirkung von Chlorkohlenoxyd sowie von Chlormethylformiat auf Dimethylanilin. Auch durch gemeinschaftliche Oxydation von Tetramethyldiaminodiphenylmethan und Dimethylanilin wird es erhalten.

---

44) E. u. O. Fischer, Ber. 12, p. 798. — *45*) O. Fischer u. German, Ber. 16, p. 706. — *46*) Hofmann, Ber. 18, p. 767.

Seine Leukobase bildet sich durch Kondensation des entsprechenden salzsauren Benzhydrols oder von Leukoauramin mit salzsaurem Dimethylanilin und kann durch Oxydation in den Farbstoff übergeführt werden. Es bildet sich ferner durch Erhitzen seines Chlor- und Jodmethylats (Methylgrüns) auf 110 bis 120° (*47*). Das Chlorhydrat bildet in reinem Zustande grünglänzende Kristalle, ebenso das Chlorzinkdoppelsalz.

Jodhydrat und Pikrat sind schwer löslich. Durch Reduktion geht es in Hexamethylleukanilin über.

Letzteres bildet bei 173° schmelzende Blättchen.

Allen diesen Körpern kommt die violette Farbe nur in Form ihrer einsäurigen Salze zu, während die zweisäurigen grün, die dreisäurigen schwach gelb gefärbt sind. Im einsäurigen Salz steht das Säureradikal am chromophoren Stickstoff, welcher im Hexamethylviolett quartär gebunden sein muß.

Solche Verbindungen sind nur dann violett gefärbt, wenn sie außer dieser Ammoniumgruppe zwei weitere basische Stickstoffatome in Parastellung zum Methankohlenstoff enthalten.

Wird eines derselben entfernt, acetyliert oder an Säure gebunden, so geht die violette Färbung in eine grüne über. Dieselbe Umwandlung tritt ein, wenn man diesen Stickstoff in einen Chinolinring einführt.

Die freie Farbbase des Hexamethylrosanilins ist wie die der niedrigeren Methylderivate gelb gefärbt. Die Leukobasen sind farblos und lassen sich leicht in die Alkyläther überführen.

Unter dem Namen „Säureviolett“ kommen verschiedene Farbstoffe in den Handel, welche wohl in den meisten Fällen als Sulfosäuren benzylierter Methylviolette aufgefaßt werden müssen.

Methylviolett läßt sich durch rauchende Schwefelsäure kaum in eine Sulfosäure verwandeln, besser gelingt dieses, wenn man die Leukoverbindung sulfoniert und nachträglich oxydiert.

Benzylierte Violette sulfonieren sich jedoch leichter, namentlich in Form ihrer Leukoverbindungen; ohne Zweifel tritt dabei die Sulfogruppe in den Benzolkern der Benzylgruppe ein.

Aus den Sulfosäuren alkylierter Diaminodiphenylmethane ist durch gemeinschaftliche Oxydation mit Aminen und deren Sulfosäuren eine ganze Reihe von derartigen Farbstoffen dargestellt

47) Hofmann, Compt. rend. 54, p. 428.

worden. So entsteht namentlich aus der Benzyläthylanilinsulfosäure, wenn sie durch Formaldehyd in das entsprechende Diphenylmethan verwandelt und dieses mit einem weiteren Molekül derselben Sulfosäure zusammen oxydiert wird, ein sehr schöner Säurefarbstoff, welcher unter dem Namen Formylviolett in den Handel kommt.

Methylgrün. Chlormethylat des Hexamethylpararosanilinchlorids (*48*, *49*).

$$(CH_3)_2N - C_6H_4 - C \begin{cases} C_6H_4N(CH_3)_2CH_3Cl \\ C_6H_4 = N(CH_3)_2 \\ \qquad\quad Cl \end{cases}$$

Das Chlorid oder Jodid bildet sich bei Behandlung des käuflichen Methylvioletts mit Chlor- oder Jodmethyl. Dabei wird das Tetra- und Pentamethylrosanilin zunächst in Hexamethylrosanilin übergeführt, welches letztere 1 Mol. Jod- oder Chlormethyl addiert.

Für die technische Darstellung bedient man sich ausschließlich des Chlormethyls.

Man leitet in eine alkoholische Lösung von Methylviolett, welche auf 40° erwärmt und durch sukzessiven Zusatz von Natronlauge stets neutralisiert wird, einen langsamen Strom von Chlormethyl. Die Anwendung von Autoklaven ist dabei nicht nötig, da sich bei dieser Temperatur das Chlormethyl in genügendem Maße in Alkohol löst und fast keinen Druck erzeugt.

Nach vorsichtigem Abdestillieren des Alkohols wird in Wasser gelöst und durch Zusatz von Soda oder Kreide und Kochsalz das noch vorhandene Violett gefällt.

Durch Zusatz von Chlorzink schlägt man nun das Methylgrün in Form seines Zinkdoppelsalzes nieder, welches häufig durch Abwaschen mit Amylalkohol von dem noch anhaftenden Violett befreit wird.

In den Handel kam das Methylgrün meist in Form des Chlorzinkdoppelsalzes.

Dasselbe bildet grünglänzende Kristallblätter.

Jodid. In Wasser leicht lösliche, grüne Nadeln. $C_{26}H_{33}N_3J_2$ (*48*).

---

48) Hofmann, Ber. 6, p. 352. — *49*) O. Fischer u. Körner, Ber. 16, p. 2904.

Pikrat. Unlöslich in Wasser. Schwer löslich in Alkohol (*48*). $C_{26}H_{33}N_3[C_6H_2(NO_2)_3OH]_2$.

Die Base $C_{26}H_{35}N_3O_2$, durch Einwirkung (*48*) von Silberoxyd auf die Chlor- oder Jodverbindung erhalten, ist farblos. Ihre alkalische Lösung bleibt beim Ansäuern anfangs farblos, erst beim Erwärmen tritt Salzbildung und Färbung ein. Die Salze des Methylgrüns verlieren beim Erhitzen auf 110—120° allmählich Chlor- resp. Jodmethyl (*48*) und verwandeln sich in das violette Hexamethylrosanilinchlorid. Ein dem Methylgrün analoges Bromäthylat wird in ähnlicher Weise durch Einwirkung von Bromäthyl auf Methylviolett dargestellt. Das in den Handel kommende Zinkdoppelsalz hat vermutlich die Zusammensetzung

$$C_{25}H_{30}N_3Cl\,C_2H_5Br\,ZnCl_2.$$

Dieses Äthylgrün bietet vor dem Methylgrün den Vorteil einer gelbstichigen Nüance. Methylgrün und Äthylgrün färben auf Seide und tannierte Baumwolle, nicht aber direkt auf Wolle. Um letztere damit zu färben, muß man das Bad entweder durch Zusatz von Ammoniak alkalisch machen, oder man muß die Wolle zuvor durch Einlegen in eine angesäuerte Lösung von unterschwefligsaurem Natron mit fein zerteiltem Schwefel imprägnieren. Auf der Faser erkennt man sie leicht durch die Umwandlung in Violett, welche sie beim Erhitzen erleiden.

Das Methyl- und Äthylgrün sind durch die farbkräftigeren und billigeren Bittermandelölgrüne vollständig verdrängt worden.

Sie beanspruchen gegenwärtig nur noch historisches und theoretisches Interesse. In letzterer Hinsicht aber müssen sie als klassische Beispiele zur Demonstration des Zusammenhanges zwischen der Färbung und der chemischen Konstitution gelten.

Wie schon oben (s. Methylviolett) bemerkt, ist die grüne Farbe durch die Absättigung eines der drei Stickstoffatome des Methylvioletts bedingt. Wird diese Absättigung durch ein zweites Säuremolekül bewirkt, so entsteht ein gleichfalls grün gefärbtes Salz, welches aber beim Behandeln mit Wasser unter Säureabspaltung in die violette Verbindung übergeht. Hier ist diese Absättigung durch Chlor- bezw. Jodmethyl bewirkt, und das so gebildete Salz ist nach Art der quaternären Ammoniumverbindungen beständig. Die Spaltung findet erst bei stärkerem Erhitzen statt, und hierbei erleidet das Grün eine Umwandlung in Violett.

Im Malachitgrün ist diese Stickstoffgruppe überhaupt nicht vorhanden. Die Absättigung der basischen Eigenschaften scheint demnach mit einer gänzlichen Entfernung dieser Gruppe gleichbedeutend zu sein.

Methyl- und Äthylgrün werden in Lösung durch überschüssige Säuren gelb gefärbt. Alkalihydrat im Überschuß bewirkt nach einiger Zeit Entfärbung. Die käuflichen Produkte sind häufig mit Methylviolett verunreinigt, welches beim Schütteln der grünen Lösung mit Amylalkohol in diesen übergeht und ihm eine violette Färbung erteilt.

Diaminomethylfuchsonimin.

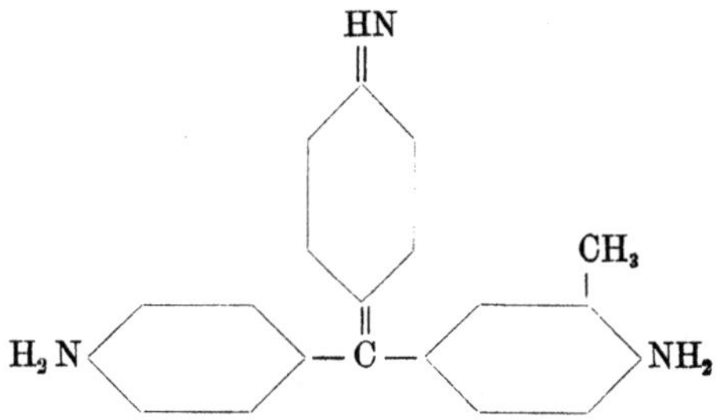

(*50*, *51*, *52*)

Rosanilin, Fuchsin.

Das Rosanilin, das Homologe des Pararosanilins, bildet sich bei Oxydation gleicher Moleküle Orthotoluidin, Paratoluidin und Anilin.

Als Oxydationsmittel können Zinnchlorid, Quecksilberchlorid oder Nitrat, Arsensäure und Nitrobenzol dienen. Für seine technische Darstellung haben hauptsächlich Quecksilbernitrat, Arsensäure und Nitrobenzol Verwendung gefunden; gegenwärtig benutzt man ausschließlich die beiden zuletzt genannten Agentien.

Für das Arsensäureverfahren erhitzt man in einem mit Rührer und Destillationsvorrichtung versehenen eisernen Kessel ein den oben angedeuteten Verhältnissen nahe kommendes Basengemisch (Anilin für Rot) mit einer sirupdicken Arsensäurelösung (etwa 70 % Arsensäureanhydrid enthaltend) auf 170—180°. Ein Teil des Basengemisches destilliert mit Wasser während der Operation,

50) D.R.P. 16766 v. 31. Dez. 1881; Friedl. I, p. 54. — *51*) E. u. O. Fischer, Annal. 194, p. 274. — *52*) Hofmann, Compt. rend. 54, p. 428; 56, p. 945 u. 1033; 57, p. 1131; Jahresber. 1862, p. 347.

welche 8—10 Stunden in Anspruch nimmt, über. Sobald die Schmelze eine gewisse Beschaffenheit erlangt hat, läßt man sie ausfließen und zerkleinert sie nach dem Erkalten. Dieselbe wird nun in geschlossenen Kesseln unter Druck mit Wasser ausgekocht, während man die vorhandene Arsensäure und arsenige Säure durch Zusatz von Kalk teilweise neutralisiert. Unter Zusatz von Kochsalz wird dann das salzsaure Rosanilin kristallisiert und durch mehrmaliges Umkristallisieren gereinigt. Das Fuchsin des Handels ist, wenn es nach dem Arsensäureverfahren dargestellt wurde, stets etwas arsenhaltig.

Für den Nitrobenzolprozeß erhitzt man das sogenannte Rotanilin mit Salzsäure, Nitrobenzol und Eisen in ähnlicher Weise. Das Eisen dient hier zur Einleitung des Prozesses, da das gebildete Eisenchlorür durch das Nitrobenzol zu Chlorid oxydiert wird, welches seinerseits wieder oxydierende Wirkung ausübt.

Das Nitrobenzol scheint hier nur oxydierende Wirkung auszuüben, selbst aber nicht bei der Rosanilinbildung mitzuwirken, sondern in indulinartige Farbstoffe überzugehen.

Ersetzt man das Nitrobenzol z. B. durch ein Chlornitrobenzol, so entsteht ebenfalls Rosanilin, aber kein Chlorderivat desselben (*53*).

Auch durch den Formaldehydprozeß läßt sich das Rosanilin darstellen. Merkwürdigerweise scheinen die aus o Toluidin und Diaminodiphenylmethan einerseits und Anilin und Diaminophenyltolylmethan andererseits dargestellten Rosaniline nicht identisch zu sein, eine Tatsache, die sich nur durch eine verschiedene Lage der chromophoren Gruppe erklären läßt. Diese müßte einmal am Benzol-, das andere Mal am Toluolrest stehen.

Durch den Formaldehydprozeß sind auch höhere Homologe des Fuchsins (z. B. die vom Phenylditoluyl- und Tritoluylmethan abgeleiteten Körper) zugänglich geworden, von denen sich namentlich das Tritoluylderivat durch leichtere Löslichkeit vor dem gewöhnlichen Fuchsin vorteilhaft auszeichnet und unter dem Namen „Neufuchsin“ (Höchster Farbwerke) bedeutende technische Verwendung findet.

Rosanilinartige Farbstoffe entstehen aus vielen Basen durch Oxydation bei Gegenwart von Anilin sowie von Paratoluidin. Bei

53) Lange, Ber. 18, p. 1918.

Anwendung des letzteren müssen die Amine freie Parastellen enthalten, aber nicht alle Basen, bei denen diese Bedingung zutrifft, liefern Rosanilin.

Nach Versuchen, welche teils von Rosenstiehl, teils von Nölting angestellt worden sind, lassen sich die bei dem Rosanilinbildungsprozeß obwaltenden Gesetzmäßigkeiten folgendermaßen ausdrücken:

Alle in Parastellung zur Aminogruppe methylierten Amine liefern mit geeigneten parafreien Aminen Rosanilin.

Letztere Amine dürfen, außer der unbesetzten Parastelle, auch keine besetzte Metastelle (zu NH_2) enthalten.

Von bekannten Aminen entspricht diesen Bedingungen nur: Anilin, o Toluidin und Xylidin $\overset{1}{N}H_2 . \overset{2}{C}H_3 . \overset{6}{C}H_3$.

Mit metasubstituierten Aminen lassen sich jedoch auf dem Wege der Benzhydrolkondensation Farbstoffe der Rosanilinreihe darstellen. Bei der Darstellung des Rosanilins im großen nach der einen oder andern der hier beschriebenen Methoden ist die erzielte Ausbeute eine recht geringe. Es werden selten mehr als 35 % von dem angewandten Basengemisch an kristallisiertem Fuchsin erhalten. Im übrigen entstehen reichliche Mengen von Nebenprodukten, welche bis jetzt noch wenig studiert sind. Als steter Begleiter des Rosanilins tritt das Chrysanilin (s. unten) in geringen Mengen auf. Außerdem entstehen verschiedene violette und blauschwarze Produkte, welche teils in Wasser, teils in Alkohol löslich, während andere in allen Lösungsmitteln unlöslich sind. Zum Teil gehen solche Körper beim Auslaugen des Fuchsins in Lösung und bleiben dann in den Mutterlaugen des letzteren.

Bei weitem der größte Teil findet sich jedoch in den sehr reichlichen, unlöslichen Rückständen.

Zur technischen Verwendung kommt ausschließlich das einsäurige Chlorid $C_{20}H_{20}N_3Cl$. Es kristallisiert in größeren, grünglänzenden Oktaedern.

Das Rosanilin vermag nach Rosenstiehl 4 Salzsäuremoleküle aufzunehmen. Das Tetrachlorid entsteht durch Einwirkung gasförmiger Salzsäure; in wäßriger Lösung gelangt man zum dreisäurigen gelben Salz, während ein zweisäuriges, wie es das Methylviolett bildet, nicht faßbar ist. Im übrigen sind seine Reaktionen denen des Pararosanilins sehr ähnlich (*54*, *54a*, *55*). Das gelbe dreisäurige Salz wird durch salpetrige Säure in eine tertiäre Diazoverbindung übergeführt (*55*). Die Carbinolbase, durch Alkali abgeschieden, kristallisiert in farblosen, beim Trocknen an der Luft sich rötenden Blättchen. Sie findet wie die des Pararosanilins zur Darstellung von Anilinblau Verwendung.

Die Farbbase ist gelb gefärbt und löst sich in Äther mit grüner Fluoreszenz.

Rosanilin und Pararosanilin bilden mit schwefliger Säure und Alkalibisulfiten farblose, leicht zersetzliche Verbindungen. Durch Einwirkung von Aldehyden auf diese Körper werden eigentümliche violette Farbstoffe gebildet. (Reaktion auf Aldehyde (*56*).)

Rosanilinsulfosäure (*57*).

(Säurefuchsin, Fuchsin S.)

Durch Einwirkung von starker rauchender Schwefelsäure auf Rosanilin bei 120° entsteht eine Disulfosäure desselben. Diese ist intensiv rot gefärbt, und ihre Lösung wird nicht, wie es beim Fuchsin der Fall ist, durch einen Säureüberschuß gelb gefärbt. Die neutralen Salze, welche die Säure mit Alkali und anderen Metallen bildet, sind farblos; die sauren Salze rot gefärbt, beide in Wasser sehr leicht löslich und schwer kristallisierbar. Aus der Färbung der Säure sowie aus der Farblosigkeit der Salze läßt sich der Schluß ziehen, daß in der freien Säure zwischen der Sulfogruppe und Aminogruppe eine Art von Salzbildung stattfindet, und daß die farblosen Salze analog der Rosanilinbase die Carbinolgruppe enthalten.

Die Rosanilinsulfosäure färbt Wolle und Seide in saurem Bade und findet in der Färberei starke Verwendung.

Sie ist namentlich wegen ihres hohen Egalisationsvermögens geschätzt. Ihre Empfindlichkeit gegen Alkalien ist aber ein Nachteil, welcher sie für viele Zwecke unbrauchbar macht.

Durch Einführung von Alkylresten in die Stickstoffgruppen des Rosanilins läßt es sich, ebenso wie das Pararosanilin, alkylieren. Es fehlt aber hier an der direkten synthetischen Dar-

54) E. u. O. Fischer, Ber. 12, p. 798. — *54a*) O. Fischer, Ber. 15, p. 678. — *55*) E. u. O. Fischer, Annal. 194, p. 274. — *56*) Victor Meyer, Ber. 13, p. 2343. — *57*) D.R.P. 2096 u. 8764.

stellung, wie wir sie dort in der Methylviolettoxydation besitzen. Es bleibt also nur der Weg der direkten Alkylierung, und dieser hat sich für die Rosanilinfarbstoffe insofern folgenreich erwiesen, als er Hofmann zur Entdeckung der violetten Rosanilinfarbstoffe und dadurch zu einem bahnbrechenden Fortschritt der damaligen Farbstoffindustrie führte.

Bei der Alkylierung des Rosanilins ist der Wirkungswert der einzelnen Alkylgruppen verschieden. Nach Hofmanns Untersuchungen scheint bei der Äthylierung nur ein Tri- oder höchstens ein Tetraäthylrosanilin zu entstehen, während bei der Behandlung mit Methyljodid leicht ein Hexamethylderivat entsteht. Da die Existenz des Pararosanilins zur damaligen Zeit noch nicht bekannt war, dürften die Hofmannschen Untersuchungen schwerlich mit ganz einheitlichem Material ausgeführt sein. Namentlich bezieht sich dieses auf die Untersuchungen des Jodgrüns und Methylgrüns, welche Hofmann für identisch hielt, während ersteres sich von Rosanilin, letzteres von Pararosanilin ableitet.

Zu erwähnen ist mit Bezug auf das Jodgrün, daß bei der Äthylierung der Rosaniline eine Grünbildung nicht eintritt, daß aber das Methylviolett, wie Seite 159 angegeben, leicht ein Äthylgrün gibt. Voraussichtlich sollten sich die violetten Äthylderivate durch weiteres Methylieren in Grün überführen lassen.

Wir erwähnen hier diejenigen von diesen Körpern, welche eine technische Bedeutung erlangt hatten, verweisen im übrigen auf die Originalarbeiten (*52*, *58*, *59*, *60*, *61*, *62*).

Wir führen hier diese Rosanilinderivate unter den ihnen vom Autor beigelegten Bezeichnungen an, in der Hoffnung, daß manches hier durch neuere Untersuchungen richtig gestellt wird.

Trimethylrosanilin (*52*), $C_{20}H_{18}(CH_3)_3N_3O$.

Das Jodhydrat, $C_{23}H_{26}N_3J$, entsteht durch Erhitzen von Rosanilin mit Jodmethyl und Holzgeist. Violetter, in Wasser schwer löslicher Farbstoff.

Tetramethylrosanilin (*52*), $C_{20}H_{17}(CH_3)_4N_3O$.

Das Jodür, $C_{24}H_{28}N_3J$, entsteht durch Erhitzen des Jodmethylats (Jodgrüns) auf 120°. Lange blauviolette Nadeln.

58) Caro u. Graebe, Annal. 179, p. 203. — *59*) Hofmann u. Girard, Ber. 2, p. 447. — *60*) Hofmann, Ber. 6, p. 352. — *61*) Beckerhinn, Jahresb. 1870, p. 768. — *62*) Schützenberger, Matières color., I, Paris 1867, p. 506.

Pentamethylrosanilin (*59*) (Jodgrün).

Das Jodür, $C_{20}H_{17}(CH_3)_4N_3JCH_3J + H_2O$, entsteht durch Erhitzen von Rosanilin mit Jodmethyl und Holzgeist auf 100°. Es wird auf ähnliche Weise, wie beim Methylgrün angegeben, von noch vorhandenem Violett getrennt.

Das Jodür bildet in Wasser leicht lösliche, metallglänzende Prismen, bei 100—120° scheidet es Jodmethyl ab und verwandelt sich in das violette Tetramethylrosanilin.

Das Zinkdoppelsalz, $C_{25}H_{31}N_3Cl_2ZnCl_2$, bildet große grüne Kristalle. Die Lösung wird durch Säure gelbbraun.

$C_{25}H_{31}N_3Cl_2PtCl_4$, brauner Niederschlag.

Pikrat, $C_{25}H_{29}N_3C_6H_2(NO_2)_3OH$. Kupferglänzende, in Wasser unlösliche, in Alkohol schwer lösliche Prismen.

Das Jodgrün fand vor der Entdeckung des Methylgrüns als Farbstoff starke Verwendung.

Daß das von Hofmann untersuchte Jodgrün wirklich das Jodmethylat des Tetramethylrosanilins war, ist in Anbetracht der Schwierigkeiten, mit welchen diese Untersuchungen verknüpft waren, nicht sicher.

Wenn auch nach dem Vorbemerkten für die Bildung eines grünen Halogenalkylats nicht die vorhergehende Substituierung aller freien Stickstoffvalenzen nötig zu sein scheint, so ist es doch wahrscheinlich, daß 7 Methylgruppen eintreten können, und daß schließlich wie beim Pararosanilin das Methylat des Rosanilins entsteht. Hofmann hielt (vor der Entdeckung des Pararosanilins) Jodgrün und Methylgrün für identisch, obwohl die Praktiker auf Grund einer verschiedenen Zersetzungstemperatur (Übergang des Grüns in Violett) schon damals diese Ansicht nicht teilen wollten.

Triäthylrosanilin (*52*), $C_{20}H_{18}(C_2H_5)_3N_3O$, Hofmanns Violett.

Das Jodür entsteht durch Erhitzen von Rosanilin mit Jodäthyl und Alkohol.

$C_{26}H_{35}N_3J_2$, grünglänzende Nadeln. Löslich in Alkohol, schwieriger in Wasser. Früher in großen Mengen dargestellter Farbstoff.

Tetraäthylrosanilin (*52*), Jodid:

$$C_{20}H_{16}(C_2H_5)_4N_3J.$$

Tribenzylrosanilinjodmethylat,

$C_{20}H_{16}(C_7H_7)_3CH_3N_3J$.

Sehr auffallend muß hier die Gegenwart zweier Jodatome im Triäthylrosanilin erscheinen.

Anilinblau (*63*).

Behandelt man Rosanilin in Form der Carbinolbase in Gegenwart gewisser organischer Säuren bei einer Temperatur von ca. 180° mit überschüssigem Anilin, so treten Phenylgruppen in das Rosanilinmolekül substituierend ein, während die Aminogruppe des Anilins in Form von Ammoniak austritt. Je nach der Zahl der eintretenden Phenylgruppen sind die entstehenden Verbindungen violett oder rein blau gefärbt. Bis jetzt hat man nicht mehr als drei Phenylgruppen in das Rosanilinmolekül einführen können.

Von den erwähnten organischen Säuren hat man in der Technik Essigsäure, Benzoesäure oder auch wohl Stearinsäure angewandt. Gegenwärtig kommt jedoch ausschließlich nur noch Benzoësäure zur Verwendung, da der Blaubildungsprozeß mit derselben am glattesten verläuft, und man nur mit ihrer Hilfe imstande ist, ein reines (grünstichiges) Blau zu erzeugen. Die Rolle, welche diese Säuren spielen, ist bis jetzt noch keineswegs aufgeklärt. Rosanilin ohne Anwendung organischer Säuren bildet mit Anilin kein Blau. Zur Einleitung des Blaubildungsprozesses ist nur eine sehr geringe Menge Benzoësäure nötig, doch verläuft derselbe unter Anwendung einer größeren Menge glatter und schneller. Die Benzoësäure findet sich nach beendigtem Prozeß unverändert wieder und kann aus der Schmelze mit geringem Verlust durch Alkalilauge ausgezogen werden.

Die Benzoësäure kann dabei nicht durch Benzanilid, das Rosanilin nicht durch Benzoylrosanilin ersetzt werden. Diese Körper spielen also nicht, wie man wohl vermuten könnte, die Rolle von Zwischenprodukten.

Es scheint, als ob das Rosanilin bei dem Phenylierungsprozeß in Form der Carbinolbase vorhanden sein muß. Vielleicht spielt hier die von v. Baeyer und Villinger beobachtete leichte Äther- bezw. Esterbildung der Carbinole eine Rolle, und die hier vorhandenen organischen Säuren wirken zuerst substituierend auf die Carbinolgruppe.

---

63) Girard u. de Laire F. P. v. 6. VII. 1860; Dinglers polytechnisches Journal, Bd. 162, p. 297.

Beim Blaubildungsprozeß ist die Menge des angewandten Anilins von großem Einfluß. Mit einem großen Anilinüberschuß verläuft die Phenylierung schneller und vollständiger als mit einer geringeren Menge dieser Base. Man wird also für die Darstellung reinen Triphenylrosanilins (grünstichigen Blaus) einen möglichst großen Anilinüberschuß (bis zum Zehnfachen der theoretischen Menge) und eine verhältnismäßig bedeutende Menge Benzoësäure anwenden müssen. Da die höheren Homologen des Anilins (namentlich Orthotoluidin) meistens weniger rein blaue (rotstichige) Derivate bilden, wird für die Blaufabrikation nur das reinste Anilin angewandt. Man verlangt von dem gegenwärtig in den Handel kommenden „Anilin für Blau", daß es innerhalb eines Thermometergrades überdestilliert, also fast chemisch reines Anilin sei. Zur Erzeugung rotstichigen Blaus werden geringere Quantitäten von Benzoësäure und Anilin und auch wohl weniger reine Anilinöle angewandt.

Hauptbedingung für die Herstellung eines reinen Blaus ist die einheitliche Beschaffenheit der benutzten Rosanilinbase. Besteht diese aus einem Gemenge von Homologen, z. B. Pararosanilin und dem gewöhnlichen Rosanilin, so beobachtet man eine ungleiche Phenylierung beider Basen. Das Pararosanilin phenyliert sich schneller als sein Homologes. Treibt man aber den Prozeß bis zur vollständigen Phenylierung des letzteren, so wird das früher gebildete Triphenylpararosanilin mittlerweile schon teilweise zersetzt sein. Man wird also aus einem solchen Gemisch schwerlich ein gutes Blau erzielen.

Es sind dies Tatsachen, welche den Praktikern schon bekannt waren, ehe sie durch die Entdeckung der verschiedenen Rosaniline wissenschaftlich begründet wurden.

Die Ausführung des Blauprozesses im großen ist etwa folgende:

Man bringt in einen eisernen, mit Rührer und Destillationsvorrichtung versehenen Kessel das betreffende Gemisch von Rosanilinbase, Benzoesäure und Anilin und erhitzt bis auf die Siedetemperatur des letzteren. Da das gebildete Blau in der Schmelze in Form seiner farblosen Base enthalten ist, kann man die fortschreitende Blaubildung aus derselben nicht direkt beobachten.

Man übersättigt deshalb von Zeit zu Zeit eine herausgenommene Probe mit essigsäurehaltigem Alkohol und unterbricht die Operation, sobald die gewünschte Nüance erreicht ist. Ein zu langes Erhitzen bewirkt eine teilweise Zerstörung des Farbstoffes. Der Prozeß dauert je nach der Natur der darzustellenden Blaumarke zwei bis vier Stunden.

Sättigt man die erhaltene Blauschmelze teilweise mit konzentrierter Salzsäure ab, so kristallisiert das Chlorhydrat des Triphenylrosanilins in fast chemisch reinem Zustande aus, während die konzentrierte Lösung von Anilin in salzsaurem Anilin die meisten Verunreinigungen zurückhält. Letztere werden durch völliges Absättigen mit verdünnter Salzsäure gefällt und finden als „Abfallblau" Verwendung. Diese Methode hat jetzt ganz allgemein die früher übliche Reinigung des Blaus mit Weingeist verdrängt.

Die niedriger phenylierten Rosaniline lösen sich in Alkohol leicht, das Triphenylrosanilin dagegen sehr schwer.

Die Zahl der in den Handel kommenden Blaumarken ist eine sehr große, da hier einerseits der Grad der Phenylierung, andrerseits die Anzahl der Sulforeste, welche zur Erzeugung des wasserlöslichen Blaus in die verschiedenen Phenylrosaniline eingeführt werden, eine Rolle spielen. Einige derselben werden auch aus den oben erwähnten Abfallprodukten gewonnen.

I. *Monophenylrosanilin*, $C_{20}H_{20}N_3(C_6H_5)_2O$.

Chlorhydrat: bronzeglänzende Kristalle, in Alkohol mit rotvioletter Farbe löslich (*64*).

II. *Diphenylrosanilin*, $C_{20}H_{19}N_3(C_6H_5)O$.

Salze blauviolett (*52*, *65*).

III. *Triphenylrosanilin*, *Anilinblau*, $C_{20}H_{18}N_3(C_6H_5)_3O$.

Die Base ist farblos und in Alkohol leicht löslich (*52*, *63*, *66*, *67*).

Das Chlorhydrat, $C_{20}H_{16}N_3(C_6H_5)_3HCl$, welches technisch durch Erhitzen von Rosanilinbase mit Benzoesäure und Anilin und partielle Fällung mit Salzsäure aus dieser Schmelze (s. oben) gewonnen wird, bildet grünschillernde Nadeln, welche in Wasser unlöslich sind und sich wenig in heißem Alkohol lösen. Anilin

---

64) Hofmann, N. Handwörterb. d. Ch. I, p. 626. — *65*) Hofmann, Compt. rend., 54, p. 428; 56, p. 945 u. 1033; 57, p. 1131. Jahresb. 1862, p. 347. — *66*) Hofmann, Jahresb. 1863, p. 417.

löst das Salz etwas leichter. Die alkoholische Lösung ist rein blau gefärbt.

Konzentrierte Schwefelsäure löst die Triphenylrosanilinsalze mit brauner Farbe. Es bildet das Ausgangsmaterial für die Darstellung des wasserlöslichen Blaus und findet hie und da als „Spritblau“ Verwendung.

Das Sulfat, $[C_{20}H_{16}N_3(C_6H_5)_3]_2H_2SO_4$, ist in Alkohol fast unlöslich.

Sulfosäuren des Triphenylrosanilins (*68*).

Während das Rosanilin nur schwierig durch Behandlung mit stärkster rauchender Schwefelsäure in eine Sulfosäure übergeführt wird, geht die Bildung der Sulfosäure des Anilinblaus mit viel größerer Leichtigkeit von statten. Es genügt eine kurze Einwirkung von englischer Schwefelsäure bei gelinder Erwärmung, um die Monosulfosäure zu bilden. Bei energischer Einwirkung treten zwei, drei, ja sogar vier Sulforeste in das Molekül ein.

Aus diesem Verhalten läßt sich schließen, daß die Schwefelsäurereste hier nicht in den Rosanilinkern, sondern daß sie in die substituierenden Phenylgruppen eingreifen.

Die Sulfosäuren sind sämtlich amorph und zeigen die blaue Farbe der Triphenylrosanilinsalze. Die Salze der Säuren dagegen sind farblos und daher wohl, analog dem freien Triphenylrosanilin, Carbinolderivate.

Monosulfosäure, $C_{38}H_{30}N_3(HSO_3)$,

ist das erste Einwirkungsprodukt der Schwefelsäure auf Anilinblau. Die freie Säure ist ein in Wasser unlöslicher blauer, amorpher Niederschlag. Die Salze sind farblos oder nur schwach gefärbt, in Wasser leicht löslich und nicht kristallisierbar. Das Natronsalz bildet das Alkaliblau des Handels.

Das Salz hat, abweichend von anderen Sulfosäuren, die Eigenschaft, sich aus schwach alkalischer Lösung auf der Wollen- und Seidenfaser zu fixieren.

Augenscheinlich ist es hier die basische Gruppe des Rosanilins, welche diese Fixierung veranlaßt. Die direkt entstehende Färbung ist wenig intensiv, erst durch Behandlung mit verdünnter Säure (Avivieren) und dadurch bewirktes Freimachen der Sulfosäure

67) Girard u. de Laire, Jahresb. 1862, p. 696. — *68*) Bulk, Ber. 5, p. 417.

erhält die Faser die wertvolle blaue Farbe. Das Alkaliblau kommt hauptsächlich in der Wollfärberei zur Verwendung.

Disulfosäure, $C_{38}H_{29}N_3(HSO_3)_2$,

entsteht durch weitere Einwirkung von Schwefelsäure auf die vorige. Die Säure ist in reinem Wasser löslich, unlöslich jedoch in verdünnter Schwefelsäure und wird daher noch aus der schwefelsauren Lösung durch Wasser gefällt.

Mit Basen bildet sie zwei Reihen von Salzen, von denen die sauren blau, im trockenen Zustande kupferglänzend, die neutralen wenig gefärbt sind. Das saure Natronsalz bildet den unter dem Namen „Wasserblau für Seide" zur Verwendung kommenden Farbstoff.

Tri- und Tetrasulfosäure.

Entstehen durch längere Einwirkung von Schwefelsäure bei höherer Temperatur. Sie unterscheiden sich von der Disulfosäure dadurch, daß sie aus der schwefelsauren Lösung durch Wasser nicht gefällt werden. Bei ihrer Darstellung wird deshalb die Schwefelsäure mit Kalk übersättigt, das lösliche Kalksalz vom niederfallenden Gips getrennt und schließlich in das Natronsalz verwandelt.

Das in den Handel kommende „Wasserblau für Baumwolle" ist vermutlich ein Gemenge beider Säuren oder von ihren sauren Natronsalzen.

Alle als „Wasserblau" verwendeten Farbstoffe werden auf Wolle und Seide unter Zusatz von Schwefelsäure gefärbt. Baumwolle wird meist mit Alaun und Seife oder auch mit Tannin und Brechweinstein gebeizt.

Aus dem Pararosanilin entsteht bei Behandlung mit Anilin und Benzoesäure ein Triphenylderivat, welches sich durch eine sehr reine, grünstichige Nuance auszeichnet. Es findet neuerdings stark technische Verwendung und scheint das Diphenylaminblau völlig verdrängt zu haben.

Homologe des Anilinblaus sind durch Einwirkung von Toluidinen auf Rosanilin unter analogen Bedingungen dargestellt worden. Dieselben besitzen meist eine rotstichige, trübe Nüance. Auch Naphtylrosaniline sind durch Einwirkung der Naphtylamine auf Rosanilin zu erhalten. Für die Farbenindustrie sind diese Körper ohne Bedeutung.

Diphenylaminblau (*69*).

Durch Erhitzen des Diphenylamins mit Sesquichlorkohlenstoff (C_2Cl_6) oder Oxalsäure entsteht ein Farbstoff von sehr rein blauer Nüance.

Zur technischen Darstellung desselben erhitzt man ein Gemisch von Diphenylamin mit Oxalsäure längere Zeit auf 110—120°. Der entstandene Farbstoff, von welchem sich kaum mehr als 10 % des angewandten Diphenylamins bilden, wird durch sukzessive Behandlung mit Alkohol, in welchem er fast unlöslich ist, gereinigt. Er kommt meistens in Form seiner höheren Sulfosäuren (Wasserblau) in den Handel und wird fast ausschließlich in der Seide- und Baumwollfärberei angewandt.

Nach Baeyer und Villinger (l. c.) ist der Körper unreines Triphenylpararosanilin. Ähnliche, vielleicht mit dem Diphenylaminblau identische Körper entstehen durch Behandlung des Methyldiphenylamins mit Oxydationsmitteln, z. B. mit gechlorten Chinonen (*70*).

Ein anderes Blau wird durch Kondensation von Diphenylamin mit Formaldehyd und Oxydation des gebildeten Diphenyldiaminodiphenylmethans mit Diphenylamin dargestellt.

Aldehydgrün.

Bei der Behandlung des Rosanilins mit Aldehyd und konzentrierter Schwefelsäure entsteht ein violetter Farbstoff von unbekannter Konstitution, welcher durch unterschwefligsaures Natron in saurer Lösung in einen schwefelhaltigen grünen Farbstoff übergeführt wird (*71*) *).

Man erhitzt für die Darstellung des Körpers ein Gemisch von Rosanilin, Aldehyd und Schwefelsäure, bis sich das Produkt mit blauvioletter Farbe in Wasser löst, und gießt dasselbe dann in eine sehr verdünnte Lösung von unterschwefligsaurem Natron. Es scheidet sich viel Schwefel und mit diesem eine graue Substanz ab, während die filtrierte Lösung eine schön grüne Farbe besitzt.

---

69) Girard u. de Laire, Jahresb. 1867, p. 968. — *70*) Greiff, D.R.P. 15120 v. 26. Jan. 81. — *71*) Usèbe, Journ. pr. 92, p. 337; Lauth, Bullet. de la Soc. chim. 1861, p. 78; Franz, Pat. v. 26. Juni 1861.

*) Das Aldehydgrün entdeckte Cherpin im Jahre 1861 durch einen Zufall.

Der grüne Körper läßt sich mit Chlorzink oder essigsaurem Natron fällen, im ersteren Falle wahrscheinlich in Form des Chlorzinkdoppelsalzes, im zweiten in Form der freien Base. Auf Seide und Wolle färbt er sich nach Art der basischen Farbstoffe. Das Aldehydgrün fand vor Entdeckung des Jodgrüns in der Färberei eine ziemlich starke Verwendung. Es wurde in Form des Chlorzinkdoppelsalzes meist als Paste in den Handel gebracht oder in den Färbereien selbst dargestellt und als Lösung verwendet. Außerdem wurde das Tannat, welches durch Fällen der Farbstofflösung mit Tannin erhalten wird, mit Essigsäure auf Kattune gedruckt und durch Dämpfen fixiert.

Nach Hofmann (*71a*) besitzt das Aldehydgrün die Zusammensetzung $C_{22}H_{27}N_3S_2O$. Das Aldehydgrün bildet ein grünes, nicht kristallinisches Pulver, welches in Wasser und Alkohol unlöslich ist, sich aber in schwefelsäurehaltigem Alkohol löst.

Das Aldehydgrün und das bei der Behandlung von Rosanilin mit Aldehydgrün entstehende Violett sind neuerdings Gegenstand mehrerer wissenschaftlicher Unsersuchungen gewesen. Gattermann und Wichmann (*71 b*) hielten letzteren Körper für ein Chinaldinderivat. v. Miller und Plöchl (*71 c*) widersprechen dieser Ansicht und halten diesen für ein Trialdol-Pararosanilin. Letztere Chemiker isolierten aus dem Aldehydgrün zwei Substanzen von verschiedenem Schwefelgehalt.

Bezüglich der von ihnen sowie von Gattermann und Wichmann aufgestellten Konstitutionsformeln sei auf die Originalabhandlungen verwiesen.

Da die fraglichen Körper bisher nicht kristallisiert erhalten wurden, so muß selbst eine aus den Analysen berechnete Bruttoformel als zweifelhaft angesehen werden, um so zweifelhafter aber erscheint eine auf Grund derselben aufgestellte Konstitutionsformel.

Wenn wir aus analogen Reaktionen Schlüsse ziehen wollten, könnte man die Bildung der Körper unter folgendem Gesichtspunkt betrachten:

Aldehyde erzeugen mit Rosanilin zunächst Anhydroaldehydbasen, welche, da sie den alkylierten Rosanilinen analog sind, eine violette Farbe besitzen. Man könnte nun annehmen, daß Natrium-

---

71 a) Hofmann, Ber. 3, p. 761. — *71 b*) Gattermann u. Wichmann, Ber. 22, p. 227. — *71c*) v. Miller u. Plöchl, Ber. 24, p. 1700.

thiosulfat oder Schwefelwasserstoff auf diese Körper eine ähnliche Wirkung ausübt wie in den verschiedenen Phasen des Methylenblauprozesses, und daß hier Thiosulfo- oder Merkaptangruppen entweder in den Kern oder in die Aldehydreste eintreten.

Entgegen dieser Anschauung, die vorläufig nichts als eine Hypothese ist, wird von anderer, sehr beachtenswerter Seite die Behauptung aufgestellt, daß Aldehydgrün im reinen Zustande schwefelfrei sei und nur durch die reduzierende Wirkung des Hyposulfits, welches sich auch durch andere Reduktionsmittel ersetzen läßt, entstände.

Bemerkenswert ist, daß Formaldehyd mit Rosanilin zwar ein Violett, aber dieses mit Thiosulfat kein Grün zu bilden scheint.

Diphenylnaphtylmethanfarbstoffe (*72*).

Vom Diphenylnaphtylmethan leiten sich verschiedene Farbstoffe in ähnlicher Weise ab wie die bisher beschriebenen vom Triphenylmethan. Solche Körper entstehen namentlich durch Einwirkung substituierter Naphtylamine auf Tetramethyldiaminobenzophenon unter dem Einfluß wasserentziehender Mittel.

Statt des letzteren Körpers kann ebenfalls das daraus erhaltene Chlorid und das Benzhydrol angewandt werden. Der durch Einwirkung von Phenyl-αNaphtylamin auf diese Körper erhaltene Farbstoff kommt unter dem Namen Viktoriablau in den Handel, er besitzt vermutlich die Konstitution:

$$\begin{matrix}(CH_3)_2NC_6H_4 \\ (CH_3)_2NC_6H_4\end{matrix}\Big> C = C_{10}H_6 = N - C_6H_5$$

und entsteht nach der Gleichung:

$$(CH_3)_2NC_6H_4CO \, . \, C_6H_4N(CH_3)_2 + C_{10}H_7NHC_6H_5 = C_{33}H_{31}N_3 + H_2O.$$

Wendet man statt des Phenylnaphtylamins das p Toluyl-α Naphtylamin, p $C_7H_7NHC_{10}H_7$, an, so entsteht ein unter dem Namen „Nachtblau" zur Verwendung kommender Farbstoff.

Viktoriablau und Nachtblau kommen in Form ihrer Chlorhydrate in den Handel. Sie sind schön blaue wasserlösliche Farbstoffe, welche ähnlich wie das Methylenblau die tannierte

---

72) Caro und Kern, D. R. P. 29060 v. 11. März 84; Friedl. I, p. 99.

Baumwolle färben, leider jedoch nur eine geringe Lichtbeständigkeit besitzen.

Sie zeigen im allgemeinen die Reaktionen der Rosanilinfarbstoffe. Alkalien fällen daraus die rötlichbraune Base, ein Säureüberschuß führt die blaue Farbe in Gelbbraun über.

Eine Sulfosäure des Viktoriablaus kommt unter dem Namen „Wollblau" (Bayer) zur Verwendung.

Als „Naphtalingrün" bezeichnen die Höchster Farbwerke einen Farbstoff, welcher durch Kondensation einer Naphtalindisulfosäure mit Tetramethyldiaminobenzhydrol und Oxydation des entstandenen Leukokörpers dargestellt wird. Infolge einer orthoständigen Sulfogruppe besitzt der Farbstoff die Alkaliechtheit des Patentblaus (siehe S. 147).

B. Rosolsäurefarbstoffe.

Diese Farbstoffe stehen zu den Rosanilinfarbstoffen in naher Beziehung und sind als Rosaniline aufzufassen, in denen der Stickstoff durch sauerstoffhaltige Gruppen ersetzt ist.

Die Rosolsäurefarbstoffe sind, analog den gefärbten Salzen des Rosanilins, Anhydride eines Carbinols. So ist z. B. das Aurin, $C_{19}H_{14}O_3$, als Anhydrid eines unbekannten Trioxytriphenylcarbinols

$$HO\,C_6H_4 - \underset{\underset{HO}{|}}{C} \begin{matrix} \diagup C_6H_4\,OH \\ \diagdown C_6H_4\,OH \end{matrix}$$ (73)

aufzufassen.

Die Körper besitzen sämtlich sauren Charakter und sind in freiem Zustande gelb gefärbt, während sich die Salze in Wasser mit prächtig roter Farbe lösen. Da sie sich auf die Zeugfaser nur unvollkommen fixieren lassen, sind sie für die Färberei fast ohne Bedeutung und finden nur in Form ihrer Lacke in der Tapeten- und Papierindustrie Verwendung.

Die Geschichte der Rosolsäure kann gewissermaßen als eine Komödie der Irrungen bezeichnet werden.

Den Namen Rosolsäure erteilte Runge einem von ihm aufgefundenen Oxydationsprodukt des rohen Phenols.

Kolbe und Schmidt erteilten dem von ihnen aus Phenol und Oxalsäure erhaltenen Farbstoff den Namen „Aurin"

---

73) E. u. O. Fischer, Annal. 194, p. 274.

Als im Jahre 1866 Caro und Wanklyn das diazotierte Rosanilin durch Kochen zersetzten, erteilten sie dem erhaltenen Produkt den Namen „Rosolsäure", betrachteten es als identisch mit der Rosolsäure von Runge, jedoch als verschieden von dem Aurin von Kolbe und Schmidt.

Lange Zeit wurde über die Identität beider Körper gestritten. Als Schorlemmer aus Aurin durch Erhitzen mit Ammoniak Rosanilin erhielt, schien diese Identität erwiesen.

Erst die Arbeiten von E. und O. Fischer beziehungsweise die Entdeckung des Pararosanilins brachte Klarheit. Rosolsäure und Aurin leiten sich von zwei homologen Rosanilinen ab. Das von Schorlemmer erhaltene Rosanilin aus Aurin war Pararosanilin; die von Caro und Wanklyn dargestellte Rosolsäure war aber nicht aus Pararosanilin, sondern aus dem Homologen desselben, dem gewöhnlichen Rosanilin, bereitet. Sie war deshalb die höhere Homologe des Aurins.

Aurin, Pararosolsäure.

$(HO\,C_6H_4)_2 = C = C_6H_4 = O$ (*73*).

Das Aurin bildet sich durch Erhitzen von Phenol mit Oxalsäure und Schwefelsäure (*74*) auf 120—130°, ferner durch Erhitzen von Phenol mit Ameisensäure und Zinnchlorid (*75*), durch Kochen der Diazoverbindung des Pararosanilins mit Wasser (*78*), durch Erhitzen von Dioxybenzophenonchlorid (*76*) mit Phenol und durch Einwirkung von Salicylaldehyd auf Phenol bei Gegenwart von konzentrierter Schwefelsäure (*77*).*) Für seine Darstellung erhitzt man 6 Tl. Phenol mit 3 Tl. Schwefelsäure und 4 Tl. entwässerter Oxalsäure etwa 24 Stunden auf 120—130°, kocht wiederholt mit Wasser aus, löst den Rückstand in heißem Alkohol, leitet Ammoniak ein und kocht den entstandenen Niederschlag mit Essigsäure (*79*) oder Salzsäure.

---

74) Kolbe u. Schmidt, Annal. 119, p. 169. — *75*) Nencki u. Schmitt, Journ. f. pr. Chem. (2) 23, p. 549. — *76*) Gräbe u. Caro, Ber. 11, p. 1350. — *77*) Liebermann u. Schwarzer, Ber. 9, p. 800. — *78*) Dale u. Schorlemmer, Annal. 166, p. 281; 196, p. 77. — *79*) Dale u. Schorlemmer, Ber. 10, p. 1016.

*) Nach unseren heutigen Anschauungen wäre eine Bildung von Pararosolsäure auf letzterem Wege nicht möglich. Entweder muß hier ein in Ortho hydroxylierter isomerer Körper entstanden sein, oder der angewandte Salicylaldehyd war mit Paraoxybenzaldehyd verunreinigt. Der Verfasser.

Das Aurin bildet dunkelrote, rhombische Kristalle oder grünglänzende, rote Nadeln. Es ist nicht schmelzbar. Es löst sich mit gelbroter Farbe in Alkohol und Eisessig, mit fuchsinroter Farbe in Alkalien. Mit Alkalibisulfiten bildet es farblose leichtlösliche Verbindungen, welche durch Säuren zersetzt werden.

$K\,H\,S\,O_3\,C_{19}\,H_{14}\,O_3$, farblose Täfelchen.

Mit Salzsäure bildet das Aurin sehr lose Verbindungen.

Durch Reduktionsmittel wird es in Leukoaurin, $C_{12}\,H_{16}\,O_3$, (Trioxytriphenylmethan) übergeführt. Wässeriges Ammoniak verwandelt es bei 120° in Pararosanilin (*79*).

Rosolsäure.

$$\begin{matrix} OH\,C_6\,H_4 & & \\ OH & \!\!>C_6\,H_3\!\!> & C = C_6\,H_4 = O. \\ CH_3 & & \end{matrix}$$

Entsteht durch Kochen der Diazoverbindung des Rosanilins, $C_{20}\,H_{19}\,N_3$, mit Wasser (*80*), ferner durch Erhitzen eines Gemenges von Phenol und Kresol mit Arsensäure und Schwefelsäure (*79 a*).

Vermutlich ist die von Runge (*81*) im Jahre 1834 aus den Destillationsrückständen des rohen Phenols dargestellte „Rosolsäure" mit der hier behandelten identisch.

Die Rosolsäure bildet unschmelzbare, grünglänzende Kristalle. Sie ist fast unlöslich in Wasser und löst sich ziemlich leicht mit orangegelber Farbe in Alkohol und Eisessig. In Alkalien löst sie sich mit roter Farbe. Verbindet sich mit Bisulfiten zu farblosen, löslichen Körpern und zeigt im übrigen das Verhalten des Aurins. Durch Reduktionsmittel wird sie in Trioxydiphenyltoluylmethan, $C_{20}\,H_{18}\,O_3$ (Leukorosolsäure), übergeführt. Beim Erhitzen mit Wasser zerfällt die Rosolsåure in Dioxyphenyltolylketon und Phenol (*82*).

Vom Aurin leiten sich zwei Produkte ab, welche unter dem Namen des „roten Corallin (*83*) oder Päonin" und „Azulin" (*84*) technische Verwendung gefunden haben.

79a) Zulkowsky, Ber. 10, p. 1201. — *80*) Caro u. Wanklyn, Journ. f. pr. Chem. 100, p. 49. — *81*) Runge, Pogg. Annal. 31, p. 65 u. 512. — *82*) Caro u. Gräbe, Annal. 179, p. 184. — *83*) Persoz fils, Pelouze, Trait. d. Chim. — *84*) Guinon, Marnas et Bonnet, Brev. d'invent, 1862.

Ersterer Körper entsteht beim Erhitzen des rohen Aurins mit Ammoniak unter Druck und ist vermutlich ein Zwischenprodukt zwischen Aurin und Pararosanilin, in welchem Hydroxyle durch Aminogruppen ersetzt sind.

Das Azulin dagegen, welches durch Einwirkung von Anilin auf Aurin entsteht, dürfte ein teilweise durch Anilinreste substituiertes Aurin, vielleicht sogar unreines Triphenylrosanilin sein. Vor Entdeckung des Anilinblaus hat dasselbe ziemlich starke Verwendung gefunden.

Pittakall (Eupittonsäure).

Im Jahre 1835 beobachtete Reichenbach (*85*), daß gewisse Fraktionen des Buchenholzkreosots beim Behandeln mit Barytwasser an der Luft einen blauen Farbstoff bilden.

Die Bildung ähnlicher Produkte wurde auch von Grätzel beobachtet, was Liebermann und später A. W. Hofmann zur Untersuchung derselben veranlaßte.

Liebermann legte einem von ihm untersuchten Farbstoff, dessen Identität mit dem Pittakall Reichenbachs nicht völlig erwiesen wurde, den Namen Eupitton oder Eupittonsäure (*86*) bei. Durch spätere Untersuchungen von Hofmann (*87*) wurde die Konstitution und die Bildungsweise des Körpers aufgeklärt.

Eupittonsäure, Hexamethoxylaurin (*86*),

$C_{19}H_8(OCH_3)_6O_3$.

Entsteht durch Einwirkung von Kohlenstoffsesquichlorid (C_2Cl_6) auf eine Lösung von 2 Mol. Pyrogalloldimethyläther und 1 Mol. Methylpyrogalloldimethyläther in alkoholischer Kalilauge bei 160 bis 170° sowie durch Einwirkung von Luft auf die alkalische Lösung beider Äther (*87*).

Die Eupittonsäure bildet orangegelbe, in Wasser unlösliche, in Alkohol und Äther lösliche Nadeln, welche bei 200° unter Zersetzung schmelzen. Sie ist eine zweibasische Säure und bildet Salze, deren Lösungen blau gefärbt sind. Mit Schwermetallen (Pb, Sn) bildet sie blaue, schwer lösliche Lacke. Mit Säuren

---

85) Reichenbach, Schweigers Journ. f. Ch. 68, p. 1. — *86*) Liebermann, Ber. 9, p. 334. — *87*) Hofmann, Ber. 11, p. 1455; 12, p. 1371 u. 2216.

geht sie, analog den Rosolsäuren, lose Verbindungen ein. Auch Alkyläther der Eupittonsäure sind dargestellt.

Hexamethoxyl-Pararosanilin (*87*).

$$C_{25}H_{31}N_3O_7 = C_{19}H_{13}(OCH_3)_6N_3O.$$

Entsteht, wenn die Eupittonsäure einige Stunden mit wässerigem Ammoniak unter Druck auf 160—170° erhitzt wird. Die Bildung dieses Körpers ist der Umwandlung des Aurins in Pararosanilin analog. Die entstehende Base bildet haarfeine, farblose Nadeln, welche sich an der Luft schnell blau färben. Durch Erhitzen mit Wasser wird sie unter Ammoniakabspaltung in Eupittonsäure zurückverwandelt.

Die einsäurigen Salze dieser Base sind blau, die mehrsäurigen (dreisäurigen?) gelblich gefärbt. Eine technische Verwendung haben die Eupittonsäurefarbstoffe bisher nicht gefunden.

Aurin-Tricarbonsäure (*88*).

Aurin-Tricarbonsäure und deren Homologe werden nach einem von Sandmeyer entdeckten Verfahren durch Kondensation von Salicylsäure mit Formaldehyd in schwefelsaurer Lösung und gleichzeitige Oxydation dargestellt. Sie kommen unter dem Namen „Chromviolett" als Druckfarbstoff zur Verwendung. Bei der Bildung der Aurin-Tricarbonsäure werden drei Salicylsäurereste durch den Formaldehydkohlenstoff verkettet, und der entstehende Körper entspricht offenbar der Formel:

$$\left(\begin{matrix}HOOC \\ HO\end{matrix}\!\!>C_6H_3\right)_2 = C = C_6H_3 \!<\!\!\begin{matrix}O \\ COOH\end{matrix}.$$

Als Oxydationsmittel wird salpetrige Säure angewendet, und da diese in schwefelsaurer Lösung auf Methylalkohol unter Bildung von Formaldehyd einwirkt, so entsteht der Farbstoff auch, wenn man Salicylsäure mit einem Gemisch von Methylalkohol, konzentrierter Schwefelsäure und Natriumnitrit erwärmt.

Der Farbstoff erzeugt auf Chrombeize rötlichviolette Nüancen und zeichnet sich durch große Seifenechtheit aus. Er hat hauptsächlich in der Kattundruckerei Verwendung gefunden (*89*).

---

88) D.R.P. 49970. (Sandmeyer). — *89*) N. Caro, Ber. 25, p. 939 u. p. 2671.

Farbstoffe aus Benzotrichlorid und Phenolen.

Benzotrichlorid wirkt nach Döbner (*90*) auf Phenole in ähnlicher Weise wie auf Dimethylanilin. Die hier entstehenden Farbstoffe sind der Rosolsäure in ihrer Konstitution verwandt, Derivate des Triphenylmethans, und enthalten ein mit dem Methankohlenstoff und einem Benzolkern gebundenes Sauerstoffatom. Sie sind jedoch durchweg nur in zwei Benzolkernen durch sauerstoffhaltige Radikale substituiert, während das dritte Benzol frei ist.

Der erste Repräsentant dieser Klasse entsteht durch Einwirkung von 2 Mol. Phenol auf 1 Mol. Benzotrichlorid und wird von Döbner als Benzaurin bezeichnet. Das Benzaurin steht zum Dioxytriphenylmethan in derselben Beziehung wie das Aurin zum Trioxytriphenylmethan. Seine Konstitutionsformel ist demnach folgende:

$$C_6H_5 - C \begin{matrix} \diagup C_6H_4OH \\ \diagdown C_6H_4 = O \end{matrix}$$

Das Benzaurin ist der erste Repräsentant einer Farbstoffgruppe, welche sich von den Rosolsäuren durch den Mindergehalt eines Hydroxyls unterscheidet. Gewissermaßen bildet es den Übergang von dieser Gruppe zu den Phtaleïnen.

C. Phtaleïne.

Läßt man gewisse Phenole auf Phtalsäureanhydrid einwirken, so treten für ein Sauerstoffatom der Carbonylgruppe zwei einwertige Phenolreste unter Ablösung der Parawasserstoffe an das Kohlenstoffatom, und es entstehen die Phtaleïne, welche als Derivate des inneren Anhydrids (Lactons) der Triphenylcarbinol-Orthocarbonsäure aufgefaßt werden müssen.

Dieses Lacton, das Phtalophenon:

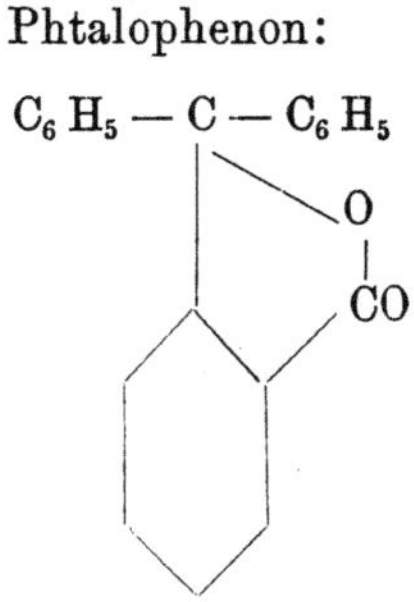

90) Döbner, Ber. 12, p. 1462; 13, p. 610.

bildet sich, wenn man Benzol bei Gegenwart von Chloraluminium auf das Chlorid der Phtalsäure einwirken läßt.

Die Phtaleïne gehen bei der Reduktion unter Sprengung des Lactonringes in die Phtaline über, welche nichts anderes als die entsprechenden Hydroxylderivate der Triphenylmethan-o Carbonsäure sind.

Die Phtaline sind Derivate der Triphenylmethancarbonsäure.

$$\begin{matrix}C_6H_5\\C_6H_5\end{matrix}\!>C<\begin{matrix}O\\C_6H_4\end{matrix}\!>CO + H_2 = \begin{matrix}C_6H_5\\C_6H_5\end{matrix}\!>C<\begin{matrix}H\\C_6H_4-COOH\end{matrix}$$

Phtalophenon. Triphenylmethancarbonsäure.

Die meisten Phtaleïne werden durch energische Wasserentziehung unter Abspaltung eines Phenolmoleküls in Derivate des Anthrachinons übergeführt (*92*).

Weder das Phtalophenon noch seine aus den Phenolen entstehenden einfachen Hydroxylderivate sind gefärbt. Letztere bilden jedoch intensiv rot gefärbte Salze. Es ist kaum anzunehmen, daß hier der Lactonring die Färbung bedingt, es liegen vielmehr eine Reihe von Tatsachen vor, welche zu dem Schluß führen, daß in diesen gefärbten Salzen der Lactonring gelöst und ein Hydroxyl in ein chinonartiges Sauerstoffatom übergegangen ist. Wie unten gezeigt wird, gelingt es für einzelne Derivate der Phtaleïne, die chinoïde Form nachzuweisen, während andere (ungefärbte) ohne Zweifel den Lactonring enthalten.

Nachstehend sind beide Formeln zusammengestellt:

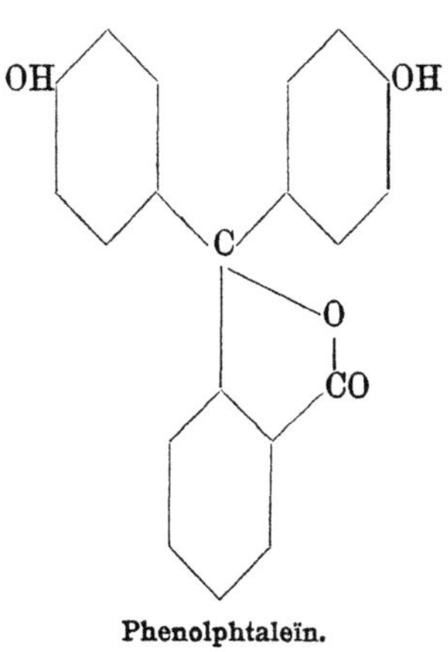

Phenolphtaleïn.

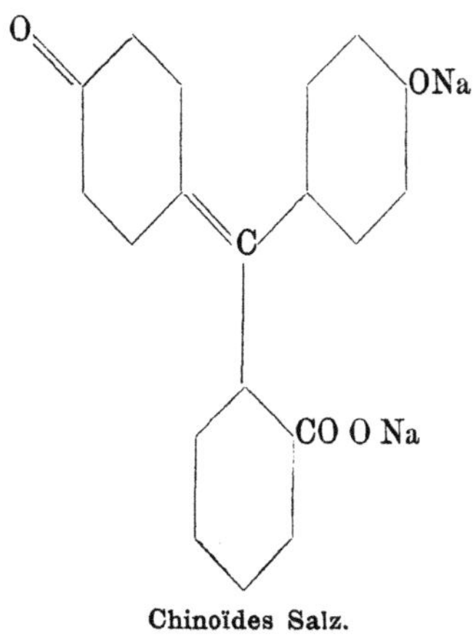

Chinoïdes Salz.

Die Phenolphtaleïne stellen sich in Form ihrer Salze somit den Rosolsäurefarbstoffen an die Seite, und das gewöhnliche Phenolphtaleïn kann als Carbonsäure des Benzaurins (siehe oben) aufgefaßt werden.

Noch mehr tritt der chinoïde Charakter der Phtaleïne hervor, wenn man in die beiden Phenolreste Halogene, vorzüglich Brom, einführt.

Von diesem Tetrabromphenolphtaleïn sind zweifellos chinoïde Ester dargestellt worden, welche den Alkylrest an der Carboxylgruppe enthalten. Dieselben sind wie alle einfachen Phtaleïne im freien Zustande wenig gefärbt, bilden jedoch intensiv blau gefärbte Salze, welche aber weit beständiger sind als die der Phenolphtaleïne. Außerdem sind diese chinoïden Derivate wirkliche Farbstoffe, während Phenolphtaleïn kein Färbevermögen besitzt.

Etwas anders als diese Körper verhalten sich die Phtaleïne von mehrwertigen Phenolen, welche zwei Hydroxyle in Metastellung zueinander enthalten. Wie bei andern, ähnlich konstituierten Di- und Triphenylmethanderivaten (Rosamin, Pyronin) findet hier eine Anhydrisation zwischen zwei zum Methankohlenstoff in Ortho stehenden Hydroxylen statt. Dieselben sind als Derivate des Fluorans (Orthophenolphtaleïnanhydrids siehe unten), aufzufassen. Ein klassisches Beispiel ist das Fluoresceïn, das Anhydrid des Resorcinphtaleïns:

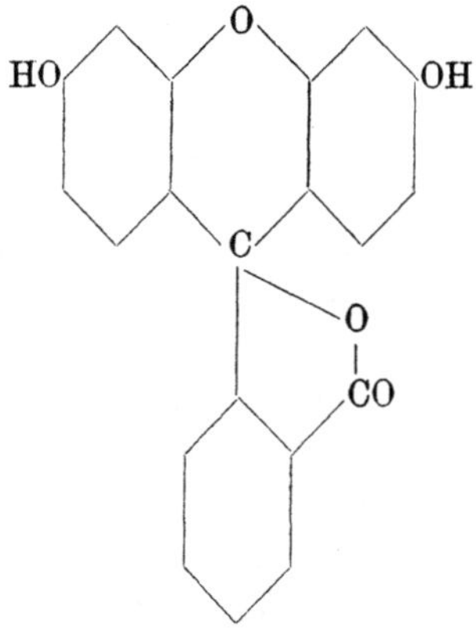

Das Fluoresceïn, als Derivat des Fluorans (siehe unten) aufgefaßt, enthält einen dem Xanthon ähnlichen Ring, und dieser könnte die gelbe Farbe und Fluorescenz erklären. Es gibt aber eine ganze Reihe von Derivaten des Fluoresceïns, denen die chinoïde Konstitution zugeschrieben werden muß. Hierher gehören wohl ausnahmslos alle in den Resorcinresten halogenierten Fluoresceïne, die Eosinfarbstoffe. Diese sind ohne Zweifel Derivate des tautomeren Fluoresceïns (*91*):

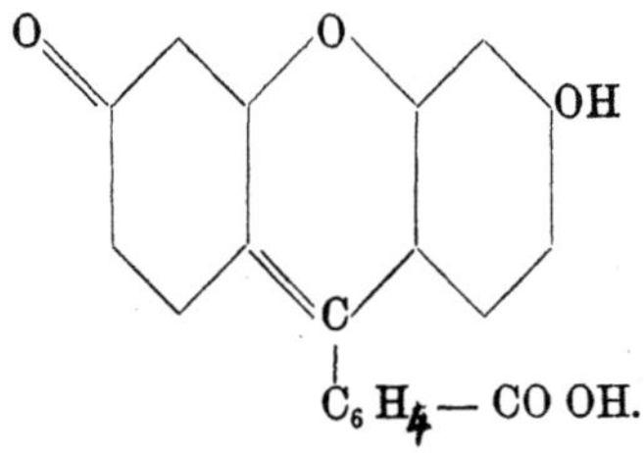

Eine ähnliche Konstitution dürfte wohl beim Galleïn anzunehmen sein.

Die Phtaleïne gehen durch Reduktion in die Phtaline über. Auch hierbei wird der Lactonring, wo er geschlossen war, gelöst.

Von den zahlreichen Phtaleïnen sind im vorstehenden nur diejenigen berücksichtigt, welche als Farbstoffe von Wichtigkeit sind oder ein theoretisches Interesse beanspruchen.

Phenolphtaleïn (*92*) (Dioxyphtalophenon)

$$(OH\,C_6H_4)_2 = C - O \\ \quad | \qquad\quad > CO. \\ C_6H_4$$

Entsteht aus Phenol und Phtalsäureanhydrid unter dem wasserentziehenden Einfluß konzentrierter Schwefelsäure. Das freie Phtaleïn bildet farblose, gegen 250° schmelzende Kristalle, löst sich in Alkalien mit roter Farbe und wird aus dieser Lösung durch Säuren wieder farblos abgeschieden. Durch überschüssige Kali- oder Natronlauge wird die Lösung entfärbt.

Beim Schmelzen mit Kali liefert das Phenolphtaleïn Benzoësäure und Dioxybenzophenon.

Auf der oben erwähnten Farbenveränderung durch Alkalien (freie oder kohlensaure, aber nicht doppeltkohlensaure) beruht die Anwendung des Phtaleïns als Indikator beim Titrieren.

---

91) Nietzki u. Schröter, Ber. 28, p. 44. — *92*) Baeyer, Annal. 202, p. 68.

Wie oben (Seite 180) bemerkt, muß in den gefärbten Salzen des Phenolphtaleïns eine Spaltung des Lactonringes angenommen werden.

Die einzige bis jetzt bekannte Verbindung, welche sich ohne Zweifel von dem chinoïden Phenolphtaleïn ableitet, ist der Äthylester des Tetrabromphenolphtaleïns (*93*):

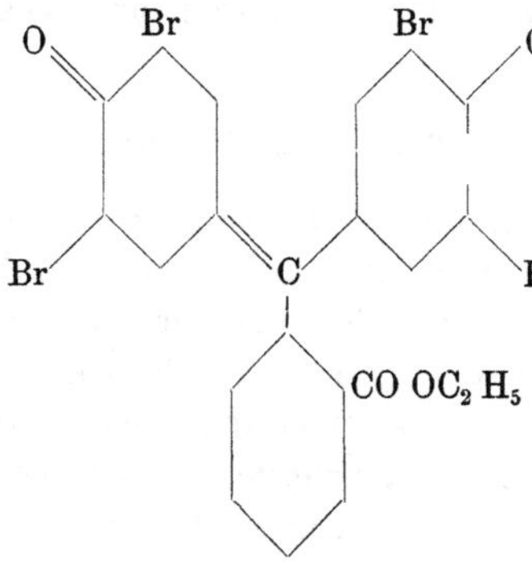

Dieser Körper entsteht, wenn der Ester des Phenolphtalins:

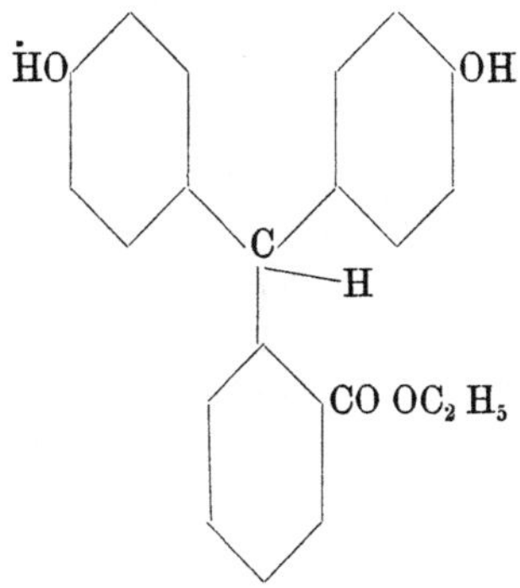

bromiert und darauf mit alkalischer Ferricyankaliumlösung oxydiert wird.

Der Ester ist gelb gefärbt, färbt jedoch in nicht zu saurem Bade Wolle und Seide mit blauer Farbe an (vergl. Einleitung Seite 4). Die Salze sind tief blau gefärbt, schwer löslich in Wasser, löslich in Weingeist.

---

93) Nietzki u. Burckhardt, Ber. 30, p. 175.

Tetranitrophenolphtaleïn (*94*).

Entsteht durch Behandlung von Phenolphtaleïn (in schwefelsaurer Lösung) mit Salpetersäure. Schmelzpunkt 244°.

Das Natriumsalz kommt unter dem Namen „Aurotin“ als Farbstoff in den Handel. Es färbt Wolle im sauren Bade direkt gelb, fixiert sich aber auch auf Chrom und Tonerdebeize.

Fluoran (*95*, *96*).

Bei der Darstellung des Phenolphtaleïns entsteht in kleinen Mengen ein Körper, welcher für das innere Anhydrid des Phenolphtaleïns gehalten wurde. Nach neueren Untersuchungen verdankt der Körper seine Entstehung einer gleichzeitig stattfindenden Orthokondensation. Der Phtalsäurerest tritt hier in die Orthostellung zu den Phenolhydroxylen, und zwischen diesen findet eine innere Anhydrisation statt. Da der Körper die Muttersubstanz des Fluoresceïns ist, wurde für denselben von R. Meyer der Name „Fluoran“ vorgeschlagen. Das Fluoran besitzt die Konstitution:

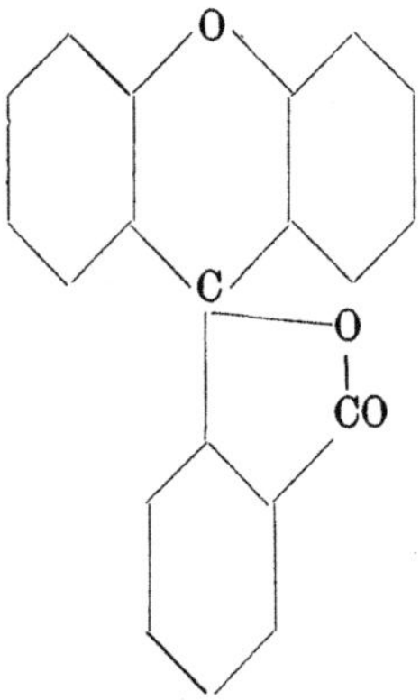

Es bildet farblose, bei 180° schmelzende Nadeln. Die Lösung in konzentrierter Schwefelsäure zeigt eine starke, gelbgrüne Fluorescenz.

94) D.R.P. 52211. — *95*) Baeyer, Annal. 212, p. 349. — *96*) R. Meyer, Ber. 21, p. 3376; 24, p. 1412 u. 2600.

Fluoresceïn (97).

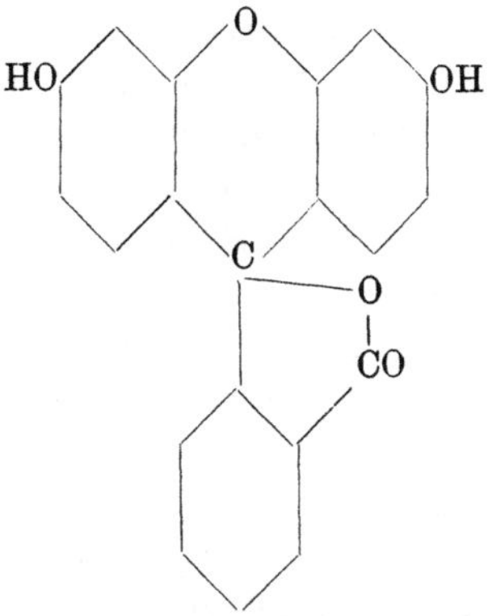

(Dioxyfluoran, inneres Anhydrid des Resorcinphtaleïns.)

Das Fluoresceïn entsteht durch Erhitzen eines innigen Gemenges von 2 Mol. Resorcin und 1 Mol. Phtalsäureanhydrid auf 190—200°. Das Fluoresceïn ist das wichtigste Ausgangsmaterial zur technischen Darstellung der meisten Phtalsäurefarbstoffe. Es bildet im reinen Zustande in Alkohol schwer, in Eisessig leichter lösliche dunkelgelbe Kristalle. In Wasser ist es fast unlöslich, löst sich jedoch leicht in Alkalien zu einer gelbroten, namentlich im verdünnten Zustande leuchtend grün fluorescierenden Flüssigkeit. Durch Säuren wird es daraus als gelbes Pulver abgeschieden. Für die technische Darstellung des Körpers ist die Anwendung durchaus reiner Materialien nötig, da ein unreines Fluoresceïn nur schwierig zu reinigen ist. Durch Reduktionsmittel wird es in das farblose Fluorescin übergeführt.

Durch Einwirkung von Dichlor- und Tetrachlorphtalsäureanhydrid auf Resorcin entstehen entsprechend gechlorte Fluoresceïne. Diese sind durchaus verschieden von den durch direktes Chlorieren des Fluoresceïns erhaltenen Körpern. Bei letzterer Operation tritt Chlor (ebenso wie Brom und Jod) stets in die Resorcinreste ein. Die mittels der gechlorten Phtalsauren dargestellten Fluoresceïne bilden das Ausgangsmaterial für eine Reihe sehr schöner Phtaleïnfarbstoffe, welche E. Nölting in die Farbentechnik eingeführt hat.

97) Baeyer, Annal. 183, p. 1 u. Annal. 202, p. 68.

Die gechlorten Fluoresceïne unterscheiden sich von dem chlorfreien Körper durch eine etwas rötlichere Farbe.

Es ist viel darüber gestritten worden, ob das Fluoresceïn wirklich ein Dioxyfluoran sei, oder ob ihm die oben erwähnte chinoïde Konstitution (siehe Seite 182) zukäme.

Untersuchungen von Nietzki und Schröter (*98*) haben gezeigt, daß Derivate des Fluoresceïns existieren, welche beide tautomere Formen desselben repräsentieren.

Das Fluorescin (die durch Reduktion des Fluoresceïns erhaltene substituierte Triphenylmethancarbonsäure) läßt sich durch Alkohol und Salzsäure leicht in den Carboxylester überführen. Da die am Carboxyl vorhandene Äthylgruppe die Bildung des Lactonringes verhindert, muß dem bei der Oxydation dieses Carboxylesters entstehenden Fluoresceïnäther die chinoïde Formel:

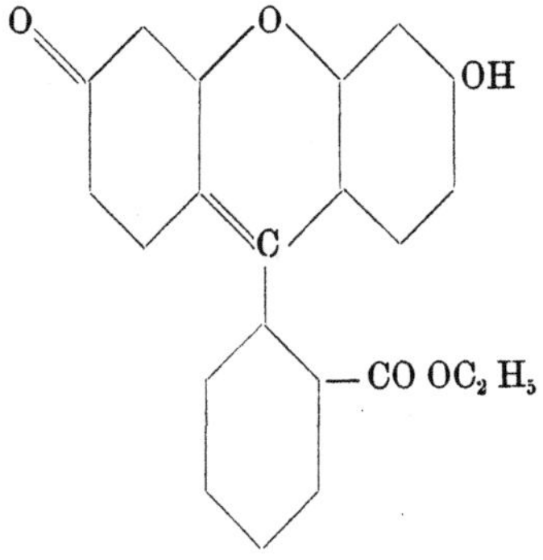

zukommen. Durch Einführung von Brom geht dieser Ester in den schon lange bekannten Eosinäther (Erythrin) über, welcher auch direkt aus dem Eosin durch Behandlung mit Alkohol und Salzsäure oder Schwefelsäure dargestellt werden kann. Dadurch ist die schon längst vermutete Zugehörigkeit der Eosine zu den chinoïden Verbindungen erwiesen*). Das Fluoresceïn selber dagegen verhält sich vollkommen als tautomere Verbindung, da es bei direktem Alkylieren sowohl lactoïde als chinoïde Äther bildet.

Aus dem chinoïden Monoäthyläther läßt sich durch Behandeln mit Alkali und Äthylbromid ein chinoïder Diäthyläther dar-

---

98) Nietzki u. Schröter, Ber. 28, p. 44.

*) Vergl. 2. Auflage dieses Buches 1894, Seite 148.

stellen, welcher stark gelbrot gefärbt ist. Derselbe entsteht neben einem farblosen Diäthyläther bei Behandlung von Fluoresceïnsalzen mit Äthylbromid.

Letzterem kommt offenbar die lactoïde Konstitution zu, er ist ein Diäthoxylfluoran.

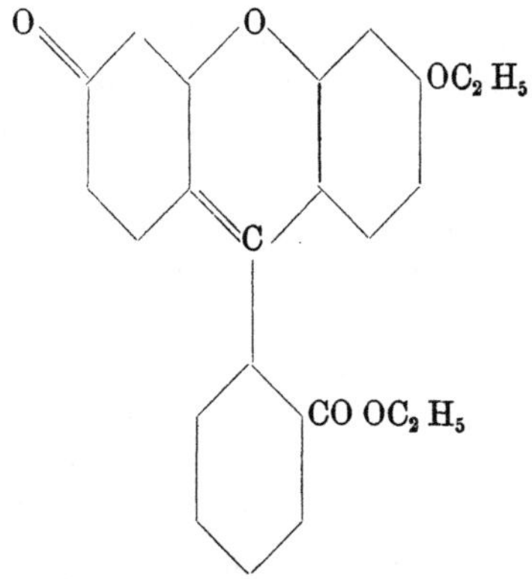

Chinoïder Diäthyläther.

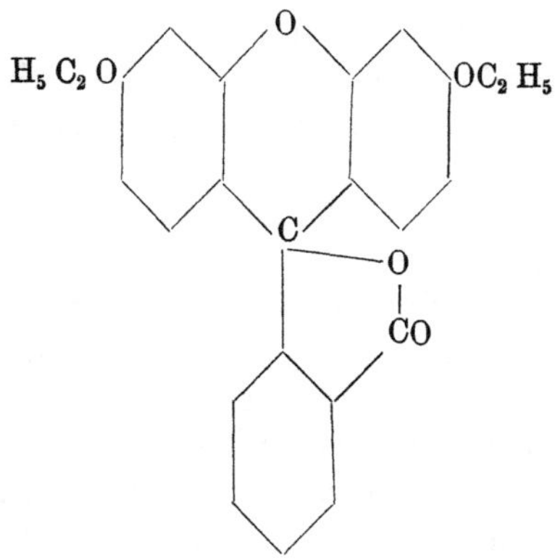

Lactoïder Diäthyläther.

Während der chinoïde Äther durch Alkalien leicht an der Carboxylgruppe verseift und in den Monohydroxyläther übergeführt wird, ist der lactoïde Äther nicht verseifbar.

Eosin.

Wird Fluoresceïn mit Brom behandelt, so erfolgt die Substituierung des in den Resorcinresten enthaltenen Wasserstoffs durch Brom. Es können im Fluoresceïn vier Wasserstoffatome durch Brom ersetzt werden, und das entstehende Produkt ist das Tetrabromfluoresceïn, $C_{20}H_8O_5Br_4$ (*99*).

Sowohl letzteres als auch die niedrigeren Bromierungsprodukte des Fluoresceïns sind schön rote Farbstoffe, und zwar ist die Nüance derselben um so gelblicher, je weniger, und um so bläulicher, je mehr Brom darin enthalten ist.

Das reine Tetrabromfluoresceïn (*99*) kristallisiert aus Alkohol in gelbroten, alkoholhaltigen Kristallen. Es ist in Wasser fast

99) Baeyer, Ann. 183, p. 1.

unlöslich, bildet jedoch mit Alkalien leicht lösliche, zweibasische Salze, deren Lösung eine schön gelbe Fluorescenz zeigt.

Mineralsäuren scheiden aus dieser Lösung die Farbsäure in Form eines gelbroten Niederschlags ab.

Essigsäure zersetzt die Salze nur unvollkommen. Mit Blei, Zinn, Tonerde etc. bildet es schön gefärbte, unlösliche Lacke.

Das Tetrabromfluoresceïn sowie die niedrigeren Bromierungsstufen bilden in Form ihrer Natrium- und Kaliumsalze die verschiedenen im Handel vorkommenden Marken des „wasserlöslichen Eosins".

Auf Wolle und Seide erzeugen sie im schwach sauren Bade prachtvoll rote Nüancen. Die Seidenfärbungen zeichnen sich namentlich durch ihre eigentümliche gelbrote Fluorescenz aus.

Auch auf Chrombeize lassen sich die Eosine fixieren.

Die Eosinfarbstoffe wurden 1873 von H. Caro entdeckt und in die Farbentechnik eingeführt.

Wie bereits oben bemerkt, sind die Eosine Derivate des chinoïden Fluoresceïns, sie enthalten somit eine freie Carboxylgruppe.

Die Konstitution des Tetrabrom-Fluoresceïns entspricht nachstehender Formel (*100*)

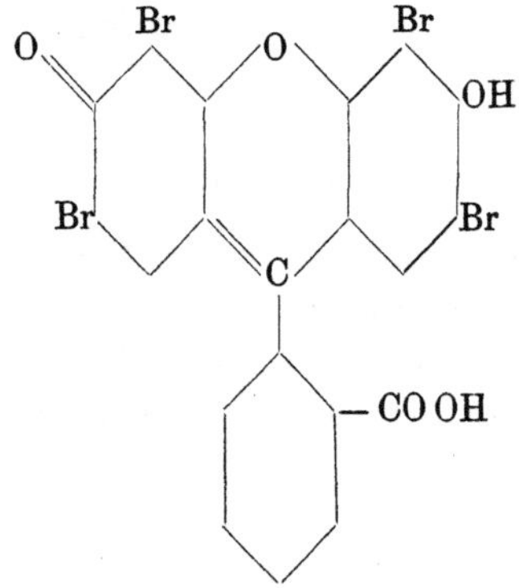

Durch Reduktion mit Natriumamalgam werden die Bromatome wieder durch Wasserstoff ersetzt, und es entsteht schließlich durch Wasserstoffaddition das farblose Fluorescin, $C_{20}H_{14}O_5$, welches bei der Oxydation in Fluoresceïn übergeht. Durch

100) Hofmann, Ber. 8, p. 62.

Schmelzen mit Kali wird es in Phtalsäure und Dibromresorcin (*100 a*) gespalten.

Für die technische Bromierung des Fluoresceïns sind verschiedene Methoden vorgeschlagen worden.

Man hat z. B. eine alkalische Fluoresceïnlösung mit einer Lösung des berechneten Broms in Alkali (Bromür-Bromat) gemischt und alsdann durch Zusatz von Säure das Fluoresceïn und das Brom gleichzeitig in Freiheit gesetzt. Es scheint sich dieses Verfahren nicht bewährt zu haben, und man nimmt gegenwärtig das Bromieren allgemein in alkoholischer Lösung vor. Fluoresceïn wird in Weingeist möglichst fein suspendiert, dann das Brom allmählich hinzugefügt und schließlich zum Sieden erhitzt. Um die bei der Reaktion entstehende Bromwasserstoffsäure auszunutzen, fügt man eine berechnete Menge von Kaliumchlorat (oder besser Natriumchlorat und etwas Kupferchlorid) hinzu, welches aus der Bromwasserstoffsäure wieder Brom freimacht. Auf diese Weise wird die Hälfte des Broms erspart, und es sind daher zur Erzeugung des Tetrabromfluoresceïns nur vier Bromatome nötig, während unter den gewöhnlichen Bedingungen vier weitere Bromatome als Bromwasserstoffsäure austreten, mithin acht Bromatome verbraucht werden.

Während das Fluoresceïn ebenso wie Phenolphtaleïn als tautomere Verbindung aufgefaßt werden muß, welcher sowohl die chinoïde als auch die lactoïde Formel zukommt, müssen die Eosine sowie die unten beschriebenen Rhodamine unter allen Umständen als wahre Chinoïde angesehen werden. Dasselbe ist mit ihren gefärbten Äthern der Fall, während der ungefärbte Eosinäther augenscheinlich lactoïder Natur ist.

Äther der Eosine (Erythrine).

Die durch Behandeln der Eosinsalze (namentlich des Tetrabromfluoresceïnkaliums) mit Chlor oder Jodmethyl oder Bromäthyl oder von Eosin mit Alkohol und Salzäure erhaltenen Monomethyl- und Monoäthyläther bilden Farbstoffe, welche an Schönheit der Nüance die Eosine noch übertreffen und im allgemeinen einen etwas bläulicheren Ton besitzen.

---

100 a) R. u. H. Meyer, Ber. 28, p. 428.

Technisch stellt man den Äthyläther meistens dar, indem man Fluoresceïn in Alkohol bromiert und dann die bromwasserstoffhaltige Lösung unter Druck erhitzt.

Wie oben erwähnt, sind diese Körper Carboxylester, denn sie lassen sich durch Bromieren der entsprechenden Fluoresceïn-Carboxylester erhalten. Durch Alkalien werden sie leicht verseift.

Da dieselben noch eine freie Hydroxylgruppe enthalten, sind sie einbasische Säuren. Ihre Salze lösen sich weder in Wasser noch in absolutem Alkohol, mit ziemlicher Leichtigkeit jedoch in 50 proz. Weingeist. Die Lösung zeigt eine prachtvolle Fluorescenz.

Das Kaliumsalz des Monoäthyl-Tetrabromfluoresceïns,

$$C_{20}H_6Br_4O_5 \begin{array}{l} \diagup C_2H_5 \\ \diagdown K \end{array},$$

bildet größere, rubinrote Kristalle, welche einen prachtvoll grünen Flächenschimmer zeigen.

Unter dem Namen „Spriteosin“ oder „Primerose à l'alcool“ finden die Eosinäther, namentlich der Äthyläther, in Form des Natron- oder Kalisalzes ziemlich starke Verwendung in der Seidenfärberei. Man löst sie für den Gebrauch in verdünntem Weingeist und setzt die Lösung allmählich dem mit Essigsäure angesäuerten Färbebade zu.

Außer den hier beschriebenen Körpern existieren noch farblose Äther des Eosins. Dieselben werden durch Erhitzen von Eosinsilber mit Alkyljodiden erhalten (*99*). Offenbar sind dieselben lactoïde Hydroxyläther.

Jodderivate des Fluoresceïns.

Unter dem Handelsnamen „Erythrosin“ kommen die den Eosinen entsprechenden Jodderivate des Fluoresceïns (namentlich das Tetrajodfluoresceïn, $C_{20}H_8J_4O_5$) in Form ihrer Alkalisalze in den Handel. Sie sind in Wasser löslich, zeigen im allgemeinen einen viel bläulicheren Ton als die entsprechenden Eosine und unterscheiden sich von diesen dadurch, daß ihre alkalischen Lösungen nicht fluorescieren.

Das Erythrosin, welches je nach seinem Jodgehalte in verschiedenen Marken in den Handel kommt, läßt sich in Form seines

Tonerdelacks auf Baumwolle fixieren und findet deshalb in der Baumwollfärberei, außerdem aber auch in der Papierfärberei eine ziemlich starke Verwendung.

Dinitrodibromfluoresceïn, $C_{20}H_8Br_2(NO_2)_2O_5$ (*92*).

Entsteht durch Behandlung des Dinitrofluoresceïns mit Brom sowie durch Behandlung des Di- oder Tetrabromfluoresceïns mit Salpetersäure. Technisch wird es durch Behandeln des Dibromfluoresceïns mit Salpetersäure in alkoholischer Lösung dargestellt. Das reine Dinitrodibromfluoresceïn bildet gelbe, in Alkohol und Eisessig schwer lösliche Nadeln. Es ist eine starke zweibasische Säure und bildet mit Alkalien in Wasser leicht lösliche Salze, deren Lösung nicht fluoresciert, im konzentrierten Zustande gelb, im verdünnten rosenrot ist.

Das Natronsalz kommt unter dem Handelsnamen „Eosinscharlach“, „Kaiserrot“, „Safrosin“ oder „Lutetienne“ in den Handel.

Auf Wolle erzeugt der Farbstoff ein schönes, etwas blaustichiges Rot, mit gelben Farbstoffen gibt er schöne Scharlachtöne. Der Körper fand namentlich vor Entdeckung der roten Azofarbstoffe Verwendung in der Wollfärberei. Seitdem hat seine Anwendung bedeutend abgenommen.

Tetrabromdichlorfluoresceïn,
$C_{20}H_6Cl_2Br_4O_5$, und
Tetrabromtetrachlorfluoresceïn,
$C_{20}H_4Cl_4Br_4O_5$.

Werden durch Bromieren der oben erwähnten Di- und Tetrachlorfluoresceïne (aus gechlorten Phtalsäuren und Resorcin) analog dem Eosin erhalten.

Die wasserlöslichen Alkalisalze dieser Säuren bilden die verschiedenen Marken des unter dem Namen „Phloxin“ in den Handel kommenden Farbstoffes.

Die Äthyläther derselben, welche analog den Eosinäthern in verdünntem Weingeist löslich sind, kommen unter dem Namen „Cyanosin“ zur Verwendung.

Die Tetrajodderivate des Di- und Tetrachlorfluoresceïns bilden den färbenden Bestandteil des unter dem Namen „Rose bengale“ zur Verwendung kommenden Produktes.

Alle diese, mit Hilfe der chlorierten Phtalsäuren dargestellten Farbstoffe zeichnen sich vor den entsprechenden Derivaten des gewöhnlichen Fluoresceïns durch eine viel blaustichigere, prachtvoll rosenrote Nüance aus und finden namentlich in der Seidenfärberei Verwendung. Von allen diesen Körpern besitzt das mittels der Tetrachlorphtalsäure erhaltene Rose bengale die blaustichigste, das mit Hilfe der Dichlorphtalsäure erhaltene Phloxin die gelbstichigste Nüance.

Selbstverständlich lassen sich auch hier durch Einführung von mehr oder weniger Brom und Jod die Farbnüancen beliebig variieren.

Durch Behandeln mit Schwefelnatriumlösung geht das Dichlorfluoresceïn in eine schwefelhaltige Verbindung über. Vermutlich wird hier der Brückensauerstoff durch Schwefel ersetzt.

Dieses geschwefelte Dichlorfluoresceïn geht beim Bromieren in einen bläulichroten Farbstoff über, welcher unter dem Namen „Cyclamin" Verwendung in der Seidenfärberei gefunden hat (*101*).

Rhodamin (*102*, *103*).

Die Phtaleïne des Metaaminophenols und seiner Derivate kommen unter obigem Namen als Farbstoffe zur Verwendung und zeichnen sich durch eine prachtvolle Nüance aus, welche die aller übrigen roten Farbstoffe an Schönheit übertrifft.

Das Rhodamin des Handels scheint hauptsächlich das Phtaleïn des Diäthylmetaaminophenols zu sein. Metaaminophenol kondensiert sich mit Phtalsäureanhydrid nur bei Gegenwart von konzentrierter Schwefelsäure.

Die Rhodamine werden ferner durch Erhitzen von Fluoresceïnchlorid (Dichlorfluoran) mit Dialkylaminen dargestellt.

Die Rhodamine sind ohne Zweifel keine Derivate des Fluorans, sondern chinoïde Carboxylderivate. Hier läßt sich das Vorhandensein einer Carboxylgruppe noch leichter nachweisen als bei den Fluoresceïnderivaten.

Die vierfach alkylierten Rhodamine lassen sich nämlich nochmals alkylieren, das entstehende Derivat ist keine Ammoniumver-

---

101) D. R. P. 52139 v. 26. 4. 89. — *102*) D. R. P. 44002. — *103*) D. R. P. 48367.

bindung, sondern ein durch Alkalien leicht verseifbarer Äther, welchem nur die nachstehende Formel zukommen kann:

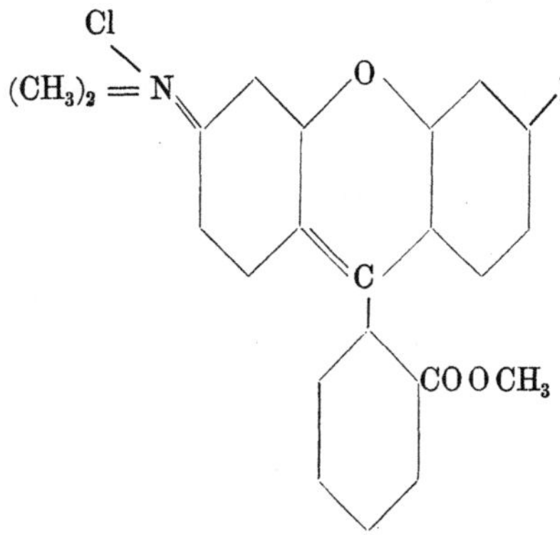

Die Rhodamine werden dadurch als Orthocarbonsäuren der Rosamine (siehe oben Seite 150) charakterisiert.

Abweichend von den übrigen Phtaleïnen zeigen die Rhodamine basische Eigenschaften. Sie bilden in Wasser lösliche Salze. Überschüssige Mineralsäuren färben die Lösung gelb.

Die Nüance des Rhodamins ist ein prachtvolles Rot, welches auf Seide eine bisher nicht übertroffene Fluorescenz zeigt.

Die basischen Eigenschaften kommen am meisten bei dem oben erwähnten Ester zur Geltung. Derselbe wurde zuerst von der Firma Monnet in Genf unter dem Namen „Anisolin" in den Handel gebracht. Der Äthylester eines symmetrischen Diäthylrhodamins (aus Phtalsäureanhydrid und Äthyl-m-Aminophenol:

$$C_2H_5H\overset{1}{N} - C_6H_4 - \overset{3}{O}H$$

dargestellt) zeichnet sich durch leichte Löslichkeit sowie durch eine starke Affinität zur Baumwollfaser aus und ist unter dem Namen Rhodamin 6 G ein geschätzter Baumwollfarbstoff.

Benzylierte, toluylierte und phenylierte Rhodamine kommen in Form ihrer Sulfosäuren zur Verwendung. Letztere werden durch Einwirkung von Anilin resp. Toluidin auf Fluoresceïnchlorid und nachheriges Sulfonieren dargestellt. Sie kommen unter dem Namen „Violamin" in den Handel und sind geschätzte Wollfarbstoffe.

Den Rhodaminen verwandte Körper werden durch Kondensation alkylierter Metaaminophenole mit Bernsteinsäureanhydrid erhalten (*104*, *104 a*).

Offenbar enthalten dieselben statt des Phtalsäurerestes den Bernsteinsäurerest, und das einfachste Bernsteinsäurerhodamin entspricht der Formel:

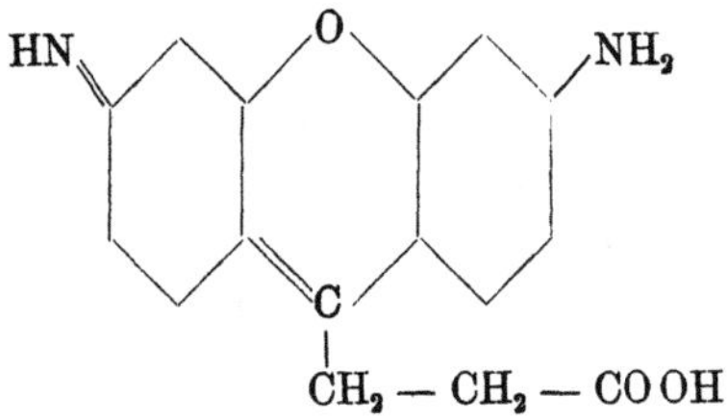

Die Bernsteinsäurerhodamine (Rhodamin S des Handels) sind Baumwollfarbstoffe. Die Nüance ist ein schönes Rot.

Nach einem Patent der Basler chemischen Fabrik vorm. Bindschedler entstehen durch vorsichtige Behandlung von 1 Mol. Phtalsäureanhydrid mit alkyliertem Metaaminophenol die betreffenden Derivate der Benzoylbenzoësäure, welche sich mit einem weiteren Mol. Metaaminophenol zu Rhodaminen, mit Phenolen zu Mischfarbstoffen (Rhodine) kondensieren lassen.

Galleïn und Coeruleïn.

Galleïn und Coeruleïn (*105*).

Galleïn, $C_{20}H_{10}O_7$. Bei Einwirkung von Pyrogallol auf Phtalsäureanhydrid findet eine Kondensation zu einem dem Fluoresceïn analogen Phtaleïnanhydrid statt. Die früher angenommene Oxydation zu einem chinonartigen Körper findet nach neueren Untersuchungen nicht statt*).

Das Galleïn ist somit nichts anderes als ein dihydroxyliertes Fluoresceïn von der Formel:

---

104) D.R.P. 51983. — *104a*) D.R.P. 96108 u. 106720. — *105*) Baeyer, Ber. 4, p. 457, 555 u. 663.

*) Vergleiche die früheren Auflagen des Buches.

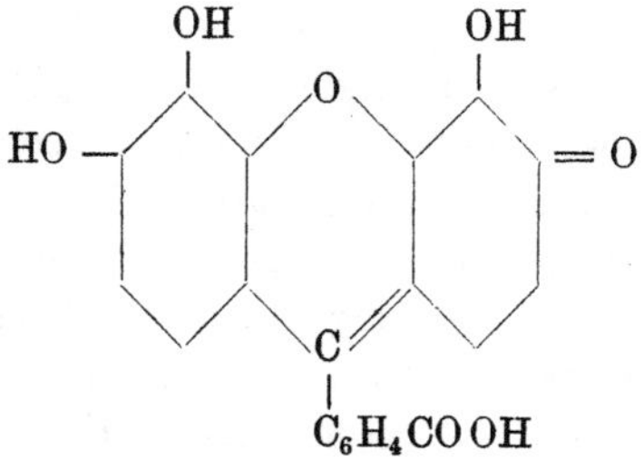

die hier als Chinoïd betrachtet werden muß.

Man stellt das Galleïn durch Erhitzen von Phtalsäureanhydrid mit Gallussäure auf 200° dar. Letztere geht dabei unter Kohlensäureabspaltung in Pyrogallol über, welches sich mit der Phtalsäure kondensiert.

Das Galleïn bildet im reinen Zustande grünschillernde Kristalle oder ein braunrotes Pulver, löst sich leicht mit dunkelroter Farbe in Alkohol, schwierig in Äther.

Die Alkali-, Kalk- und Barytsalze lösen sich mit roter Farbe in Wasser, ein Alkaliüberschuß färbt die Lösung blau. Durch Reduktion wird es in Hydrogalleïn und schließlich in Gallin übergeführt. Mit Tonerde und Chromoxyd bildet es grauviolette, unlösliche Lacke. Für die Verwendung des Galleïns in der Druckerei wird es mit Tonerde- oder Chromacetat aufgedruckt. Beim Dämpfen entsteht unter Abspaltung von Essigsäure der Tonerde- oder Chromlack des Galleïns, welcher sich auf der Faser befestigt.

Ein dem Galleïn isomerer Farbstoff entsteht durch Einwirkung von Oxyhydrochinon auf Phtalsäureanhydrid. Derselbe färbt Tonerdebeize schön rot an. (Feuerstein, Liebermann.) (*105a.*)

Coeruleïn (*106*), $C_{20}H_8O_6$. Das Coeruleïn entsteht, wenn Galleïn mit der zwanzigfachen Menge konzentrierter Schwefelsäure auf 200° erhitzt wird.

Das mit Wasser ausgefällte Produkt bildet ein bläulichschwarzes Pulver, welches beim Reiben Metallglanz annimmt. Es ist in Wasser, Alkohol und Äther fast unlöslich, löst sich etwas mit grüner Farbe in Eisessig, leicht mit olivengrüner Farbe in konzentrierter Schwefelsäure und mit blauer in heißem Anilin.

Aus heißer konzentrierter Schwefelsäure kristallisiert es in warzigen Kristallen. Durch Reduktionsmittel geht es in das rot-

105a) Feuerstein, Ber. 34, p. 2637; Liebermann, Ber. 34, p. 2299. — *106*) Baeyer, Ber. 4, p. 457.

braune Coerulin, $C_{20}H_{12}O_6$, über. Beim Erwärmen mit Essigsäureanhydrid bildet es Triacetylcoeruleïn, $C_{20}H_9O_6(C_2H_3O)_3$. Mit Alkalibisulfiten bildet das Coeruleïn farblose, lösliche Verbindungen, welche sich beim Kochen sowie durch Einwirkung von Alkalien oder Säuren leicht zersetzen. Auf der Bildung dieser Verbindungen beruht die Anwendung des Coeruleïns in der Kattundruckerei. Man druckt die lösliche Natriumbisulfitverbindung gemischt mit Tonerde- oder Chromacetat auf. Durch Dämpfen der bedruckten Stoffe wird die Bisulfitverbindung zersetzt, und das freiwerdende Coeruleïn fixiert sich in Gestalt seines Tonerde- oder Chromoxydlacks auf der Zeugfaser.

Man erhält mit Hilfe des Coeruleïns dunkelgrüne Töne; dieselben zeichnen sich durch große Echtheit, namentlich Beständigkeit gegen Seife aus.

Das Coeruleïn liefert bei der Zinkstaubdestillation Phenylanthracen. An Stelle der von Buchka aufgestellten, nicht mehr zeitgemäßen Formel (*107*) wird jetzt wohl allgemein folgende Konstitution des Körpers angenommen:

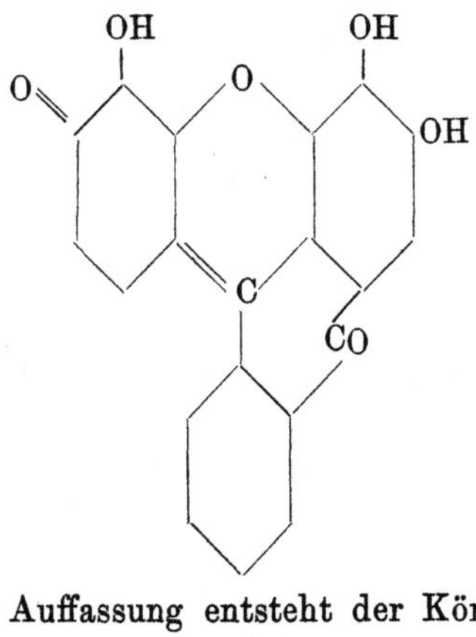

Nach dieser Auffassung entsteht der Körper aus dem Galleïn durch Abspaltung eines Moleküls Wasser.

Ähnliche Kondensationsprodukte wie Phtalsäureanhydrid liefert die Pyridincarbonsäure (Chinolinsäure) und das unter dem Namen „Saccharin" bekannte Benzoësäuresulfinid. Aus letzterem sind dem Eosin ähnliche Farbstoffe dargestellt worden (*108*).

107) Orndorff und Brewer, Am. 23, p. 430. — *108*) D.R.P. 100779.

VII. Chinonimidfarbstoffe.

Eine Reihe von Farbstoffen, welche namentlich die unter der Bezeichnung „Indamine“ und „Indophenole“ bekannten Körper in sich schließt, leitet sich von den Imiden des gewöhnlichen Chinons und seinen Analogen ab.

Ersetzt man die Sauerstoffatome des Chinons durch die zweiwertige Gruppe NH, so erhält man, je nachdem diese Substitution ein- oder zweimal stattfindet, die Verbindungen:

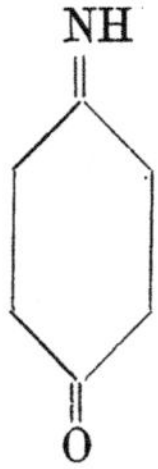

und

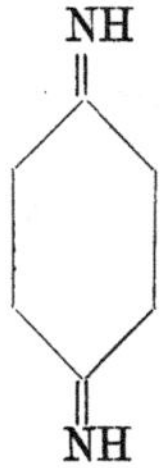

Diese Körper, deren Existenz schon lange vorausgesehen war, sind erst vor kurzem von Willstätter (*1*) dargestellt worden. Lange bekannt waren bereits ihre Chlorderivate:

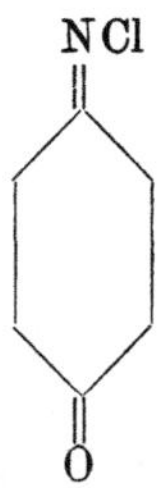

Chinonchlorimid.

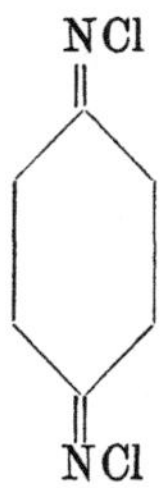

Chinondichlordiimid.

Als die einfachsten gefärbten Derivate der Chinonimide müssen die oben erwähnten Indamine und Indophenole aufgefaßt werden.

1) Willstätter, Ber. 37, p. 1494 u. 4605.

Letztere Substanzen entstehen am leichtesten durch Oxydation eines Paradiamins bei Gegenwart eines Monamins oder Phenols oder durch Einwirkung des Chinondichlordiimids auf letztere Verbindungen.

Bei der gemeinsamen Oxydation, beispielsweise des Paraphenylendiamins mit Anilin, wird vermutlich ersteres vorübergehend in das um zwei Wasserstoffatome ärmere Chinondiimid $NH = C_6H_4 = NH$ übergeführt. Dieses greift bei weiterer Oxydation in den Benzolkern des Anilins, und zwar in die Parastelle zur Aminogruppe ein. Dem entstehenden Indamin muß die Konstitutionsformel:

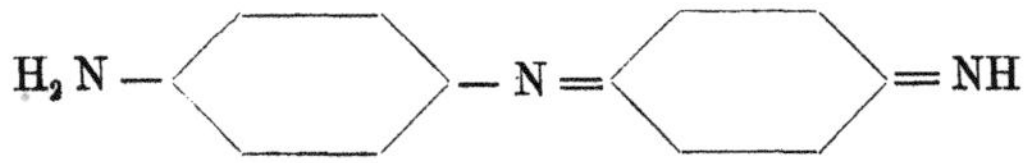

zugeschrieben werden (*1a*).

Diese Konstitution des einfachsten Indamins, welche für die ganze Körperklasse typisch ist, ergibt sich aus folgenden Tatsachen:

Durch Reduktion wird der Körper unter Anlagerung von zwei Wasserstoffatomen in das Paradiaminodiphenylamin:

$$H_2N - C_6H_4 - NH - C_6H_4 - NH_2$$

übergeführt. Da er durch Oxydation dieser Substanz wieder leicht herstellbar ist, so muß letztere als die Leukobase des Indamins angesehen werden. Daß in dem Indamin das bindende Stickstoffatom ein tertiäres ist, geht aus der Tatsache hervor, daß ein in beiden Aminogruppen substituiertes Paradiamin, z. B. das symmetrische Diäthylparaphenylendiamin,

$$C_2H_5HN - C_6H_4 - NHC_2H_5,$$

zur Indaminbildung ungeeignet ist. Die Parastellung der Aminogruppe zum Bindestickstoff ergibt sich aus dem Umstande, daß Paradiamine auf Monamine mit besetzter Parastelle nicht oder doch in anderer Weise reagieren.

Paradiamine, welche in einer Aminogruppe substituiert sind, reagieren wie primäre, ebenso kann das Monamin ein sekundäres

1a) Nietzki, Ber. 16, p. 464.

oder tertiäres sein. Dabei muß alsdann häufig die Bildung einer Chlorammoniumgruppe

$$\left(\begin{matrix} \quad Cl \\ = N(CH_3)_2 \end{matrix}\right)$$

angenommen werden.

So liefert das unsymmetrische Dimethylparaphenylendiamin mit Monaminen Indamine. Bei der Oxydation dieser Base für sich erhielt Wurster einen roten Körper, welcher nichts anderes zu sein scheint als das Chlormethylat des methylierten Chinonimids:

$$Cl(CH_3)_2 \equiv N = C_6H_4 = NH.$$

Dieser Körper wird durch Reduktionsmittel in Dimethyl-p-phenylendiamin zurückverwandelt, auf Monamine oder Phenole reagiert er unter Bildung von Indaminen oder Indophenolen.

In ganz ähnlicher Weise wie dieser Imidkörper reagiert das Nitrosodimethylanilin. Es unterliegt wohl keinem Zweifel, daß letzteres wenigstens in Form seiner Salze als Derivat eines Imidoxims aufgefaßt werden muß, und seine Konstitution der Formel:

$$\begin{matrix} (CH_3)_2 = & N & = C_6H_4 = NOH \\ & | & \\ & Cl & \end{matrix}$$

entspricht. Nitrosodimethylanilin reagiert nur in Form seiner Salze und dann meistens erst bei erhöhter Temperatur. Es ist deshalb weniger zur Darstellung einfacher Indamine und Indophenole als zu derjenigen der Oxazone und Azine geeignet. Dasselbe gilt von seinem Hydroxylderivat, dem Nitrosodimethylmetaaminophenol.

In denselben Beziehungen wie das einfachste Indamin zum Diaminodiphenylamin stehen nun die Indophenole zu den Analogen des Oxyaminodiphenylamins.

Für die Bildung der Indophenole und Indamine ist bemerkenswert, daß dieselbe nur bei Oxydation solcher Diphenylaminderivate möglich ist, welche in b e i d e n Kernen in der Parastellung durch Hydroxyl- oder Aminogruppen substituiert sind. Das p Monaminodiphenylamin liefert kein Indamin, ebensowenig aber das Triaminodiphenylamin von der Stellung:

$$H_2\overset{3}{N} - C_6H_5\overset{1}{N}H - C_6H_3\overset{2}{N}H_2\overset{4}{N}H_2$$

(aus Dinitrochlorbenzol und Metaphenylendiamin dargestellt). Dagegen ist das Triaminodiphenylamin, welches die vereinzelte Aminogruppe in Stellung 4 enthält, zur Indaminbildung leicht fähig. Es scheint diese Regel wenigstens für alle reinen Benzolfarbstoffe gültig zu sein.

Die Bildung von Farbstoffen durch gemeinsame Oxydation von Paradiaminen mit Monaminen wurde zuerst von R. Nietzki (*2*) im Jahr 1877 beobachtet, welcher später (*3*) die Konstitution der Indamine feststellte. Witt entdeckte 1879 die Reaktion des Nitrosodimethylanilins auf Amine und Phenole.

Bernthsen (*4*) hat später nachgewiesen, daß die schwefelhaltigen Farbstoffe wie das Methylenblau und das Lauthsche Violett ebenfalls in diese Farbstoffklasse gehören.

Die Azinfarbstoffe, welche wohl meistens dem Typus der Orthochinone gemäß konstituiert sind, lassen sich ebenfalls zweckmäßig den Chinonimidfarbstoffen einreihen.

I. Indamine.

Indamin.

$$\begin{matrix} H_2N - C_6H_4 \\ HN = C_6H_4 \end{matrix} \!\!> N \quad (3).$$

Dieser Körper, welcher durch Oxydation des p Diaminodiphenylamins sowie eines Gemenges gleicher Moleküle p Phenylendiamin und Anilin entsteht, ist als einfachster Repräsentant der Indamine aufzufassen. Er bildet meist in Wasser lösliche, grünlich blaue Salze. Ein Säureüberschuß färbt die Lösung derselben grün und zersetzt sie schnell unter Chinonbildung. Das Jodid scheidet sich auf Zusatz von Jodkalium zu der Lösung des Chlorhydrats in langen grünschillernden Nadeln ab, ist jedoch ebenso wie die übrigen Salze sehr zersetzlich. Reduktionsmittel führen es leicht in p Diaminodiphenylamin über. Beim Erhitzen mit wäßriger Anilinsalzlösung entsteht Phenosafranin.

---

2) Nietzki, Ber. 10, p. 1157. — *3*) Nietzki, Ber. 16, p. 464. — *4*) Bernthsen, Annal. 230, p. 73, 137 u. 211.

Tetramethylindamin (*3*, *6*, *7*).
(Bindschedlersches Grün.)

$$\begin{array}{l}(CH_3)_2 = N - C_6H_4 \\ (CH_3)_2 = N = C_6H_4 \\ Cl \end{array} \!\!> N.$$

Entsteht durch gemeinsame Oxydation gleicher Moleküle Dimethylparaphenylendiamin und Dimethylanilin (*5*, *6*, *7*). Die Lösung der Salze ist schön grün, Alkalien färben dieselbe schön blau. Bei längerer Einwirkung der letzteren entweicht Dimethylamin, und es entsteht vermutlich das Indophenol

$$\begin{array}{r}(CH_3)_2N - C_6H_4 \\ O = C_6H_4\end{array} \!\!> N.$$

Der Körper ist im allgemeinen beständiger als der vorige, zersetzt sich jedoch beim Erwärmen mit Säuren ebenfalls unter Bildung von Chinon, neben welchem hier Dimethylamin auftritt.

Durch Reduktionsmittel wird es in Tetramethyldiaminodiphenylamin (*5*) übergeführt.

Jodhydrat, $C_{16}H_{20}N_3J$ (*5*). Scheidet sich in Form langer grüner Nadeln aus, wenn die Lösung des Chlorhydrats oder Chlorzinkdoppelsalzes mit Jodkalium versetzt wird. Ziemlich löslich in reinem Wasser, unlöslich in Jodkaliumlösung.

Chlorzinkdoppelsalz (*6*, *7*), $(C_{16}H_{20}N_3Cl)_2ZnCl_2$, kupferglänzende, in Wasser leicht lösliche Kristalle.

Quecksilberdoppelsalz (*6*), $(C_{16}H_{20}N_3Cl)_2HgCl_2$.

Platindoppelsalz, $C_{16}H_{21}N_3Cl_2PtCl_4$.

Toluylenblau.

$$\begin{array}{l} \qquad\quad Cl \\ \qquad\quad | \\ (CH_3)_2 = NC_6H_4 > N \\ \qquad H_2NC_7H_5 - NH_2 \end{array} \quad (3, 5).$$

Das Toluylenblau bildet sich durch Vermischen molekularer Lösungen von salzsaurem Nitrosodimethylanilin und Metatoluylendiamin sowie durch gemeinsame Oxydation der letzteren Base mit Dimethylparaphenylendiamin. Es muß als amidiertes Indamin auf-

5) Witt, Ber. 12, p. 931. — *6*) Bindschedler, Ber. 16, p. 864. — *7*) Bindschedler, Ber. 13, p. 207.

gefaßt werden und zeichnet sich vor den bisher beschriebenen Körpern durch relative Beständigkeit aus.

Die einsäurigen Salze sind blau, die zweisäurigen farblos.

Das Chlorhydrat, $C_{15}H_{19}N_4HCl$, bildet kupferglänzende, in Wasser lösliche Nadeln.

Durch Reduktion geht das Toluylenblau in Triaminotolylphenylamin über. Beim Erhitzen entsteht Toluylenrot (*5*) (siehe Azinfarbstoffe).

Das einfachste Analogon des Toluylenblau entsteht bei der Oxydation des aus Dinitrochlorbenzol und Paraphenylendiamin dargestellten Triaminodiphenylamins

$$(\overset{4}{N}H_2C_6H_4\overset{1}{N}H - C_6H_3\overset{2}{N}H_2\overset{4}{N}H_2).$$

2. Indophenole (*8*, *9*, *10*).

Diese von Witt und Köchlin durch gemeinsame Oxydation der Paradiamine oder Paraaminophenole mit Phenolen dargestellten Farbstoffe zeigen sowohl in betreff ihrer Konstitution als in ihrem ganzen Verhalten eine große Verwandtschaft zu den Indaminen. Wie diese werden sie durch die Einwirkung von Säuren unter Chinonbildung zersetzt. Sie zeigen im allgemeinen einen schwachen Basencharakter, bilden jedoch im Gegensatz zu den Indaminen ungefärbte Salze, während ihnen im freien Zustande eine meist blaue oder violette Färbung zukommt.

Durch Reduktion gehen sie in die Analogen des p Aminooxydiphenylamins über.

Ihre Bildung ist eine ganz analoge, sie entstehen bei gemeinschaftlicher (alkalischer) Oxydation von Paradiaminen mit Phenolen sowie durch Einwirkung von Nitrosodimethylanilin oder der Chinonchlorimide auf letztere Körper.

Nach der oben entwickelten Ansicht müßte dem aus Paraphenylendiamin und Phenol entstehenden einfachsten Indophenol die Konstitutionsformel:

$$HN = C_6H_4 = N - C_6H_4 - OH$$

zukommen.

---

8) Köchlin u. Witt, D.R.P. 15915 — *9*) Witt, Journ. of the chem. Ind. 1882 — *10*) Möhlau, Ber. 16, p. 2843.

Die Eigenschaften der bis jetzt bekannten Körper dieser Klasse würden jedoch eher für die Formel:

$$O = C_6H_4 = N - C_6H_4 - NH_2$$

sprechen.

Die Indophenole haben nämlich keine sauren Eigenschaften, wie es die Existenz einer Hydroxylgruppe vermuten ließe, sondern sind schwache Basen. Dagegen kommen ihren Leukoverbindungen schwach saure Eigenschaften zu.

Die Bildung von *α* Naphtochinon bei der Spaltung des aus Dimethyl-p Phenylendiamin und *α* Naphtol dargestellten Indophenols spricht ebenfalls deutlich dafür, daß die Chinongruppe im sauerstoffhaltigen Rest liegt.

Die Leukoindophenole besitzen einen ausgesprochenen Phenolcharakter. Sie lösen sich in Alkalilauge, werden jedoch in diesem Zustande an der Luft mit großer Leichtigkeit zu Indophenolen oxydiert, welche sich als unlöslich in Alkalien ausscheiden. Im sauren Zustande sind die Leukoindophenole luftbeständig.

Auf obigem Verhalten der Leukokörper beruht die Anwendung der Indophenole in der Färberei und Druckerei, welche im großen und ganzen der Indigküpenfärberei analog ist. Man imprägniert die Faser mit einer alkalischen Lösung der Leukoverbindung und entwickelt durch Oxydation an der Luft oder durch ein Bad von Kaliumbichromat den Farbstoff. Man hat ebenso Gemische von Diaminen und Phenolen direkt auf die Faser gebracht und durch eine nachträgliche Passage von Kaliumbichromat, Chlorkalklösung etc. das Indophenol entwickelt.

Zur technischen Verwendung sind nur die aus Dimethylparaphenylendiamin mit *α* Naphtol und mit Phenol dargestellten Farbstoffe, hauptsächlich aber der erstere, gekommen.

Ersterer Körper ist indigblau, kristallisiert aus Benzol in grünschillernden Nadeln, löst sich in Säuren farblos und wird durch einen Überschuß derselben in *α* Naphtochinon und Dimethylparaphenylendiamin gespalten (*10*). Der aus Phenol dargestellte Farbstoff ist grünlichblau.

Für die Darstellung der Indophenole wird die Oxydation in alkalischer Lösung mit unterchlorigsaurem Natron oder auch bei Gegenwart von Kupferoxyd durch Luft vorgenommen.

Die Indophenole zeichnen sich durch große Beständigkeit gegen Licht sowie gegen Seife aus, ihre große Empfindlichkeit gegen Säuren steht jedoch ihrer allgemeinen Anwendung als Ersatz für Indigo entgegen.

Als Trichlorindophenol:

$$\left.\begin{array}{r}(H_3C)_2N - C_6H_4 \\ O = C_6HCl_3\end{array}\right> N$$

muß der von Schmidt und Andressen (*11*) durch Einwirkung von Trichlorchinonchlorimid auf Dimethylanilin dargestellte Farbstoff aufgefaßt werden. Derselbe bildet schön grüne Nadeln.

In letzter Zeit sind die einfacheren Indophenole wichtige Ausgangsmaterialien zur Darstellung blauer Schwefelfarbstoffe geworden.

3. Thiazime und Thiazone.

Unter obiger Bezeichnung läßt sich zweckmäßig eine Reihe von Farbstoffen zusammenfassen, welche wir früher als schwefelhaltige Indamine und Indophenole aufgeführt haben.

Sie unterscheiden sich von den wahren Indaminen und Indophenolen durch das Vorhandensein eines Schwefelatoms, welches, in Orthostellung zum Diphenylaminstickstoff, beide Benzolkerne miteinander verkettet. Sie leiten sich deshalb vom Thiodiphenylamin:

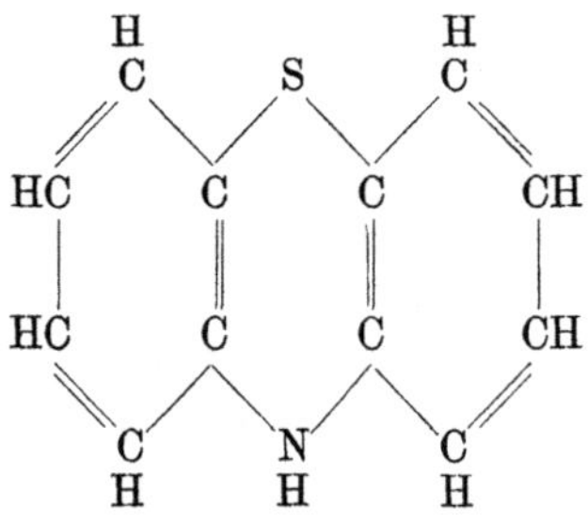

in derselben Weise ab wie die Indamine vom Diphenylamin.

Wie obiges Schema verdeutlicht, enthält das Thiodiphenylamin einen aus Schwefel, Stickstoff und vier Kohlenstoffatomen bestehenden sechsgliedrigen Ring.

---

11) Schmidt u. Andressen, Journ. pr. (2) 24, p. 435.

Die Amino- und Hydroxylderivate des Thiodiphenylamins sind ebenso wie diejenigen des Diphenylamins Leukokörper.

Durch Oxydation werden dieselben in Farbstoffe übergeführt, deren Chromophor nicht, wie häufig behauptet, der Schwefelstickstoffring, sondern der Parachinonimidrest ist.

Dieses ergibt sich schon aus dem Umstand, daß die Aminoderivate des Thiodiphenylamins keine Farbstoffe, sondern Leukokörper sind. Das Schwefelatom hat hier wohl hauptsächlich die Wirkung, daß es das Molekül befestigt und daher die sonst den Indaminen eigene Spaltbarkeit durch Säuren aufhebt.

Im übrigen wird durch dasselbe der Farbstoffcharakter wesentlich modifiziert.

Als „Thiazime“ bezeichnen wir die den Indaminen entsprechenden Körper, während die schwefelhaltigen Indophenole „Thiazone“ benannt sind.

Die Indamine stehen hier in ähnlichem Verhältnis zu den Thiazimen wie in der Triphenylmethanreihe die Rosaniline zu dem Thiopyronin.

Die Thiazime entstehen einerseits durch Einführung von Aminogruppen in das Thiodiphenylamin und Oxydation der entstandenen Leukokörper. Zuerst wurden sie jedoch durch eine eigentümliche, von Lauth (*12*) entdeckte Reaktion aus den Diaminen erhalten. Oxydiert man Paradiamine in saurer Lösung bei Gegenwart von Schwefelwasserstoff, so treten zwei Moleküle derselben unter Austritt eines Stickstoff- und Eintritt eines Schwefelatoms zu einem schwefelhaltigen Indamin zusammen. Der Stickstoff wird hier in Form von Ammoniak ausgeschieden. In ähnlicher Weise entstehen diese Körper, wenn man Thioderivate der Paradiamine oxydiert.

Auch durch Oxydation der aminosubstituierten Diphenylamine bei Gegenwart von Schwefelwasserstoff können kleine Mengen der Farbstoffe erhalten werden. Eine andere Darstellung der Körper aus den Thiosulfosäuren und Mercaptanen der Indamine ist weiter unten bei „Methylenblau“ näher beschrieben. Die schwefelhaltigen Farbstoffe zeigen, wie schon bemerkt, eine weit größere Beständigkeit als die Indamine und Indophenole; sie werden nicht wie diese durch Säuren unter Chinonbildung zersetzt.

---

12) Lauth, Ber. 9, p. 1035.

Sie sind aus diesem Grunde brauchbare Farbstoffe, obwohl bis jetzt nur ein einziger Repräsentant der Klasse, das von Caro entdeckte Methylenblau, ausgedehnte technische Anwendung gefunden hat.

Lauthsches Violett, Thionin, Aminodiphenthiazim *(12, 4)*.

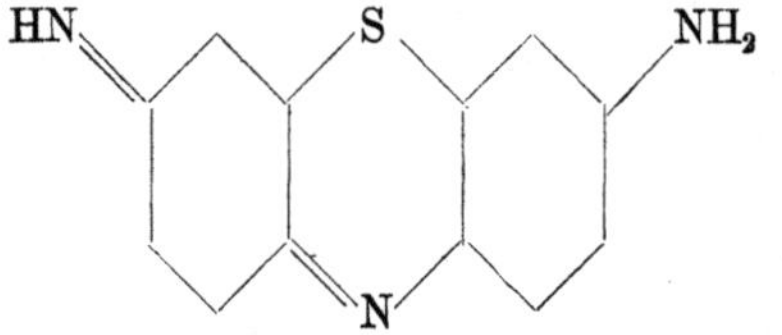

Entsteht durch Oxydation von salzsaurem Paraphenylendiaamin in schwefelwasserstoffhaltiger Lösung (Lauthsche Reaktion), ferner durch Oxydation des mit Schwefel geschmolzenen Paraphenylendiamins und schließlich durch Oxydation des Paradiaminothiodiphenylamins.

Das Lauthsche Violett bildet sich ferner nach den verschiedenen Methoden des Thiosulfat-Methylenblauprozesses (siehe unten), wenn diese zur Kondensation von p Phenylendiamin mit Anilin angewandt werden.

Base, $C_{12}H_9N_3S$. Schwarzes, kristallinisches Pulver oder schwach grünschillernde Nadeln. In Alkohol mit rotvioletter, in Äther mit gelbroter Farbe löslich.

Chlorhydrat, $C_{12}H_9N_3S \cdot HCl$. Cantharidenglänzende, in Wasser mit violetter Farbe lösliche Nadeln.

Jodhydrat. In Wasser schwer löslich (*4*).

Das Lauthsche Violett färbt sich mit konzentrierter Schwefelsäure grün. Beim Verdünnen mit Wasser geht die Farbe durch Blau in Violett über. Durch Reduktion wird es leicht in Paradiaminothiodiphenylamin übergeführt (*4*).

Aus einem anderen Diaminothiodiphenylamin unbekannter Konstitution wurde ein isomerer Farbstoff (Isothionin) erhalten (*4*).

---

13) Koch, Ber. 12, p. 592.

Methylenblau (Tetramethylaminodiphenthiazimiumchlorid).

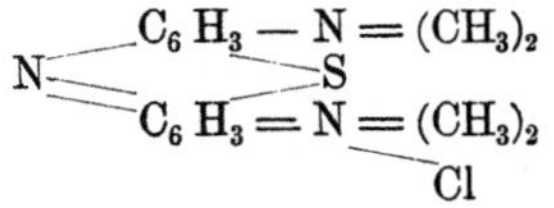

(*13*, *14*, *15*, *16*, *4*, *17*, *18*, *19*).

Dieser Farbstoff wurde zuerst von Caro durch Oxydation von Dimethylparaphenylendiamin bei Gegenwart von Schwefelwasserstoff dargestellt.

Für seine technische Darstellung reduziert man eine stark saure Lösung von Nitrosodimethylanilin mit Schwefelwasserstoff oder auch mit Zinkstaub. Das entstandene Dimethylparaphenylendiamin wird bei Gegenwart eines bestimmten Schwefelwasserstoffüberschusses mit Eisenchlorid oxydiert und der entstandene Farbstoff durch Zusatz von Chlorzink und Kochsalz gefällt. Das Methylenblau kommt in Form seines Chlorzinkdoppelsalzes in den Handel. Bei seiner Bildung treten zwei Moleküle Dimethylparaphenylendiamin zusammen, während ein Stickstoffatom in der Form von Ammoniak ausgeschieden wird.

Gegenwärtig ist diese ältere Darstellungsmethode des Methylenblaus fast vollständig durch das neuere Thiosulfatverfahren verdrängt worden (*17*, *18*, *19*). Es beruht dieses Verfahren auf der Tatsache, daß die Thioschwefelsäure substituierend auf Indamine und andere chinonimidartige Körper einwirkt. Vollzieht sich die Bildung eines Indamins durch Oxydation eines Paradiamins mit einem Monamin bei Gegenwart von unterschwefligsauren Salzen, so tritt, bei genügendem Vorhandensein von Oxydationsmitteln, der einwertige Rest der Thiosulfosäure in die Orthostelle zum Bindestickstoff in den Chinonimidrest ein. Bei Anwendung von Dimethylparaphenylendiamin und Dimethylanilin entsteht die Thiosulfosäure des Tetramethylindamins oder vielmehr deren inneres Anhydrid:

---

14) Bernthsen, Ber. 17, p. 611. — *15*) D.R.P. No. 1886 v. 15. Dez. 1877; Friedl., p. 247; Engl. Pat. No. 3751. — *16*) Bernthsen, Ber. 16, p. 2903 u. 1025. — *17*) Annal. 251, p. 1. — *18*) D.R.P. 38573 Höchster Farbwerke. — *19*) D.R.P. 45839 Badische Anilin- und Sodafabrik.

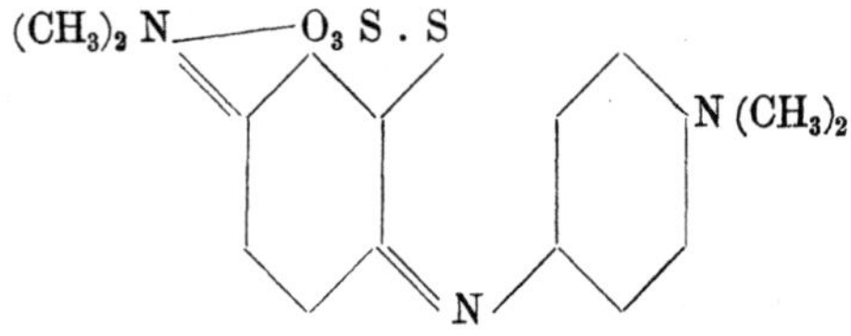

Durch Kochen mit verdünnten Säuren geht dasselbe unter Abspaltung von Schwefelsäure in Leukomethylenblau über.

Oxydiert man Dimethylparaphenylendiamin bei Gegenwart von Thiosulfaten, oder läßt man letztere auf das Oxydationsprodukt dieser Base einwirken, so entsteht die Thiosulfosäure des Dimethylparaphenylendiamins:

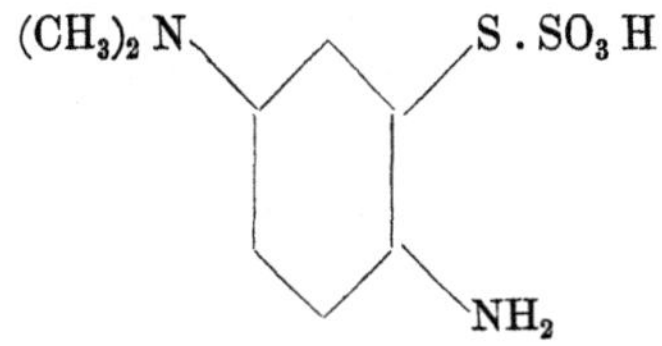

Diese Säure läßt sich durch Oxydation mit parafreien Monaminen zu den Indamin-Thiosulfosäuren kombinieren, welche sich in oben angedeuteter Weise in die Leukoverbindungen der Methylenblaufarbstoffe umwandeln lassen.

Durch Reduktion mit Zinkstaub geht die Thiosulfosäure unter Schwefelwasserstoffabspaltung in das Mercaptan des Dimethylparaphenylendiamins:

$$(CH_3)_2\,N - C_6\,H_3\,.\,NH_2\,.\,SH,$$

über. Aus letzterem kann durch Oxydation das Disulfid

$$\begin{array}{c} \quad NH_2 \qquad\quad H_2H \\ \quad / \qquad\qquad \backslash \\ (CH_3)_2\,NC_6\,H_3\,S - SC_6\,H_3\,N\,(CH_3)_2 \end{array}$$

erhalten werden. Dieser Körper entsteht auch aus den Thiosulfosäuren unter Abspaltung von Schwefeldioxyd, wenn diese mit Alkalien oder Säuren behandelt werden. Ähnlich wie das Dimethylparaphenylendiamin verhalten sich andere Paradiamine.

Die Mercaptane der Paradiamine kondensieren sich bei Gegenwart von Oxydationsmitteln leicht mit parafreien Monaminen und bilden die Mercaptane der entsprechenden Indamine. Diese sind den entsprechenden Leukothiazimen isomer und gehen in diese über. Aus den Leukokörpern lassen sich die Farbstoffe leicht durch Oxydation mit Eisenchlorid gewinnen.

Der Thiosulfatprozeß hat vor dem älteren Schwefelwasserstoffverfahren den Vorzug, daß hier die Hälfte des Dimethylparaphenylendiamins durch das wohlfeilere Dimethylanilin ersetzt wird. Außerdem ist die Ausbeute größer und das erzielte Produkt reiner.

Oxydiert man ein Gemisch von Dimethylparaphenylendiamin und Dimethylanilin bei Gegenwart von Schwefelwasserstoff, so tritt die letztere Base nicht in Reaktion, die Methylenblaubildung findet nur auf Kosten des Diamins statt.

Auch durch Oxydation des Tetramethyldiaminodiphenylamins bei Gegenwart von Schwefelwasserstoff findet nur eine spurenweise Methylenblaubildung statt. Dagegen wird das Tetramethyldiaminodiphenylamin durch Oxydation bei Gegenwart von Thiosulfaten leicht in die Indamin-Thiosulfosäure übergeführt, die dann glatt in Methylenblau verwandelt werden kann.

Das Methylenblau ist ohne Zweifel das Tetramethylderivat des Lauthschen Violetts, obwohl es bisher noch nicht durch Methylieren desselben dargestellt werden konnte. Seine Konstitution ist der des Tetramethylindamins völlig analog. Wie in diesem muß auch hier ein fünfwertiges Stickstoffatom angenommen werden, welches außer zwei Methylgruppen ein Hydroxyl oder ein Säureradikal trägt. Dem Chlorhydrat kommt demnach die oben angeführte Konstitutionsformel zu.

Die Eigenschaften des Methylenblaus stimmen mit dieser Auffassung überein und sind die einer Ammoniumbase. Aus seinen Salzen läßt sich die freie Base nur schwierig abscheiden.

Die Base, durch Zersetzung des Chlorhydrats mit Silberoxyd erhalten, entspricht wahrscheinlich der Formel: $C_{16}H_{18}N_3S.OH$.

Sie ist in Wasser leicht mit blauer Farbe löslich.

Chlorhydrat, $C_{16}H_{18}N_3SCl$, bildet kleine glänzende, in Wasser leicht lösliche Blättchen.

Chlorzinkdoppelsalz (Methylenblau des Handels). In reinem Wasser leicht, in chlorzinkhaltigem schwer lösliche, kupferglänzende Nadeln.

Das Methylenblau färbt, analog den meisten Ammoniumbasen, Wolle nur schwierig an, wird jedoch von Seide und mit Tannin gebeizter Baumwolle leicht fixiert. Auch gegen ungebeizte Pflanzenfaser zeigt es einige Verwandtschaft.

Das Methylenblau ist von allen blauen basischen Farbstoffen der wichtigste. Es zeichnet sich durch bedeutende Lichtechtheit aus und findet die ausgedehnteste Anwendung in Kattundruck und Baumwollfärberei, wo es in Form seines Tanninlacks befestigt wird. Die damit erzeugte Nüance ist ein grünstichiges Blau, welches namentlich auf Baumwolle einen etwas matten, indigoähnlichen Ton zeigt. Es wird häufig mit Methylviolett, Malachitgrün und anderen basischen Farbstoffen in verschiedener Weise nüanciert.

Die recht zahlreichen Patente, welche vor Entdeckung des Thiosulfatprozesses zur Darstellung des Methylenblaus genommen wurden, können hier übergangen werden, da sie im Prinzip meist oder alle auf das oben angegebene Schwefelwasserstoffverfahren herauskommen.

Methylengrün.

Durch Behandlung des Methylenblaus mit salpetriger Säure entsteht ein Körper, welcher die Faser mit schön dunkelgrüner Nüance anfärbt (*20*).

Ein Produkt von ganz gleichen Eigenschaften erhält man, wenn eine Lösung von Methylenblau in konzentrierter Schwefelsäure mit 1 Mol. Salpetersäure versetzt wird. Das Methylengrün dürfte demnach ein Mononitro-Methylenblau sein. Durch Reduktion entsteht daraus eine Leukoverbindung, welche bei der Oxydation in einen blauen Farbstoff übergeht (E. Nölting, Privatmitteilung).

Das Thiosulfatverfahren gestattet die Darstellung von gemischten Farbstoffen der Methylenblaureihe, Homologen, Sulfosäuren etc., von denen einige zur technischen Verwendung kommen.

So ist ein aus der Äthylbenzylanilinsulfosäure dargestellter Farbstoff unter dem Namen „Thiocarmin“ zur Verwendung gekommen (*21*).

Bezüglich der zahlreichen einfacheren Thiazim- und Thiazonderivate kann ich auf die Literatur (*4*) verweisen. Sie haben eine technische Bedeutung nicht erlangt.

---

20) D.R.P. 38979 Friedländer I, p. 266. — *21*) Friedländer II, p. 156.

Als beizenziehende Thiazonfarbstoffe können das Brillantalizarinblau (Bayer) (*22*) und das Gallothionin angeführt werden. Ersteres entsteht durch Einwirkung von Naphtochinonsulfosäure auf die Thiosulfosäure des Aminodimethylanilins, unter Austritt der Sulfogruppe der Chinonsulfosäure. Es erzeugt auf chromierter Wolle ein schönes Blau (*24*). Das Gallothionin bildet sich durch gemeinsame Oxydation von Gallussäure mit dem Mercaptan des Dimethyl-pPhenylendiamins (*23*).

4. Oxazime und Oxazone.

Diese Klasse von Farbstoffen unterscheidet sich von der vorigen dadurch, daß ihre Repräsentanten an Stelle des dort vorhandenen Schwefels ein Sauerstoffatom enthalten, welches die beiden Benzolkerne eines Indamin- oder Indophenolrestes verkettet und zum chromophoren Bindestickstoff die Orthostellung einnimmt. Sie leiten sich daher vom Phenoxazin:

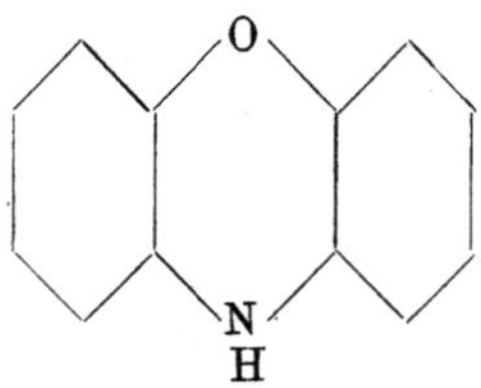

in ähnlicher Weise ab wie die schwefelhaltigen Körper vom Thiodiphenylamin. Analog den letzteren bezeichnen wir die Körper, welche die Chinonimidgruppe enthalten, als Oxazime, während bei Gegenwart eines Chinonsauerstoffs der Name Oxazone gebraucht wird.

Es entstehen diese Körper durch Einwirkung von Nitrosodimethylanilin, Nitrosophenolen oder den entsprechenden Chinonchlorimiden auf (namentlich mehrwertige) Phenole oder des hydroxylierten Nitrosodimethylanilins (Nitrosodimethylmetaaminophenols) auf Amine.

Bei der Einwirkung solcher Nitrosokörper auf Amine oder Phenole reicht der Sauerstoff der Nitrosogruppe nicht aus, um

22) D.R.P. 86717. — *23*) Nietzki, D.R.P. 73556. — *24*) Bayer, D.R.P. 83046.

die für die Bildung des Farbstoffes erforderliche Wasserstoffabspaltung zu bewirken. Die Bildung des Naphtolblaus aus β-Naphtol und Nitrosodimethylanilin geht z. B. nach folgender Gleichung vor sich:

$$C_8H_{10}N_2O + C_{10}H_8O = C_{18}H_{14}N_2O + H_2O + H_2$$

Nitrosodimethylanilin — Naphtol — Naphtolblau.

Die hier austretenden 2 Wasserstoffatome reduzieren ein weiteres halbes Molekül Nitrosodimethylanilin zu Dimethylparaphenylendiamin, welches sich stets in den Mutterlaugen vorfindet.

A. Oxazime.

Von den Oxazimen der reinen Benzolreihe sind bisher nur wenige bekannt und noch weniger genau untersucht worden.

Das dem Methylenblau entsprechende Tetramethylaminodiphenoxazimiumchlorid oder ein Homologes desselben dürfte wohl in einem Farbstoff vorliegen, welcher unter dem Namen „Capriblau" in den Handel kommt. Er entsteht durch Einwirkung von Nitrosodimethylanilin auf Dimethylmetaaminokresol offenbar nach folgendem Schema:

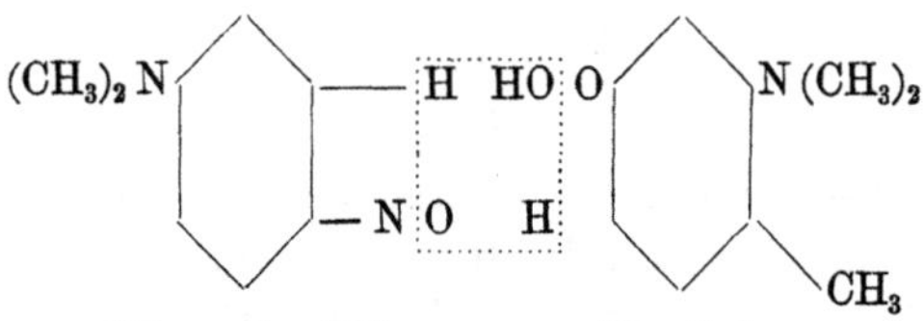

Nitrosodimethylanilin — Dimethylmetaaminokresol

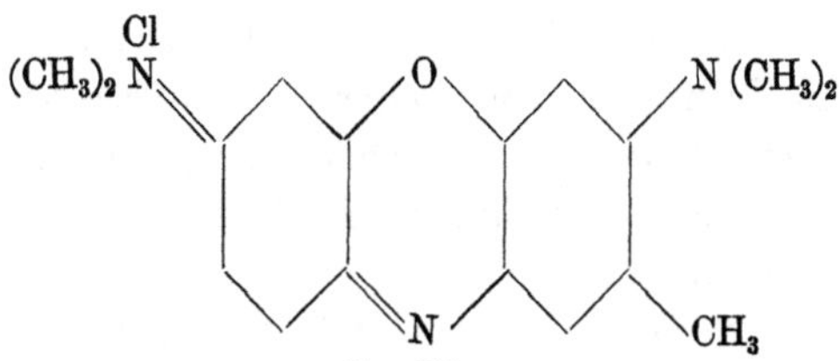

Capriblau.

Der Farbstoff erzeugt auf Seide und tannierter Baumwolle ein sehr grünstichiges Blau.

Meldolas Naphtolblau (Dimethylnaphtophenoxazimiumchlorid),
$C_{18}H_{15}N_2OCl$ (*25*, *26*).

Dieser Körper entsteht durch Einwirkung von Nitrosodimethylanilin auf β-Naphtol unter gleichzeitiger Bildung von Dimethylparaphenylendiamin. Er kann auch durch gemeinsame Oxydation von Dimethylparaphenylendiamin und βNaphtol erhalten werden. Der Stickstoff der Nitrosogruppe tritt hier in Ortho- (α) Stellung zum Hydroxyl, und dem Farbstoff kommt die nachstehende Konstitution zu:

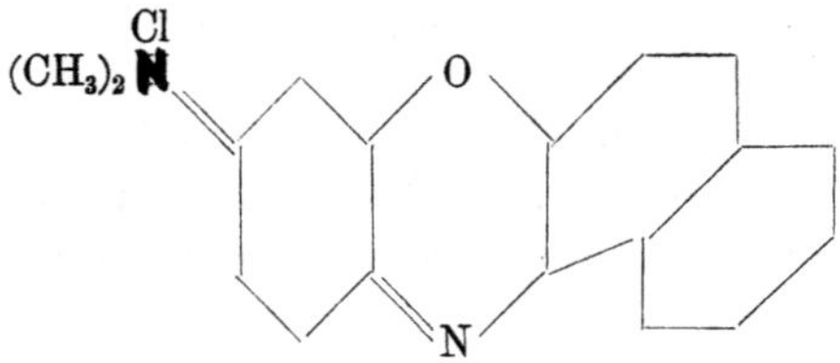

Die Base ist mit roter Farbe in Benzol löslich.

Chlorid, $C_{18}H_{15}N_2OCl$, sowie das Chlorzinkdoppelsalz bilden bronzefarbene Nadeln, welche sich in Wasser mit violettblauer Farbe lösen.

Der Körper färbt mit Tannin gebeizte Baumwolle an und erzeugt ein etwas trübes, indigoähnliches Violettblau. Er findet unter dem Namen „Echtblau" technische Verwendung. Alle Salze des Körpers zeigen die Eigenschaft, daß ihr Staub die Schleimhäute in hohem Grade reizt. Durch konzentrierte Schwefelsäure wird der Körper grünlichblau gefärbt. Der Farbstoff wurde fast gleichzeitig von Meldola und von Witt dargestellt und von ersterem beschrieben.

Läßt man Chinondichlorimid auf βNaphtol einwirken, so entsteht der einfachste Repräsentant dieser Klasse, das Naphtophenoxazim. Dasselbe besitzt in Form seiner Salze eine rote Farbe.

Die Base selbst ist gelb gefärbt ohne Fluorescenz, die Salze lösen sich in Schwefelsäure mit grüner Farbe, welche beim Verdünnen durch Blau in Rot übergeht (*26*).

---

25) Meldola, Ber. 12, p. 2065. — *26*) Nietzki u. Otto, Berichte 21, p. 1590 u. 1736.

Aus α Naphtol entsteht unter denselben Bedingungen ein Farbstoff, welcher sich in verdünnter Salzsäure mit roter Farbe löst, sich jedoch mit grauvioletter Farbe auf der Faser fixiert.

Muscarin (Hydroxyliertes Naphtolblau) *(27)*.

Unter diesem Namen kommt seit längerer Zeit ein Hydroxylderivat des Naphtolblaus in den Handel, welches, diesem analog, durch Einwirkung von Nitrosodimethylanilin auf das Dioxynaphtalin von der Stellung 2:7 dargestellt wird. Von dem Naphtolblau unterscheidet es sich in chemischer Beziehung durch das Vorhandensein einer Hydroxylgruppe an der Stelle 7 (Bindestickstoff auf 1 stehend).

Der Körper bildet grünschillernde, in Lösung blau gefärbte Salze, während der Base eine violettrote Färbung zukommt. Von Natron- und Kalilauge (nicht von Ammoniak) wird sie mit gelbbrauner Farbe gelöst.

Auf tannierter Baumwolle erzeugt sie eine Färbung, welche sich von der des Naphtolblaus durch lebhafteren Ton und blauere Nüance unterscheidet.

Chinondichlorimid erzeugt mit Dioxynaphtalin einen rotvioletten Farbstoff, welcher als einfachster Repräsentant dieser Klasse angesehen werden muß.

Durch Einwirkung von Nitrosodimethylanilin auf das Dioxynaphtalin der Stellung 2:6 entsteht ein dem Muscarin analoger Farbstoff, welcher sich auf tannierte Baumwolle mit grüner Farbe fixiert.

Nilblau (Amidirtes Naphtolblau) *(28)*.

Dieser Körper, welcher durch Einwirkung von Nitrosodimethylmetaaminophenol auf α Naphtylamin entsteht, ist ohne Zweifel das Aminoderivat des Naphtolblaus von der Konstitution:

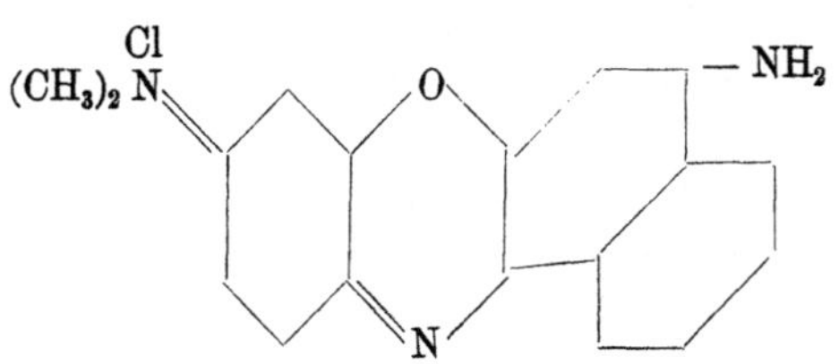

27) Nietzki u. Bossi, Ber. 25, p. 2994. — *28)* D.R.P. 45268, Badische Anilin- und Sodafabrik.

Dasselbe erzeugt auf Seide und tannierter Baumwolle ein sehr reines grünstichiges Blau. Alkalien fällen aus seiner Lösung die rote Base. Konzentrierte Schwefelsäure löst es mit gelber Farbe, die beim Verdünnen durch Grün in Blau übergeht. Es ist nicht mit Bestimmtheit ersichtlich, ob dem Nilblau die obige Formel zukommt, oder ob dasselbe den Chinonimidrest in der Naphtalingruppe enthält. Der starke Basencharakter der Substanz spricht für die Existenz einer Ammoniumgruppe, also für erstere Formel.

Cyanamine.

Mit obigem Namen belegte Witt den von ihm entdeckten ersten Repräsentanten einer Klasse von Farbstoffen, welche, wie spätere Untersuchungen von Nietzki und Bossi zeigten, zum Nilblau in sehr nahen Beziehungen stehen. Diese Körper bilden sich bei Einwirkung primärer oder sekundärer Amine auf das Meldolasche Naphtolblau. Dabei tritt ein Rest des betreffenden Amins in die Para-(α) Stelle zum Bindestickstoff in den Naphtalinrest ein.

Reagirt Anilin auf das Naphtolblau, so entsteht ein Farbstoff, welcher identisch mit dem Einwirkungsprodukt von Nitrosodimethylmetaaminophenol auf Phenyl-α Naphtylamin ist. Durch letztere Bildungsweise wird der Körper als phenyliertes Nilblau charakterisiert. Seine Konstitution entspricht demnach der Formel (*27*):

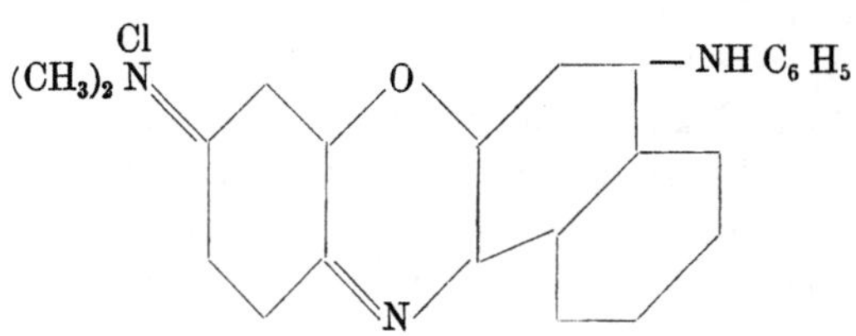

Möglicherweise ist hier aber auch die Chinonimidgruppe nach dem Naphtalin hinüber verlegt.

Bei der Bildung des Körpers aus Naphtolblau findet die Abspaltung zweier Wasserstoffatome statt, welche vermutlich einen Teil dieses Farbstoffes in die Leukoverbindung überführen.

Das Chlorhydrat des Körpers kristallisiert in grünschillernden Nadeln, ist in Wasser schwer, in heißem Alkohol leicht löslich. Die heiße alkoholische Lösung färbt sich nach Zusatz von

Ammoniak rot und läßt nach einigen Augenblicken die Base in braunschillernden Nadeln fallen, ein Verhalten, welches für die ganze Körperklasse charakteristisch ist.

Das Muscarin (siehe oben) liefert mit Anilin eine Substanz, welche als Hydroxylderivat der obigen anzusehen ist. Durch Einwirkung von Dimethylamin auf Naphtolblau entsteht ein Farbstoff, welcher unter dem Namen „Neumethylenblau“ Verwendung findet und vermutlich ein dimethyliertes Nilblau ist. Auf Seide und tannierter Baumwolle erzeugt er Färbungen, welche den mit Nilblau dargestellten ähnlich sind.

Unter dem Namen „Cyanamin“ beschreibt Witt (*29*) einen Körper, welchen er durch Behandlung des Naphtolblaus mit Alkalilauge erhielt. Etwas später wurde derselbe von der Firma Cassella & Co. durch Behandeln des letzteren Farbstoffes mit Dimethylparaphenylendiamin dargestellt (*30*).

Offenbar unterscheidet sich diese Substanz von dem Anilineinwirkungsprodukt nur durch das Vorhandensein einer Gruppe — $N(CH_3)_2$ in der Parastelle des Anilinrestes. Dieser Auffassung entspricht auch die von Witt für das Chlorid aufgestellte Formel:

$$C_{26}H_{26}N_4OCl_2.$$

Von den oben beschriebenen Körpern unterscheidet sich der vorliegende durch den zweisäurigen Charakter seiner Salze. Wie bei jenen wird die rein blaue Farbe der Salze durch Alkalien in eine rote umgewandelt (*29*).

Von allen Cyanaminen scheint allein das Dimethylaminprodukt technische Verwendung erlangt zu haben.

Von F. Kehrmann*) wird in den basischen Oxazimen und Thiazimen ein basisches Sauerstoff- bezw. Schwefelatom angenommen (*30a*) und für die Salze dieser Körper unter Annahme orthochinoïder Struktur die Formeln nach folgenden Schemata aufgestellt:

---

29) Witt, Ber. 23, p. 2247. — *30*) Patentanmeld. 3142 Kl. 22, Friedl. II, p. 164. — *30a*) F. Kehrmann, Annal. 322, p. 1—77.

*) Der Verfasser hat sich dieser Auffassung bis jetzt nicht anschließen können, wenn auch zugegeben werden kann, daß dieselbe durch manche Tatsachen gestützt wird.

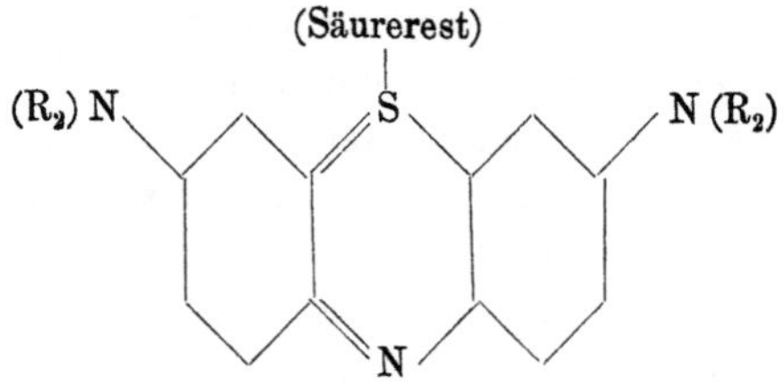

und

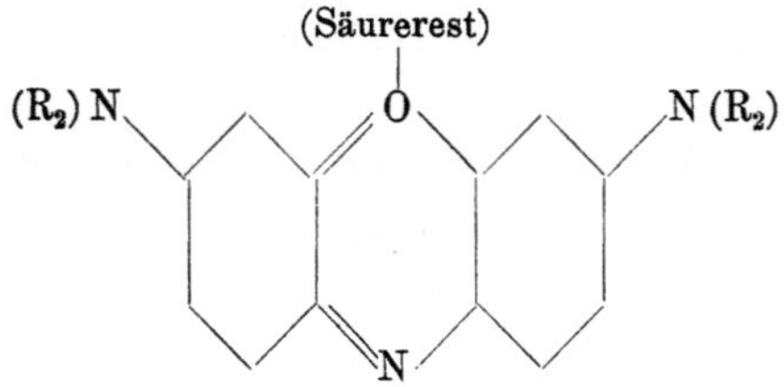

Entsprechend dieser Auffassung werden dieselben von genanntem Forscher als Azoxonium- und Azthioniumverbindungen bezeichnet.

B. Oxazone.

Die Oxazone unterscheiden sich von den Oxazimen dadurch, daß die in diesen vorhandene Chinondiimidgruppe durch die Chinonimidgruppe $HN = C_6H_4 = O$ vertreten ist. Für die Imidgruppe steht hier also der Chinonsauerstoff.

Das typische Oxazon oder nach Kehrmanns Formulierung:

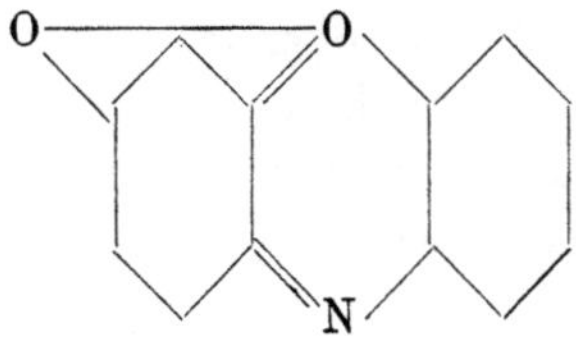

Phenazoxon ist kürzlich von diesem Forscher durch geeignete Oxydation des Phenoxazins dargestellt worden.

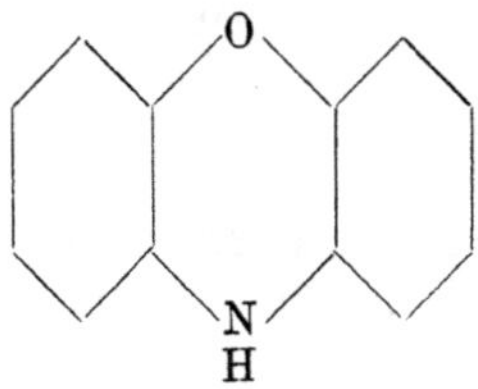

Ein dem Naphtolblau analoges Naphtalinderivat existiert nicht; die meisten hierher gehörenden bekannten Körper sind Hydroxyl- oder Aminoderivate, und von letzteren läßt sich niemals mit Bestimmtheit sagen, ob amidierte Oxazone oder hydroxylierte Oxazime vorliegen. Zu letzterer Kategorie gehört das Gallocyanin, das Resorufamin sowie einige analoge Produkte.

Wir behandeln hier die Hydroxylderivate, als zweifellose Oxazone, zuerst. In diese Gruppe gehören hauptsächlich die von Weselsky entdeckten Resorcinfarbstoffe.

Resorufin (Weselskys Diazoresorufin) (*31*, *32*, *33*, *35*).

Oxydiphenoxazon

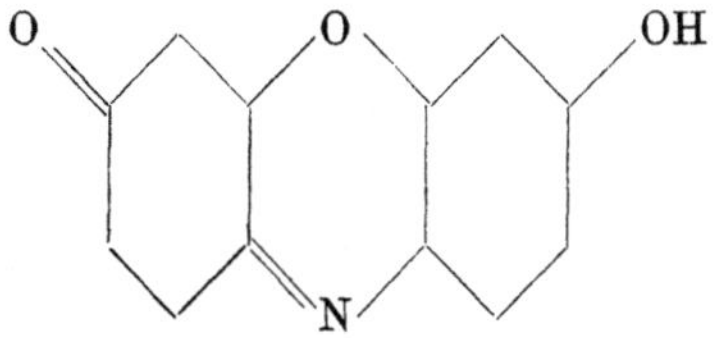

Dieser Körper wurde von Weselsky, neben Resazurin, bei der Behandlung einer ätherischen Resorcinlösung mit salpetrigsäurehaltiger Salpetersäure erhalten. Es bildet sich ferner durch Reduktion des Resazurins sowie durch Erhitzen desselben mit konzentrierter Schwefelsäure. Seine Bildung tritt ferner ein, wenn Resorcin in konzentriert schwefelsaurer Lösung mit salpetriger Säure oder Körpern, welche diese leicht bilden, wie Salpetersäure, verschiedene Nitro- und Nitrosoderivate (Nitrobenzol) erhitzt wird. Bei diesen Reaktionen entsteht offenbar zunächst Nitrosoresorcin, welches sich mit einem Resorcinüberschuß folgendem Schema gemäß zu Resorufin kondensiert.

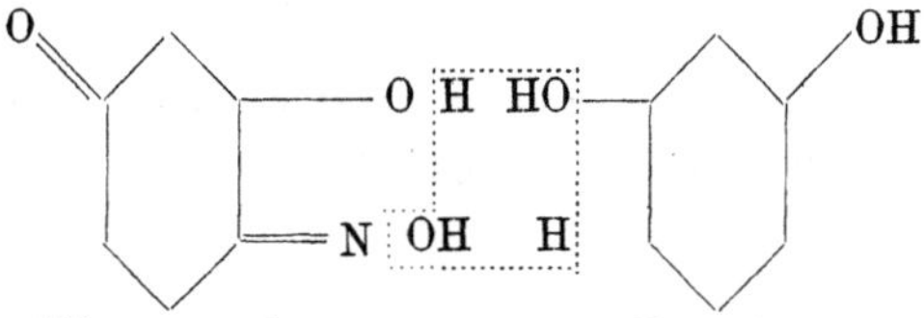

Nitrosoresorcin. Resorcin.

31) Weselsky, Annal. 162, p. 273. — *32*) Weselsky u. Benedikt, Wien. Monatsh. I, p. 886, Ber. 14, p. 530. — *33*) Nietzki, Dietze und Mäckler, Ber. 22, p. 3020.

Für obige Konstitutionsformel sprechen ferner die Bildung aus Nitrosophenol sowie Chlorchinonimid und Resorcin einerseits und aus Nitrosoresorcin und Phenol andrerseits. Schließlich die Bildung durch Oxydation eines Gemisches von Aminoresorcin mit Resorcin oder Phenol sowie von Paraaminophenol und Resorcin in schwefelsaurer Lösung mit Braunstein. In allen Fällen entsteht hier zunächst ein mit rein blauer Farbe in Schwefelsäure löslicher Körper (vermutlich das entsprechende Indophenol), welcher beim Erhitzen in das mit rotvioletter Farbe in der Säure gelöste Resorufin übergeht.

Das Resorufin bildet kleine braunrote Kristalle, welche sich wenig in Alkohol, Äther und Eisessig, leichter in Anilin sowie in heißer konzentrierter Salzsäure lösen. Es löst sich leicht in Alkalien, und diese Lösungen zeichnen sich durch rosarote Färbung mit prachtvoll zinnoberroter Fluorescenz aus. Säuren fällen daraus das Resorufin in gelbbraunen Nädelchen. Das Kaliumsalz bildet braune, in konzentrierter Pottaschelösung unlösliche Nadeln. In Wasser ist es außerordentlich leicht löslich.

Tetrabromresorufin, $C_{12}H_3Br_4NO_3$ (*34*).

Entsteht durch Behandlung des Resorufins mit Brom. Der Körper besitzt sowohl im freien Zustande als in dem seiner Salze eine violettblaue Farbe und erzeugt auf Seide und Wolle blaue, stark rot fluorescierende Färbungen. Er hat unter dem Namen; „Fluorescierendes Blau“ technische Verwendung gefunden.

Das Natriumsalz, $C_{12}H_2Br_4NO_3Na + 2\,H_2O$ kristallisiert aus verdünntem Alkohol in grünglänzenden Nadeln.

Resazurin, $C_{12}H_7NO_4$ (Weselskys Diazoresorcin) (*31*, *32*, *35*, *33*, *36*).

Entsteht neben Resorufin durch Einwirkung roter Salpetersäure auf eine ätherische Resorcinlösung. Ferner durch Einwirkung von Braunstein und Schwefelsäure auf ein Gemisch von Resorcin und Mononitrosoresorcin in alkoholischer Lösung (*36*). Es löst sich in Alkohol und Eisessig ziemlich schwierig mit gelbroter Farbe. Aus letzterem Lösungsmittel kristallisiert es in unschmelzbaren grünschillernden Nadeln.

---

34) Bindschedler und Busch, D. R. P. No. 14622. — *35*) Brunner und Krämer, Ber. 17, p. 1847. — *36*) Nietzki, Ber. 24, p. 3366.

Von Alkalien wird es mit blauer Farbe und schön roter Fluorescenz gelöst. Durch Reduktionsmittel (Zinkstaub, Eisenchlorür, Zinnchlorür, schweflige Säure etc.) wird es in Resorufin und bei energischerer Reduktion in Leukoresorufin übergeführt.

Natriumsalz, $C_{12}H_6NO_4Na$. Kristallisirt beim Lösen des Körpers in warmer Sodalösung in grünschillernden Nadeln aus.

Tetrabromresazurin, $C_{12}H_3Br_4NO_4$.

Rein blauer, nicht fluorescierender Farbstoff. Geht durch Reduktion leicht in das fluorescierende Tetrabromresorufin über. Natriumsalz, $C_{12}H_2Br_4NO_4Na + 2H_2O$, grünglänzende Nadeln.

Das Resazurin unterscheidet sich vom Resorufin durch den Mehrgehalt eines Sauerstoffatoms.

Dieses wird durch Reduktionsmittel leicht abgespalten, aber auch in dieser Hinsicht indifferente Agentien wie konzentrierte Schwefelsäure, Essigsäureanhydrid und Anilin bewirken bei hoher Temperatur und langer Einwirkung eine Umwandlung in Resorufin oder seine Derivate.

Vermutlich findet hier die Reduktion auf Kosten eines Teils der Substanz statt. Dieses Verhalten sowie die oben zitierte Bildung durch Oxydation gleicher Moleküle Resorcin und Mononitrosoresorcin sprechen dafür, daß dieses Sauerstoffatom der Nitroso- bezw. Isonitrosogruppe angehört. Die Konstitution des Körpers dürfte mithin einer der nachstehenden Formeln entsprechen (*36*), von welchen erstere dem Azoxybenzol analog ist.

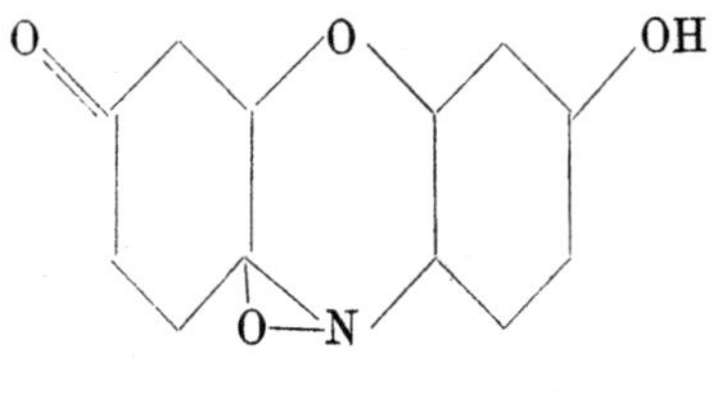

I

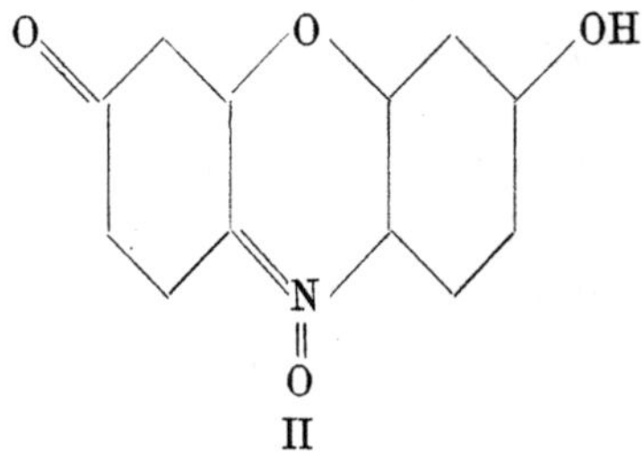

II

Ein dem Resorufin homologes Orcirufin ist aus Orcin dargestellt worden.

Das Orcirufin geht bei der Behandlung mit Brom in ein fluorescierendes Blau über, welches vermutlich ein dem Resorufinfarbstoff entsprechendes Tetrabromderivat ist.

Resorufamin und Orcirufamin (*37*).

Beide Körper sind die dem Resorufin und Orcirufin entsprechenden Amido-Oxazone.

Zwar ist hier nicht mit Sicherheit zwischen den beiden tautomeren Formeln:

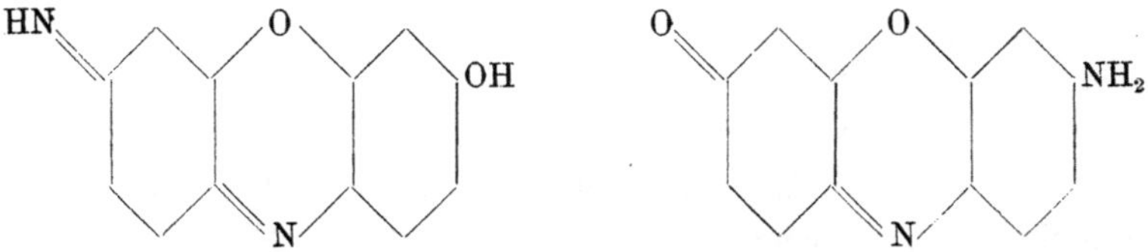

zu entscheiden, doch läßt der entschiedene Basencharakter und die Diazotierbarkeit der Substanzen auf die Aminooxazonformel schließen.

Resorufamin, $C_{12}H_8N_2O_2$. Entsteht durch Einwirkung von Chinondichlorimid auf Resorcin in heißer alkoholischer Lösung.

Orcirufamin, $C_{13}H_{10}N_2O_2$. Bildet sich in analoger Weise aus Orcin und Chinondichlorimid. Braune Nadeln.

Acetylderivat, $C_{13}H_9N_2O_2C_2H_3O$. Braune Nadeln.

Resorufamin und Orcirufamin sind ausgesprochene, aber schwache Basen. Sie lösen sich im freien Zustande in Alkohol mit violetter Farbe. Die Lösung der Säuresalze aber zeigt die rote Farbe und Fluorescenz, welche das Resorufin in alkalischer Lösung besitzt. Die Salze dissociieren leicht. Durch salpetrige Säure werden sie in Diazokörper übergeführt.

Dimethylresorufamin (Dimethylaminooxazon) bildet sich durch Einwirkung von Nitrosodimethylanilin oder Nitrosodimethylmetaaminophenol auf Resorcin.

Orcin bildet unter gleichen Bedingungen einen analogen Körper. Beide zeigen die der ganzen Körpergruppe eigene Fluorescenz.

Das Dimethylresorufamin ist in Wasser und verdünnten Säuren fast unlöslich und besitzt eine violette Farbe, bildet dagegen einen tief blauen Tanninlack. Auf dieser Eigenschaft des Körpers beruht eine von **Ullrich** (Höchster Farbwerke) entdeckte Methode zur Erzeugung indigoblauer Färbungen auf der Baumwollfaser. Es wird zu diesem Zwecke ein Gemisch von feinverteiltem Nitroso-

---

37) Nietzki u. Mäckler, Ber. 23, p. 718.

dimethylanilin, Resorcin und Tannin mit einem Verdickungsmittel aufgedruckt. Beim Dämpfen entsteht der Farbstoff und bleibt als Tanninlack auf der Faser haften. Mittels des so erhaltenen „Resorcinblaus" werden sehr seifen- und lichtechte Färbungen erhalten, welche als Ersatz für Indigküpenblau starke Verwendung finden.

Asymmetrisches Dimethyldiaminooxazon (38).

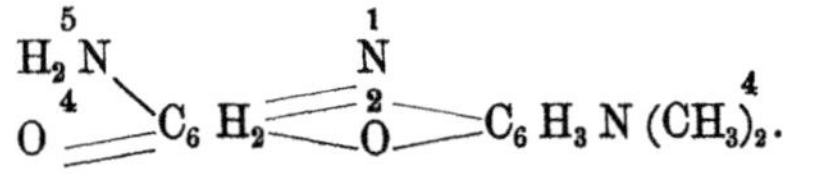

Entsteht nach Möhlau durch alkalische Oxydation des Oxydimethylparaphenylendiamin (durch Reduktion von Nitrosodimethylmetaaminophenol) in alkalischer Lösung. Es treten zwei Moleküle dieser Base unter Abspaltung von Dimethylamin zusammen. Die Base bildet gelbe, bei 233° schmelzende Blättchen. Die Lösung der Salze ist blauviolett, rot fluorescierend. Durch Abspalten der Aminogruppe geht es in Dimethylresorufamin über (s. oben). Auch die entsprechenden Diäthylderivate sind dargestellt.

Gallocyanin (*39, 26*).

Läßt man in heißer alkoholischer oder Eisessiglösung Nitrosodimethylanilin auf Gallussäure einwirken, so kristallisieren grünglänzende Nadeln einer Verbindung aus, welche unter dem Namen Gallocyanin starke Verwendung in Färberei und Druckerei gefunden hat.

In den Mutterlaugen findet sich stets Dimethylparaphenylendiamin. Das Gallocyanin löst sich schwierig in heißem Wasser, Alkohol und Eisessig. Die Lösungen besitzen eine blauviolette Farbe. Es zeigt sowohl saure als basische Eigenschaften. Alkalien lösen es leicht mit rötlichvioletter Farbe, Säuren scheiden es aus dieser Lösung wieder ab.

Überschüssige Salzsäure löst es schwierig. Die Lösung ist rotviolett, die in konzentrierter Schwefelsäure blau gefärbt. Mit Natriumbisulfit bildet es eine kristallinische, wenig gefärbte Verbindung.

Die Zusammensetzung des Gallocyanins entspricht der Formel $C_{15}H_{12}N_2O_5$. Seine Bildung entspricht der Gleichung:

---

38) Möhlau, Ber. 25, p. 1055. — *39)* H. Köchlin, D. R. P. 19580 vom 17. Dez. 1881, Friedl. I, p. 269.

$$3\,C_8H_{10}N_2O + 2\,C_7H_6N_5 = 2\,C_{15}H_{12}N_2O_5 + C_8H_{12}N_2 + 3\,H_2O.$$

Nitrosodimethylanilin Gallussäure Gallocyanin Dimethylparaphenylendiamin.

Das Gallocyanin kann als Dimethylamino - Oxyoxazoncarbonsäure aufgefaßt werden, und seine Konstitution entspricht demnach der Formel:

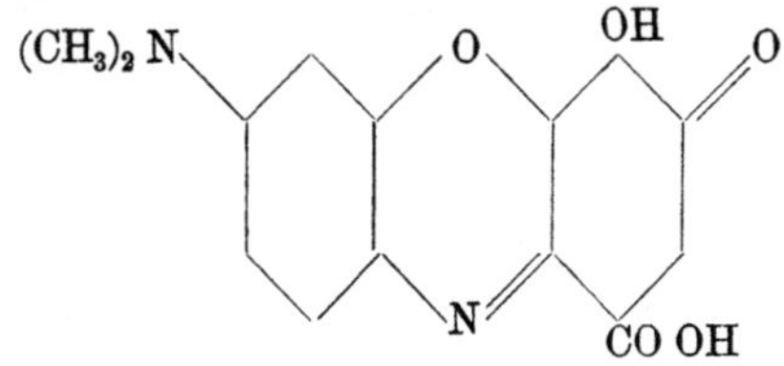

Die Tatsache jedoch, daß der Gallocyaninmethyläther ein Diacetylderivat bildet, mithin zwei Hydroxyle zu enthalten scheint, würde für die tautomere Oxazimformel sprechen. Nach dieser Auffassung müßte das Gallocyanin eine Dimethylammoniumgruppe enthalten, deren basischer Charakter durch die Carboxylgruppe abgesättigt ist.

Das Gallocyanin gehört zu den beizenfärbenden Farbstoffen. Mit Eisen, Tonerde, namentlich aber mit Chromoxyd bildet es schön violett gefärbte, sehr beständige Lacke. Aus diesem Grunde findet es starke Verwendung in der Kattundruckerei. Man druckt es meist mit Natriumbisulfit und Chromacetat auf uud dämpft, wobei der unlösliche Chromlack auf der Faser niedergeschlagen wird. Auch zum Färben chromierter Wolle wird es viel benutzt.

Das Gallocyanin kommt in Form einer Paste zur Verwendung.

Erhitzt man das Gallocyanin mit Anilin, so findet Abspaltung von Kohlensäure statt, und der einwertige Anilinrest tritt an die Stelle der Carboxylgruppe. Es findet also eine ähnliche Reaktion statt wie bei der Bildung der Cyanamine aus dem Naphtolblau. Auch hier wirkt der austretende Wasserstoff reduzierend auf einen Teil des Farbstoffes.

Dem gebildeten Körper kommt die Konstitution (*27*):

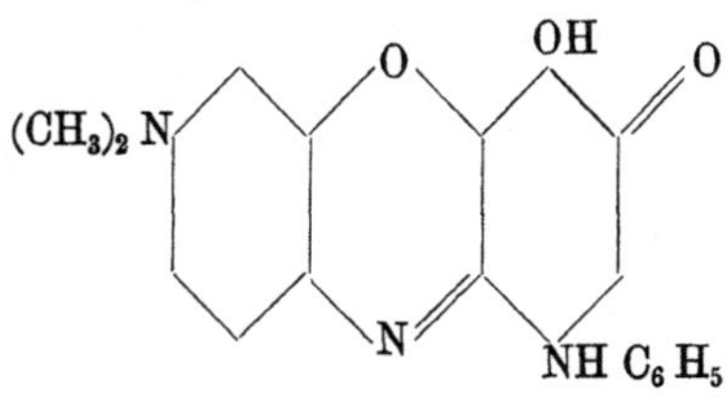

zu. Läßt man konzentrierte Schwefelsäure auf diese Verbindung reagieren, so tritt eine Sulfogruppe in den Anilinrest ein. Die entstandene Sulfosäure färbt Chrombeize mit rein blauer Farbe an und findet unter dem Namen „Delphinblau" als Farbstoff Verwendung.

Gallussäuremethyläther reagiert auf Nitrosodimethylanilin in ähnlicher Weise und erzeugt einen Gallocyaninmethyläther, $C_{15}H_{11}N_2O_5CH_3$, welcher unter dem Namen „Prune" als Farbstoff Verwendung findet (*26*).

Während beim Gallocyanin die sauren Eigenschaften überwiegend sind, ist der Methyläther eine ausgesprochene Base, welche beständige, wasserlösliche Salze bildet. Er fixiert sich, analog anderen basischen Farbstoffen, auf tannierter Baumwolle, verhält sich jedoch den Metallbeizen gegenüber wie Gallocyanin und erzeugt auf Chrombeize ein schönes Blauviolett.

Durch Einwirkung von Nitrosodimethylanilin auf Gallaminsäure entsteht ein dem Gallocyanin ähnlicher Farbstoff, welcher unter dem Namen „Gallaminblau" Verwendung findet, welches durch Behandeln mit Anilin in daz Gallanilblau übergeht. Die Sulfosäure desselben ist das Gallanilindigo P S (*39a*), ein Nitroderivat das Gallanilgrün (*39b*).

Durch Einwirkung von Phenolen, namentlich von Resorcin auf Gallocyanin, entstehen blaue als Phenocyanine (*40*) bezeichnete Farbstoffe. Es werden hier zuerst die Leukokörper gebildet, die durch Oxydation in den Farbstoff übergehen. Nach Möhlau tritt an Stelle der Carboxylgruppe ein Resorcinrest mit Sauerstoffbindung ein. Die Phenocyanine wurden von Ch. de la Harpe in die Technik eingeführt.

Liebermannsche Phenolfarbstoffe (*40a*).

Werden Phenole in konzentrierter Schwefelsäurelösung bei einer Temperatur von 40—50° mit salpetriger Säure behandelt, so entstehen eigentümliche, meist violett oder blau gefärbte Körper, welche einen ausgesprochenen Säurecharakter zeigen, sich

---

39a) D.R.P. 56 991. — *39b*) D.R.P. 86 415. — *40*) D.R.P. 77 452, 79 839, 84 775. — *40a*) Liebermann, Ber. 7, p. 247 u. 1098.

in Alkalien lösen und durch Säuren aus dieser Lösung gefällt werden.

Die aus den mehrwertigen Phenolen erhaltenen Farbstoffe dürften dem Resorufin analoge Oxazonfarbstoffe sein. Wenigstens ist der Liebermannsche Orcinfarbstoff mit dem Orcirufin identifiziert worden. (Nietzki und Mäckler (*41*).) Anders muß es sich aber mit den einwertigen Phenolen verhalten. Vielleicht sind die hier entstehenden Körper die einfachsten Indophenole, und die aus dem gewöhnlichen Phenol entstehende, mit blauer Farbe in Alkalien lösliche Substanz entspricht der Formel:

$$O = C_6H_4 = N - C_6H_4 . OH.$$

Diese Ansicht gewinnt eine Stütze durch die Tatsache, daß sich der Körper auch durch Einwirkung von Chinonchlorimid oder Nitrosophenol auf Phenol sowie durch gemeinschaftliche Oxydation des letzteren mit p Aminophenol in schwefelsaurer Lösung bildet.

Den Oxazonfarbstoffen steht ein Körper nahe, welcher zuerst von G. Fischer (*42*) durch Oxydation von o Aminophenol erhalten wurde. P. Seidel bezeichnet denselben als Triphendioxazin und erteilt ihm die Konstitutionsformel (*43*):

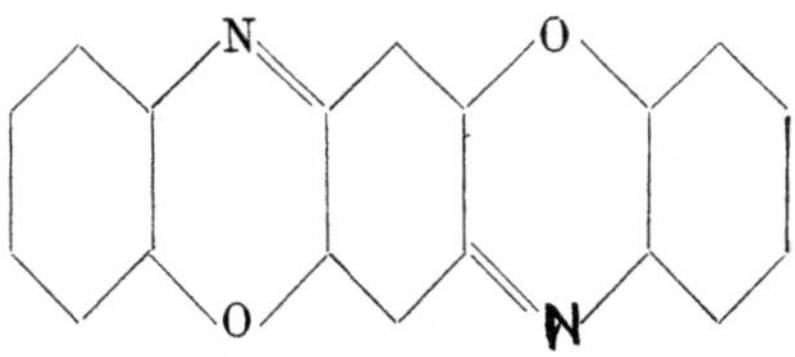

Diese Substanz bildet orangerote Kristalle, welche in den meisten Lösungsmitteln schwer löslich sind und teilweise unzersetzt sublimieren. Die Lösungen fluorescieren grün. Konzentrierte Schwefelsäure löst sie mit blauer Farbe.

5. Azinfarbstoffe.

Als „Azinfarbstoffe" können vom Standpunkt unserer heutigen Kenntnisse die meisten Körper zusammengefaßt werden, welche man früher als Safranine und safraninartige Farbstoffe bezeichnete.

41) Nietzki u. Mäckler, Ber. 23, p. 718. — *42*) G. Fischer, Journ. f. pr. Chemie 19, p. 317. — *43*) Seidel, Ber. 23, p. 182.

Es gehören dahin die Eurhodine, das Toluylenrot und die sogenannten Neutralfarbstoffe und schließlich die Safranine samt ihren zahlreichen Derivaten. Auch das Magdalarot, das Mauveïn und die Induline schließen sich dieser Reihe an.

Den Anlaß zur Aufklärung über die Konstitution dieser größtenteils schon lange bekannten Farbstoffe gab die von Witt gemachte Beobachtung, daß das Eurhodin, ein durch Einwirkung von α Naphtylamin auf o Aminoazotoluol entstehender Farbstoff dieser Kategorie (*44*), durch Entfernen einer Aminogruppe in Tolunaphtazin (Naphtylen-Toluylenchinoxalin) übergeht.

Alle diese Körper können als Derivate eines Azins (Chinoxalins von Hinsberg) betrachtet werden.

Der einfachste Repräsentant der Azine ist das Phenazin

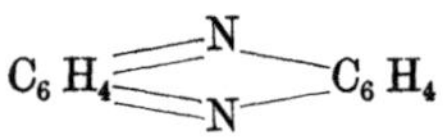

(Azophenylen von Claus und Rasenack).

Die Gruppe

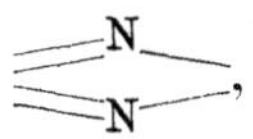

welche hier in jedem Benzolrest zwei in Orthostellung befindliche Wasserstoffatome vertritt, muß als Chromophor der ganzen Körperklasse angesehen werden.

Diese Azingruppe bildet mit den vier benachbarten Kohlenstoffatomen einen neuen sechsgliedrigen Ring, so daß das Phenazin, analog dem Anthracen, als aus drei Ringen bestehend aufgefaßt werden kann.

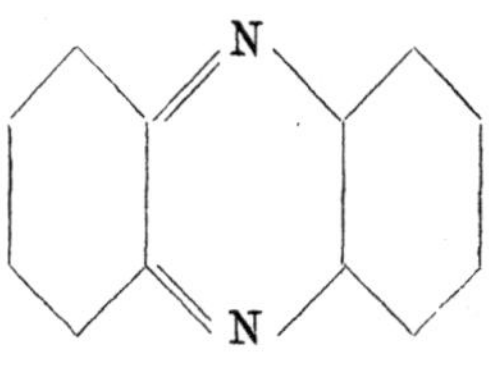

Phenazin.

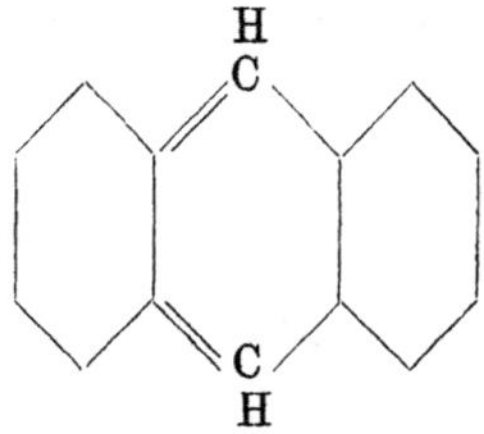

Anthracen.

44) Witt, Ber. 18, p. 1119.

Die Azine sind gewissermaßen den Chinonaniliden analog. Während bei den Parachinonen die Mono- oder Diamine stets nur mit einem Stickstoffatom auf einen Chinonsauerstoff reagieren, tritt bei der Einwirkung von Orthodiaminen auf Orthochinone dieselbe Reaktion zweimal ein: es werden beide Sauerstoffatome mit dem Amidwasserstoff in Form von Wasser ausgeschieden, und je ein Stickstoffatom tritt in die Stelle derselben.

Die Reaktion wird durch folgendes Schema verdeutlicht:

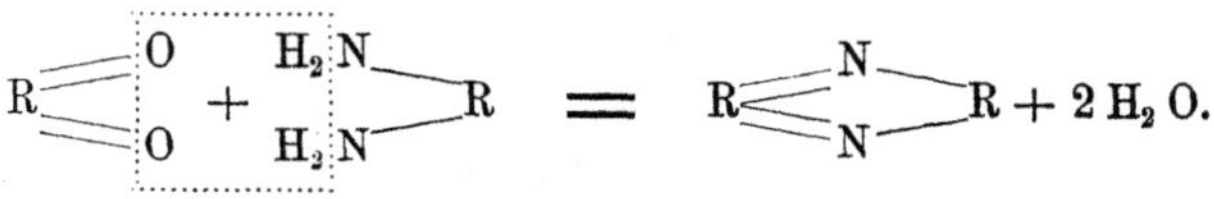

Die einfachsten Azine sind an und für sich keine Farbstoffe, sondern nur schwach gefärbte Körper, deren Farbe meist die gelbe ist. Sie besitzen einen schwach basischen Charakter, die entstehenden Salze werden jedoch schon durch Wasser zersetzt.

Durch Eintritt von Aminogruppen wächst einerseits die Basizität, andrerseits der Farbstoffcharakter.

Hydroxyle erzeugen schwach saure Farbstoffe, denen jedoch nur ein geringes Färbevermögen zuzukommen scheint.

Die einfach amidierten Azine (Eurhodine) sind nur schwache Farbstoffe, erst durch Einführung von zwei oder mehreren Aminogruppen kommt die Farbstoffnatur zur vollen Geltung.

Die Azine stehen in naher Beziehung zu den Indaminen; während letztere als Derivate des Parachinondiimids aufgefaßt werden müssen, entsprechen erstere dem Orthochinondiimid, nur liegt in letzterem Falle die in der Orthoreihe so häufige innere Kondensation vor.

Der nahe Zusammenhang zwischen beiden Körperklassen wird noch deutlicher durch die Tatsache, daß die Indamine sich mit Leichtigkeit in Azine überführen lassen, und daß man unter Bedingungen, welche bei Monaminen mit offenen Parastellen zur Bildung von Indaminen führen, Azine erhält, wenn diese Parastellen besetzt sind.

Der erwähnte Übergang der Indamine in Azine findet in besonders instruktiver Weise bei den amidierten Indaminen, z. B. dem Toluylenblau, statt.

Erhitzt man eine wässerige Lösung von Toluylenblau längere Zeit, so geht dieser Körper unter Wasserstoffabspaltung in das Toluylenrot, ein amidiertes Azin, über. Der abgespaltene Wasserstoff wird selbstverständlich nicht als solcher ausgeschieden, sondern verwandelt einen Teil des Toluylenblaus in seine Leukobase (*55*).

Der Vorgang der Toluylenrotbildung wird durch folgendes Schema verdeutlicht.

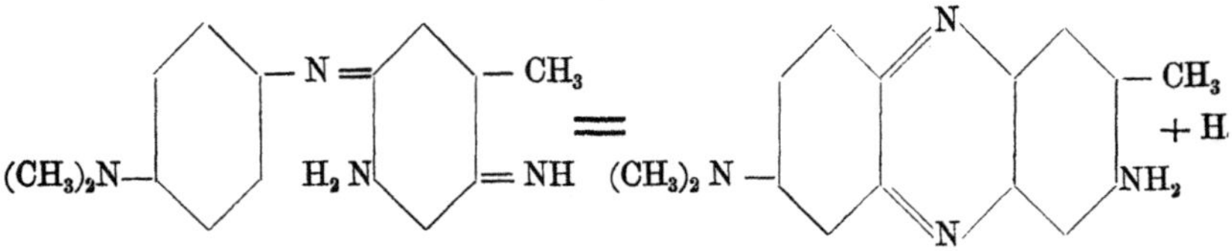

Toluylenblau Toluylenrot.

Die der einen Imidgruppe benachbarte Aminogruppe greift demnach unter Abstoßung ihrer Wasserstoffatome in den zweiten Benzolkern ein, während gleichzeitig die zweite Imidgruppe zu Amid reduziert wird.

Ist bei der Reaktion ein Oxydationsmittel vorhanden, so findet der erwähnte teilweise Übergang des Toluylenblaus in die Leukobase nicht statt.

Die einfachsten Indamine gehen nur in die Azine über, wenn gleichzeitig ein primäres Amin vorhanden ist, und bilden dann die Safranine, welche vermutlich die Phenylazoniumgruppe, d. h. in der Azingruppe ein fünfwertiges Stickstoffatom enthalten, welches gleichzeitig an Chlor und an einen Benzolrest gebunden ist.

Die nicht zu verkennende Analogie der amidierten und hydroxylierten Azine mit den Oxazimen und Oxazonen hat verschiedene Chemiker veranlaßt, die Formel derselben in anderer Weise zu konstruieren. Analog dem einfachsten Oxazim könnte dem einfachsten Eurhodin die Konstitutionsformel:

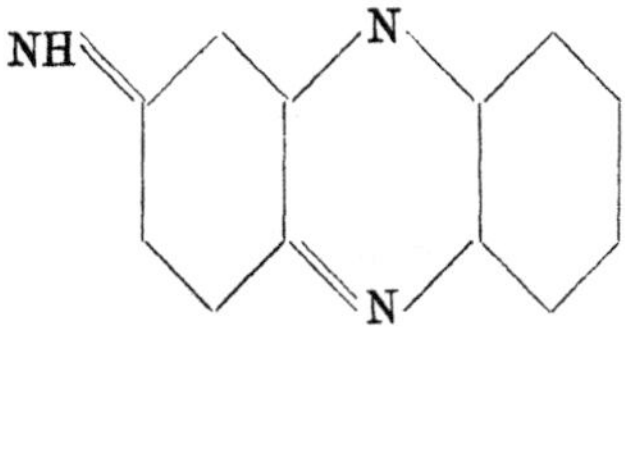

zukommen.

Diese Formel, welche Oxazime, Thiazime, Eurhodine, Safranine und Induline unter ein gemeinsames Schema bringt, hat in der Tat etwas Verlockendes, und es ist kaum daran zu zweifeln, daß sie die Konstitution einzelner der hier behandelten Körper am besten erklärt. Einer Verallgemeinerung derselben stehen aber eine Menge von Tatsachen entgegen. So reagieren die Eurhodine als wahre Amino-, die Eurhodole als wahre Hydroxylderivate. Auch hier wird Tautomerie angenommen werden müssen.

Die aminierten Azine zeichnen sich durch auffallende Farbenveränderungen aus, welche sie unter dem Einfluß mehr oder weniger konzentrierter Säuren erleiden.

Die symmetrischen Diaminoazine sind z. B. in Form ihrer einsäurigen Salze meistens rot gefärbt (ähnlich den Safraninen). In konzentrierter Schwefelsäure lösen sie sich mit grüner Farbe, welche beim Verdünnen durch Blau in Rot übergeht. Da die Safranine ein ganz ähnliches Verhalten zeigen, und in diesen das Säureradikal der einsäurigen Salze nachweislich am Azinstickstoff steht, dürften die Salze der Diaminoazine ähnlich konstituiert sein.

Bei den niedriger aminierten Azinen scheinen beide Stickstoffatome unter Umständen Säure fixieren zu können, wenigstens läßt die mannigfaltige Farbenveränderung, welche viele dieser Körper durch konzentrierte Säuren erleiden, darauf schließen.

Die Azinfarbstoffe zeichnen sich meist durch eine stark ausgesprochene Fluorescenz aus, welche bei einigen in der alkoholischen Lösung der Salze, bei andern in der ätherischen Lösung der Base zum Vorschein kommt.

Da die Zahl der dargestellten Azine eine sehr große ist, können wir hier nur diejenigen berücksichtigen, welche für die Farbstoffchemie ein praktisches oder theoretisches Interesse besitzen.

A. Eurhodine (*44*, *45*) (Aminoazine).

Diese von Witt entdeckten Körper entstehen durch Einwirkung von o Aminoazokörpern auf Monamine (o Aminoazotoluol auf *α* Naphtylamin), durch Einwirkung von Orthochinonen auf Triamine, welche zwei Aminogruppen in benachbarter Stellung enthalten, ferner durch Einwirkung von Nitrosodimethylanilin oder Chinondichlordiimid auf gewisse Monamine mit besetzten Parastellen sowie durch Einwir-

45) Witt, Ber. 19, p. 441.

kung von Aminochinone auf o-Diamine (*46*, *47*, *50*). Ursprünglich bezeichnet Witt mit dem Namen Eurhodine nur die Monoaminoazine. Wir nehmen jedoch keinen Anstand, diese Bezeichnung ganz allgemein für aminierte Azine zu gebrauchen.

Die einfachsten Eurhodine sind im allgemeinen schwach basische Farbstoffe. Ihre Base ist meist gelb gefärbt, die einsäurigen Salze sind rot, die zweisäurigen grün. Beide werden schon durch Wasser zersetzt. Die einsäurigen Salze färben Seide mit roter Farbe an, beim Waschen mit Wasser geht diese jedoch in die gelbe Färbung der Base über. Konzentrierte Schwefelsäure löst die meisten Eurhodine mit roter Farbe, beim Verdünnen geht diese durch Schwarz in Grün und schließlich wieder in Rot über. Ihre ätherische Lösung zeigt eine gelbgrüne Fluorescenz.

Aminophenazin.

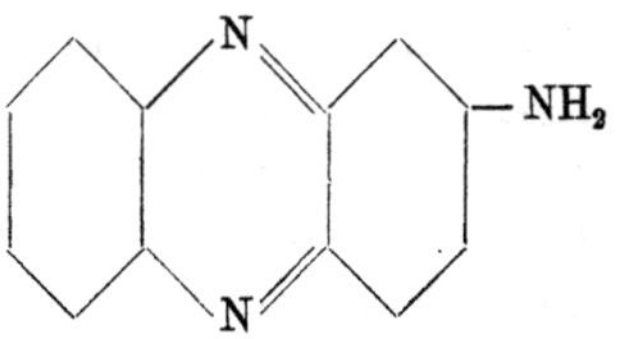

Entsteht durch Erhitzen des unsymmetrischen Diaminophenazins mit Zinkstaub, außerdem bei Oxydation des unsymmetrischen Orthooxy-Diaminodiphenylamins:

$$\overset{2}{HO}\ C_6H_4 - \overset{1}{NH} - C_6H_3 - \overset{2}{NH_2} . \overset{4}{NH_2}\ (48).$$

Lange rote Nadeln vom Schmelzpunkt 265°. In verdünnten Säuren mit roter, in konzentrierten mit grüner Farbe löslich.

Das erste Eurhodin wurde von Witt durch Erhitzen von o-Aminoazo-p-Toluol mit α-Naphtylamin dargestellt. Es kommt ihm die nachstehende Konstitution zu (*45*):

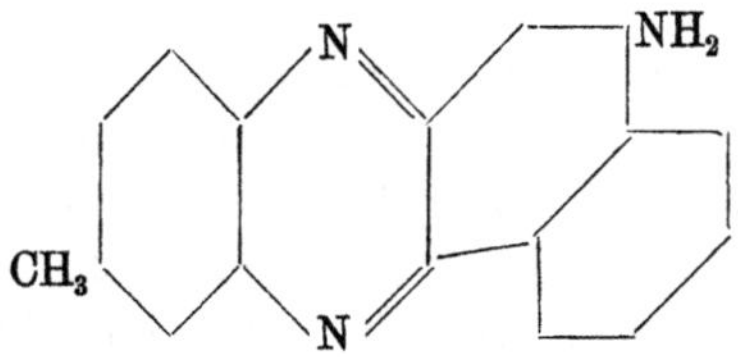

46) Nietzki u. Otto, Ber. 21, p. 1598 und p. 1736. — *47*) Witt, Ber. 21, p. 719. — *48*) Nietzki u. Simon, Ber. 28, p. 2973

Der Körper hat für die Eurhodine eine theoretische Bedeutung erlangt, weil durch seine Überführung in Naphto-Tolazin der Zusammenhang zwischen Eurhodinen und Azinen zum ersten Mal erwiesen wurde.

Das Eurhodine:

$$H_2N - C_6H_3 \lessgtr {}^{N}_{N} \gtrless C_{10}H_6$$ (49)

und sein Dimethylderivat:

$$(CH_3)_2 N C_6 H_3 \lessgtr {}^{N}_{N} \gtrless C_{10}H_6$$ (47)

entstehen durch Einwirkung von Chinondichlorimid beziehungsweise Nitrosodimethylanilin auf *β* Naphtylamin.

Diaminoazine.

1. Unsymmetrisches Diaminophenazin (51, 52).

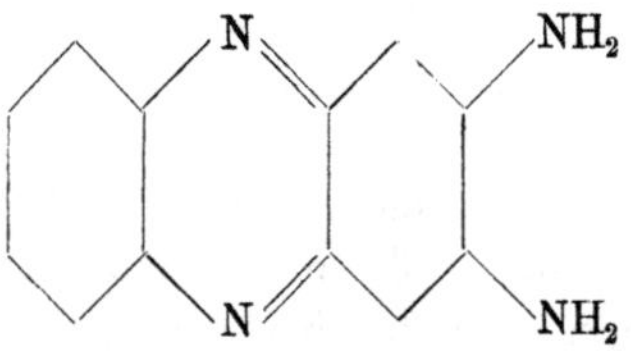

Wurde zuerst von Griess (*52*) durch Oxydation des o Phenylendiamins dargestellt.

O. Fischer und E. Hepp (*51*) stellten die Konstitution der Substanz fest. Die Bildung des Körpers geht augenscheinlich nach folgendem Schema vor sich:

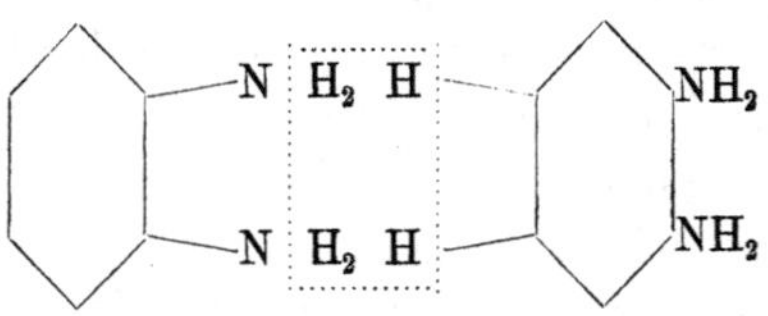

49) Nietzki u. Otto, Ber. **21**, p. 1598. — *50*) Kehrmann, Ber. 23, p. 2447. — *51*) Fischer u. Hepp, Ber. 22, p. 355. — *52*) Griess, Ber. 5, p. 202.

Die Stickstoffatome des einen Moleküls scheinen auch hier zu den Aminogruppen des anderen stets in Parastellung einzugreifen. Wo diese Parastellen durch beständige Gruppen besetzt sind, wie z. B. im Toluylendiamin von der Stellung:

$$\overset{1}{NH_2} . \overset{2}{NH_2} . \overset{4}{CH_3},$$

findet keine Azinbildung statt. Befinden sich an diesen Stellen Aminogruppen wie im unsymmetrischen Triamino- und im symmetrischen Tetraminobenzol, so werden diese bei der Azinbildung eliminiert (*53*).

Das Diaminophenazin bildet lange, gelbbraune Nadeln, welche sich in konzentrierter Schwefelsäure mit grasgrüner, in verdünnten Säuren mit orangeroter Farbe lösen.

2. *Symmetrisches Diaminophenazin* (*54*).

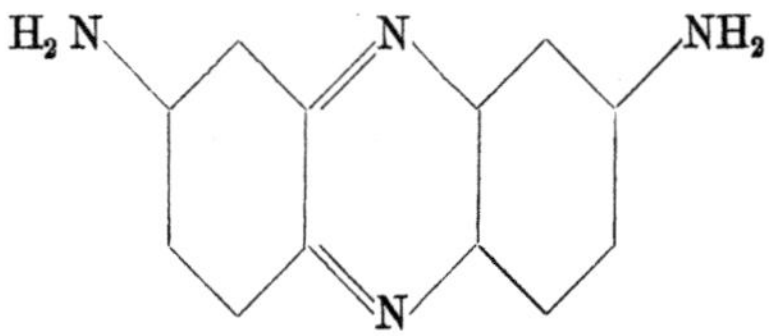

Dieser Körper muß als das einfachste Glied der Toluylenrotgruppe betrachtet werden. Er bildet sich durch Oxydation des Triaminodiphenylamins von der Konstitution:

$$\overset{4}{NH_2} . \overset{2}{NH_2} . C_6 H_3 - \overset{1}{NH} - C_6 H_4 \overset{4}{NH_2},$$

in der Siedehitze sowie durch Kochen des daraus erhaltenen Indamins mit Wasser.

Gelbe, bei 280⁰ schmelzende Nadeln.

Die Lösung der einsäurigen Salze ist schön rot und färbt Seide und tannierte Baumwolle mit cochenilleroter Nüance an.

Konzentrierte Schwefelsäure löst es mit grüner Farbe, welche beim Verdünnen durch Blau in Rot übergeht. Das einsäurige Nitrat ist schwer löslich.

Durch Überführung in eine Diazoverbindung und Zersetzen derselben mit Alkohol entsteht Phenazin.

---

53) Nietzki, Ber. 22, p. 3039. — *54*) Nietzki u. Ernst, Ber. 23, p. 1852.

Der Körper entsteht auch durch gemeinsame Oxydation von Para- und Metaphenylendiamin sowie durch Einwirkung von Chinondichlorimid auf letztere Base, in beiden Fällen in der Siedehitze.

Toluylenrot (*55*).

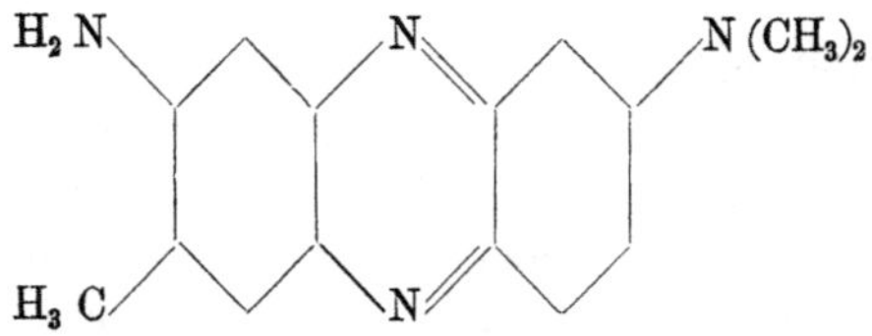

Dieser von Witt entdeckte Körper ist als der zuerst bekannte Repräsentant der symmetrischen Diaminoazine sowie der Eurhodine überhaupt von geschichtlichem Interesse.

Das Toluylenrot entsteht durch Erhitzen des Toluylenblaus (Aminoindamin) unter Austritt von zwei Wasserstoffatomen (*55*) (siehe Einleitung zu den Azinfarbstoffen) sowie durch gemeinsame Oxydation von Dimethylparaphenylendiamin mit m-Toluylendiamin in der Siedehitze.

Die Base bildet orangerote, 4 Mol. Wasser enthaltende Kristalle, welche bei 150° in die wasserfreie blutrote Verbindung übergehen (*55*). Ihre alkoholische und ätherische Lösung fluoresciert stark.

Das einsäurige Chlorhydrat ist ein schön rosenroter Farbstoff; durch Salzsäure wird es himmelblau, durch konzentrierte Schwefelsäure grün gefärbt. Das Zinkchloriddoppelsalz bildet metallglänzende Kristalle (*55*).

Das Toluylenrot findet unter dem Namen „Neutralrot“ technische Verwendung und färbt sich nach Art der basischen Farbstoffe auf tannierter Baumwolle. Der durch Alkalien bewirkte Umschlag der Färbung von Rot in Gelb steht jedoch einer allgemeineren Anwendung entgegen.

Das Toluylenrot enthält eine freie Aminogruppe und bildet einen blauen Diazokörper. Durch Kochen desselben mit Alkohol entsteht das dimethylierte Eurhodin, $C_{15} H_{15} N_3$ (*56*).

Durch gemeinsame Oxydation von p-Phenylendiamin und m-Toluylendiamin entsteht ein methylfreies Toluylenblau, welches beim Erhitzen in das entsprechende Toluylenrot übergeht. Dasselbe

55) Witt, Ber. 12, p. 931. — *56*) Bernthsen, Ber. 19, p. 2604; Annal. 236, p. 332.

bildet eine Tetrazoverbindung, welche beim Kochen mit Alkohol in Methylphenazin (Benzol-Tolazin)

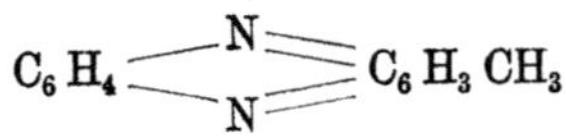

übergeht (*56*).

Bei der Behandlung von Toluylenblau mit überschüssigem m-Toluylendiamin entsteht ein violetter Farbstoff, welchem Witt den Namen Toluylenviolett und die Formel $C_{14}H_{14}N_4$ erteilt (*55*).

Ähnliche Farbstoffe bilden sich bei gemeinsamer Oxydation von Dimethyl-p-Phenylendiamin und m-Phenylendiamin und haben unter dem Namen „Neutralviolett" technische Verwendung gefunden.

B. **Eurhodole** (Oxyazine)

entstehen aus den Azinsulfosäuren durch Schmelzen mit Kali (*57*) sowie beim Erhitzen der Eurhodine mit konzentrierter Salzsäure auf 180° (*45*).

Sie sind den Eurhodinen in Färbung und Fluorescenz ähnlich, besitzen aber sowohl Basen- als Phenolcharakter. In konzentrierter Schwefelsäure zeigen sie ähnliche Farbenerscheinungen wie die Eurhodine.

Monooxyazine.

Oxynaphtophenazin.

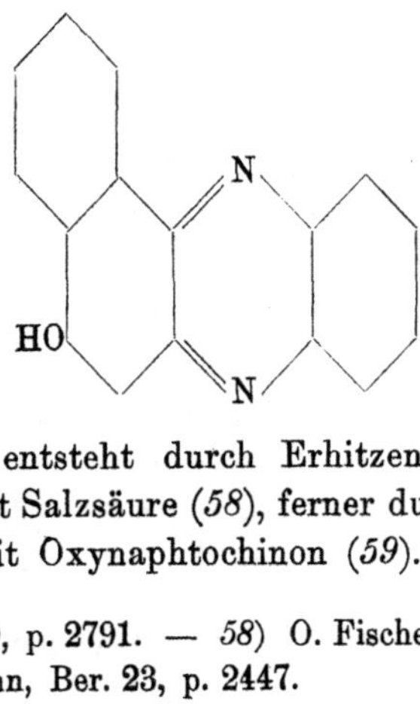

Dieser Körper entsteht durch Erhitzen der entsprechenden Aminoverbindung mit Salzsäure (*58*), ferner durch Kondensation von o-Phenylendiamin mit Oxynaphtochinon (*59*).

---

57) Witt, Ber. 19, p. 2791. — *58*) O. Fischer und E. Hepp, Ber. 23, p. 845 — *59*) Kehrmann, Ber. 23, p. 2447.

Bemerkenswert ist, daß der Körper durch Behandlung mit Jodmethyl in zwei isomere Methyläther übergeht, von denen der eine die Methylgruppe am Sauerstoff, der andere am Stickstoff enthält.

Letzterer Methyläther entsteht auch durch Einwirkung von Methyl-o Phenylendiamin auf Oxynaphtochinon.

Kehrmann und Messinger, welche diese Tatsache beobachteten, schließen daraus auf eine Tautomerie des Körpers im Sinne der beiden Formeln (*60*):

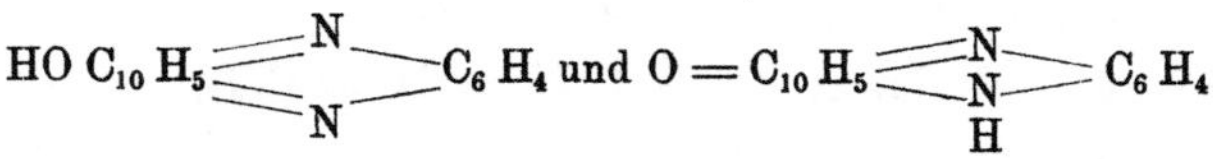

Es ist eine solche Annahme zwar nicht ganz unberechtigt, aber doch nicht notwendig.

Die Muttersubstanz des Stickstoffäthers muß jedenfalls eine Azoniumbase:

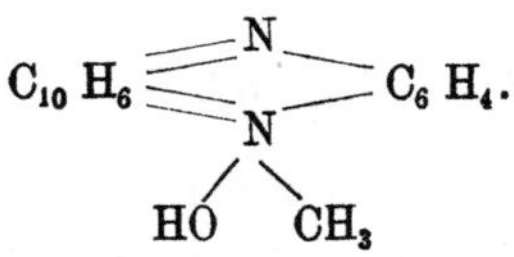

sein.

Tritt aber in einen solchen Körper eine saure Gruppe wie die Sulfo-, Carboxyl- oder Hydroxylgruppe, so muß notwendig eine Salzbildung zwischen derselben und der stark basischen Ammoniumgruppe eintreten, und der entstandene Körper besitzt (nach Kehrmann) die folgende Konstitution:

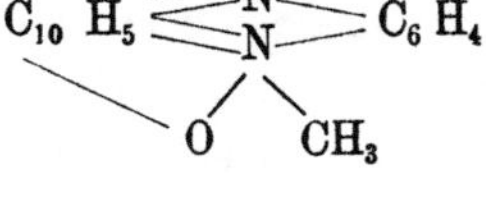

Ähnliche Anhydrisationen finden ja bei der Trimethylaminobenzoësäure und Sulfanilsäure statt.

Eurhodol, $C_{17}H_{12}N_2O$, entsteht durch Erhitzen des Eurhodins $C_{17}H_{13}N_3$, mit Salzsäure oder verdünnter Schwefelsäure. Mit roter

---

60) Kehrmann und Messinger, Ber. 24, p. 2167.

Farbe in konzentrierter Schwefelsäure löslich, wird daraus durch Wasser in gelben Flocken gefällt (*45*).

Dioxyazine.

Unsymmetrisches Dioxyphenazin entsteht durch Erhitzen des unsymmetrischen Diaminophenazins mit Salzsäure auf 200° (*58*), ferner durch Kondensation von Orthophenylendiamin mit dem symmetrischen Dioxychinon. Rotgelbe Nadeln, welche $^1/_2$ Mol. Kristallwasser enthalten (*61*).

Das Diacetylderivat schmilzt bei 230°.

Dioxyphenyltolazin, $(HO)_2 C_6 H_2 = N_2 = C_7 H_6$, entsteht aus Dioxychinon und o-Toluylendiamin. Bei 265° schmelzende Nadeln (*61*).

Dioxynaphtophenazin, $(OH)_2 C_6 H_2 = N_2 = C_{10} H_6$. Aus Dioxychinon und Naphtylendiamin 1 : 2. Schwerlöslich, durch konzentrierte Schwefelsäure violett (*61*).

C. Safranine (*62*, *63*, *64*, *65*).

Unter der Bezeichnung „Safranine“ kann man eine Reihe von Farbstoffen zusammenfassen, welche sämtlich vier Stickstoffatome enthalten. Hier sind jedoch nicht wie bei den übrigen Eurhodinfarbstoffen zwei, sondern mindestens drei Kohlenwasserstoffkerne vorhanden. Obwohl ihr ganzer Charakter zeigt, daß sie den Phenazinfarbstoffen angehören, zeigen sie doch von den bisher beschriebenen ein in vielen Punkten abweichendes Verhalten. Vor allem ist hier der auffallend starke Basencharakter zu erwähnen, welcher in vieler Hinsicht an die quaternären Ammoniumbasen erinnert. Auch besitzen sie den für diese Körper charakteristischen bitteren Geschmack. Abweichend von den übrigen Azinfarbstoffen ist der Umstand, daß die freie Base dieselbe Farbe besitzt wie das einsäurige Salz.

Die stark basischen Eigenschaften liegen hier jedenfalls in der Azingruppe. Außerdem sind zwei Aminogruppen vorhanden.

---

61) Nietzki und Hasterlick, Ber. 24, p. 1337. — *62*) Nietzki, Ber. 16, p. 464. — *63*) Bindschedler, Ber. 16, p. 865. — *64*) Journ. of Chem. Ind. 1882. — *65*) Witt, Ber. 12, p. 931.

Letztere lassen ihren Wasserstoff durch Alkohol- oder Säureradikale ersetzen; der Umstand, daß die Diacetylderivate noch einsäurige Basen sind, zeigt jedoch, daß die stark basische Azingruppe hier intakt geblieben ist.

Die Safranine bilden drei Reihen von Salzen. Die einsäurigen sind wie die Base rot und sehr beständig, die zweisäurigen blau und die dreisäurigen grün. Die beiden letzteren werden durch Wasser zersetzt. Die dreisäurigen (grünen) Salze existieren nur in Gegenwart konzentrierter Schwefelsäure oder sehr konzentrierter Salzsäure.

Beide Aminogruppen lassen sich diazotieren (*62*). Die primäre Diazoverbindung bildet blaue zweisäurige Salze. Sie entsteht in schwach sauren Lösungen und entspricht den blauen zweisäurigen Safraninsalzen. Die grüne Tetrazoverbindung ist nicht analysiert, dürfte jedoch den dreisäurigen Salzen entsprechen. Die Salze dieser Verbindungen werden durch Wasser nicht zersetzt.

Safranine entstehen in folgenden Reaktionen: Durch Erhitzen von Indaminen mit primären Monaminen, unter teilweiser Reduktion der letzteren (*62*, *64*, *65*), durch gemeinsame Oxydation von p-Diaminodiphenylamin und seinen Analogen mit primären Basen (*62*) sowie von p-Diaminen mit 2 Mol. der letzteren (*64*). Schließlich durch gemeinsame Oxydation von m-Aminodiphenylamin oder seinen Analogen mit Paradiaminen.

Bei der Oxydation der p-Diamine mit Monaminen können zwei verschiedene Monamine in die Reaktion eingreifen, von denen nur das eine primär sein muß. Für das Diamin und ein Monamin gelten die Bedingungen, welche für die Bildung eines Indamins nötig sind, d. h. das Diamin darf nur an einem Stickstoff substituiert sein, und das Monamin muß eine unbesetzte Parastelle enthalten. Da ein Indamin stets als Zwischenprodukt auftritt, so beruhen alle drei erwähnten Methoden auf derselben Reaktion, d. h. es bildet sich Indamin entweder aus dem Diaminodiphenylamin oder durch Kondensation des Diamins mit Monamin. Das Monamin, welches auf das Indamin reagiert, darf in der Aminogruppe nicht substituiert sein, kann jedoch besetzte Parastellen enthalten.

Das einfachste Safranin wurde schon seit längerer Zeit fast allgemein als ein Diaminoderivat des Phenylazoniums:

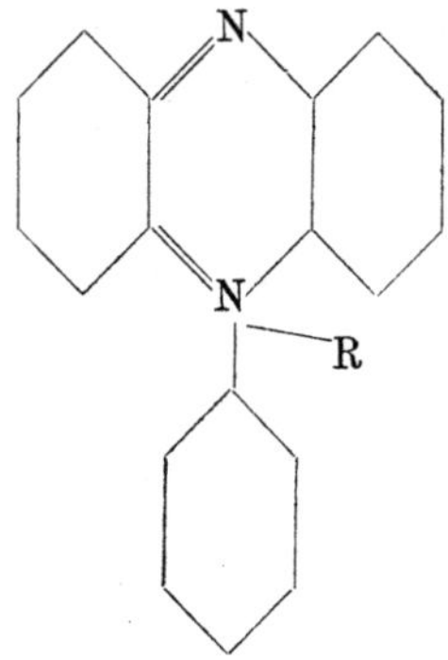

angesehen, während einige Chemiker es von einer parachinoïden, den Oxazimen analogen Verbindung von der Konstitution:

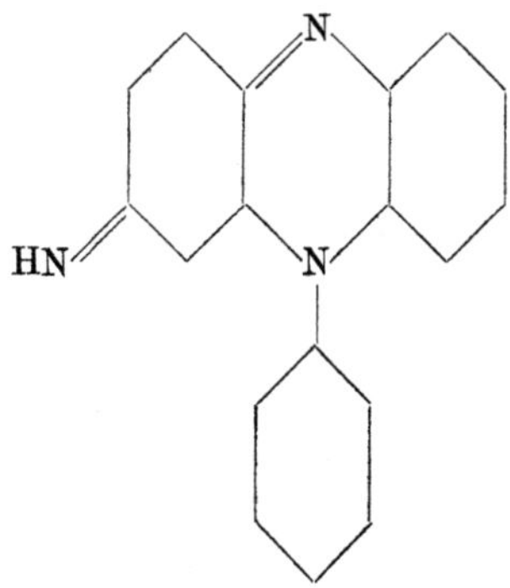

ableiteten. Letztere Anschauung, welche übrigens in keiner Weise den starken Basencharakter der Safranine erklären kann, ist hinfällig geworden, seit es Kehrmann (*65 a*) gelang, das Phenylphenazonium durch Eliminierung der Aminogruppe aus dem Aposafranin (siehe unten) darzustellen.

Andrerseits haben sich seit dem Erscheinen der zweiten Auflage dieses Buches die Tatsachen, welche zur Annahme der unsymmetrischen Safraninformel drängten, als irrig erwiesen. Vielmehr gelang es dem Verfasser, die symmetrische Konstitution der Safranine zu beweisen (*65 b*). Das Phenosafranin ist damit als die Phenylammoniumverbindung des symmetrischen Diaminophenazins

65 a) Kehrmann, Ber. 29, p. 2316. — *65 b*) Nietzki, Ber. 29, p. 1442.

charakterisiert, und es kommt seinem Chlorhydrat die nachstehende Konstitution zu:

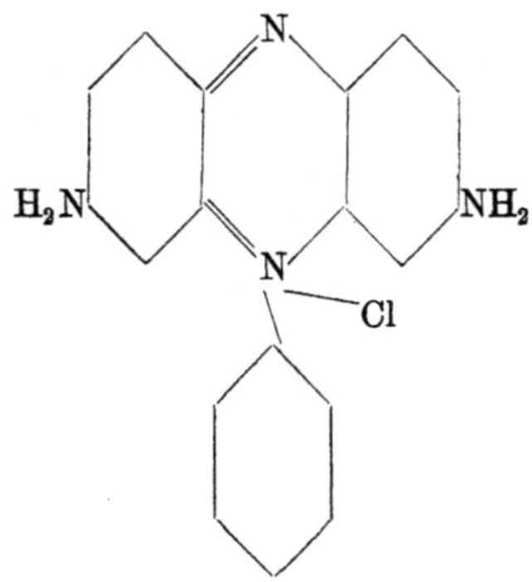

Das Phenosafranin bildet eine wasserhaltige Base, welche dem Ammoniumhydroxyd entspricht. Diese wird aber beim Erhitzen wasserfrei, ein Umstand, welcher bei den schwächer basischen Repräsentanten der Klasse noch häufiger vorkommt.

Hier kann wohl eine Umlagerung in die chinoïde Form angenommen werden, welche auch in vielen Fällen (z. B. beim Diacetylsafranin) mit einem Farbenumschlag verbunden ist. Andrerseits wäre auch eine Anhydrisation zwischen Hydroxyl und Aminogruppe möglich.

Die Safraninfarbstoffe sind in Gestalt ihrer einsäurigen Salze meist rot gefärbt, durch Einführung von Alkoholradikalen in die Aminogruppen wird diese Färbung nach Violett hin modifiziert.

Die Einführung von Methoxyl- und Äthoxylgruppen in die Benzolkerne bewirkt dagegen eine Änderung der Nüance nach Gelb.

Auf der tierischen Faser sowie auf tannierter Baumwolle fixieren sich die Safranine mit großer Leichtigkeit und erzeugen darauf die Nüance ihrer einsäurigen Salze. Ungebeizte Baumwolle fixiert ebenfalls geringe Mengen davon.

Die zweisäurigen Salze entstehen durch mäßig konzentrierte Salzsäure und sind blau, die dreisäurigen durch konzentrierte Schwefelsäure und sind grün gefärbt. Beide existieren nur bei Gegenwart eines Überschusses der betreffenden Säure und werden durch Wasser in die einsäurigen umgewandelt.

Die Basen, welche man durch Zersetzen der Sulfate mit Barythydrat darstellen kann, sind in Wasser leicht löslich und besitzen meist die Färbung der einsäurigen Salze. Durch Kohlensäure werden sie in das Carbonat übergeführt.

Durch Reduktion gehen die Safranine in Leukokörper über, welche in saurer Lösung ziemlich beständig sind, in alkalischer jedoch fast augenblicklich durch den Luftsauerstoff in die ursprünglichen Farbstoffe umgewandelt werden. Nimmt man die Reduktion mit saurer Zinnchlorürlösung vor, so wird für 1 Molekül Safranin 1 Molekül $Sn\,Cl_2$ verbraucht. Daraus geht hervor, daß Safranin bei seinem Übergang in die Leukobase zwei Wasserstoffatome addiert.

Durch anhaltendes Kochen mit Zinkstaub und Salzsäure geht das Phenosafranin in eine farblose, sehr beständige Base: $C_{18}H_{19}N_3O$ über (*66*).

Safranine bilden sich, außer den oben erwähnten Reaktionen, bei der Einwirkung von Aminen auf Aminoazokörper (*67*) sowie bei Oxydation der letzteren, schließlich bei der Oxydation der Mauveïne (*68*).

Die Bildung aus Aminoazokörpern beruht wohl auf einer Spaltung derselben in Paradiamine und Monamine, also auf dem Prinzip der schon mitgeteilten Entstehungsweise.

Zur technischen Darstellung der Safranine bedient man sich jetzt ausschließlich des Verfahrens, welches auf der Oxydation von 1 Mol. Paradiamin mit 2 Mol. Monamin beruht.

Man erhält das betreffende Basengemisch durch Reduktion von Aminoazokörpern. Man stellt gewöhnlich aus Orthotoluidin (früher benutzte man die aus Orthotoluidin und Anilin bestehenden Fuchsinéchappés) durch Einwirkung von Natriumnitrit und Salzsäure ein Gemisch von Aminoazotoluol und Orthotoluidin oder Anilin dar. Man reduziert darauf mit Zinkstaub oder Eisen und Salzsäure und erhält so ein Gemisch von 1 Mol. p Toluylendiamin und 2 Mol. o Toluidin oder 1 Mol. Toluidin und 1 Mol. Anilin. Dieses Gemisch wird in verdünnter, mit Kreide neutralisierter Lösung mit Kaliumbichromat versetzt und längere Zeit gekocht. Statt des Bichromats wird häufig auch Weldonbraunstein bei Gegenwart von etwas Oxalsäure angewandt. Es entstehen in beiden Fällen zunächst Indamine, welche beim Kochen mit überschüssigem Monamin bei

---

66) Nietzki u. Otto, Ber. 21, p. 1590. — *67*) Witt, Ber. 10, p. 873. — *68*) Perkin, Jahresber. 1859—1863.

Gegenwart des Oxydationsmittels in Safranin übergeführt werden. Gleichzeitig bilden sich dabei violette Farbstoffe (Mauveïn?), welche einen schwächer basischen Charakter besitzen und sich deshalb durch Zusatz von Soda oder Kreide fällen lassen, während das Safranin in Lösung bleibt und daraus durch Kochsalz abgeschieden wird.

Das Safranin soll zuerst (etwa im Jahre 1868) von Guinon, Marnas und Bonnet in Lyon durch Oxydation von Mauveïn dargestellt worden sein. Später wurde es durch Erhitzen von salzsaurem (toluidinhaltigem) Anilin mit salpetrigsaurem Blei sowie von Aminoazobenzol (bezw. Toluol) mit Arsensäure erhalten. Offenbar entstanden durch Einwirkung von Bleinitrit auf Anilinsalze zunächst Aminoazoverbindungen als Zwischenprodukte.

Als Farbstoff kommt jetzt fast ausschließlich das durch Oxydation von 1 Mol. p Toluylendiamin, 1 Mol. o Toluidin und 1 Mol. Anilin dargestellte Safranin zur Verwendung. Diese erstreckt sich hauptsächlich auf die Baumwollfärberei. Man benutzt die Körper meistens unter Zusatz von gelben Farbstoffen (Chrysoidin, Auramin oder wohl auch Curcuma) zur Erzeugung scharlachroter Töne, welche dem mit Alizarin hervorgebrachten Türkischrot ähnlich sind, diesem jedoch an Echtheit bedeutend nachstehen.

Auch in der Seidenfärberei findet das Safranin zur Erzeugung schöner Rosatöne Verwendung.

Seit einiger Zeit wird aus diazotiertem Safranin und β Naphtol ein basischer blauer Azofarbstoff erzeugt, welcher unter dem Namen Indoïn und anderen Bezeichnungen in der Baumwollfärberei auf Tanninbeize Verwendung findet.

Werden die primären Diazoverbindungen der Safranine mit Alkohol gekocht, so läßt sich eine Aminogruppe leicht entfernen. Das aus dem Phenosafranin auf diese Weise entstehende Monamino-Phenylazoniumsalz hat den Namen „Aposafranin" erhalten. Das Aposafranin läßt sich nur in sehr saurer Lösung diazotieren. Seine Diazoverbindung, mit kaltem Weingeist zersetzt, liefert das Phenylphenazoniumchlorid.

Dieses Chlorid ist in Wasser mit gelber Farbe löslich und besitzt eine sehr große Reaktionsfähigkeit und Zersetzlichkeit. Ammoniak sowie Amine greifen leicht in den Kern ein, und ersteres bildet wieder Aposafranin.

Das Aposafranin ist der Typus einer ziemlich großen Klasse von Verbindungen, welcher sich neuerdings viele, früher den Indulinen zugezählte Farbstoffe angereiht haben.

Obwohl diese, als die einfacheren Repräsentanten der Azoniumderivate; hier zuerst zu behandeln wären, stellen wir, um nicht ganz mit unserer früheren Einteilung zu brechen, die wirklichen Safranine voran.

Phenosafranin, $C_{18}H_{14}N_4$ (*69*, *62*, *63*, *64*).

Dieser Körper wurde zuerst von Witt durch Oxydation von 1 Mol. Paraphenylendiamin und 2 Mol. Anilin dargestellt (*69*). Er entsteht ferner durch Oxydation gleicher Moleküle von Anilin und p-Diaminodiphenylamin (*62*).

Die freie Base läßt sich durch genaues Zersetzen des Sulfats mit Baryumhydrat erhalten. Konzentriert man die erhaltene Lösung im Vakuum, so kristallisiert die Base plötzlich in kleinen grünglänzenden Blättchen aus und hat dann ihre leichte Löslichkeit in Wasser verloren.

Ihre Zusammensetzung entspricht nach dem Trocknen bei 100^0 der Formel $C_{18}H_{16}N_4O = C_{18}H_{14}N_4 + H_2O$. Bei 150^0 verliert sie jedoch etwa $^1/_2$ Mol. Wasser.

Die Safraninbase ist ziemlich veränderlich und spaltet schon beim Kochen mit Wasser Ammoniak ab.

Die alkoholische Lösung, sowohl der Base als der Salze, zeigt starke Fluorescenz, welche bei wäßrigen Lösungen sehr schwach ist.

Das Chlorhydrat, $C_{18}H_{14}N_4HCl$, kristallisiert aus salzsäurehaltigem Wasser in grünglänzenden Blättchen, aus reinem Wasser in langen stahlblauen Nadeln. Seine Lösungen sind schön rot gefärbt. Kochsalz sowie konzentrierte Salzsäure scheidet es daraus ab.

Nitrat, $C_{18}H_{14}N_4HNO_3$, grüne Kristalle, schwer löslich in Wasser, fast unlöslich in verdünnter Salpetersäure (*62*, *63*).

Sulfat (*62*), $C_{18}H_{14}N_4H_2SO_4$. Stahlblaue Nadeln.

Diacetylchlorhydrat (*62*), $C_{18}H_{12}N_4(C_2H_3O)_2HCl$. Entsteht durch Einwirkung von Essigsäureanhydrid und Natriumacetat auf das Chlorhydrat des Phenosafranins. Unlösliche braun-

69) Witt, Ber. 12, p. 931.

schillernde Blättchen. Löst sich in alkoholischer Alkalilauge mit violetter Farbe. Wird beim Kochen mit verdünnter Schwefelsäure in Essigsäure und Phenosafranin gespalten. Jodhydrat (62), $C_{22}H_{19}N_4O_2J$.

Die ziemlich starke Basizität der Acetylsafranine kann als wichtiges Argument für die Azoniumformel gelten.

Diazoverbindungen (*62*).

Chlorid: $C_{18}H_{12}N_3HCl\diagdown N=NCl$ bildet sich bei Einwirkung von salpetriger Säure auf die saure Lösung des Phenosafraninchlorhydrats. Die Lösung des Körpers ist blau gefärbt wie die zweisäurigen Salze des Safranins, ändert jedoch ihre Farbe beim Verdünnen nicht.

Platinsalz, breite blaue Nadeln.

Durch Kochen der Diazoverbindung mit Alkohol entsteht das Aposafranin $C_{18}H_{13}N_3$ (siehe unten).

Behandelt man die grüne Lösung des Phenosafranins in konzentrierter Schwefelsäure mit salpetriger Säure, so entsteht nach dem Verdünnen mit Wasser eine grün bleibende Lösung, welche vermutlich die Tetrazoverbindung des Safranins enthält (*62*).

Dimethylphenosafranin (63), $C_{18}H_{12}N_4(CH_3)_2$.

Entsteht durch Oxydation von 1 Mol. Dimethylparaphenylendiamin mit 2 Mol. Anilin.

Chlorhydrat, $C_{20}H_{18}N_4HCl$. Fuchsinroter Farbstoff.

Nitrat, $C_{20}H_{18}N_4HNO_3$. Grünschillernde Nadeln.

Das Dimethylphenosafranin findet in Form seines Chlorzinkdoppelsalzes unter dem Namen „Fuchsia“ in Druckerei und Baumwollfärberei Verwendung.

Ein ähnlicher, dem obigen homologer Farbstoff wird durch Einwirkung von Nitrosodimethylanilin auf käufliches Xylidin dargestellt und kommt unter dem Namen „Girofflé“ in den Handel.

Diäthylsafranin (62), $C_{18}H_{12}N_4(C_2H_5)_2$.

Entsteht analog dem Dimethylderivat und ist diesem ähnlich.

Dimethyl- und Diäthylderivat bilden leicht primäre Diazokörper von rein blauer Farbe. Dieselben reagieren auf Phenole unter Bildung blauer Azofarbstoffe.

Tetramethylphenosafranin (*63*), $C_{18}H_{10}N_4(CH_3)_4$.

Entsteht aus 1 Mol. Dimethylparaphenylendiamin, 1 Mol. Dimethylanilin und 1 Mol. Anilin.

Chlorhydrat, $C_{22}H_{22}N_4HCl$.

Nitrat, $C_{22}H_{22}N_4HNO_3 + H_2O$. Bräunlich violette, millimeterdicke Kristalle. Violetter, stark fluorescierender Farbstoff.

Tetraäthylphenosafranin (*62*), $C_{18}H_{10}N_4(C_2H_5)_4$.

Entsteht durch Oxydation gleicher Moleküle Diäthylparaphenylendiamin, Diäthylanilin und Anilin.

Bildet ein sehr schön kristallisierendes Zinkdoppelsalz, welches einen goldgelben Reflex zeigt. Blauvioletter Farbstoff, welcher auf Seide eine prachtvolle Fluorescenz zeigt, am Licht jedoch sehr schnell verändert wird. Derselbe hat unter dem Namen „Amethystviolett" Verwendung gefunden.

Tolusafranin (*70*), $C_{21}H_{20}N_4$.

Chlorhydrat, $C_{21}H_{20}N_4HCl$, feine, rötlichbraune Nadeln. Löslich in Wasser und Alkohol.

$(C_{21}H_{20}N_4HCl)_2PtCl_4$, gelbrotes kristallinisches Pulver.

Nitrat, $C_{21}H_{20}N_4HNO_3$, rotbraune, in kaltem Wasser schwer lösliche Nadeln.

Pikrat, $C_{21}H_{20}N_4C_6H_2(NO_2)_3OH$. In Wasser und Alkohol unlösliche braunrote Nadeln.

Außer der Orthoverbindung, welche durch Oxydation von 1 Mol. p Toluylendiamin und 2 Mol. Orthotoluidin entsteht, existiert eine Verbindung, welche aus gleichen Molekülen Toluylendiamin, Para- und Orthotoluidin gebildet ist und sich durch schwierige Löslichkeit von der vorigen unterscheidet. Beide sind in Gestalt ihrer Chlorhydrate im Safranin des Handels vorgekommen. Letzteres enthält, wenn es, wie dieses üblich ist, aus einem Gemisch von Anilin und Toluidin bereitet wurde, das niedere Homologe $C_{20}H_{18}N_4$.

Gegenwärtig wird zur Safranindarstellung meistens reines o Aminoazotoluol reduziert und unter Zusatz von reinem Anilin oxydiert. Das so erhaltene Safranin enthält dann ausschließlich die Base $C_{20}H_{18}N_4$.

---

70) Hofmann und Geyger, Ber. 5, p. 526.

Mauveïne.

Den Namen Mauveïn (*71*) erhielt der erste technisch dargestellte Anilinfarbstoff, welchen Perkin (1856) durch Behandeln von (unreinem) Anilin mit verschiedenen sauren Oxydationsmitteln erhielt. Seit dem Bekanntwerden der Safranine mußte die Ähnlichkeit beider Farbstoffklassen auffallen, und schon von A. W. Hofmann u. Geyger (*70*) wurde auf dieselbe hingewiesen.

Diese Forscher sprachen denn auch die Vermutung aus, daß Mauveïn nichts anderes als phenyliertes Safranin sei, eine Vermutung, welche sich später auch glänzend bestätigt hat.

Perkin beschreibt zwei Mauveïne; das aus reinem Anilin erhaltene Pseudomauveïn ist der Formel $C_{24}H_{19}N_4$ entsprechend zusammengesetzt und vermutlich identisch mit einem Körper gleicher Zusammensetzung, welchen Fischer und Hepp (*72*) durch Einwirkung von p Nitrosodiphenylamin auf Anilin darstellten. Denselben Körper erhielt Nietzki durch gemeinsame Oxydation einerseits von Diphenylmetaphenylendiamin mit Paraphenylendiamin, andererseits von m Aminodiphenylamin und p Aminodiphenylamin (*72 a*).

Die Identität letzterer beider Produkte beweist die symmetrische Formel und die Konstitution:

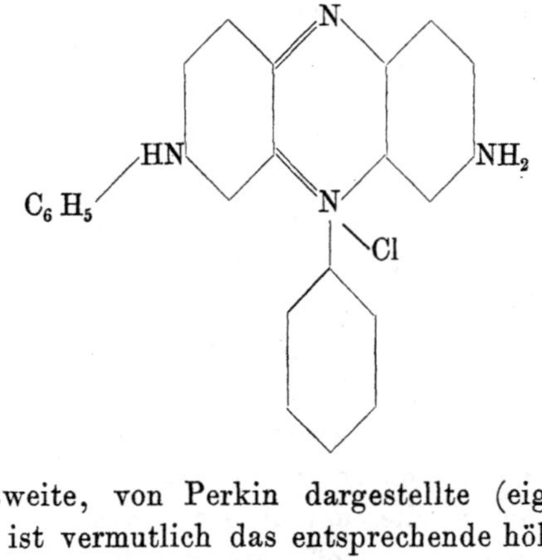

Das zweite, von Perkin dargestellte (eigentliche) Mauveïn, $C_{27}H_{24}N_4$, ist vermutlich das entsprechende höhere Homologe (aus 3 Toluidin und 1 Anilin gebildet).

---

71) Perkin, Jahresber. 1859—63, Proc. of Royal Soc. 35, p. 717. — *72*) Fischer u. Hepp, Ber. 21, p. 2617. — *72 a*) Nietzki, Ber. 29, p. 1442.

Es bildet in freiem Zustande ein schwarzes, in Wasser unlösliches Pulver, löst sich in Alkohol mit blauvioletter Farbe.

Starke Base, zieht Kohlensäure aus der Luft an und treibt Ammoniak aus seinen Salzen aus.

Es bildet mit Säuren drei Reihen von Salzen, welche sich denen des Safranins ganz analog verhalten. Die dreisäurigen entstehen nur mit konzentrierter Schwefelsäure und sind grün, die zweisäurigen sind blau und wie erstere durch Wasser zersetzlich. Die einsäurigen hingegen sind beständig, kristallinisch und von rotvioletter Farbe.

Chlorhydrat, $C_{27}H_{24}N_4HCl$. Kleine grünglänzende, büschelförmig vereinigte Prismen. In Wasser schwer, in Alkohol leicht löslich.

Acetat, $C_{27}H_{24}N_4C_2H_4O_2$. Grünglänzende Prismen.

Carbonat. Metallgrüne Prismen. Beim Trocknen oder Kochen zersetzlich.

Die Mauveïnsalze färben auf Wolle nicht mit der ihrer Lösung eigentümlichen rotvioletten Farbe, sondern mit der blaustichigeren Farbe der freien Base an.

Platinsalz, $(C_{27}H_{24}N_4HCl)_2PtCl_4$, große goldfarbene Kristalle, schwer löslich in Alkohol.

$C_{27}H_{24}N_4(HCl)_2PtCl_4$, dunkelblauer Niederschlag.

$C_{27}H_{24}N_4AuCl_3$, kristallinisches Pulver.

Äthylderivat, $C_{27}H_{23}(C_2H_5)N_4$. Durch Einwirkung von Jodäthyl und Alkohol.

Chlorhydrat, $C_{29}H_{28}N_4HCl$. Rotbraunes Kristallpulver, schwer löslich in Wasser, leicht mit purpurroter Farbe in Alkohol.

Platinsalz, $(C_{29}H_{28}N_4HCl)_2PtCl_4$, goldgrüner Niederschlag.

Jodid, $C_{29}H_{28}N_4HJ.J_2$, goldgrüne Kristalle.

Das synthetische Mauveïn zeigt ähnliche Eigenschaften. Die Mauveïne stehen den Safraninen an Basizität nach. Die Base wird durch Alkalien abgeschieden und zeigt in Lösung eine etwas bläulichere Nüance als die der Salze. Da sie sauerstofffrei ist, scheint hier eine Umlagerung der Azoniumform in die parachinoïde stattzufinden.

Ein anderer, ohne Zweifel mit diesem sowie mit dem Perkinschen Violett homologer Farbstoff wird von den Höchster Farbwerken durch gemeinschaftliche Oxydation von p Aminodiphenylamin und o Toluidin dargestellt und unter dem Namen „Rosolan“ in den Handel gebracht.

Indazin (*73*, *74*).

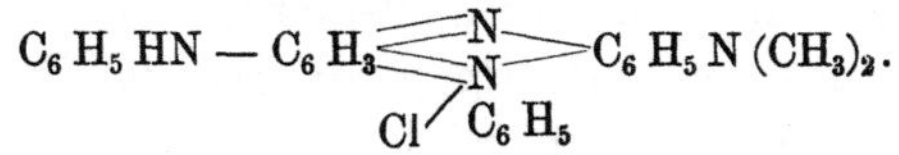

Das Dimethyl-Pseudomauveïn entsteht durch Einwirkung von Nitrosodimethylanilin auf Diphenylmetaphenylendiamin (*73*).

Schön blauvioletter Farbstoff. Die Base ist rot, in Wasser löslich und schmilzt bei 218°. In konzentrierter Schwefelsäure mit grüner Farbe löslich.

Das Indazin des Handels enthält außerdem noch einen zweiten mehr grünblauen Farbstoff, welcher wahrscheinlich ein sekundäres Einwirkungsprodukt des Nitrosodimethylanilins auf den ersten ist.

Das Dimethylpseudomauveïn kann außerdem durch gemeinsame Oxydation von Dimethylparaphenylendiamin mit Diphenylamin und Anilin erhalten werden.

Safranine der Naphtalinreihe.

Zu den Naphtosafraninen gehört unstreitig ein seit langer Zeit unter dem Namen Magdalarot oder Naphtalinrot bekannter Farbstoff. Dieser Farbstoff, welcher sich durch Erhitzen von *α* Aminoazonaphtalin mit *α* Naphtylamin bildet, ist augenscheinlich kein ganz einheitliches Produkt. Hofmann (*75*) berechnete nach seiner Analyse die Formel $C_{30}H_{21}N_3$ und stellte ihn der damaligen Anschauung gemäß in die Reihe des Rosanilins. Julius (*76*) untersuchte einen in Form seines schwer löslichen Sulfates aus dem Handelsprodukt abgeschiedenen Farbstoff und berechnete daraus für die wasserfreie Base die Formel $C_{30}H_{20}N_4$.

Zweifellos ist dieser Körper das Safranin der Naphthalinreihe (*76a*).

Dieser Farbstoff scheint aber nicht der einzige Bestandteil des Magdalarots zu sein. Da die Darstellungsbedingungen dieses Produkts für die Bildung von Farbstoffen der Rosindulinreihe günstig sind, so dürften diese wohl in dem käuflichen Produkt enthalten sein. Das Magdalarot löst sich in Alkohol mit pracht-

73) Fischer u. Hepp, Annal. 262, p. 262. — *74*) Fischer u. Hepp, Annal. 272, p. 311. — *75*) Hofmann, Ber. 2, p. 374. — *76*) Julius, Ber. 19, p. 1365. — *76a*) Fischer und Hepp, Annal. 286, p. 232.

voll gelber Fluorescenz. Es soll noch in kleinen Mengen dargestellt und hie und da in der Seidenfärberei benutzt werden.

Zwei von Fischer und Hepp dargestellte Farbstoffe, das Naphtylviolett und das Naphtylblau, repräsentieren das Mono- und Diphenylderivat des Naphtosafranins, ersteres also das Mauveïn dieser Reihe (*73*, *74*).

Naphtylviolett 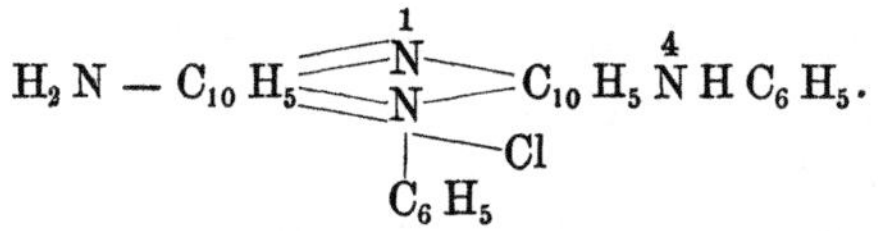

Entsteht neben dem nachstehend beschriebenen Naphtylblau durch Erhitzen von Nitroso-β Naphtylamin mit salzsaurem α Naphtylamin und Anilin. Die Salze lösen sich in Alkohol mit blauvioletter Farbe und starker Fluorescenz. Konzentrierte Schwefelsäure löst sie grün.

Naphtylblau 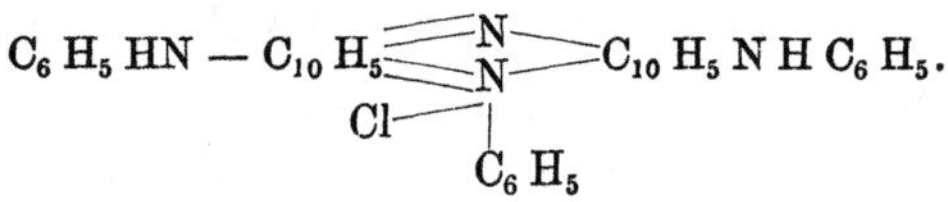

Das Phenylderivat des vorigen. Bildet sich auch durch Einwirkung von Phenol auf Benzolazophenyl-α Naphtylamin. Das Phenol scheint dabei nicht in Reaktion zu treten, sondern der Farbstoff durch Kondensation zweier Moleküle Benzolazophenylnaphtylamin zu entstehen. Naphtylviolett und Naphtylblau lassen sich in Sulfosäuren überführen, welche wertvolle Farbstoffe sind. Die damit gefärbte Seidenfaser zeigt starke Fluorescenz (*77*). Naphtylviolett und Naphtylblau gehen durch Erhitzen mit Säuren in Anilidonaphtindon über, bei stärkerem Erhitzen entsteht Oxynaphtindon.

Ein Dimethylphenylderivat des gemischten Naphtophenosafranins bildet sich bei der Behandlung von Diphenyl- 2 . 7 Naphtylendiamin mit Nitrosodimethylanilin. Diesem, zuerst von Annaheim dargestellten schönen blauen Farbstoff kommt ohne Zweifel die Konstitution:

---

77) D.R.P. 63 181. — 78) D.R.P. 40 886.

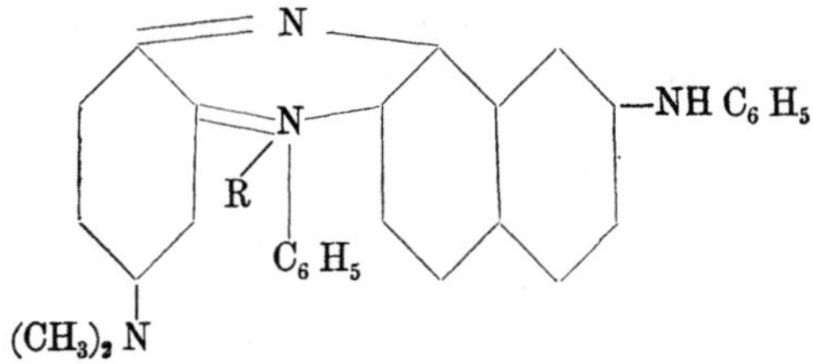

zu. Der Farbstoff hat den Namen „Baseler Blau" (*78*) erhalten und kommt als Tanninfarbstoff zur Verwendung. Von den wahren Safraninen unterscheidet er sich übrigens dadurch, daß er nicht beide, sondern nur eines der auxochromen Amine in Parastellung zum Azinstickstoff enthält.

Das Phenylderivat eines gemischten Safranins

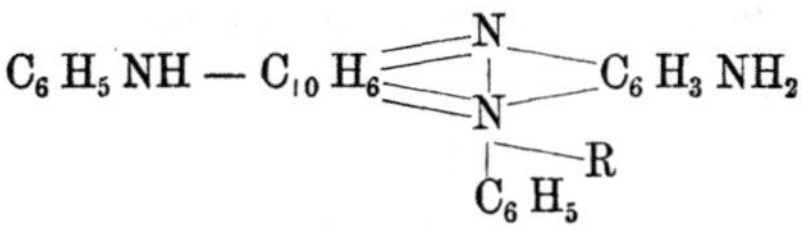

ist von Fischer und Hepp unter dem Namen Aminophenylrosindulin beschrieben worden. Es bildet sich beim Erhitzen von Nitroso-β Naphtylamin, p Phenylendiamin und salzsaurem Anilin (*79*).

Safranine mit aliphatischer Azoniumgruppe.

Körper, welche sich von einem Methyl- oder Äthyl-Diphenylazoniumchlorid

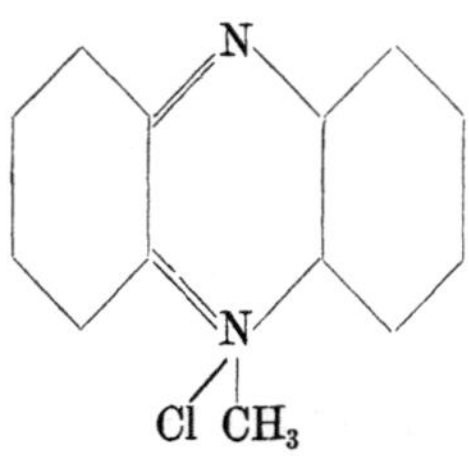

ableiten, sind wiederholt dargestellt, aber bis jetzt nicht näher beschrieben worden.

Im allgemeinen sind dieselben den Safraninen sehr ähnlich, zeigen jedoch eine gelbstichigere Nüance.

---

79) Fischer u. Hepp, Annal. 256, p. 236.

Man erhält solche Körper beispielsweise aus dem Methyl-Toluylendiamin von der Konstitution:

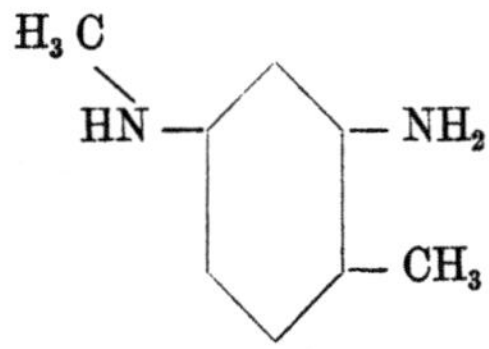

durch Oxydation mit Paradiaminen oder analog wirkende Behandlung (Erhitzen mit Chinondichlorimid, Aminoazobenzol etc.). Da in dieser Base die Parastelle zur alkylierten Aminogruppe besetzt ist, so kann das Paradiamin nicht in diese eingreifen (was zur Eurhodinbildung führen würde), es tritt vielmehr zu letzterer in Ortho und in Para zur freien Aminogruppe.

Nach dem Schema

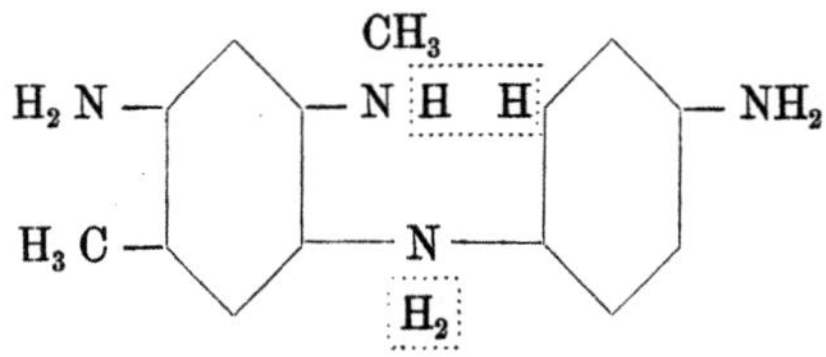

ensteht ein Safranin von der Konstitution:

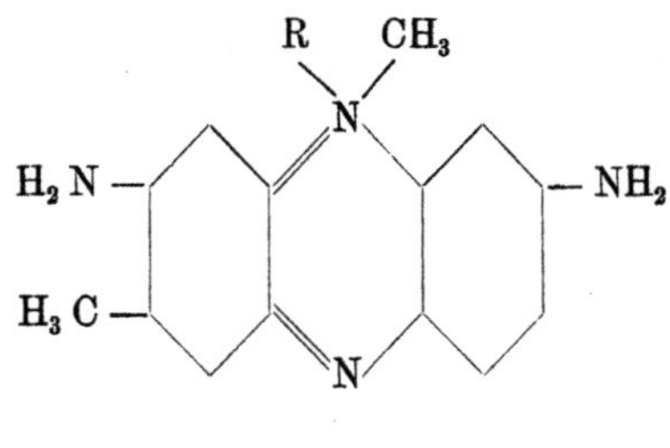

Aposafranine.

Mit dem Namen „Aposafranin“ bezeichneten Fischer und Hepp einen Körper, welchen Nietzki und Otto durch Elimination einer Aminogruppe aus dem Phenosafranin dargestellt hatten. Da eine große Anzahl von Substanzen, welche früher unter die Induline gerechnet wurden, namentlich die als Rosinduline und Isorosinduline bezeichneten Körper, gegenwärtig als Analoge des

Aposafranins angesehen werden müssen, haben wir nach dem Vorgang von Fischer und Hepp diese unter dem Namen der „Aposafranine“ in eine eigne Klasse zusammengefaßt.

Die Aposafranine unterscheiden sich von den Safraninen durch den Mindergehalt einer Aminogruppe. Sie sind infolgedessen schwächer basisch als diese. Das einfachste Aposafranin (*80*)

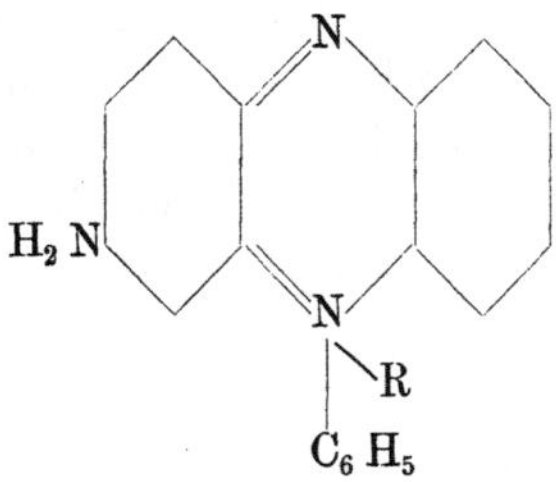

entsteht, wie schon oben erwähnt, durch Kochen der primären Diazoverbindung des Phenosafranins mit Alkohol.

Seine Salze sind fuchsinrot gefärbt und fluorescieren in alkoholischer Lösung schwach. Konzentrierte Schwefelsäure löst sie mit gelbbrauner Farbe, die Lösung färbt sich beim Verdünnen grün, später direkt rot, ohne daß hier Blau als Zwischenphase auftritt.

Nitrat, $C_{18}H_{13}N_3HNO_3$, bildet braune, schwerlösliche Nadeln.

Chlorzinkdoppelsalz: braunglänzende Nadeln.

Acetylderivat, $C_{18}H_{12}N_3C_2H_3O$, bildet einsäurige, gelb gefärbte Salze. Im freien Zustande zeigt es eine violette Farbe.

o Anilidoaposafranin, $C_6H_5NH \cdot C_{18}H_{12}N_3$, entsteht aus dem Aposafranin durch Erwärmen mit Anilin (*81*), und aus dem in Indulinschmelzen vorkommenden Anilidophenosafranin durch Kochen der Diazoverbindung mit Alkohol (*82*). Es ist namentlich deshalb von Interesse, weil es lange Zeit für das (dem Aposafranin isomere) einfachste Indulin gehalten wurde.

Analoge des Aposafranins sind in der reinen Benzolreihe nur wenige bekannt, wir kennen jedoch eine große Anzahl von Körpern dieser Klasse, welche aus einem Benzol- und einem Naphtalinringe bestehen. Dieselben lassen sich, je nachdem sich die Aminogruppe im Benzol- oder im Naphtalinrest befindet, in zwei Klassen einteilen. Fischer und Hepp, welche beide Klassen den Indulinen zuzählten,

80) Nietzki u. Otto, Ber. 21, p. 1736. — *81*) Fischer u. Hepp, Ber. 26, p. 1655. — *82*) Kehrmann, Ber. 28, p. 1709; Fischer u. Hepp, Ber. 28, p. 2283.

bezeichneten die Körper als Rosinduline, wenn die Aminogruppe im Naphtalin-, als Isorosinduline, wenn sie im Benzolkern steht.

Zu letzteren gehören offenbar die einerseits von Witt (*47*), andererseits von Nietzki und Otto (*46, 26*) durch Einwirkung von Nitrosodimethylanilin sowie von Chinondichlorimid auf Phenyl-β Naphtylamin dargestellten Körper.

Durch Einwirkung von Chinondichlorimid auf Phenyl-β Naphtylamin entsteht eine violette Base, welche fuchsinrote Salze bildet. Schwefelsäure löst den Körper mit violetter Farbe, welche beim Verdünnen durch schmutzig Grün in Rot übergeht. Die Zusammensetzung der Salze entspricht der Formel: $C_{22}H_{15}N_3 . R$.

Nitrat, $C_{22}H_{15}N_3HNO_3$, feine Nadeln oder dickere grünglänzende Kristalle.

Die Konstitution der Verbindung entspricht jedenfalls der Formel (*46*):

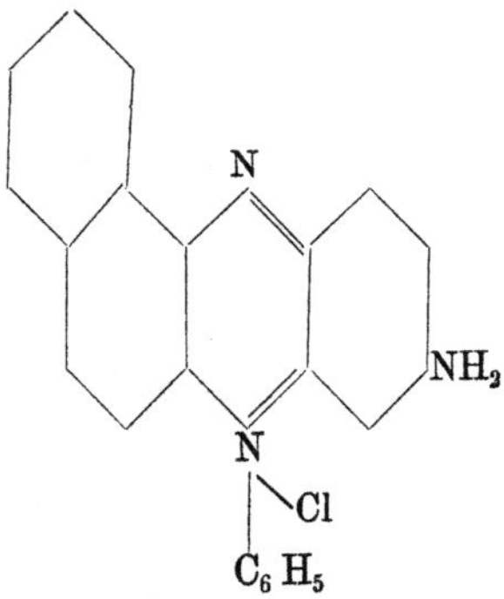

Durch Einwirkung von Nitrosodimethylanilin auf Phenyl-β Naphtylamin entsteht ein blauvioletter Farbstoff, welcher offenbar das Dimethylderivat des vorigen ist (*47*). Dank der Bemühungen Kehrmanns wurde die Zahl der Isomeren des einfachsten Rosindulins auf 15 erhöht (*82a*).

Aus praktischen Gründen wollen wir den Namen Rosinduline für die Isomeren dieser Körper beibehalten, umsomehr als dieser sich für einige derselben in der Technik eingebürgert hat.

Diese Substanzen bilden sich in ähnlicher Weise wie die Induline überall da, wo Körper, welche dem α Naphtochinontypus

---

82a) Kehrmann, Ber. 30, p. 2632, 2637; Ber. 31, p. 3097; Ber. 32, p. 927, 2627; Ber. 33, p. 1543, 3276, 3280, 3300; Ber. 34, p. 1225, 3092, 3099; Annal. 290, p. 275.

entsprechen, bei Gegenwart von Salzsäure mit Anilin erhitzt werden. Sie entstehen daher auch, wenn analog der zur Bereitung der Benzolinduline gebräuchlichen Aminoazobenzolschmelze Benzolazo-*α* Naphtylamin mit salzsaurem Anilin und überschüssigem Anilin erhitzt wird. Man erhält sie ferner durch Erhitzen der Nitrosoderivate des *α* Naphtols sowie des Naphtochinondiimids und des Nitrosophenyl-*α* Naphtylamins mit salzsaurem Anilin.

Ein Körper, welcher bei den obigen Reaktionen öfter als Zwischenprodukt aufzutreten scheint, ist Anilidonaphtochinonanil:

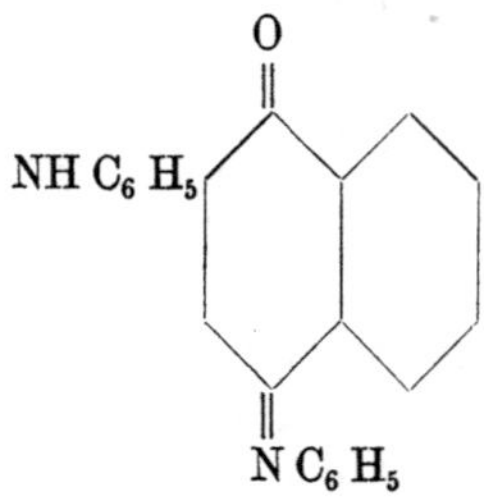

Rosindulin.

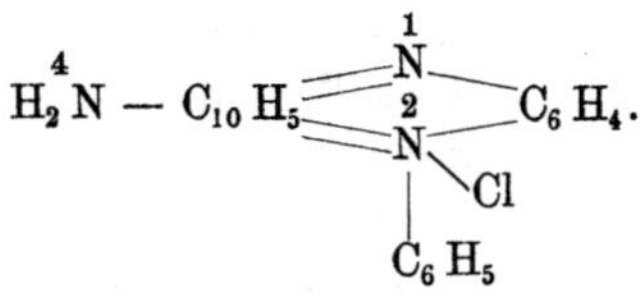

Entsteht beim Erhitzen von Benzolazo-*α* Naphtylamin mit Anilin und Alkohol unter Druck auf 170° (*79*), ferner durch Umsetzung von Oxynaphtochinonimid mit o Aminodiphenylamin nach dem Schema (*83*):

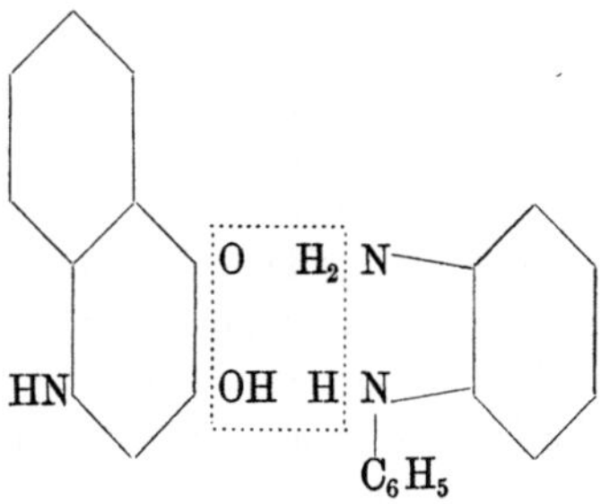

83) Kehrmann u. Messinger, Ber. 24, p. 584 u. 2167.

Base $C_{22}H_{15}N_3$. Rotbraune, glänzende Blättchen. Schmelzpunkt 199°.

Chlorhydrat, $C_{22}H_{16}N_3Cl + 3^1/_2 H_2O$.

Schön roter Farbstoff. In konzentrierter Schwefelsäure mit grüner Farbe löslich.

Unter dem Namen Rosindulin findet die Disulfosäure Verwendung in der Färberei. Äthylrosindulin entsteht durch Verschmelzen von Benzolazo-α Äthylnaphtylamin in analoger Weise.

Phenylrosindulin (früher Rosindulin genannt).

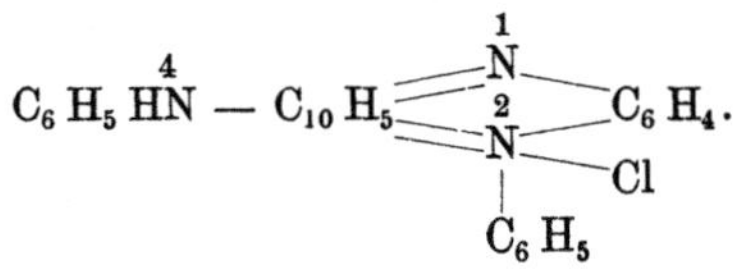

Dieser Körper wurde zuerst durch Erhitzen von Nitroso-Phenyl-α Naphtylamin oder Nitrosoäthyl-α Naphtylamin mit freiem und salzsaurem Anilin erhalten und damals mit dem Namen Rosindulin bezeichnet.

Er entsteht ferner beim Verschmelzen von Benzolazo-α Naphtylamin mit Anilin bei Gegenwart von Salzsäure. (Bei Gegenwart von Alkohol entsteht meistens Rosindulin.)

Das freie Phenylrosindulin schmilzt bei 235°.

Die Salze sind in Wasser schwer löslich, ihre Lösung zeigt eine schön rote Farbe. Konzentrierte Schwefelsäure löst sie mit grüner Farbe.

Eine Disulfosäure des Phenylrosindulins findet seit längerer Zeit unter dem Namen „Azocarmin" als Farbstoff Verwendung (eine Trisulfosäure als Rosindulin 2 B, bläulich) (*84*).

Das Azocarmin ist ähnlich der Rosindulinsulfosäure ein Säurefarbstoff, welcher sich durch großes Egalisationsvermögen auszeichnet. Seine Nüance ist der des Säurefuchsins ähnlich, vor diesem aber zeichnet es sich vorteilhaft durch seine Beständigkeit gegen Alkalien sowie durch größere Lichtechtheit aus.

Beim Erhitzen mit Salzsäure geht das Phenylrosindulin unter Abspaltung von Anilin in Rosindon über.

Auch zahlreiche Homologe des Phenylrosindulins sowie Naphtylrosindulin sind dargestellt worden.

---

84) D.R.P. 45 370, Badische Anilin- und Sodafabrik. Friedl. II, p. 202.

Safranol, Safranone und Rosindone.

Safranine, Aposafranine und Rosinduline tauschen bei der Behandlung mit Alkali oder mit konzentrierten Säuren ihre (nicht zur Azingruppe gehörigen) Stickstoffatome gegen Sauerstoff aus. Diese Körper können als Hydroxylderivate der Azoniumverbindungen aufgefaßt werden. Da ihnen im freien Zustande jedoch das Ammoniumhydroxyl fehlt, muß entweder eine Umlagerung in die parachinoïde Form oder eine innere Salzbildung (bezw. Anhydrisation zwischen Hydroxyl- und Azoniumgruppe) angenommen werden.

Safranol, $C_{18}H_{11}N_2O(OH)$.

Dieser Körper entsteht durch anhaltendes Kochen von Phenosafranin mit Barytwasser oder alkoholischer Kalilauge.

Der Körper besitzt einerseits saure, andererseits schwach basische Eigenschaften.

Das Safranol bildet messingfarbene Blättchen, welche, in indifferenten Lösungsmitteln fast unlöslich, sich leicht mit tief carminroter Farbe in wässerigem Ammoniak sowie in Ätzalkalien lösen.

Die Konstitution der freien Substanz entspricht jedenfalls der Formel:

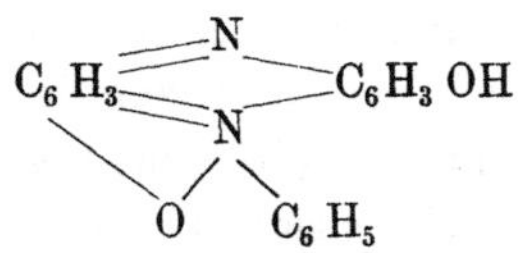

Säuren scheiden es daraus ab und verwandeln es, im Überschuß angewandt, in die schwerlöslichen Salze.

Es bildet eine rotgefärbte Monoacetylverbindung, welche mit Säuren gelbe, schwerlösliche Salze bildet (*66*).

Nach Jaubert bildet sich der Körper auch durch gemeinsame Oxydation von m Oxydiphenylamin mit p Aminophenol. In gleicher Weise entsteht aus Oxydiphenylamin und Paraphenylendiamin das um einen Stickstoff reichere Safraninon (*87a*).

---

85) D. R. P. 55 227, Kalle & Co. — *86*) Caro u. Dale, Dinglers Journ. 159, p. 465. — *87*) Griess u. Martius, Zeitschr. f. Chem. 1866, p. 136. — *87a*) Jaubert, Ber. 28, p. 2757; O. Fischer und E. Hepp, Ber. 30, p. 399.

Rosindon.

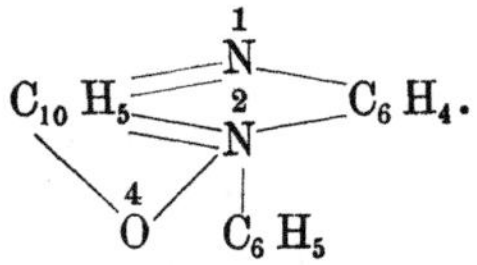

Entsteht als Nebenprodukt bei der Rosindulindarstellung, durch Erhitzen von Rosindulin sowie von Phenylrosindulin mit konzentrierter Salzsäure (*79*), ferner in analoger Weise wie bei der Synthese des Rosindulins durch Einwirkung von o Aminodiphenylamin auf Oxynaphtochinon (*83*).

Mennigrotes Kristallpulver oder rote Tafeln, Schmelzpunkt 259^0.

Löst sich in konzentrierten Säuren, aber nicht in Alkalien.

Eine Sulfosäure des Rosindons ist ein schön ponceauroter Säurefarbstoff, welcher unter dem Namen „Rosindulin G.“ technische Verwendung findet (*85*).

Das Rosindon geht durch Zinkstaubdestillation in $\alpha\beta$ Naphtophenazin über.

Dem Rosindon analoge Körper sind außerdem aus zahlreichen anderen Farbstoffen der Aposafraninreihe dargestellt worden.

Induline.

Die Induline gehören zu den am längsten bekannten Farbstoffen. Ihre Bildung wurde schon in den Jahren 1865—66 einerseits von Caro und Dale (*86*), andererseits von Griess (*87*) und Martius beobachtet. Wissenschaftliche Untersuchungen derselben sind von Hofmann und Geyger (*88*), v. Dechend und Wichelhaus (*89*), Witt, Fischer und Hepp (*90*, *91*, *91a*, *93*) ausgeführt worden.

Hofmann und Geyger beschrieben ein Indulin, welchem sie die Formel $C_{18}H_{15}N_3$ erteilten. Dasselbe erhielten sie durch Erhitzen von Aminoazobenzol mit einer alkoholischen Lösung von salzsaurem Anilin unter Druck.

Es hat sich bald herausgestellt, daß ähnliche Produkte überall da entstehen, wo Aminoazobenzol, Azobenzol, Azoxybenzol sowie

---

88) Hofmann u. Geyger, Ber. 5, p. 472. — *89*) v. Dechend u. Wichelhaus, Ber. 8, p. 1609. — *90*) Witt, Ber. 17, p. 74. — *90a*) Ber. 20, p. 1538. — *91*) Witt u. Thomas, Chem. Soc. 1883, p. 112. — *91a*) Fischer u. Hepp, Ber. 29, p. 370. — *92*) Caro, Fehlings Handwörterbuch, Art. Indulin.

Nitrobenzol mit salzsaurem Anilin oder anderen aromatischen Aminen erhitzt werden.

Ein in Wasser lösliches Indulin erzielt H. Caro (*92*) beim Erhitzen von salzsaurem Aminoazobenzol mit einer wäßrigen Lösung von ganz neutralem salzsauren Anilin. Die Einwirkung von Anilin auf Aminoazobenzol unter Ausschluß von Wasser ist von Witt (*90a*, *91*) näher studiert worden.

Derselbe wies nach, daß bei dieser Reaktion zunächst ein Zwischenprodukt auftritt, welches nichts anderes ist als das von Kimmich entdeckte Azophenin. Witt hat, obwohl er ebensowenig wie Kimmich die Natur dieses Körpers richtig erkannte, denselben mit Recht als die Muttersubstanz der Induline angesprochen. Witt erzeugte in seinen Indulinschmelzen erst bei niedriger Temperatur Azophenin und erhitzte dann die Mischung längere Zeit auf 125—130° zur Bildung des Indulins 3 B, oder aber auf 165—170° für die Marke 6 B. Die Arbeiten von O. Fischer und E. Hepp förderten zunächst eine sehr wichtige Tatsache zutage: Die Aufklärung der Konstitution des Azophenins. Dasselbe wurde als Dianilidochinondianilid:

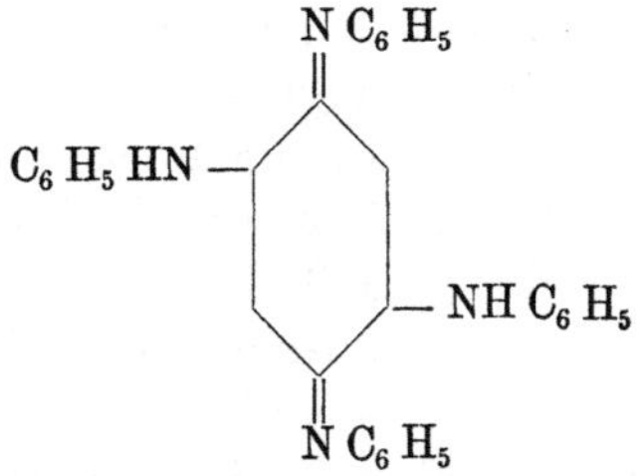

erkannt.

Neben diesen kommt in der Indulinschmelze noch das Chinon-Dianil:

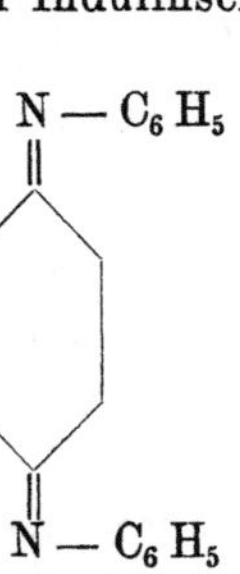

vor. Die Gegenwart dieser beiden Chinonabkömmlinge in den Zwischenprodukten der Indulinbildung läßt darauf schließen, daß diese Farbstoffe eine Konstitution besitzen, die diesen Substanzen Rechnung trägt; in den bei niedriger Temperatur ausgeführten Schmelzen hat Witt auch die Gegenwart von p Phenylendiamin nachgewiesen.

Betrachtet man die in der Indulinschmelze entstandenen, bis jetzt untersuchten Körper, so finden wir zunächst die von Hofmann und Geyger als $C_{18}H_{15}N_3$ beschriebene Base. Es muß nach unseren heutigen Erfahrungen als ziemlich sicher angesehen werden, daß obige Forscher keine einheitliche Substanz untersucht haben. Dasselbe ist wohl von den von v. Dechent & Wichelhaus untersuchten Körpern zu sagen. Die übrigen, zweifellos isolierten Induline sind folgende:

Als primitivstes Glied der Reihe darf nach Fischer & Hepp (*92 a*) das Anilidophenosafranin ($C_{24}H_{19}N_5$) betrachtet werden dessen rotviolette Salze noch beträchtliche Wasserlöslichkeit aufweisen; bildet sich als Nebenprodukt bei der Darstellung des Indamins, ferner beim Erhitzen des letzteren mit alkoholischem Ammoniak und Salmiak; liefert beim Entamidieren Anilidoaposafranin.

Indulin $C_{30}H_{23}N_5$ (*93*) entsteht nach Homolka (*94*), der ihm die Formel $C_{24}H_{18}N_4$ erteilte, durch kurzes Erhitzen einer aus Aminoazobenzol und Anilinchlorhydrat hergestellten Schmelze oder durch Erhitzen von salzsaurem Aminoazobenzol mit großem Überschuß von Anilin auf höhere Temperatur (*94 a*); von besonderem Interesse ist seine Bildung durch Erhitzen eines Gemenges von Azophenin, Anilin und p-Phenylendiaminchlorhydrat mit Alkohol unter Druck (*93 a*). Die Base ist in Benzol mit roter Farbe löslich, die Salze sind blauviolett gefärbt.*) Das Chlorhydrat ist in Wasser leicht löslich, aber durch wenig Salzsäure fällbar. Der Körper wird unter dem Namen I n d a m i n in der Färberei und im Kattundruck als Tanninfarbstoff verwandt.

92a) Zeitschrift für Farben- und Textilchemie 1, p. 457. — *93*) Fischer u. Hepp, Annal. 262, p. 256; 266, p. 255; 286, p. 195; Ber. 29, p. 368; 33, p. 1499. — *93a*) Annal. 286, p. 195. — *94*) D.R.P. 50 534 Höchster Farbwerke. — *94a*) P.-Anm. K 9952.

*) Vielleicht ist dieser Körper mit dem von Hofmann und Geyger als $C_{18}H_{15}N_3$ beschriebenen identisch. Die prozentische Zusammensetzung der Base ist annähernd dieselbe. Allerdings beschreiben obige Autoren die Salze als in Wasser unlöslich. Der Verfasser.

Nach Fischer und Hepp (Ber. 33, p. 1498 u. f.) kommt ihm folgende Konstitution zu:

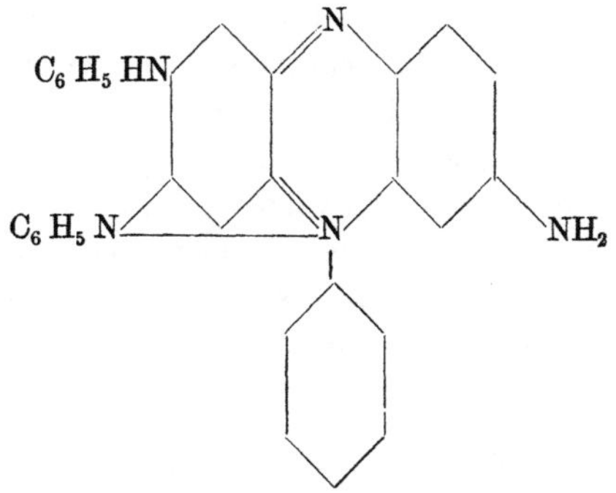

es ist ein Anilidopseudomauveïn; durch Elimination der Aminogruppe entsteht aus ihm Anilidophenylaposafranin.

Die Wittschen Induline 3 B und 6 B, deren blau gefärbte Salze nicht mehr wasserlöslich sind, entstehen aus dem Vorigen durch Erhitzen mit Anilin und dessen Chlorhydrat, Indulin 6 B auch durch analoge Behandlung von Phenosafranin; sie finden meistens als Sulfosäuren oder im Acetindruck (siehe unten) Verwendung

Indulin 3 B, früher von Witt für $C_{30}H_{23}N_5$ gehalten, jetzt nach Fischer & Hepp $C_{36}H_{27}N_5$, ist nach diesen Forschern Phenylanilidomauveïn. Das Chlorhydrat bildet braunglänzende, in Weingeist ziemlich leicht lösliche Blättchen.

Indulin 6 B, nach Witt $C_{36}H_{27}N_5$, nach Fischer & Hepp (*94b*) $C_{42}H_{32}N_6$ ist wahrscheinlich das Anilidoderivat des vorigen. Das Chlorhydrat bildet grünglänzende, in Weingeist fast unlösliche Blättchen (*91*).

Alle diese Produkte lassen sich leicht in Sulfosäuren verwandeln, und zwar um so leichter, je mehr Phenylgruppen sie enthalten.

Während das Indulin $C_{30}H_{23}N_5$ direkt als Tanninfarbstoff verwandt werden kann, benutzt man die im Wasser unlöslichen Farbstoffe im sogenannten Acetindruck.

94b) Fischer & Hepp, Ber. 29, p. 371; Ber. 28, p. 2289; Ber. 33, p. 1498; Annal. 266, p. 259, 261.

Solche Induline werden in Pastenform mit Tannin und Acetinen (den Acetaten des Glycerins) aufgedruckt. Beim Dämpfen wirkt das Acetin lösend auf den Farbstoff, vermittelt die Bildung des Tanninlacks, wird aber schließlich in Glycerin und Essigsäure gespalten. Durch Verflüchtigung der letzteren schlägt sich der Lack unlöslich auf die Faser nieder.

Außerdem führt man diese Induline in Sulfosäuren über, welche in der Wollfärberei Verwendung finden.

Man benutzt zu diesen Zwecken meistens keine einheitlichen Substanzen, sondern Gemenge verschiedener Induline, wie sie in der Aminoazobenzolschmelze entstehen.

Paraphenylenblau (*95*).

Unter dieser Bezeichnung kommen Produkte in den Handel, welche in der Weise erhalten werden, daß man das Anilin in der Aminoazo- oder Azobenzolschmelze durch Paraphenylendiamin ersetzt. Ähnliche Produkte entstehen durch Einwirkung von Paraphenylendiamin auf einfachere Induline (z. B. $C_{30}H_{23}N_5$).

Augenscheinlich reagiert hier das Phenylendiamin wie das Anilin bei der Bildung der höheren Induline. Die entstehenden Körper enthalten aber in jedem Phenylrest eine Aminogruppe und können deshalb als Aminoderivate des Indulins 3 B oder 6 B angesehen werden.

Diese Aminogruppen bewirken leichtere Löslichkeit und stärkeren Basencharakter des Produktes, Eigenschaften, welche dasselbe zu einem geschätzten Baumwollfarbstoff machen.

6. Chinoxalinfarbstoffe und Fluorindine.

Im Anschluß an die Azinfarbstoffe können hier die Chinoxalinfarbstoffe behandelt werden. Der Name „Chinoxaline“ wurde von Hinsberg im allgemeinen für die von ihm entdeckten Einwirkungsprodukte der Diketone auf Orthodiamine gewählt. Später wurde für die Körper rein aromatischer Natur, deren einfachster Repräsentant das Phenazin ist, der Name Azine gewählt, während man

95) D.R.P. 36899 Dahl & Co.

jetzt noch als Chinoxaline die gemischten Verbindungen bezeichnet, deren einfachste das Einwirkungsprodukt von o Phenylendiamin auf Glyoxal:

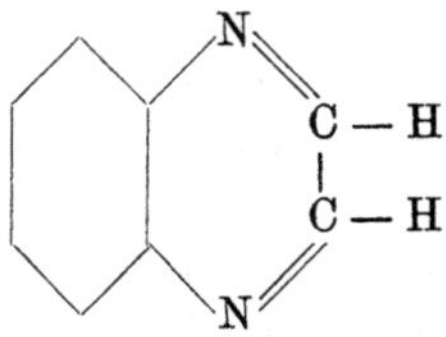

Chinoxalin

ist. Ersetzt man das Glyoxal durch Benzil, so entsteht das Diphenylderivat dieses Körpers. Merkwürdigerweise zeigen die Hydroverbindungen dieser Substanz, welche entstehen, wenn man statt des Benzils das Benzoïn anwendet, Farbstoffcharakter. Dem aus Benzoïn und o Phenylendiamin entstehenden Körper sollte die Konstitution:

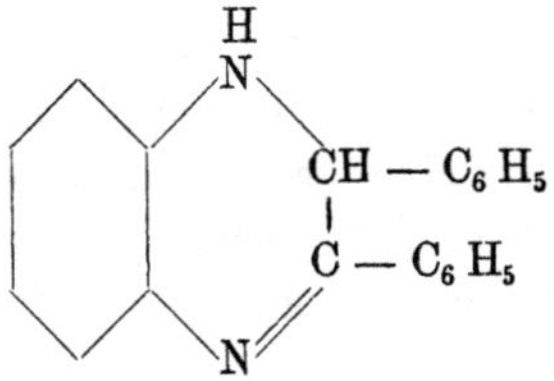

zukommen (*96*).

Dieser Körper ist lebhaft gelb gefärbt und besitzt starke Fluorescenz.

Ersetzt man das o Phenylendiamin durch das o Aminodiphenylamin oder Phenylnaphtylendiamin, so entstehen Substitutionsprodukte dieser Substanz, welche durch Eisenchlorid zu Azoniumbasen oxydiert werden*).

Die einfachste dieser Azoniumverbindungen entsteht durch Einwirkung von o Aminodiphenylamin auf Benzil, ist gelb gefärbt, stark fluorescierend (*97*). Der aus Phenanthrenchinon und o Aminodiphenylamin erhaltene Farbstoff hat den Namen Flavindulin erhalten und scheint technische Verwendung zu finden.

---

96) Fischer, Ber. 24, p. 719. — *97*) Kehrmann und Messinger, Ber. 24, p. 1239.

*) Es ist hier zu bemerken, daß auch das Phenosafranin bei der Reduktion mit Zinkstaub und Säuren in einem bestimmten, aber schwierig festzuhaltenden Stadium eine gelbe, stark fluorescierende Lösung gibt.

Der Verfasser.

Fluorindine.

Diese von Caro (*92*) und Witt fast gleichzeitig entdeckte Klasse von Farbstoffen ist von O. Fischer und E. Hepp eingehender untersucht worden (*98*).

Witt erhielt das Fluorindin durch Erhitzen von Azophenin, eine Sulfosäure desselben durch Behandeln des Azophenins mit siedender Schwefelsäure. Von Caro wurde ein ähnlicher Körper durch Erhitzen des aus oPhenylendiamin entstehenden roten Oxydationsproduktes (Diaminophenazin, Seite 231) mit salzsaurem o Phenylendiamin dargestellt. Fluorindine entstehen ferner durch Erhitzen der Salze von Orthodiaminen, unter anderen auch aus dem symmetrischen Tetraaminobenzol. Sie treten ferner als Zwischenprodukte in der Indulinschmelze auf.

Die Fluorindine sind außerordentlich schwer lösliche, teilweise unzersetzt sublimierbare Körper. Ihre Lösung ist orangerot bis violettrot, die der Salze grünblau, in vielen Fällen zeigt sie eine prachtvoll ziegelrote Fluorescenz.

Eine dem Fluorindin analoge Konstitution besitzt nach Seidel das Triphendioxazin:

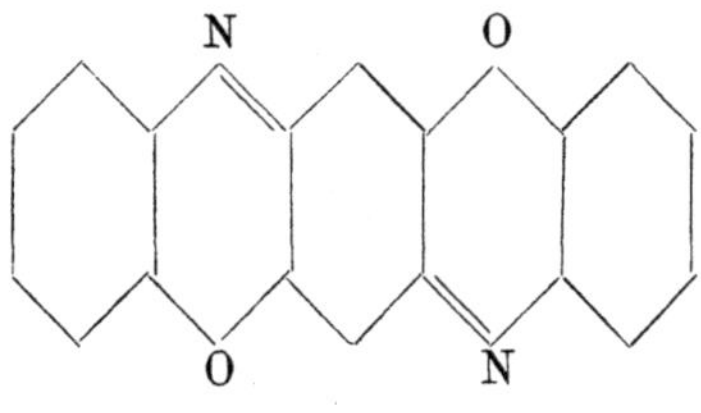

Dasselbe entsteht durch Oxydation des Ortho-Aminophenols und kann als Fluorindin aufgefaßt werden, in welchem die beiden Imingruppen durch Sauerstoffatome ersetzt sind.

Das einfachste Fluorindin entsteht aus o Phenylendiamin und Diaminophenazin und wird von Fischer und Hepp als Homofluorindin bezeichnet. Es besitzt nach Untersuchung dieser Forscher die Konstitution:

---

98) Fischer und Hepp, Ber. 23, p. 2789.

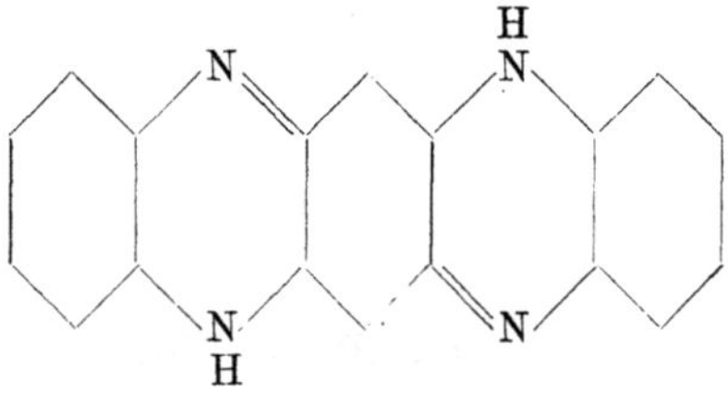

Das aus Azophenin entstehende Fluorindin leitet sich von diesem Körper in der Weise ab, daß dort die beiden Imidwasserstoffe durch Phenylgruppen ersetzt sind.

Diese Formel ist aus manchen Gründen angefochten worden, u. a. vom Verfasser (vergl. 3. Auflage). Eine von letzterem aufgefundene Synthese des einfachsten Fluorindins spricht jedoch für die Richtigkeit derselben mehr, als es bei den bisherigen Bildungsweisen der Fall war. (R. Nietzki und Slaboczewitz (*99*)). m Dinitrodichlorbenzol kondensiert sich mit 2 Molekülen o Phenylendiamin zu einem Kondensationsprodukt, welches als Diaminodinitrodiphenylmetaphenylendiamin aufzufassen ist und durch Reduktion in ein Dianilido-Tetraminobenzol von der Konstitution:

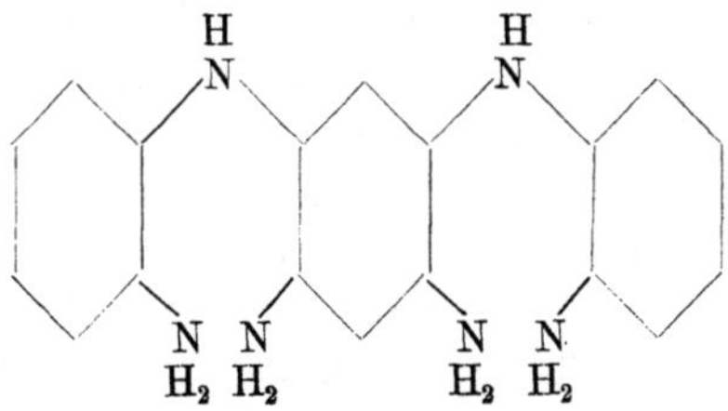

übergeht. Durch Erhitzen mit Eisenchloridlösung oder Luftoxydation geht dieser Körper unter Austritt von Ammoniak in das einfachste Fluorindin über, eine Reaktion, die kaum anders als nach folgendem Schema aufgefaßt werden kann:

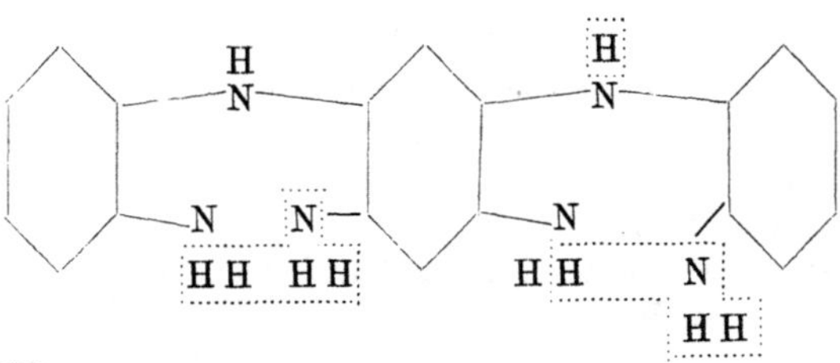

99) Ber. 34, p. 3727.

VIII. Anilinschwarz*).

Die meisten in saurer Lösung zur Wirkung kommenden Oxydationsmittel erzeugen aus Anilinsalzen einen eigentümlichen Farbstoff, welcher sich durch seine dunkle Färbung sowie durch seine geringe Löslichkeit in den meisten Lösungsmitteln auszeichnet. Die Bildung dieser Substanz ist beobachtet worden bei der Einwirkung von Mangansuperoxyd (*1*), Bleisuperoxyd, Chromsäure (*2*), Eisenoxydsalzen (*3*), Ferricyanwasserstoffsäure (*3*), Übermangansäure (*4*), von Chlorsäure allein (*5*) oder von chlorsauren Salzen bei Gegenwart gewisser Metallsalze (*6*), unter denen namentlich Kupfer- und Vanadverbindungen eine bedeutende Rolle spielen. In allen Fällen wirken diese Agentien wasserstoffentziehend auf das Anilin.

Die Bildung des Anilinschwarz aus Chloraten und den oben erwähnten Metallsalzen ist namentlich dadurch von Interesse, daß hier meist nur geringe Mengen von letzteren Verbindungen nötig sind, um relativ große Mengen von Anilin zu oxydieren. Das wirksamste von allen Metallen ist in dieser Hinsicht das Vanadium. Nach Witz (*7*) genügt 1 Teil Vanadium, um mit Hilfe der nötigen Chloratmenge 270 000 Teile Anilinsalz in Anilinschwarz überzuführen. Nächst dem Vanad (Cer (*8*))**) ist Kupfer das wirksamste Metall, bedeutend schwächer wirkt das Eisen.

Aus dieser Tatsache geht hervor, daß den Metallen hier nur eine übertragende Wirkung zukommt. Faßt man den Umstand

1) Lauth, Bullet d. l. Soc. Chim., Dez. 1864. — *2*) Casthelaz, Deutsch. Industriez. 1874. — *3*) Persoz, Deutsch. Industriez. 1868. — *4*) Rich. Meyer, Ber. 9, p. 141. — *5*) Fritzsche, Journ. f. pr. Ch. 28, p. 202. — *6*) Lightfoot, Jahresber. 1872, p. 1076. — *7*) Witz, Jahresber. 1877, p. 1239. — *8*) Kruis, Jahresber. 1874, p. 1217.

*) Vollständige Monographie von Noelting und Lehne. Berlin, Julius Springer, 1904. 2. Auflage.

**) Nach Witt wirkt Cer nicht, jedoch empfehlen die Farbwerke Cerosulfat für Diphenylschwarz.

ins Auge, daß nur solche Metalle einen Einfluß auf die Anilinschwarzbildung zeigen, welche mehrere Oxydations- oder Chlorierungsstufen zu bilden imstande sind, so liegt die Vermutung nahe, daß die höheren Metalloxyde selbst die Oxydation des Anilins bewirken, und diese Oxyde durch das vorhandene Chlorat stets regeneriert werden.

Bei Anwendung von Kupferchlorid läßt sich, wenn man mit einer ungenügenden Menge Kaliumchlorat arbeitet, in der Tat die Bildung von Kupferchlorür in dem Gemisch nachweisen.

Für die Bildung von Anilinschwarz ist es, solange man mit Lösungen arbeitet, nötig, daß letztere sauer sind. Die Schwarzbildung geht jedoch auch z. B. mit Kaliumchlorat und Kupfer, selbst bei Gegenwart eines Anilinüberschusses, vonstatten, sobald man die Flüssigkeit eintrocknen läßt, wie dieses beim Schwarzdruck auf der Zeugfaser geschieht.

Bei der Einwirkung von Chlorsäure auf Anilin findet die Schwarzbildung ebenfalls nur beim Eintrocknen statt. Chlorsaures Anilin ist in Lösung ziemlich beständig, das kristallisierte Salz verwandelt sich jedoch beim Trocknen in Anilinschwarz, welches meist noch die Kristallform des Anilinchlorats zeigt (*9*).

Schließlich entsteht das Anilinschwarz bei der Elektrolyse von Anilinsalzen am positiven Pol (*10*).

Die bei allen diesen Reaktionen entstehenden Produkte zeigen im großen und ganzen dieselben Eigenschaften. Als Hauptprodukt bildet sich stets ein Körper von schwachem, aber deutlich ausgesprochenem Basencharakter, welchem im freien Zustande eine dunkelviolette, fast schwarze Farbe zukommt, während seine Salze dunkelgrün gefärbt sind.

Letztere sind leicht zersetzlich und werden durch Waschen mit Wasser schon teilweise zerlegt, doch gelingt es nur schwierig, die Säuren daraus vollständig zu entfernen.

Die Base ist in den meisten Lösungsmitteln fast unlöslich, sie löst sich in Anilin, wenn auch schwierig, mit violetter (*11*) Farbe, welche bei längerem Stehen in eine braune übergeht, leichter mit blaugrüner Farbe in Phenol (*12*). Konzentrierte Schwefelsäure

---

9) Suida u. Lichti, Wagners Jahresber. 1884, p. 546. — *10*) Coquillon, Compt. rend. 81, p. 404. — *11*) Nietzki, Ber. 9, p. 616. — *12*) R. Kayser, Verh. des Kgl. Gewerbemuseums zu Nürnberg 1877.

nimmt den Körper mit violetter Farbe auf, Wasser fällt ihn daraus in Form des dunkelgrünen Sulfats. Rauchende Schwefelsäure wandelt ihn, je nach Stärke und Wirkungsdauer, in verschiedene Sulfosäuren um, welche im freien Zustande grün gefärbt sind, während den leicht löslichen Alkalisalzen eine schwarzviolette Färbung zukommt (*11*).

Die Salze des Anilinschwarz sind unbeständig und lassen sich nicht leicht mit konstantem Säuregehalt darstellen. Das Chlorhydrat verliert beim Trocknen allmählich Salzsäure. Bei der Behandlung mit Platinchlorid fixiert es wechselnde Mengen davon.

Essigsäureanhydrid verwandelt das Anilinschwarz in ein in konzentrierter Schwefelsäure unlösliches, nur schwach gefärbtes Acetylderivat (*13*).

Jodmethyl und Jodäthyl scheinen substituierend einzuwirken, doch sind die entstandenen Produkte in ihrem Verhalten wenig von dem ursprünglichen Körper verschieden (*13*). Durch Behandlung mit Kaliumbichromat entsteht aus dem Anilinschwarz eine chromsäurehaltige, violettschwarze Verbindung, welche durch Säuren nicht grün gefärbt wird und das Chromat der Schwarzbase zu sein scheint (Chromschwarz) (*13*).

Energische Oxydationsmittel, z. B. Chromsäure in stark saurer Lösung, führen das Anilinschwarz fast vollständig in Chinon über (*13*). Reduktionsmittel erzeugen zunächst eine unlösliche Leukoverbindung, welche sich bei Gegenwart von Säuren langsam, bei Gegenwart von Alkalien sehr schnell an der Luft zu Anilinschwarz oxydiert (*13*).

Energische Reduktionsmittel, z. B. Salzsäure und Zinn, Jodwasserstoffsäure und Phosphor, bewirken bei längerem Kochen eine vollständige Spaltung des Körpers. Als Spaltungsprodukte treten dabei p Phenylendiamin, p Diaminodiphenylamin (*13*) nebst kleinen Mengen von Diphenylamin auf. Bei der trocknen Destillation liefert das Anilinschwarz Anilin, p Phenylendiamin, Diaminodiphenylamin und Diphenylparaphenylendiamin (*9*).

Bei längerer Einwirkung von Anilin auf die Anilinschwarzsalze entstehen indulinartige Produkte, von denen ein blauer Farbstoff, $C_{36}H_{29}N_5$ oder $C_{36}H_{31}N_5$, isoliert wurde (*14*).

---

13) Nietzki, Ber. 11, p. 1094; Verh. d. Vereins zur Bef. d. Gewerbefleißes 1877. — *14*) Nietzki, Ber. 9, p. 1168.

Dieser Körper löst sich, ähnlich wie manche Induline, im Zustande der freien Base mit roter Farbe in Alkohol und Äther, während den Salzen eine blaue Farbe zukommt.

Die zahlreichen, vom Anilinschwarz ausgeführten Analysen ergaben die Tatsache, daß dasselbe aus dem Anilin durch einfache Wasserstoffabspaltung entsteht. Sie führen sämtlich annähernd zu dem einfachsten Ausdruck C_6H_5N. Selbstverständlich entspricht das Molekül einem Multiplum dieser Formel, doch ließ bis jetzt die Unbeständigkeit der Salze eine genaue Molekulargewichtsbestimmung nicht zu.

Es sind von verschiedenen Chemikern die nachstehenden Formeln aufgestellt worden:

1. $C_{12}H_{10}N_2$
2. $C_{18}H_{15}N_3$
3. $C_{24}H_{20}N_4$
4. $C_{30}H_{25}N_5$.

Formel 1. wurde von Kayser (*12*), Formel 3. von Goppelsröder (*15*) und die Formeln 2. und 4. von Nietzki aufgestellt.

Die Formel 4. stützte sich hauptsächlich auf die Bildung des oben erwähnten blauen Farbstoffes, welcher als phenyliertes Anilinschwarz, $C_{30}H_{29}N_5-C_6H_5$, aufgefaßt wurde; seitdem jedoch Witt (*16*) gezeigt hat, daß aus dem einfachsten Indulin durch Behandlung mit Anilin Farbstoffe entstehen, welche 5 Stickstoffatome im Molekül enthalten, ist dieses Argument für die Formel $C_{30}H_{25}N_5$ hinfällig geworden.

Sucht man die Wasserstoffmenge zu bestimmen, welche für die Überführung des Anilinschwarz in seine Leukoverbindung nötig ist, so findet man, daß für die Formel $C_{18}H_{15}N_3$ annähernd 2 Wasserstoffatome addiert werden. Letztere Formel scheint also dem Molekulargewicht des Körpers am besten zu entsprechen (*17*). Der durchgehend etwas zu niedrige Wasserstoffgehalt, welcher bei den Analysen des Anilinschwarz gefunden wurde, läßt jedoch eine um 2 Wasserstoffatome niedrigere Formel, $C_{18}H_{13}N_3$, ebenfalls möglich erscheinen.

Die Tatsache, daß das Anilinschwarz bei der Oxydation in

---

15) Goppelsröder, Jahresber. 1876, p. 702. — *16*) Witt und Thomas, Chem. Societ. 1883, p. 112. — *17*) Nietzki unpublizierte Beobachtung.

Chinon, bei der Reduktion in Paraphenylendiamin, Diaminodiphenylamin etc. übergeht, läßt deutlich erkennen, daß bei der Kondensation der Anilinmoleküle das Stickstoffatom des einen in den Benzolkern des anderen Restes, und zwar in die Parastelle zum Stickstoff, eingreift. Diese Auffassung entspricht einigermaßen einer von Goppelsröder aufgestellten Konstitutionsformel (*15*), in welcher die Benzolkerne durch Imidgruppen zu einem Ring verkettet angenommen werden.

Diese völlig symmetrische Formel erklärt jedoch den Farbstoffcharakter des Körpers nicht zur Genüge. Die Bildung eines beständigen Leukokörpers läßt vielmehr vermuten, daß mindestens zwei Stickstoffatome des Moleküls noch untereinander in Bindung stehen.

Suida (*9*) und Lichti betrachten das aus Anilinchlorat dargestellte Schwarz als ein Chlorderivat. Die Beobachtung des Verfassers, daß das Produkt beim Übergießen mit konzentrierter Schwefelsäure Salzsäuregas entwickelt und sich in ein fast chlorfreies Sulfat verwandelt, spricht jedoch entschieden gegen diese Auffassung.

Orthotoluidin wird unter analogen Bedingungen in eine dem Anilinschwarz offenbar homologe Substanz ($C_7 H_7 N$) umgewandelt (*13*).

Dieser Körper ist in seinen Eigenschaften dem Anilinschwarz durchaus ähnlich. Die Salze desselben sind dunkelgrün, die Base blauschwarz. Letztere unterscheidet sich von der Anilinschwarzbase dadurch, daß sie sich mit blauvioletter Farbe in Chloroform löst (*13*). Paratoluidin gibt bei der Oxydation keinen anilinschwarzähnlichen Körper.

Außer dem hier beschriebenen Körper enthält das auf dem einen oder anderen Wege dargestellte Anilinschwarz meist noch andere Produkte. Eines derselben bildet sich durch gelindere Oxydation und unterscheidet sich von dem oben beschriebenen Körper durch eine lebhafter grüne Farbe seiner Salze und eine lebhafter violette Farbe der freien Base sowie durch eine bedeutende Löslichkeit in Alkohol, Eisessig etc. Konzentrierte Schwefelsäure löst den Körper mit rotvioletter Farbe.

Diese Substanz bildet in Form ihrer Salze vermutlich den Hauptbestandteil des unter dem Namen Emeraldin früher zur Verwendung gekommenen grünen Farbstoffes und ist vermutlich identisch mit dem gemeinsamen Oxydationsprodukt von p Phenylendiamin und Diphenylamin (*18*).

Eine interessante Bildungsweise dieser Substanz ist von Caro (*18a*) beobachtet worden.

Oxydiert man eine wässerige Lösung von freiem Anilin mit Kaliumpermanganat und filtriert von dem ausgeschiedenen Mangansuperoxyd ab, so entsteht eine gelbliche Flüssigkeit, aus welcher sich mit Äther ein gelber, amorpher Körper ausschütteln läßt.

Dieser Körper geht bei bloßer Berührung mit Säuren in die grüne Substanz über. Nach neueren Untersuchungen von Caro (*18a*) ist dieser Körper ein Phenylchinondiimid, $C_6H_5-N=C_6H_4=NH$, und geht bei der Reduktion mit Zinnchlorür in Paraamino-Diphenylamin über. Die erwähnte grüne Substanz bildet sich außerdem bei der Oxydation des Paraaminodiphenylamins unter gleichzeitiger Chinonbildung, reichlicher und ohne Auftreten von Chinon, wenn diese Base mit dem gleichen Molekül Anilin zusammen oxydiert wird (*18*). Durch weitere Oxydation geht der Körper in eine dunkler gefärbte Substanz über, deren Identität mit dem Anilinschwarz zweifelhaft erscheint. Die Bildung eines ähnlichen Körpers aus Paraphenylendiamin und Diphenylamin ließe vermuten, daß derselbe ein phenyliertes Indamin

$$\begin{array}{l} \qquad\quad NH=C_6H_4 \searrow \\ C_6H_5-\underset{H}{N}-C_6H_4 \nearrow N \end{array}$$

sei.

Da letzteres beim Erhitzen mit Anilin in das einfachste Mauveïn übergeht, so gibt die Bildung dieser Substanz vielleicht eine Erklärung für die von Perkin beobachtete Bildung dieses Farbstoffes.

Das Anilinschwarz geht durch energischere Oxydation, namentlich bei der Behandlung mit chlorabgebenden Agentien, in ein dunkleres Produkt über, welches durch Säuren nicht mehr grün gefärbt wird.

Kocht man essigsaures oder einfacher salzsaures Anilinschwarz längere Zeit mit Anilin, so entsteht, wie schon erwähnt, neben anderen Farbstoffen ein Körper von der Zusammensetzung $C_{36}H_{29}N_5$.

18) Nietzki, Ber. 17, p. 223 u. Ber. 11, p. 1094. — *18a*) Vortrag auf der Naturforscherversammlung zu Frankfurt 1896.

Die freie Base löst sich in Äther mit fuchsinroter Farbe und bildet mit Säuren in Wasser unlösliche, in Alkohol mit blauer Farbe lösliche Salze (*14*).

$C_{36}H_{29}N_5HCl$ kristallisiert aus Alkohol in kleinen, kupferglänzenden Nadeln.

$(C_{36}H_{29}N_5HCl)_2PtCl_4$, violetter, in Alkohol schwer löslicher Niederschlag.

$C_{36}H_{29}N_5HJ$, dem Chlorhydrat ähnlich.

$C_{36}H_{29}N_5C_6H_2(NO_2)_3HO$. Schwer löslicher Niederschlag.

Technisches Anilinschwarz.

Das Anilinschwarz wird fast niemals wie die übrigen Farbstoffe in den Farbenfabriken dargestellt, sondern stets auf der Faser erzeugt. Es findet in der Kattundruckerei und Baumwollfärberei eine sehr ausgedehnte Verwendung, für Wolle wird es bis jetzt nur wenig angewandt. Für den Druck von Anilinschwarz sind unzählige Rezepte veröffentlicht und Patente genommen worden, welche alle auf der einen oder anderen der am Eingang mitgeteilten Bildungsweisen des Körpers beruhen.

Am häufigsten ist Natrium- und Kaliumchlorat bei Gegenwart von Kupfersalzen (*6*) als Oxydationsmittel verwendet worden. Da nun die löslichen Kupferverbindungen die eisernen Teile des Druckapparates stark angreifen, hat man erstere durch Schwefelkupfer (*19*) ersetzt, welches nach dem Aufdrucken an der Luft teilweise in Kupfersulfat verwandelt wird und als solches zur Wirkung kommt.

Man druckt z. B. ein mit Stärkekleister verdicktes Gemisch von salzsaurem Anilin, Kaliumchlorat und Kupfersulfid auf. Die bedruckten Zeuge kommen nun in die warme Hänge, einen auf ca. 30° geheizten feuchten Raum, oder 2 Minuten durch den Mather-Platt. Hier findet zunächst eine Oxydation des Schwefelkupfers und in demselben Maße die Oxydation des Anilins zu Anilinschwarz statt.

In neuerer Zeit hat man das Schwefelkupfer durch Vanadverbindungen (Vanadsäure, Vanadiumchlorid) zu ersetzen versucht. Neben dem Schwefelkupfer finden hauptsächlich noch Ferro- und

19) Lauth, Bullet. d. l. Soc. Chim., Dez. 1864.

Ferricyankalium Verwendung. Man druckt ein Gemisch dieser Salze mit Anilinsalz und Kaliumchlorat auf und entwickelt in der warmen Hänge, oder im Mather-Platt. Vermutlich wirkt hier das Ferricyanid oxydierend auf das Anilin, während das gebildete Ferrocyanid durch die vorhandene Chlorsäure stets wieder in das Ferrisalz verwandelt wird. Den Eisencyanverbindungen kommt somit eine ähnliche übertragende Wirkung zu wie den Kupfer- und Vanadverbindungen. Nach Aussage von Praktikern soll das auf diesem Wege erhaltene Schwarz von dem mit Kupfer erzeugten in seinen Eigenschaften etwas abweichen, doch ließe sich dieser Umstand vielleicht einem in ersterem vorhandenen Gehalt an Berlinerblau zuschreiben.

Statt des Anilinchlorhydrates und Kaliumchlorats hat man in letzter Zeit auch Anilinsulfat und Baryumchlorat in der Schwarzdruckerei angewandt.

Für die Druckerei ist es durchaus nötig, daß die Schwarzbildung nicht schon innerhalb der flüssigen Druckmasse vor sich geht, da sonst die letztere sehr bald unbrauchbar wird. Es können daher Oxydationsmittel wie Chromsäure, Mangansuperoxyd etc., welche direkt auf das Anilin oxydierend wirken, nicht angewandt werden.

Ganz anders liegen die Verhältnisse in der Baumwollfärberei. Hier ist im Gegenteil sogar häufig eine möglichst rasche Oxydation resp. Schwarzbildung erwünscht.

Man hat zur Baumwollfärberei häufig die Bildung von Anilinschwarz aus Mangansuperoxyd und Anilinsalzen benutzt.

Baumwolle wurde mit Mangansuperoxyd imprägniert, indem man zunächst aus Manganchlorür und Alkalilauge Manganoxydul darauf niederschlug und dieses durch Oxydation an der Luft oder durch ein Chlorkalkbad in Superoxyd verwandelte. Auf dem erhaltenen sogenannten Manganbister schlägt sich beim Einbringen in eine saure Anilinlösung Anilinschwarz nieder, welches fest auf der Faser haftet.

Gegenwärtig wird in der Färberei fast ausschließlich Chromsäure als Oxydationsmittel angewandt. Man mischt eine ziemlich stark schwefelsaure Anilinlösung mit Kaliumbichromat und bringt die Baumwolle hinein. Beim Erhitzen, langsam auch in der Kälte, schlägt sich das entstehende Anilinschwarz fest auf der Faser nieder. In allen Fällen wird das entstehende Anilinschwarzsalz durch ein schwach alkalisches Bad (Soda oder Kreide) in die schwarze Base verwandelt.

Auf Wolle läßt sich eine haftende Anilinschwarzfärbung nur dann erzeugen, wenn diese chloriert wurde.

Nach vorstehendem kann man drei Kategorien von technischem Anilinschwarz unterscheiden, nämlich

1. Hängeschwarz,
2. Dampfschwarz,
3. Färbeschwarz.

Das erstere, welches in der feuchtwarmen Hänge entwickelt wird, stellt man ausschließlich mit Hilfe der Kupferverbindungen (meist Schwefelkupfer) dar. Das Schwarz, welches mittels Chlorat und Ferri- bezw. Ferrocyankalium erzeugt wird, bedarf zu seiner Entwickelung eines kurzen Dämpfprozesses (etwa 1—2 Minuten lang)*).

Es scheint, als ob dieses Dampfschwarz das ältere Hängeschwarz allmählich verdrängen würde.

Das Färbeschwarz wird fast ausschließlich für die Garnfärberei angewendet. Es wird jetzt ausschließlich mit Bichromat erzeugt. Die ältere Manganbistermethode ist verlassen.

Ob das auf der Faser erzeugte Schwarz in allen Fällen mit dem bisher untersuchten Produkt identisch ist, muß zweifelhaft erscheinen.

Die Bedingungen beim Schwarzdruck sind jedenfalls wesentlich andere als bei der Darstellung des oben beschriebenen Körpers in Substanz. Wie schon bemerkt, findet die Schwarzbildung aus Anilinsalzlösungen mit Chlorat und Metallsalzen nur dann statt, wenn erstere einen starken Säureüberschuß enthalten. Im Zeugdruck müssen überschüssige Mineralsäuren jedoch streng vermieden werden, da sie in der späteren warmen Hänge zur Zerstörung der Faser führen, und außerdem die Schwarzbildung bereits in der flüssigen Druckmasse stattfinden würde.

Man wendet aus diesem Grunde meist einen Überschuß von freiem Anilin an und ersetzt häufig noch einen Teil des salzsauren Anilins durch das weinsaure Salz.

Ein solches Gemisch bildet selbst bei längerem Stehen kein Anilinschwarz, die Bildung desselben geht erst vonstatten, wenn die Masse auf der Zeugfaser bis zu einem gewissen Grade eintrocknet.

---

*) Kupferschwarz kann auch durch 1—2 Minuten langes Dämpfen entwickelt werden und wird auch viel auf Garn angewendet (Diamantschwarz).

Im allgemeinen scheint die Oxydation auf der Zeugfaser eine höhere und weitergehende zu sein als beim Arbeiten in Lösungen. Das in Substanz dargestellte Schwarz wird bei der Behandlung mit Säure stets in das dunkelgrüne Salz übergeführt. Für das auf der Faser erzeugte Schwarz ist dieses „Nachgrünen“ ein großer Übelstand. Saure Dämpfe, wie sie häufig in den Arbeitslokalen auftreten, namentlich schweflige Säure, welche sich beim Brennen des Leuchtgases entwickelt, ändern die Nüance der schon fertigen Druckware.

Durch energischere Oxydation hat man nun dieses Nachgrünen des Anilinschwarz zu vermeiden oder wenigstens auf ein Minimum zu reduzieren gesucht. Die hierbei entstehenden Körper sind jedenfalls von dem oben beschriebenen verschieden und vielleicht höhere Oxydations- oder Chlorierungsprodukte desselben.

Auch durch nachträgliche Behandlung mit Kaliumbichromat (Bildung des Anilinschwarzchromats) sowie durch eine schwache Chlorkalkbehandlung sucht man dem Übelstand des Nachgrünens abzuhelfen.

Das auf der Faser erzeugte Anilinschwarz gehört zu den solidesten Farben. Es ist völlig beständig gegen Seifenbäder, wird von Licht und Luft sehr wenig angegriffen und verträgt eine schwache Behandlung mit Chlor. Stärkere Chlorbehandlungen führen es in ein rötliches Braun über.

Ein von dem obigen Anilinschwarz vielleicht verschiedenes Schwarz wird von den Höchster Farbwerken aus dem Para-Aminodiphenylamin hergestellt. Dieses wird mit oder ohne Zusatz von Anilin mit einem Oxydationsmittel aufgedruckt. Beim Trocknen auf der Trommel entwickelt sich dann ein sehr echtes, unvergrünliches Schwarz, welches unter dem Namen Diphenylschwarz bekannt ist (*20*).

20) Ullrich u. Fußgänger, Franz. Pat. 243 554.

IX. Chinolin- und Acridinfarbstoffe.

Chinolin und Acridin, sowie ihre Homologen gehören zu den Chromogenen. Ihre Chromogennatur ist eine ziemlich schwache und wird durch Eintritt von Aminogruppen nur in geringem Maße entwickelt. Ihre einfachen Aminoderivate bilden zwar gelb gefärbte Salze, sind aber noch keine Farbstoffe.

Dieses gilt namentlich vom Chinolin, und bei diesem kommt der Farbstoffcharakter hauptsächlich erst durch den Eintritt amidierter Phenylgruppen zur Entwicklung. Das Flavanilin entspricht u. a. diesen Bedingungen.

Chinolin und Acridin stehen zu einander in demselben Verhältnis wie Naphtalin und Anthracen.

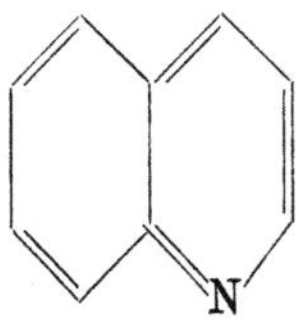

Chinolin

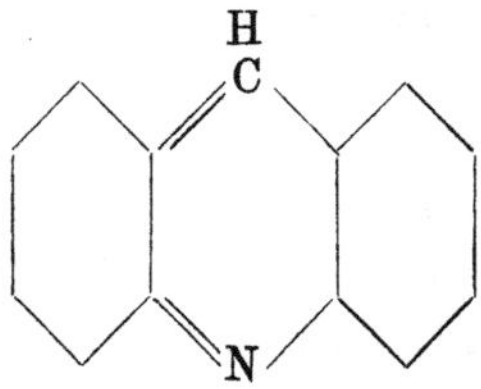

Acridin.

Beide enthalten den Pyridinring, welcher hier ohne Zweifel als chromophore Gruppe fungiert. Wie bei allen schwachen Chromophoren wird hier durch Eintritt auxochromer Gruppen zunächst die gelbe Farbe erzeugt.

Nach Nölting zeigt das im Benzolring in Orthostellung hydroxylierte Chinolin den Charakter eines Beizenfarbstoffes. Gleiche Eigenschaften kommen nach v. Kostanecki den Oximen zu.

Außerdem leiten sich aber vom Chinolin eine Menge von Farbstoffen ab, in denen das Chinolin nicht das eigentliche

Chromogen zu sein scheint. Der Umstand, daß dieselben niemals aus reinem Chinolin, sondern aus Gemengen desselben mit seinen Homologen entstehen, deutet darauf hin, daß dieselben analog den Phenylmethanfarbstoffen konstituiert sind, und daß hier ein Methankohlenstoff mehrere Chinolinringe miteinander verkettet. Derartige Körper sind die Cyanine, Chinolinrot und vielleicht auch das Chinolingelb (?).

I. Chinolinfarbstoffe.

Cyanine (*1*, *2*, *3*, *5*).

Erhitzt man ein Gemenge von Chinolin und Lepidin (*3*) (Paramethylchinolin) bei Gegenwart von Alkali mit einem Alkyljodid, so tritt die Bildung eines blauen Farbstoffes ein, welcher je ein Molekül der beiden Basen und außerdem zweimal den betreffenden Alkoholrest enthält. Man erhält die Körper ebenfalls, wenn man ein Gemisch der Jodalkylverbindungen von Chinolin und Lepidin mit Alkali behandelt (*3*). In allen Fällen wird ein Molekül Jodwasserstoffsäure abgespalten, und man erhält das Cyanin in Form seines Monojodids.

Die Cyanine sind stark basische Körper, aus deren Jodiden sich das Jod nur durch Silberoxyd entfernen läßt.

Die einsäurigen Salze sind schön blau gefärbt und kristallinisch. Sie werden bereits durch schwache Säuren (häufig schon durch Kohlensäure) in die farblosen zweisäurigen Salze übergeführt (*1*, *4*).

Die Cyanine färben die Faser blau, ihre Empfindlichkeit gegen Säure und Licht macht sie jedoch als Farbstoffe unbrauchbar.

Dimethylcyanin (*3*). Jodid, $C_{21}H_{19}N_2J$, entsteht aus den Methyljodiden von Chinolin und Lepidin. Es bildet grünglänzende bei 291° schmelzende Nadeln. Die blaue Farbe der wäßrigen Lösung wird schon durch Kohlensäure entfärbt. Die Jodäthylate der obigen Basen bilden das entsprechende Cyaninjodid, $C_{23}H_{23}N_2J$.

Ein isomeres Cyanin entsteht, wenn das Lepidin durch das isomere Chinaldin ersetzt wird (*3*).

---

1) Hofmann, Jahresber. 1862, p. 351. — *2*) Nadler u. Merz, Jahresber. 1867, p. 512. — *3*) Hoogewerf und v. Dorp, Ber. 17 Ref., p. 48. — *4*) Williams, Chem. News 2, p. 219.

Am eingehendsten ist das zuerst von Williams (*4*), später von Hofmann (*1*) dargestellte Isoamylcyanin untersucht worden. Nach Hofmann (*1*) entsteht dasselbe aus reinem Lepidin und besitzt die Zusammensetzung $C_{30}H_{39}N_2J$. In allen diesen Jodiden läßt sich das Jod gegen andere Säureradikale austauschen.

Nach Hoogewerf und v. Dorp entstehen aus reinem Chinolin in ähnlicher Weise Farbstoffe, welche, je nach der Wahl des Äthylhalogens, eine rote bis violettrote Nüance besitzen. In letzter Zeit haben diese Körper als Sensibilatoren in der Photographie Verwendung gefunden.

Möglicherweise besitzen die Cyanine eine den Phenylmethanfarbstoffen analoge Konstitution, und die Methylgruppe des Lepidins gibt hier den Methankohlenstoff her. Die Cyanine gehören zu den am längsten bekannten künstlichen Farbstoffen. Der erste Repräsentant der Klasse wurde im Jahre 1856 von Williams entdeckt.

Ob die aus reinem Chinolin erhaltenen Körper eine andere Konstitution besitzen als die Cyanine, oder ob hier der Methankohlenstoff in ähnlicher Weise, wie es bei dem Methylviolett der Fall ist, durch die angewandten Methylhalogene geliefert wird, darüber lassen sich kaum Vermutungen aufstellen.

Chinolinrot.

Entsteht durch Einwirkung von Benzotrichlorid auf Steinkohlenteerchinolin bei Gegenwart von Chlorzink (*5*, *6*).

Nach den Untersuchungen von A. W. Hofmann existieren zwei verschiedene Farbstoffe dieser Klasse, von denen der eine durch Einwirkung von Benzotrichlorid auf ein Gemenge von Chinolin und Chinaldin (*α* Methylchinolin), der andere von Chinaldin und Isochinolin entsteht.

Der Isochinolinfarbstoff bildet sich verhältnismäßig leichter und in bedeutend größeren Ausbeuten.

Das Chinolinrot aus Isochinolin besitzt die Zusammensetzung $C_{26}H_{18}N_2$. Es besitzt die Eigenschaften einer Base und bildet

---

5) Jacobsen u. Reimer, Ber. 16, p. 1082 — *6*) E. Jacobsen, D.R.P. 23962 vom 16. Dezember 1882; 53188 vom 4. November 1882; Friedl. I, p. 161.

ein Chlorhydrat von der Formel $C_{26}H_{18}N_2HCl$. Dasselbe kristallisiert in dünnen quadratischen Blättchen oder größeren Prismen. Es löst sich wenig in kaltem, ziemlich leicht in heißem Wasser, wird daraus jedoch durch einen Salzsäureüberschuß fast vollständig abgeschieden.

Das Platinsalz entspricht der Formel:

$$(C_{26}H_{19}N_2Cl)_2PtCl_4.$$

Das Chinolinrot spaltet beim Erhitzen mit Schwefelammonium Benzylmercaptan ab, und es entsteht eine Verbindung $C_{19}H_{14}N_2$.

Bei der trockenen Destillation entsteht eine Base von der Zusammensetzung $C_{17}H_{15}N$.

Das Chinolinrot besitzt möglicherweise eine den Triphenylmethanfarbstoffen analoge Konstitution, und der Methankohlenstoff des Benzotrichlorids greift hier in zwei Chinolinreste ein.

Es färbt Seide in prachtvoll eosinroter Nüance an und zeigt in diesen Färbungen eine Fluorescenz, welche die fast aller anderen künstlichen Farbstoffe übertrifft.

Leider sind diese Färbungen außerordentlich lichtempfindlich.

Chinolingelb (*6, 7*) (Chinophtalon), $C_{18}H_{11}NO_2$.

Entsteht durch Einwirkung von Phtalsäureanhydrid auf Chinaldin oder chinaldinhaltiges Steinkohlenchinolin bei Gegenwart von Chlorzink.

Das Chinolingelb bildet aus Alkohol kristallisiert feine, gelbe, bei 235° schmelzende Nadeln.

Es ist in Wasser und Äther unlöslich, ziemlich leicht löslich in heißem Alkohol und Eisessig, leicht in konzentrierter Schwefelsäure. Es zeigt keine basischen Eigenschaften, färbt jedoch Wolle und Seide gelb.

Durch Behandlung mit rauchender Schwefelsäure wird es in eine Sulfosäure übergeführt, welche Wolle und Seide rein gelb wie Pikrinsäure färbt, während beim Erhitzen mit Ammoniak unter Druck (wahrscheinlich durch Ersetzen von Sauerstoff durch stickstoffhaltige Gruppen) basische Farbstoffe entstehen.

---

7) Jacobsen u. Reimer, Ber. 16, p. 2602.

Aus den Homologen des Chinaldins sind mit Hilfe von Phtalsäureanhydrid ähnliche Farbstoffe dargestellt worden (*7*).

Auch aus Steinkohlenteer-Picolin und Phtalsäureanhydrid entsteht ein ähnliches Produkt von der Zusammensetzung $C_{14}H_9NO_2$ (Pyrophtalon) (*7*).

In allen diesen Reaktionen kann das Phtalsäureanhydrid durch die Anhydride der gechlorten Phtalsäuren ersetzt werden.

Das Chinolingelb hat wegen seines hohen Preises eine nur beschränkte Verwendung in der Wollfärberei gefunden. Die damit erzeugten Färbungen sind sehr solide, und bei geringeren Herstellungskosten würde der Körper eine große Bedeutung für die Färberei besitzen. Es kommt ausschließlich in Form der Sulfosäure zur Verwendung und wird nach Art der Säurefarbstoffe angewandt. Die damit erzeugte Nüance ist ein völlig reines, von jedem Rotstich freies Gelb.

Flavanilin, $C_{16}H_{14}N_2$ (*8*, *9*, *10*).

Dieser Farbstoff entsteht durch Erhitzen von Acetanilid mit Chlorzink auf 250—270°. Der Farbstoff wird aus der Schmelze durch Salzsäure ausgezogen und durch Zusatz von essigsaurem Natron und Kochsalz gefällt. Die Ausbeute ist sehr gering.

Das Flavanilin ist eine starke Base; es bildet im freien Zustande lange, farblose Nadeln, welche schwierig in Wasser, leicht in Alkohol und Benzol löslich sind. Schmelzpunkt 97°. Bei höherer Temperatur ist es unzersetzt flüchtig. Die einsäurigen Salze des Flavanilins sind schön gelbe Farbstoffe, welche Wolle und Seide in ziemlich rein gelber Nüance färben.

Das Chlorhydrat, $C_{16}H_{14}N_2HCl$, bildet gelbrote Prismen mit blaurotem Reflex. Es ist ziemlich leicht in Wasser löslich.

Chlorhydrat, $C_{16}H_{14}N_2(HCl)_2$, bildet sich bei Zusatz von konzentrierter Salzsäure zur wässerigen Lösung des vorigen. Durch Wasser sowie durch höhere Temperatur wird es zersetzt.

Nach seinem chemischen Verhalten ist das Flavanilin ein Aminophenyl-Methylchinolin von der Konstitution:

---

8) Fischer u. Rudolf, Ber. 15, p. 1500; Fischer u. Besthorn, Ber. 16, p. 68. — *9*) Fischer u. Täuber, Ber. 17, p. 2925. — *10*) Fischer u. Bedall, Ber. 15, p. 684.

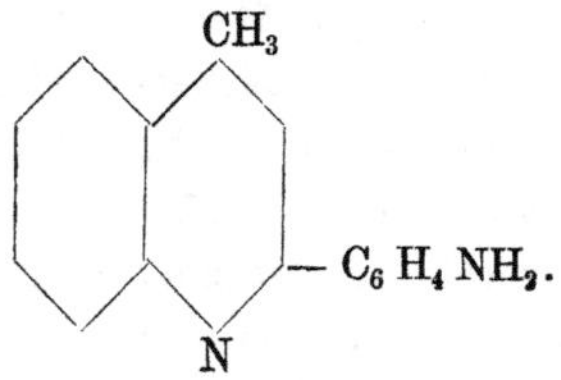

Interessant ist die von O. Fischer ausgeführte Kondensation von gleichen Molekülen Ortho- und Paraaminoacetophenon zu Flavanilin, welche durch folgendes Schema verständlich wird:

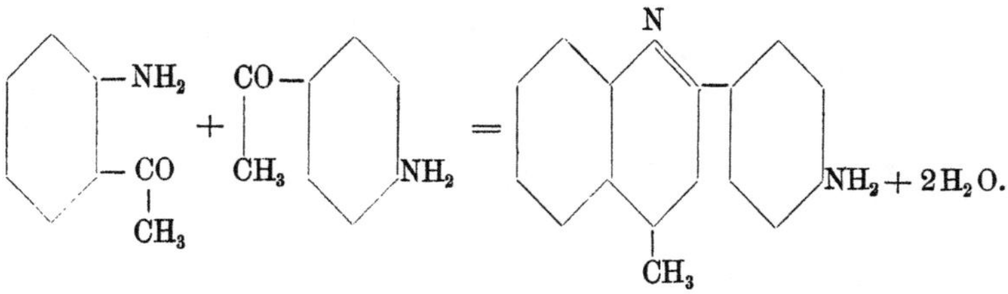

Vermutlich findet bei der Behandlung des Acetanilids mit Chlorzink zunächst eine Umlagerung desselben in die isomeren Aminoacetophenone statt, welche alsdann die Flavanilinkondensation eingehen.

Berberin, $C_{20}H_{17}NO_4$ (*11*, *12*, *13*, *14*, *15*, *16*).

In vielen Pflanzen (Berberis vulgaris, Cocculus palmatus, Mahonia) findet sich ein gelber Farbstoff, welcher sich von allen übrigen bis jetzt bekannten Pflanzenfarbstoffen durch seine basischen Eigenschaften auszeichnet. Das Berberin färbt nach Art der künstlichen basischen Farbstoffe die mit Tannin gebeizte Baumwolle, außerdem Wolle und Seide und hat in Form der Berberitzenwurzel namentlich in der Lederfärberei starke Verwendung gefunden. Sein Zusammenhang mit den Chinolinfarbstoffen wurde

11) Chevaliera Pelletan, Journ. chim. med. II, p. 314. — *12*) Buchner u. Herberger, Ann. Chem. Pharm. 24, 228. — *13*) J. Dyson Perrins, Ann. Chem. Pharm., Suppl. II, p. 176. — *14*) H. W. Perkin jun., Journ. Chem. soc. 55, p. 64, 88; 57, p. 991. — *15*) Hlasiwetz u. Gilm, Ann. Chem. Pharm. 115, p. 45; 122, p. 256; Suppl. II, p. 191. — *16*) Gaze, Schreiber u. Stubbe, Ann. Pharm. 228, p. 604.

schon lange nachgewiesen, später hat man es als ein Derivat des Isochinolins erkannt. Das Berberin bildet im reinen Zustande gelbe Nadeln, welche bei 100° Kristallwasser verlieren und bei 120° schmelzen. Es bildet einsäurige Salze, von denen sich das Nitrat durch Schwerlöslichkeit auszeichnet.

In letzter Zeit ist die Konstitution des Berberins von H. W. Perkin (jun.) in befriedigender Weise aufgeklärt worden. Durch das Studium einer Reihe von Abbauprodukten gelangte dieser Forscher zu der nachstehenden Konstitutionsformel:

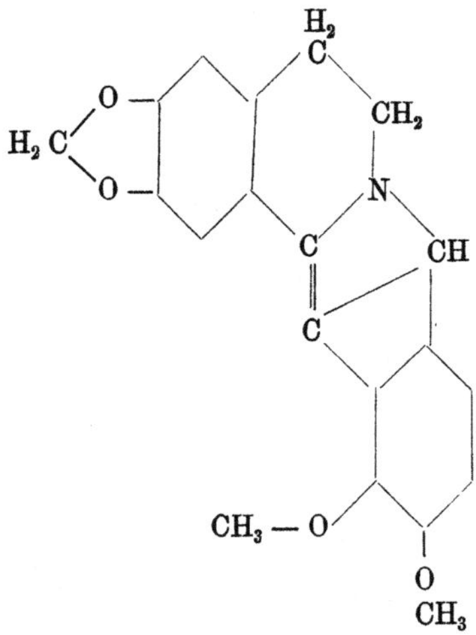

(vergl. H. Rupe, Chemie der natürlichen Farbstoffe. F. Viewegs Verlag 1900).

2. Acridinfarbstoffe.

Die gelbe Färbung, welche den Derivaten des Chinolins zukommt, besitzen die Acridinderivate in höherem Maße. Acridin selbst ist schwach gefärbt, und die Diaminoacridine sind ausgesprochene Farbstoffe.

Das Acridin steht in naher Beziehung zum Diphenylmethan, ebenso das Phenylacridin zum Triphenylmethan. Wie oben erwähnt, gehen die zweimal in Orthostellung hydroxylierten Derivate des Di- und Triphenylmethans unter Wasserabspaltung in eigentümliche Anhydride über (vergl. Di- und Triphenylmethanfarbstoffe: Pyronin, Rosamin, Fluoresceïn), welche einen aus Kohlenstoff und Sauerstoff gebildeten neuen sechsgliedrigen Ring enthalten. Ein ähnliches Verhalten zeigen die in Orthostellung amidierten Di- und Triphenylmethane, sie spalten Ammoniak ab und gehen in Hydroacridine über:

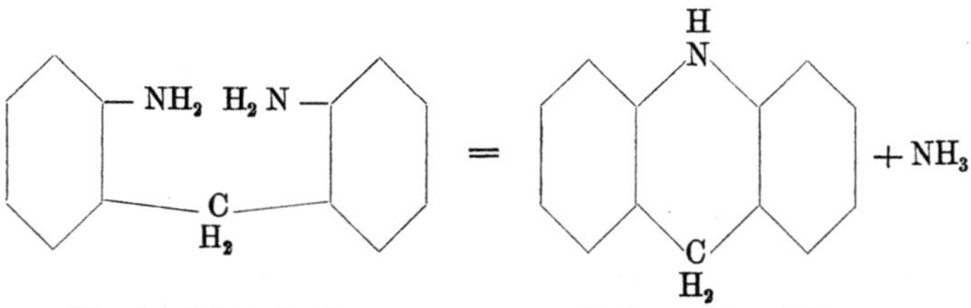

o Diaminodiphenylmethan = Hydroacridin + NH_3.

Die gefärbten Aminoderivate des Acridins enthalten meistens die Aminogruppen in Parastellung zum bindenden Kohlenstoffatom, und es wäre an sich verlockend, ihnen eine den entsprechenden Diphenylmethanfarbstoffen, z. B. dem Pyronin, analoge Konstitution zuzuschreiben, mithin eine Parachinongruppe darin anzunehmen. Die beiden Formen werden durch nachstehendes Schema verdeutlicht:

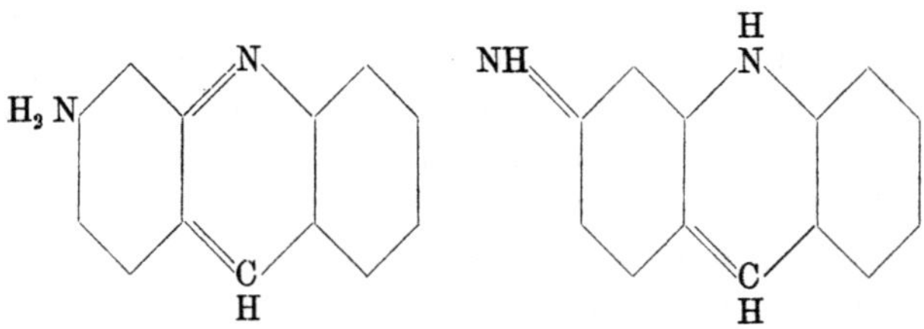

Aminoacridin Tautomere Form.

Da die Acridinfarbstoffe aber nur im erhöhten Maße die gelbe Farbe und Fluorescenz des Acridins zeigen und sich hierin dem Fluoresceïn und den Xanthonen an die Seite stellen, während Pyronin, Rosamin und Rhodamin das ausgesprochene Rot der Rosaniline zeigen, da sie ferner keine Carbinolbasen, sondern gelb gefärbte, stark fluorescierende Basen bilden, wollen wir sie hier vorläufig als einfache Acridinderivate behandeln.

Die Fluorescenz der Acridinbasen zeigt sich besonders stark in ätherischer Lösung und ist für die ganze Gruppe charakteristisch.

Diaminoacridine (*17*).

Die unsymmetrisch alkylierten Metadiamine, z. B. Dimethyl-m Phenylendiamin, $(CH_3)_2\overset{1}{N}C_6H_4\overset{3}{N}H_2$, kondensieren sich mit Formaldehyd zu Tetramethyltetraaminodiphenylmethan:

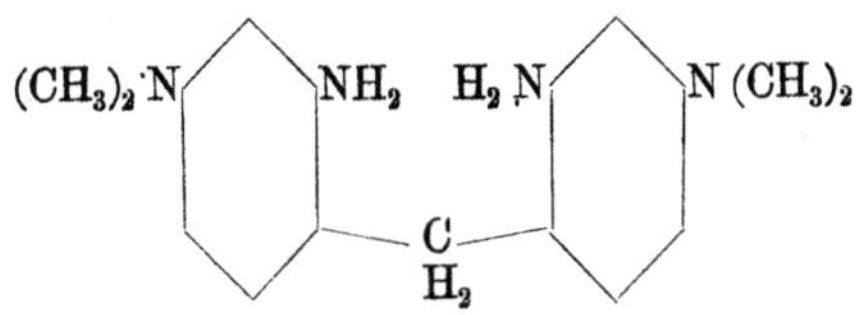

welches durch Ammoniakabspaltung in Tetramethyldiaminohydroacridin übergeht. Dieses wird durch Oxydation in die entsprechende Acridinverbindung:

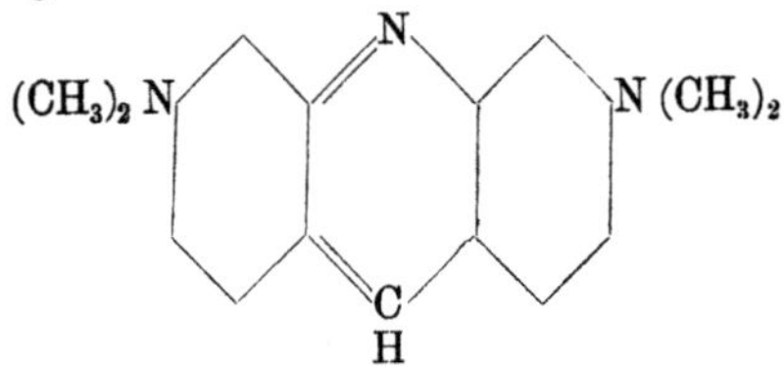

übergeführt. Aus m Phenylendiamin kann auf ähnlichem Wege das Diaminoacridin erhalten werden, doch scheint die Reaktion weniger glatt zu verlaufen, während m Toluylendiamin bessere Resultate liefert. Die verschiedenen Derivate des Diaminoacridins kommen als Marken der unter dem Namen Acridingelb und Acridinorange bekannten Farbstoffe in den Handel.

Acridingelb scheint das aus Toluylendiamin, Acridinorange das aus Dimethylphenylendiamin erhaltene Produkt zu sein.

Dieselben erzeugen namentlich auf Seide schön fluorescierende Färbungen, besitzen jedoch keine große Lichtechtheit.

Die nachstehend behandelten Farbstoffe sind Derivate des Phenylacridins:

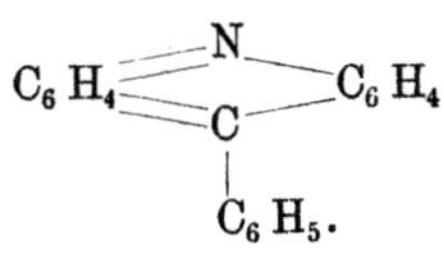

17) Leonhardt & Co., D.R.P. 52 324; Friedl. II, p. 109.

Sie stehen zum Triphenylmethan in derselben Beziehung wie die oben beschriebenen zum Diphenylmethan.

Diaminophenylacridine.

a) Benzoflavin (symmetrisches Diaminophenylacridin) (18).

Die verschiedenen Marken dieses Farbstoffes werden, dem Diaminoacridin ganz analog, durch Einwirkung von Benzaldehyd (statt des Formaldehyds) auf Metaphenylendiamin und seine Derivate dargestellt. Sie können demnach in einfacher Weise von diesen Farbstoffen abgeleitet werden, wenn man sich das Wasserstoffatom des Methanrestes durch die Phenylgruppe ersetzt denkt.

Dem einfachsten Benzoflavin kommt demnach die Formel:

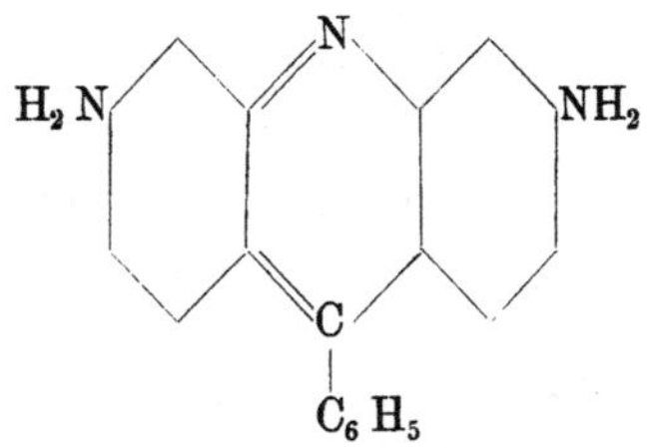

zu.

Das in den Handel kommende Produkt scheint aus m Toluylendiamin dargestellt zu werden, leitet sich mithin von einem Dimethylacridin (symmetrisch im Kern substituiert) ab. Es erzeugt auf tannierter Baumwolle, Wolle und Seide ein schönes Gelb. Konzentrierte Säuren färben es orangegelb (Unterschied von Auramin, welches durch Säuren zerstört wird).

b) Chrysaniline (unsymmetrische Diaminophenylacridine) (19).

Die Chrysaniline unterscheiden sich von den Benzoflavinen durch die verschiedene Stellung der Aminogruppen. Von diesen befindet sich nur eine im Acridin, die andere in der Phenylgruppe, beide wahrscheinlich in Parastellung zum Methankohlenstoff.

Die Chrysaniline entstehen in geringer Menge als Nebenprodukte bei der Fuchsindarstellung sowohl bei Anwendung des

---

18) Oehler, D.R.P. vom 27. Juli 1887; Friedl. I, p. 167. — *19)* Anschütz, Ber. 17, p. 433.

Arsensäure- als auch des Nitrobenzolverfahrens. Augenscheinlich läuft hier neben dem Parakondensationsprozesse, wie dieses in vielen Fällen stattfindet, eine Orthokondensation her.

Paratoluidin greift vermutlich mit seinem Methankohlenstoff in die Orthostelle des einen (z. B. Paratoluidinrestes) und in die Parastelle eines anderen Aminrestes ein, und das so entstandene o Dipara-Triaminotriphenylmethan kondensiert sich zum Chrysanilin. Dieses wird aus den ersten Fuchsinmutterlaugen durch partielle Fällung mit Soda abgeschieden und schließlich aus ziemlich konzentrierter Salpetersäure kristallisiert. Dem von Hofmann untersuchten Chrysanilin kommt ohne Zweifel die Formel $C_{20}H_{17}N_3$ (*20*) zu. Die Untersuchungen von Fischer und Körner (*21*) machen es jedoch wahrscheinlich, daß im rohen Chrysanilin zwei homologe Basen, $C_{19}H_{15}N_3$ und $C_{20}H_{17}N_3$, vorhanden sind. Wenigstens lassen sich die Analysen von Hofmann mit der von den letztgenannten Chemikern aufgestellten Formel $C_{19}H_{15}N_3$ nicht mehr in Einklang bringen.

Das Chrysanilin, $C_{20}H_{17}N_3$ (*20*), bildet aus seinen Salzen, durch Alkali ausgeschieden, ein hellgelbes, dem gefällten Bleichromat ähnliches Pulver. Es ist kaum löslich in Wasser, leicht löslich in Alkohol, Benzol und Äther. Die Lösung in letzteren Lösungsmitteln zeigt eine gelbgrüne Fluorescenz.

Chrysanilin, $C_{19}H_{15}N_3$ (*21*). Wurde von Fischer und Körner aus dem Chrysanilin des Handels dargestellt.

Die Base kristallisiert aus Benzol in sternförmig gruppierten goldgelben Nadeln, welche 1 Mol. Kristallbenzol enthalten und dieses beim Trocknen verlieren. Schmilzt über 200° und destilliert teilweise unzersetzt.

Die Chrysaniline bilden in Salpetersäure sehr schwerlösliche und gegen diese sehr beständige Nitrate. Die Basen sind unzersetzt destillierbar.

Durch Diazotieren und Kochen mit Alkohol wurden sie von O. Fischer und Körner in die entsprechenden Phenylacridine verwandelt und dadurch ihre Konstitution erwiesen.

Diese findet eine weitere Bestätigung in einer von genannten Forschern ausgeführten Synthese:

---

20) Hofmann, Jahresber. 1862, p. 346; Ber. 2, p. 379. — *21*) Fischer u. Körner, Ber. 17, p. 203.

Orthonitrobenzaldehyd kondensiert sich mit Anilin zu o Nitro-p Diaminotriphenylmethan, welches durch Reduktion in Orthodiparaaminotriphenylmethan:

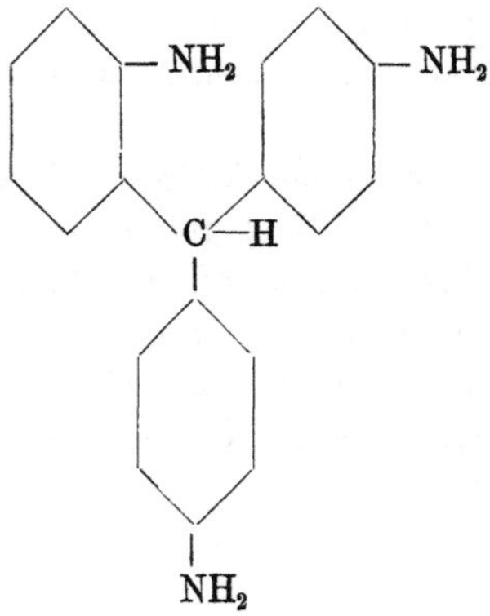

übergeführt wird.

Dieser Körper geht bei der Oxydation in Chrysanilin über.

Da im Acridin Stickstoff und Kohlenstoff in beiden Benzolkernen die Orthostellung einnehmen, so kann dem Chrysanilin nur die nachstehende Konstitutionsformel zukommen:

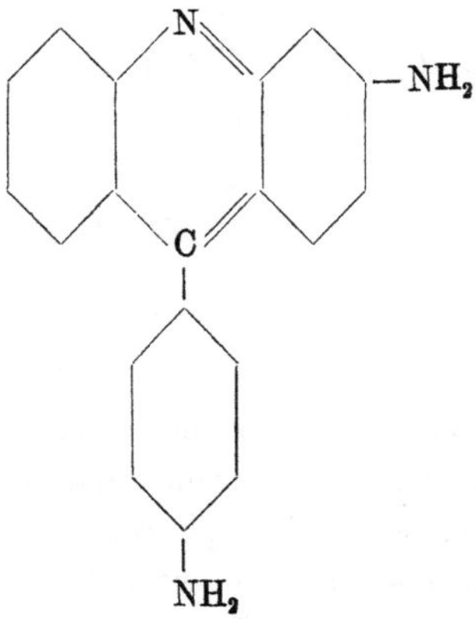

Das Chrysanilin war lange Zeit hindurch der einzige basische gelbe Farbstoff und aus diesem Grunde in der Baumwollfärberei sehr geschätzt. Es fixiert sich auf Wolle und Seide direkt, Baumwolle bedarf der Tanninbeize. Die Nüance ist ein orangestichiges Gelb, welches sich durch relativ große Lichtbeständigkeit auszeichnet.

Gegenwärtig findet das Chrysanilin, welches in Form seines Nitrats oder Chlorhydrats unter dem Namen „Phosphin" in den Handel kommt, nur eine beschränkte Verwendung, namentlich in der Seidenfärberei.

Durch Methylierung der Aminoacridine, hauptsächlich bei Anwendung von Dimethylsulfat, gelingt es nach Ullmann, Halogenalkyle an den Acridinstickstoff anzulagern und auf diese Weise Ammoniumverbindungen von stark basischem Charakter zu erzeugen. Über die Färbeeigenschaften dieser, als Acridiniumverbindungen bezeichneten Körper liegen bis jetzt keine Erfahrungen vor (*22*).

Flaveosin (*23*).

Durch Verschmelzen des Acetyldiäthyl-m Phenylendiamins, $(C_2H_5)_2NC_6H_4NHC_2H_3O$, mit Phtalsäureanhydrid entsteht das Phtaleïn desselben:

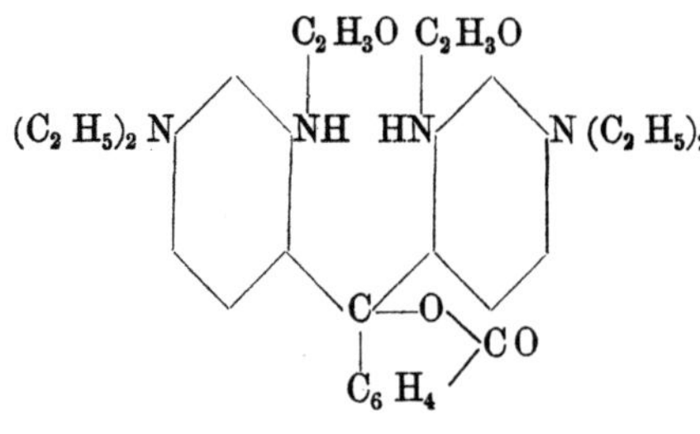

welches bei Verseifen mit konzentrierter Schwefelsäure unter Abspaltung von Essigsäure und Ammoniak in einen gelben Farbstoff von schöner Fluorescenz, das „Flaveosin", übergeht.

Entweder ist das Flaveosin ein inneres Anhydrid der Teträthyldiamino-Hydroacridincarbonsäure

---

22) D.R.P. 79703; Ullmann u. Naef, Ber. 33, p. 2470. — *23*) Höchster Farbwerke D.R.P. 49850.

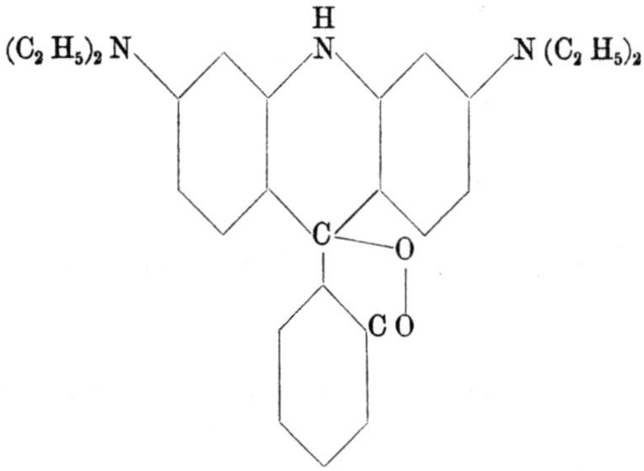

oder es kann sich von der Diamino-Phenylacridincarbonsäure:

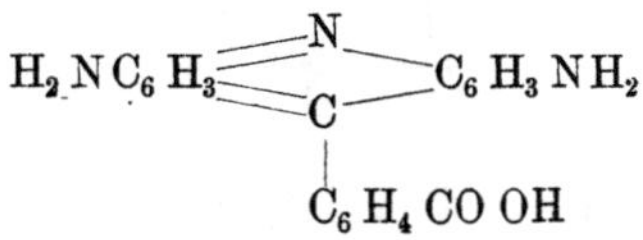

ableiten.

Die dritte mögliche Formel und vom heutigen Standpunkt fast die wahrscheinliche, würde einer chinoïden Hydroacridincarbonsäure von der Formel:

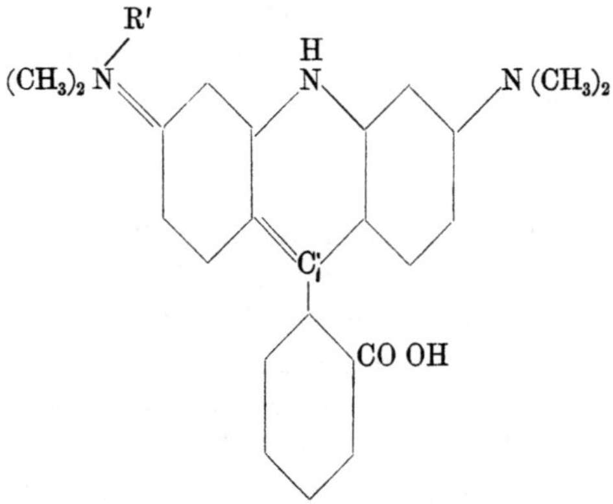

entsprechen. Nach dieser Formel wäre der Körper ein Rhodamin, welches statt des Brückensauerstoffs eine Imidgruppe enthält.

Das R′ würde hier ein Säureradikal, eventuell den Rest der unten stehenden Carboxylgruppe bedeuten, welche mit der Dimethylammoniumgruppe eine innere Salzbildung eingeht.

X. Thiazol- und Schwefelfarbstoffe.

Mit dem Namen Thiazolverbindungen bezeichnet man Körper, welche den fünfgliedrigen, aus Schwefel, Stickstoff und Kohlenstoff bestehenden Ring:

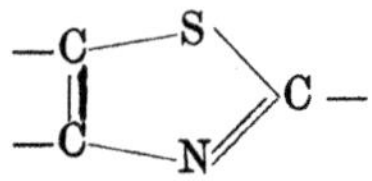

enthalten.

Die einfachsten Thiazolderivate sind nicht gefärbt, eine Färbung tritt erst ein, wenn der Thiazolring mit einem oder mehreren Benzolresten kombiniert ist.

Thiazole können als Anhydrobasen der Orthoaminomercaptane aufgefaßt werden. Den am längsten bekannten Körper dieser Klasse erhielt A. W. Hofmann durch Schmelzen von Benzanilid mit Schwefel. Es ist dieses das Benzanhydroaminophenylmercaptan (Benzenylaminomercaptan) von der Formel:

Alle technisch wichtigen Thiazolfarbstoffe verdanken ihre Entstehung der Einwirkung von Schwefel auf Paratoluidin oder seinen Homologen (z. B. dem unsymmetrischen Metaxylidin). Diese Reaktion kann nach zwei verschiedenen Richtungen verlaufen. Bei Gegenwart schwefelwasserstoffentziehender Mittel wie Bleioxyd etc. entsteht ein dem Thioanilin analoges Thiotoluidin (Diaminoditolylsulfid). Erhitzt man dagegen nur mit Schwefel auf höhere Temperatur, so entsteht eine Substanz, welche als Dehydrothioparatoluidin bezeichnet wurde. Die Bildung dieses Körpers ist zuerst durch ein von Dahl und Comp. angemeldetes Patent (*1*) (z. Z. verfallen) bekannt geworden.

1) D. R. P. 35 790. Friedl. I, p. 535.

Seine Zusammensetzung bezw. Konstitution ist durch eine Reihe von Arbeiten, welche Green, P. Jacobson, Gattermann, Anschütz und Schultz ausführten, festgestellt worden (2).

Nach diesen Arbeiten ist das Dehydrothioparatoluidin als ein Aminobenzenyltoluylmercaptan von der Konstitution:

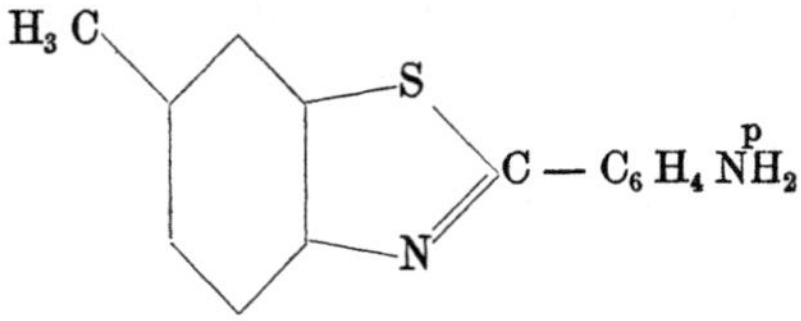

aufzufassen.

Erhitzt man das Gemisch von Paratoluidin und Schwefel längere Zeit auf höhere Temperatur, so entsteht ein Produkt, welches sich vom Dehydroparatoluidin durch intensivere Färbung und geringere Löslichkeit und Basizität unterscheidet. Dieses Produkt hat den Namen „Primulinbase" erhalten. Offenbar findet unter Eintritt von Schwefel und eines neuen Toluidinrestes nochmals die Bildung eines Thiazolringes, entsprechend der Formel:

$$C_7H_6{<}^{S}_{N}{>}C - C_6H_3{<}^{S}_{N}{>}C - C_6H_4NH_2$$

statt. Die Primulinbase, welches meistens keine einheitliche Substanz ist, enthält vermutlich noch einen aus drei Thiazolresten in dieser Weise gebildeten Körper.

Nach Art der Chinolin- und Acridinderivate besitzen alle diese Körper eine gelbe Färbung. Sie lassen sich leicht in Sulfosäuren (Primulin) überführen, welche sich mit gelber Farbe auf ungebeizter Baumwolle fixieren.

Vermöge ihrer Aminogruppen können sie leicht diazotiert und mit Naphtol und anderen Substanzen zu Azofarbstoffen kombiniert werden.

Man benutzt diese Eigenschaft hauptsächlich zur Erzeugung neuer Farbstoffe auf der Faser. (Vergl. S. 85.) Das Primulin ist zuerst von A. Green dargestellt und in die Farbentechnik eingeführt worden (Februar 1887); nachdem es in seiner Zusammensetzung erkannt war, ist es von verschiedenen Fabriken zu Patent angemeldet worden.

2) Gattermann, Ber. 22, p. 424 u. 1064; Jacobson, Ber. 22, p. 331; Anschütz und Schultz, Ber. 22, p. 581; Green, Ber. 22, p. 969 u. Ref. p. 569.

Homologe des Dehydrothiotoluidins und Primulins bilden sich aus Homologen des Paratoluidins, z. B. dem unsymmetrischen Metaxylidin.

Die aus Thiazolderivaten dargestellten Farbstoffe können von ganz verschiedener Natur sein. Sie enthalten als Chromophor entweder den Thiazolring und sind dann stets gelb gefärbt, oder sie sind Azofarbstoffe, und es tritt alsdann die chromogene Eigenschaft des Thiazolkörpers in den Hintergrund.

In die erstere Klasse der wahren Thiazolfarbstoffe gehören die

Thioflavine (*3*, *4*).

Diese Körper entstehen durch Einführung von Alkylresten in das Dehydrothiotoluidin bezw. Primulinbase. Sie werden durch Behandeln dieser Basen mit Halogenalkylen oder einfacher durch Erhitzen derselben mit dem betreffenden Alkohol (z. B. Methylalkohol) und Salzsäure dargestellt. Vermutlich sind die Thioflavine Chloride einer quaternären Ammoniumbase. Das gebräuchlichste Handelsprodukt „Thioflavin T“ scheint das Trimethylchlorid des Dehydrothiotoluidins zu sein, besäße demnach die Konstitution:

$$CH_3 - C_6H_3 \langle\begin{smallmatrix} S \\ N \end{smallmatrix}\rangle C - C_6H_4\,N(CH_3)_3Cl.$$

Das an und für sich nur schwach basische Dehydrothioparatoluidin gewinnt durch die höhere Alkylierung einen stärkeren Basencharakter und größere Löslichkeit. Es wird dadurch zu einem basischen Farbstoff, welcher sich leicht auf tannierter Baumwolle fixiert. Es erzeugt schön gelbe, dem Auramin ähnliche Nüancen.

Durch Methylieren der Dehydrothiotoluidinsulfosäure entsteht ein gelber Farbstoff von sauren Eigenschaften (Thioflavin S).

Dehydrothiotoluidinsulfosäure geht durch Oxydation mit Chlorkalk, Bleisuperoxyd etc. in alkalischer Lösung in einen Farbstoff über, welcher Baumwolle ohne Beize schön gelb färbt; derselbe kommt unter dem Namen „Chloramingelb“ in den Handel.

---

3) D. R. P. 51 738; Friedl. II, p. 299. — *4*) Green u. Lawson, Chem. Soc. (1889) 55, 230.

Thiazol-Azofarbstoffe.

Wie schon oben bemerkt, lassen sich Dehydrotoluidin, Primulin. sowie die Sulfosäuren dieser Körper leicht diazotieren und mit den meisten geeigneten Phenolen und Aminen zu einer Unzahl von Azofarbstoffen kombinieren.

Aber auch das Dehydrothiotoluidin kombiniert sich mit Diazokörpern zu Farbstoffen, und ein solcher entsteht aus demselben beispielsweise durch Einwirkung auf die eigene Diazoverbindung. Die so gebildeten Farbstoffe scheinen jedoch keine wirklichen Azokörper, sondern Diazoaminoverbindungen zu sein, denn sie lassen sich nicht weiter diazotieren. Ein unter dem Namen Clayton-Gelb oder Thiazolgelb S in den Handel kommender Farbstoff entsteht durch Einwirkung von Dehydrothiotoluidinsulfosäure auf die Diazoverbindung derselben Säure. Er erzeugt auf ungebeizter Baumwolle im alkalischen Bade ein schönes Gelb (*5*).

Ein aus Dehydrothio-m Xylidin durch Diazotieren und Kombination mit der α Naphtoldisulfosäure ε dargestellter roter Azofarbstoff ist unter dem Namen „Erica“ in den Handel gekommen. Er dient zum Färben ungebeizter Baumwolle.

Schwefelfarbstoffe.

Im Jahre 1873 machten Croissant und Bretonnière die Beobachtung, daß durch Schmelzen aller möglichen organischen Substanzen mit Schwefelalkalien oder einem Gemisch von Atznatron und Schwefel sich eigentümliche Farbstoffe bilden, welche die vegetabilische Faser direkt graubraun bis schwarz färben. Unter den organischen Substanzen werden erwähnt: Sägemehl, Kleie, Stroh und tierische und menschliche Exkremente (*6*). Unter dem Namen „Cachou de Laval“ haben diese Produkte trotz ihres üblen Geruches ziemlich starke Verwendung gefunden. Die erhaltenen Färbungen sind sehr echt, lassen sich durch Eisen- und Kupfersalze nüancieren und wirken, ähnlich den baumwollziehenden Azofarben, als Beizen für basische Farbstoffe. Wesentliche Fortschritte in der Darstellung der Schwefelfarbstoffe, wie wir diese Körper

---

5) D.R.P. 53935, Friedl. II, p. 297. — *6*) Witt, Ber. 7, p. 1530 u. 1746.

nennen wollen, sind dann während 20 Jahren nicht gemacht worden, bis sich dieselben vor einigen Jahren zu einer nie geahnten Wichtigkeit entwickelt haben. Im Dezember 1893 meldete Vidal (*7*) ein Patent auf Darstellung einer Reihe neuer Farbstoffe durch Verschmelzen von Chinonen und mehrwertigen Phenolen mit Schwefelalkali an. Diesen Ausgangsmaterialien folgten das Paraphenylendiamin und das p Aminophenol (*8*). Letztere Substanz liefert einen ziemlich brauchbaren schwarzen Farbstoff, welcher unter dem Namen „Vidalschwarz" Verwendung gefunden hat. Ein weiterer Fortschritt auf diesem Gebiete liegt in der Darstellung des „Immedialschwarz" der Firma Cassella & Co., bei welcher die verschmolzene Substanz Dinitrooxydiphenylamin ist (aus Dinitrochlorbenzol und p Aminophenol).

Bald bemächtigte sich die Farbenindustrie in fieberhafter Weise des neuen Gebietes.

Alle möglichen Substanzen wurden mit Schwefelalkali geschmolzen, und in etwa 300 Patenten beziehungsweise Patentanmeldungen ist eine dementsprechende Anzahl von gelben, roten, blauen, grünen, braunen und schwarzen Farbstoffen beschrieben. Eine eingehende Patentliteratur würde den Rahmen dieses Buches erheblich überschreiten, und wir müssen da auf das oft zitierte Friedländersche Buch verweisen.

Zum Glück lassen sich diese Farbstoffe zum größten Teil in 5—6 mehr oder weniger charakteristischen Gruppen anordnen. Ein großer Teil derselben mag wohl auch nur in der Phantasie der Erfinder existieren, und so hoffen wir wenigstens einen gewissen Überblick über dieses dunkle Gebiet zu gewinnen.

1. Gruppe des Immedialgelb.

Diese gelben Farbstoffe stehen augenscheinlich in naher Beziehung zu den Thiazolen.

Sie entstehen aus Metadiaminen, welche Seitenketten enthalten, speziell aus dem Metatoluylendiamin 1 : 2 : 4, ferner aus verschiedenen Formyl- und Acetylverbindungen, sowie aus Nitroformyl- und Nitroacetylverbindungen.

Diese Körper werden mit Schwefel auf ziemlich hohe Temperaturen verschmolzen und gehen dann in zunächst sehr schwer

---

7) D.R.P. 84632. — *8*) D.R.P. 85330.

lösliche Substanzen über; letztere lösen sich beim Erhitzen mit konzentrierter Schwefelnatriumlösung und werden durch Zusatz von Säure daraus wieder abgeschieden. Sie haben alsdann jedoch die Eigenschaft erhalten, schon in verdünntem Schwefelnatrium löslich zu sein und sich aus dieser Lösung nach Art der substantiven Farbstoffe auf Baumwolle zu fixieren.

Diamine ohne Seitenketten, z. B. m Phenylendiamin, liefern andere braune Produkte.

2. Gruppe des Vidalschwarz.

Vidal hat in seinen Patentanmeldungen eine große Anzahl von Substanzen bezeichnet, welche beim Schmelzen mit Polysulfureten brauchbare Farbstoffe liefern sollten.

In der Auswahl derselben ist er jedoch keineswegs glücklich gewesen, nur zwei von den in seinen Patenten angeführten Stoffen haben technische Verwendung gefunden, das p Aminophenol und das Dinitrophenol. Während das Paraaminophenolschwarz bald durch das Immedialschwarz verdrängt wurde, hat sich das Dinitrophenolschwarz als einer der wichtigsten schwarzen Farbstoffe erwiesen, doch bedurfte die ursprüngliche Vidal'sche Vorschrift einer wesentlichen Modifikation.

3. Gruppe des Immedialschwarz.

Von der Firma Cassella u. Co. in Frankfurt a. M. wurden zuerst die Derivate des Diphenylamins in die Chemie der Schwefelfarbstoffe eingeführt. Das wichtigste Produkt dieser Klasse, das Immedialschwarz, wurde durch Verschmelzen des Oxydinitrodiphenylamins, einer Substanz, die durch Kombination von Dinitrochlorbenzol mit p Aminophenol erhalten wurde, dargestellt.

Wird bei der Schmelze eine niedrige Temperatur eingehalten, so bildet sich ein graublauer Farbstoff, welcher den Namen Immedialblau erhalten hat.

4. Gruppe des Immedialreinblau.

Von der Gesellschaft für chemische Industrie zu Basel wurden zuerst Indophenole, z. B. das dem p-Dimethylamino-p-Oxydiphenylamin entsprechende, mit Natriumpolysulfid erhitzt und dabei schöne und lebhaft blaue Farbstoffe erhalten.

Durch die von der Firma Cassella eingeführte Schmelze bei niedriger Temperatur und bei Gegenwart von viel Wasser wurde ein rein blauer Farbstoff, das Immedialreinblau oder Pyrogenblau, erhalten. Die Farbstoffe dieser Gruppe unterscheiden sich vom Immedialschwarz und seinen Verwandten durch den Mindergehalt eines Stickstoffatoms, ihre Bildung aus der Indophenolthiosulfosäure sowie aus dem Methylenviolett und analogen Körpern läßt auf einen nahen Zusammenhang mit den Farbstoffen der Methylenblaugruppe schließen.

5. Gruppe. Als solche kann man eine Klasse von Farbstoffen betrachten, welche augenscheinlich den Chinonimidfarbstoffen noch näher stehen als die obigen. Es sind dieses Produkte von violetter bis bordeauroter Nüance, welche durch Schwefeln der Farbstoffe der Phenazinreihe, namentlich von Aminooxyphenazin, Safranol und den verschiedenen Rosindonen dargestellt werden.

Während die Farbstoffe der vorigen Klasse wahrscheinlich den Thioninring enthalten, dürfte in dieser der Azinring noch intakt geblieben sein.

6. Gruppe. Als solche sollen die Schwefelfarbstoffe betrachtet werden, welche aus den Dinitronaphtalinen 1 : 8 und 1 : 5 dargestellt werden.

Interessant ist, daß sich dieselben auch aus den Zwischenprodukten der Naphtazarindarstellung erhalten lassen, so aus den verschiedenen Naphtochinonimiden.

Der wichtigste Farbstoff dieser Reihe ist das Echtschwarz (B. A. S. F.).

Interessant ist, daß Rudolf Böttger in Frankfurt schon vor etwa 25 Jahren die Bildung eines violetten, Baumwolle färbenden Farbstoffes beim Behandeln von Dinitronaphtalin mit Schwefelalkali konstatiert hat.

Ferner sind hier noch die verschiedenen Marken von Schwefelgrün zu erwähnen, welche aus verschiedenen Indophenolen durch Schmelzen mit Polysulfureten bei Gegenwart von Kupferverbindungen entstehen. Abgesehen von den gelben Schwefelfarbstoffen, welche, wie oben bemerkt, durch Schmelzen mit Schwefel dargestellt werden, benutzt man zur Schmelze wasserhaltiges Schwefelnatrium, welchem meist mehr oder weniger Schwefel zugesetzt wird. Da die wasserfreien Natriumsulfide erst bei angehender Rotglut schmelzen, so kommen diese hier nicht in Betracht.

Die Schwefelschmelze ist daher ein Erhitzen mit einer mehr oder weniger konzentrierten Lösung des betreffenden Sulfides. Diese Tatsache, welche wohl schon bei den ersten Versuchen in dieser Richtung beobachtet sein muß, hat zu einer ganzen Reihe von Patenten geführt, in denen die Bedingungen der Farbstoffbildung festgelegt werden sollten. Diese differieren häufig für ein und denselben Farbstoff zwischen einem Kochen in wässeriger oder gar alkoholischer Lösung am Rückflußkühler bis zur einfachen Schmelze mit wasserhaltigem Schwefelnatrium, und in vielen Fällen muß zugegeben werden, daß nach allen Methoden das gleiche Resultat erhalten werden kann, weil meistens höhere Temperaturen durch längeres Erhitzen kompensiert werden.

Dieser Umstand hat auf dem Gebiete der Schwefelfarben eine Unsicherheit hinsichtlich des Patentschutzes herbeigeführt, wie dieselbe auf keinem anderen Gebiete der Farbstoffchemie vorhanden ist.

In der Tat sind hier Verfahren geschützt, welche von andern ebenfalls patentierten nur sehr unwesentlich abweichen.

Der Grund für diese Tatsache ist wohl zum Teil in der Unkenntnis zu suchen, welche mit Bezug auf die chemische Konstitution der Körpergruppe noch immer herrscht. Auch ihre Unterscheidungsmerkmale sind unsicher.

Alle Schwefelfarbstoffe zeigen eine Reihe von gemeinsamen Eigenschaften. Sie lösen sich mehr oder weniger leicht in einer Lösung von Schwefelnatrium und können daraus durch Säuren sowie durch anhaltendes Einblasen von Luft gefällt werden. Vermutlich befinden sie sich in dieser Lösung in Form ihrer Leukoverbindungen.

Sie werden direkt aus der Schwefelnatriumlösung auf Baumwolle gefärbt; wie aus dem Verhalten der gefärbten Faser hervorgeht, werden sie aber wohl zuerst in Form der Leukokörper fixiert, und erst bei Berührung mit Luft entwickelt sich die volle Färbung. Die durch Luft oder Kohlensäure abgeschiedenen Farbstoffe konnten bisher nicht kristallisiert werden. Sie lassen sich durch Reduktionsmittel wie Hydrosulfit in die Form einer alkalischen Küpe bringen und scheinen als solche Verwendung gefunden zu haben.

Sie werden wohl ausschließlich in der Baumwollfärberei verwandt. Die Baumwollfaser läßt sich sehr tief färben, so daß sehr satte Nüancen entstehen, und die Färbungen zeigen im allgemeinen eine große Widerstandsfähigkeit gegen Wasser, Seife und Licht, welche durch eine oxydierende Nachbehandlung mit Chromat etc. noch gesteigert wird.

Die Konstitution ist bis jetzt noch bei keiner der angeführten Farbstoffklassen sicher festgestellt worden, ja selbst die prozentische Zusammensetzung konnte bisher noch bei keinem Schwefelfarbstoff mit Sicherheit ermittelt werden.

Die Ähnlichkeit, welche das Immedialgelb mit den Thiazolfarbstoffen zeigt, läßt einen Zusammenhang beider Klassen vermuten, um so mehr, als das angewandte Toluylendiamin das Aminoderivat des für das Dehydrothiotoluidin benutzten Paratoluidins ist, und die Schwefelung unter ähnlichen Verhältnissen vor sich geht wie bei jenem.

Es wäre alsdann verlockend, das Immedialgelb oder vielmehr die bei der Schwefelung entstehende, noch nicht im Schwefelnatrium gelöste Muttersubstanz desselben als ein Aminoderivat des Primulins oder des Dehydrothiotoluidins aufzufassen! Möglicherweise tritt aber auch Stickstoff aus und wird durch Schwefel ersetzt, denn bei der Schwefelung soll reichlich Ammoniak entweichen.

Die Gruppe des Immedialreinblau, der geschwefelten Azine, und wohl auch das Immedialschwarz, steht ohne Zweifel den Chinonimidfarbstoffen sehr nahe.

Wenn das Immedialreinblau einen Thioninring enthält, so enthält das geschwefelte Safranol noch den wahren Azinring.

Es ist nun wahrscheinlich, daß eine Anzahl dieser Ringsysteme zusammentreten, und daß der Schwefel das bindende Agens ist.

Diese Voraussetzung führt zu der von verschiedenen Seiten gemachten Annahme einer Disulfidgruppe in den Schwefelfarbstoffen:

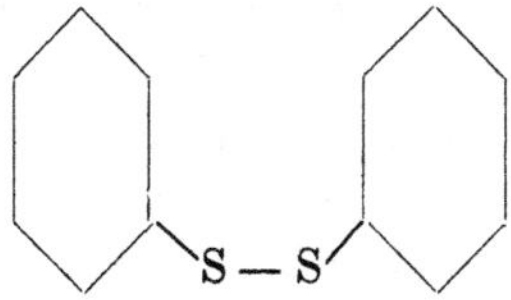

Man kann sich beispielsweise, entsprechend dem obigem Schema, zwei solche Ringsysteme durch die Gruppe S — S verkettet denken, und diese Verkettung kann, ähnlich wie im Primulin angenommen wird, sich noch auf weitere Moleküle erstrecken.

Durch Reduktion wird die Disulfidbindung gesprengt, und aus der Gruppe S — S entstehen zwei Mercaptangruppen, welche die Alkalilöslichkeit des gebildeten Leukokörpers veranlassen.

Diese Auffassung erhält eine ziemlich sichere Stütze durch ein von der Clayton Comp. (*9*) patentiertes Darstellungsverfahren.

Nach dieser entsteht ein Schwefelfarbstoff von den Eigenschaften des Immedialreinblaus, wenn man die Thiosulfosäure des Dialkyl-p Phenylendiamins bei Gegenwart des o Thiophenols oder mit dem entsprechender Disulfid in alkalischer Lösung zusammen oxydiert.

Es sollte diese Reaktion nach folgendem Schema vor sich gehen:

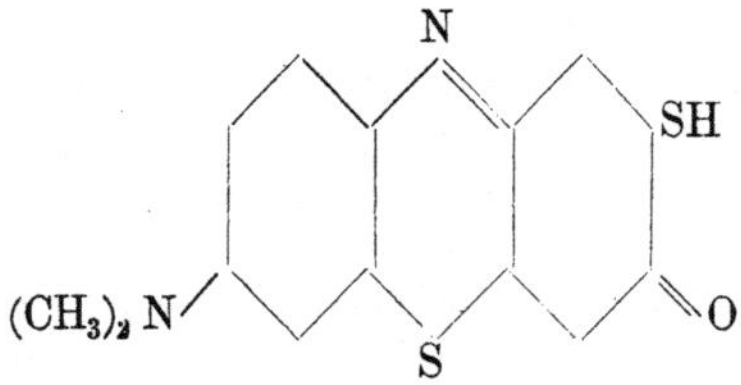

Von dieser Substanz, die nichts anderes ist als das Mercaptan des Methylenviolet'ts, treten zwei Moleküle zum eigentlichen Farbstoff, dem Disulfid, zusammen.

Der Zusammenhang des Immedialreinblaus mit dem Methylenviolett geht ferner aus der Tatsache hervor, daß nicht nur das entsprechende Indophenol, sondern auch dessen Thiosulfosäure sowie das Methylenviolett in der Polysulfidschmelze in diesen Farbstoff übergehen.

Auch die Abbauprodukte desselben sprechen dafür (*10*).

Die Farbstoffe der Immedialblaureihe gehen bei der Behandlung mit Natriumbisulfit in lösliche farblose Verbindungen über.

Möglicherweise sind dieselben die Salze der entsprechenden Thiosulfosäuren. Diese Körper scheinen bis jetzt die einzigen kristallisationsfähigen Verbindungen zu sein, welche aus den Schwefelfarbstoffen erhalten wurden, ihre Reindarstellung ist aber bis jetzt mit großen Schwierigkeiten verbunden.

9) D.R.P. **140964.** — *10)* Gnehm u. Kaufler, Ber. 37, p. 2617 u. 3032.

Nachträglich haben wir versucht, die wichtigsten Handelsmarken aus dieser Farbstoffklasse zusammenzustellen*):

Name des Handelsproduktes und der Fabrik	Patent Nr.	Darstellungsweise
Vidalschwarz (R. Vidal, Paris)	D. R. P. 85 330	p-Aminophenol bezw. Körper, die in der Schwefelschmelze p-Aminophenol bilden, mit Polysulfiden verschmolzen.
Echtschwarz B (B. A. S. F.)	D. R. P. 139 099	Behandlung von Dinitronaphtalin mit Schwefelnatrium in wäßriger Lösung.
Thiogenschwarz (Höchst)		
Claytonschwarz D (The Clayton Aniline Co.)	D. R. P. 106 030	Einwirkung von Nitrosophenol auf Thioschwefelsäure in saurer Lösung.
Immedialschwarz N (Cassella & Co.)	F. P. 259 509 267 343	Dinitrophenol mit Polysulfiden geschwefelt.
Immedialschwarz V extra (Cassella & Co.)	D. R. P. 103 861	p-Oxy-o^1-p^1-dinitrodiphenylamin mit Polysulfiden geschwefelt.
Pyrogenschwarz G, B	132 212 F. P. 297 438 v. 22. II. 00	Indophenole resp. Nitroaminooxydiphenylamin mit Polysulfiden geschwefelt.
Schwefelschwarz T extra (Akt.-Ges. für Anilinfabrikation, Berlin)	D. R. P. 127 835	Dinitrophenol mit Polysulfiden in verdünnter wäßriger Lösung geschwefelt.
Thiophenolschwarz T extra (Ges. f. Chem. Industrie in Basel)	F. P. 333 096	Dinitrophenol mit Polysulfiden vorsichtig verschmolzen.
Auronalschwarz (Chem. Fabrik Weiler ter Meer)	D. R. P. 144 119	p-Aminodinitrodiphenylamin in Gegenwart von Glycerin geschwefelt.

*) Wo die Herkunft nicht angegeben ist, wird dieselbe noch geheim gehalten.

Name des Handelsproduktes und der Fabrik	Patent Nr.	Darstellungsweise
Immedialblau C	D. R. P. 103 861	p-Oxy-o^1-p^1-dinitrodiphenylamin.
Pyrogendirektblau (Ges. f. Chem. Industrie in Basel), der erste direkte blaue Schwefelfarbstoff	D. R. P. 132 424	Dinitrooxydiphenylamin bezw. die Indophenole mit Polysulfiden in alkoholischer Lösung unter Druck geschwefelt.
Pyrogengrau G, B, R (Ges. für Chem. Industrie in Basel)		
Pyrogenblau R (Ges. für Chem. Industrie in Basel)		
Melanogenblau D (Höchst)	D. R. P. 114 266 114 267	1,5 Dinitronaphtalin mit oder ohne Chlorzink mit Polysulfiden geschwefelt.
Immedialindon (Cassella & Co.)		Indophenol aus o-Toluidin und p-Aminophenol.
Immedialreinblau (Cassella & Co.)	D. R. P. 134 947	aus p-Dimethylamino-p^1-oxydiphenylamin.
Thionblau B (Kalle & Co.)	D. R. P. 139 099	p-Nitro-o-amino-p^1-oxydiphenylamin in alkoholischer Lösung mit Schwefelkohlenstoff am Rückflußkühler erhitzt, sodann geschwefelt.
Pyrogenindigo (Ges. für Chem. Industrie in Basel)	D. R. P. 132 212 150 553	Indophenol, welches dem Phenylamino-p^1-oxydiphenylamin entspricht, mit Polysulfiden verschmolzen.
Pyrogengelb M (der erste gelbe Farbstoff)	D. R. P. 135 335	aus arom. Methylamino-, Nitroamino-, Oxybenzylenaminoverbindungen etc. durch Erhitzen derselben mit Schwefelalkalien und Schwefel oder Alkalilauge und Schwefel.
Pyrogenolive N (Ges. für Chemische Industrie in Basel)		

Name des Handelsproduktes und der Fabrik	Patent Nr.	Darstellungsweise
Eclipsgelb (Anilinfarben- u. Extraktfabriken vormals Joh. Rud. Geigy)	D. R. P. 138 839	Diformyl-m-toluylendiamin mit Schwefel bezw. mit Schwefel und Benzidin auf 240° erhitzt.
Immedialgelb D (Cassella & Co.)	D. R. P. 139 430	m-Toluylendiamin verschmolzen mit Schwefel bei 190°.
Immedialorange N (Cassella & Co.)	D. R. P. 152 595	m-Toluylendiamin verschmolzen mit Schwefel bei 250°.
Thiongelb G u. GG (Kalle & Co.)	Patent-anmeldung K. 24 649	aus der durch Erhitzen des Thio-m-toluylendiamins mit Na S-Lösung erhaltenen Reaktionslauge.
Cachou de Laval (Poirrier)	F. P. 244 885	Schmelze von organischen Substanzen wie Sägemehl, Sägespäne, Kleie etc. mit Schwefelnatrium und Schwefel.
Cattu Italiano (Lepetit Dollfuß)		
Pyrogenbraun D		
Katigenschwarzbraun N (Bayer)		
Kryogenbraun D (B. A.- u. S.-Fabrik)		
Thionalbraun (Poirrier)		
Sulfanilinbraun (Kalle & Co.)		
Eclipsbraun B (Geigy)	D. R. P. 125 586	m-Toluylendiamin und Oxalsäure mit Polysulfiden geschwefelt.
Thiocatechine (Poirrier)	D. R. P. 82 748	Paradiamine oder Acetylnitramine mit Schwefelnatrium u. Schwefel geschmolzen.
Pyrogengrün B, FB, FF, 2 G, 3 G (Ges. f. Chem. Industrie in Basel)	D. R. P. 148 024	Aminophenol und substituierte p-Aminophenole mit Schwefelnatrium und Schwefel in Gegenwart von Kupfer geschwefelt.
Pyrogendunkelgrün B (Ges. für Chem. Industrie in Basel)		

Name des Handelsproduktes und der Fabrik	Patent Nr.	Darstellungsweise
Thiogenpurpur (Höchst)		zu Gruppe V gehörig.
Thiogendunkelrot G u. R (Höchst)		
Immedialbordeaux G (Cassella)	D. R. P. 126 175	Azine mit Schwefelnatrium und Schwefel verschmolzen.
Immedialmarron B (Cassella & Co.)		
Katigenrotbraun (Bayer)		zu Gruppe V gehörig.
Eclipsrot (Geigy)		

XI. Oxyketone, Xanthone, Flavone, Cumarine und Indone.

Die nachstehenden Farbstoffe verdanken ihre Färbung dem Chromophor CO, der Keton- oder Carbonylgruppe. Diese Gruppe kommt in ihren chromophoren Eigenschaften hauptsächlich zur Geltung, wenn sie (namentlich mit Sauerstoff zugleich) in einem geschlossenen Ring steht, wie dieses in dem Xanthon und in dem Flavon der Fall ist:

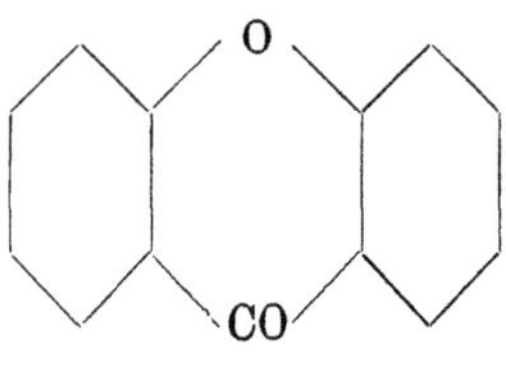

Xanthon.

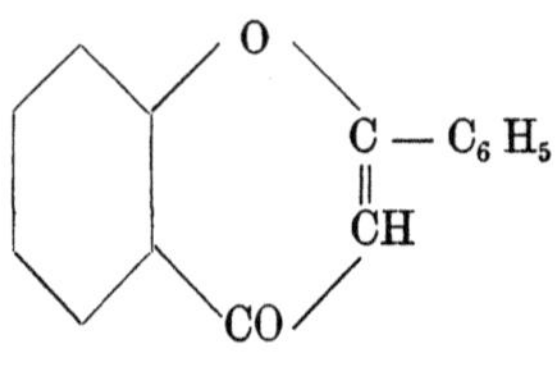

Flavon.

Aber auch in offener Kette wirkt diese Gruppe als Chromophor, und aromatische oder fettaromatische Ketone werden zu beizenziehenden Farbstoffen, wenn sie mehrere Hydroxylgruppen in benachbarter Stellung enthalten.

Xanthone und Flavone sind namentlich deshalb von Interesse, weil sich eine ganze Anzahl von Farbstoffen, welche in der Natur vorkommen, ihnen anreihen lassen.

Ketone mit offenen Ketten sind aber nur dann Farbstoffe, wenn sie im Benzolrest mehrere Hydroxyle in Orthostellung enthalten, und auch dann nur in Form ihrer Metallacke.

I. Oxyketonfarbstoffe.

Gallacetophenon $CH_3 - CO - C_6H_2\overset{1.2.3}{(OH)_3}$ (Alizaringelb C. Bad. A.-Sodaf.) (*1*, *2*, *3*).

Dieses Trioxyacetophenon entsteht durch Einwirkung von Essigsäure auf Pyrogallol bei Gegenwart von Chlorzink. Es bildet fast farblose, perlmutterglänzende, bei 168° schmelzende Blättchen.

Auf Tonerdebeize erzeugt es ein hübsches, sehr beständiges Gelb.

Trioxybenzophenon (Alizaringelb A) entsteht durch Einwirkung von Benzoësäure und Chlorzink auf Pyrogallol (*2*, *3*).

Auch durch Kondensation von Salicylsäure und Gallussäure mit Pyrogallol werden beizenfärbende Ketonfarbstoffe erhalten.

Hierher gehört auch das als Begleiter des Morins im Gelbholz vorkommende Maclurin, welches ein Pentaoxy-Benzophenon zu sein scheint (*4*). Dasselbe dürfte einen Phloroglucin- und einen Brenzcatechinrest enthalten, die durch eine CO-Gruppe verkettet sind.

2. Xanthone.

Euxanthon, $C_{13}H_8O_4$.

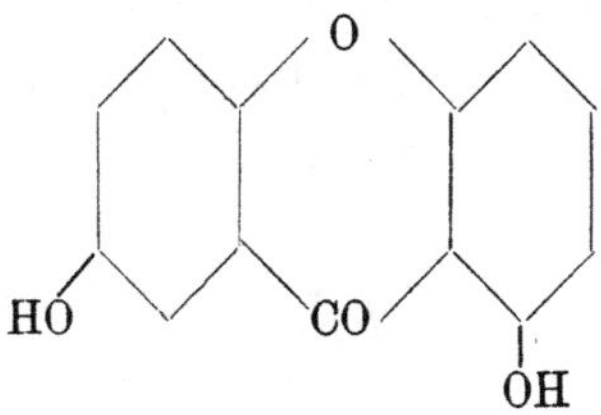

Dieses Dioxyketonoxyd ist hauptsächlich von Interesse, weil es aus einem in der Natur vorkommenden Farbstoffe, dem Piuri oder Jaune indien, dargestellt wird. Letzteres Produkt enthält die Euxanthinsäure, eine esterartige Verbindung des Euxanthons mit der Glucuronsäure.

---

1) Nencki u. Sieber, Journ. pr. **23**, p. **147**. — *2*) D.R.P. **50238**. — *3*) D.R.P. **49149**. — *4*) Ciamician u. Silber, Ber. **28**, p. **1393**.

Synthetisch wurde das Euxanthon zuerst von Graebe (*5*) durch Kondensation der Hydrochinoncarbonsäure mit *β* Resorcylsäure, dann von v. Kostanecki und Neßler (*6*) aus Hydrochinoncarbonsäure und Resorcin dargestellt. Das Euxanthon bildet blaßgelbe, breite, unzersetzt sublimierbare Nadeln. Es ist unlöslich in Wasser, löst sich wenig in Äther, leicht in siedendem Alkohol. Es entsteht, wie oben angegeben, aus der Euxanthinsäure, kommt aber fertig gebildet im Piuri, und zwar in den geringeren Sorten am reichlichsten, vor. Es ist, obwohl es keine sauren Eigenschaften besitzt, in wäßrigen Alkalien löslich. Seine alkoholische Lösung wird durch Bleiacetat gefällt.

Beim Schmelzen mit Kali bildet es Euxanthonsäure, $C_{13}H_{10}O_5$, (*7*) (Tetraoxybenzophenon) neben Hydrochinon. Beim Erhitzen mit Zinkstaub destilliert Benzol, Phenol und Methylendiphenylenoxyd, $CH_2(C_6H_4)_2O$ (*8*), welches durch Oxydation in Diphenylenketonoxyd (Xanthon) übergeht.

Diacetyleuxanthon bildet sich durch Kochen mit Essigsäureanhydrid. Schmelzpunkt 185°. Dichloreuxanthon und Dibromeuxanthon entstehen durch Spaltung der betreffenden Euxanthinsäurederivate (*9*).

Trinitroeuxanthon. Gelbe Nadeln. Einbasische Säure (*9*).

Nach Untersuchungen von Graebe ist die Euxanthonsäure von Baeyer nichts anderes als Tetraoxybenzophenon:

$$(OH)_2C_6H_3-CO-C_6H_3(OH)_2.$$

Xanthone bilden sich aus allen hydroxylierten Benzophenonen, welche, wie die Euxanthonsäure:

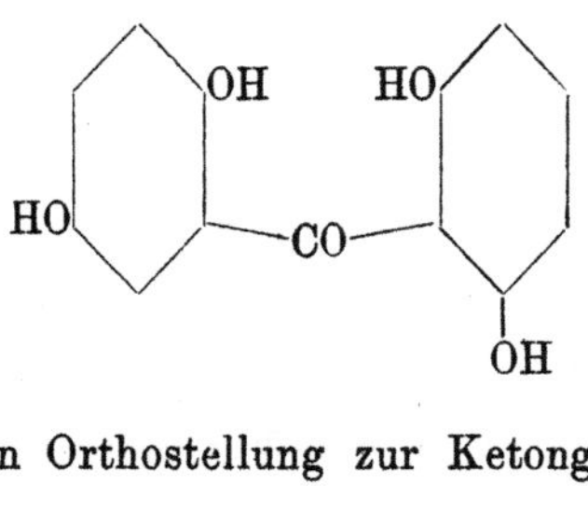

zwei Hydroxyle in Orthostellung zur Ketongruppe enthalten; es

5) Graebe, Annalen 254, p. 295. — *6*) v. Kostanecki u. Neßler, Ber. 24, p. 3980. — 7) Baeyer, Annalen 155, p. 297. — *8*) Wichelhaus u. Salzmann, Ber. 10, p. 397. — *9*) Erdmann, Journ. f. pr. Ch. 33, p. 190.

findet hier wie beim Resorcinphtaleïn, dem entsprechenden Dioxydiphenylmethan etc. Wasserabspaltung statt.

Durch Kondensation von Oxysäuren mit mehrwertigen Phenolen sind zahlreiche Xanthonderivate dargestellt worden.

Da dieselben bis jetzt ohne praktische Bedeutung sind, mag zur Charakteristik der Klasse das typische Beispiel des Euxanthons genügen.

Euxanthinsäure,

$C_{19}H_{18}O_{11}$.

Die Euxanthinsäure bildet in Form ihres Magnesiumsalzes den wesentlichen Bestandteil des unter dem Namen Piuri oder „Jaune indien“ in den Handel kommenden Farbstoffes; dasselbe wird in Indien aus dem Harn von Kühen gewonnen, welche mit Mangoblättern gefüttert werden (*5*).

Die von v. Kostanecki (*10*) gemachte Beobachtung, daß Euxanthon beim Durchgang durch den Tierkörper sich als Euxanthinsäure im Harn wiederfindet, bestätigt die obige Angabe über den Ursprung des Jaune indien. Vermutlich findet sich Euxanthon in den Pflanzen, welche als Futter für die betreffenden Tiere dienen, und geht durch Addition von Glucuronsäure als Euxanthinsäure in den Harn über.

Man gewinnt die Euxanthinsänre, indem man den zunächst mit heißem Wasser erschöpften Piuri mit verdünnter Salzsäure behandelt und aus dem Rückstand die Säure durch Ammoniumcarbonat auszieht. Das entstandene Ammoniaksalz wird durch Salzsäure zerlegt und die Euxanthinsäure aus Weingeist kristallisiert.

Sie bildet glänzende, strohgelbe Nadeln, welche sich wenig in kaltem, leichter in heißem Wasser, leicht in Alkohol, nicht in Äther lösen.

Beim Erhitzen auf 130° spaltet die Euxanthinsäure ein Wasserstoffmolekül ab und geht in ihr Anhydrid $C_{19}H_{16}O_{10}$ (*11*) über, welches früher für die kristallwasserfreie Euxanthinsäure gehalten wurde, während man die Säure selbst als $C_{19}H_{16}O_{10} + H_2O$ auffaßte. Die Euxanthinsäure ist einbasisch und bildet mit Alkalimetallen leichtlösliche, mit Magnesium und Blei schwerlösliche Salze. Die Alkalisalze werden durch überschüssige Alkalien

10) v. Kostanecki, Ber. 19, p. 2918. — *11*) Spiegel, Ber. 15, p. 1964.

gefällt. Durch Erhitzen mit Wasser oder verdünnter Schwefelsäure auf 140° wird sie in Euxanthon, $C_{13}H_8O_4$ (*12*), und Glucuronsäure, $C_6H_{10}O_7$ (*11*), gespalten.

Auch beim Erhitzen auf 160—180° sowie beim Erwärmen mit konzentrierter Schwefelsäure wird sie unter Bildung von Euxanthon zersetzt. Durch Einwirkung von Chlor oder Brom entstehen Bisubstitutionsprodukte. Salpetersäure bildet in der Kälte Nitroeuxanthinsäure, beim Erwärmen Trinitroeuxanthon und schließlich Styphninsäure (*12*).

Die Euxanthinsäure muß als eine esterartige Verbindung des Euxanthons (oder der Euxanthonsäure) mit der Glucuronsäure aufgefaßt werden:

$$\underset{\text{Euxanthon}}{C_{13}H_8O_4} + \underset{\text{Glucuronsäure}}{C_6H_{10}O_7} = \underset{\text{Euxanthinsäure.}}{C_{19}H_{18}O_{11}}$$

In der Euxanthinsäure tritt der Farbstoffcharakter viel stärker hervor als im Euxanthon. Dieselbe besitzt die Eigenschaft, metallische Beizen anzufärben, findet jedoch in der Färberei keine Verwendung. In der Form des Jaune indien dient der gelbe Magnesiumlack als Malerfarbe.

Flavonderivate.

Nach v. Kostanecki (*13*) sind eine Anzahl in der Natur vorkommender Farbstoffe wie Chrysin, Fisetin, Quercetin und Luteolin Hydroxylderivate einer Substanz, welcher er den Namen „Flavon" erteilt. Das Flavon ist ein Phenyl-Phenopyron von der Konstitution:

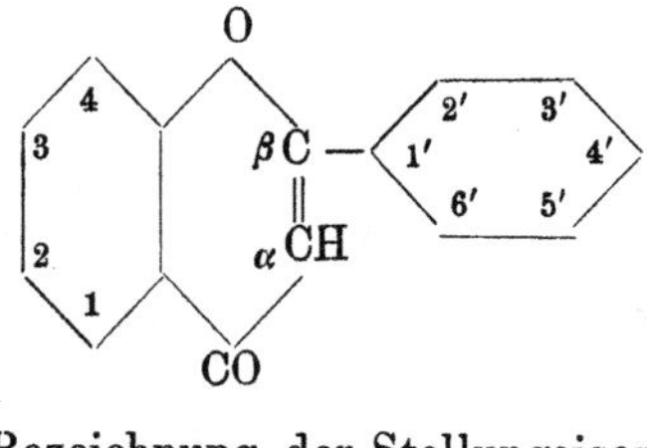

Zur besseren Bezeichnung der Stellungsisomerie dient die von v. Kostanecki vorgeschlagene Numerierung. Wie aus obigem

12) Stenhouse, Annal. 51, p. 423. — *13*) v. Kostanecki, Ber. 26, p. 2901; Ber. 28, p. 2302.

Schema ersichtlich, sind die Kohlenstoffatome beider Benzolreste mit den Zahlen 1 : 4 und 1' bis 6' bezeichnet. Die beiden doppelt gebundenen Kohlenstoffatome des Pyronringes sind mit α und β bezeichnet.

Die phenylfreie Muttersubstanz des Flavons hat den Namen Chromon, das α Oxyflavon den Namen Flavonol erhalten

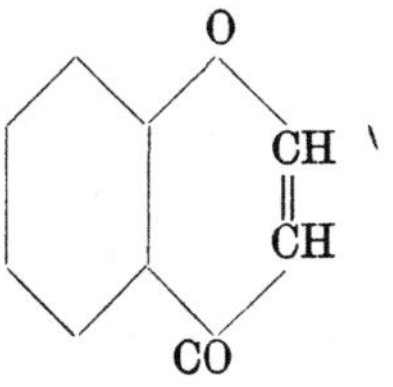

Chromon

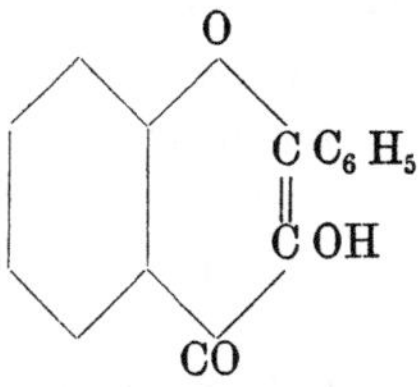

Flavonol.

Das hydroxylierte Chromon heißt Chromonol.

Das Flavon bildet farblose, bei 97⁰ schmelzende Nadeln, dasselbe wurde in folgender Weise synthetisch dargestellt (*13a*):

I. o Oxyacetophenon wird mit 1 Molekül Benzaldehyd kondensiert.

Das entstehende Produkt:

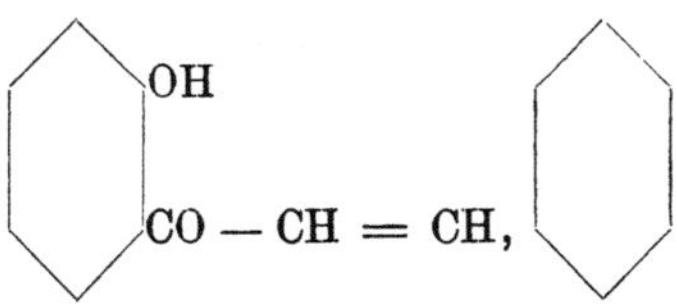

von v. Kostanecki als „Oxychalkon“ bezeichnet, wird acetyliert, bromiert und das entstandene Dibromid mit alkoholischer Kalilauge behandelt.

Nach dieser Methode können auch verschiedene Derivate des Flavons erhalten werden, indem man sich des substituierten Acetophenons beziehungsweise des substituierten Benzaldehyds bedient.

II. Eine zweite Flavonsynthese von allgemeiner Anwendbarkeit beruht auf der Einwirkung von Acetophenon auf die Ester aromatischer Säuren bei Gegenwart von metallischem Natrium.

III. Schließlich entstehen aus den oben erwähnten Oxychalkonen durch Behandeln mit konzentrierter Salzsäure oder Schwefelsäure und Alkohol hydrierte Flavone, die Flavonone, die

13a) v. Kostanecki, Ber. 31, p. 1757; Ber. 33, p. 330.

sich in gewissen Fällen auch direkt an Stelle der Oxychalkone bei der Kondensation von Oxyacetophenonen, Chinacetophenon z. B. mit aromatischen Aldehyden bilden.

Diese Flavonone gehen durch Bromieren und Behandeln mit alkoholischem Kali in Flavone über, bilden aber auch

IV. das Ausgangsmaterial für Flavonolsynthesen; salpetrige Säure verwandelt sie in Isonitrosokörper, die beim Verseifen mit verdünnten Säuren neben Hydroxylamin Flavonole liefern.

Mit Hilfe dieser verschieden kombinierten Methoden ist es v. Kostanecki gelungen, einen großen Teil der in der Natur vorkommenden gelben Farbstoffe synthetisch darzustellen.

Diese sind meistens geschätzte Beizenfarbstoffe und enthalten dann zwei Hydroxyle in Orthostellung.

Nachstehend geben wir eine tabellarische Zusammenstellung der Konstitutionsformeln der praktisch oder theoretisch wichtigen Körper dieser Gruppe:

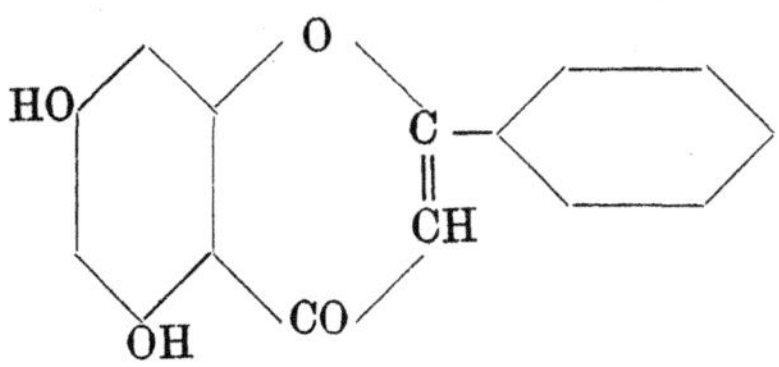

Chrysin (*14*).

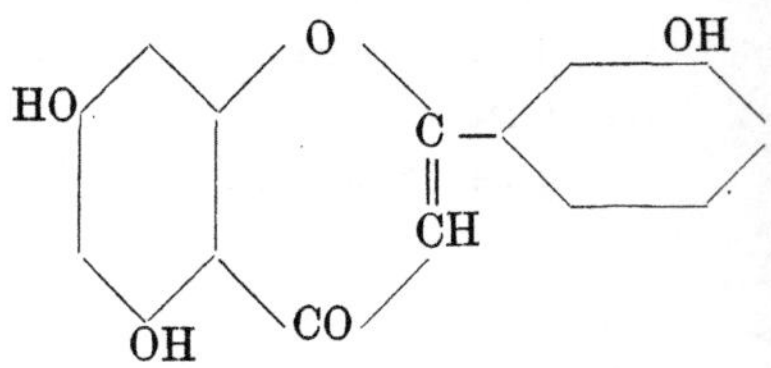

Luteolin.

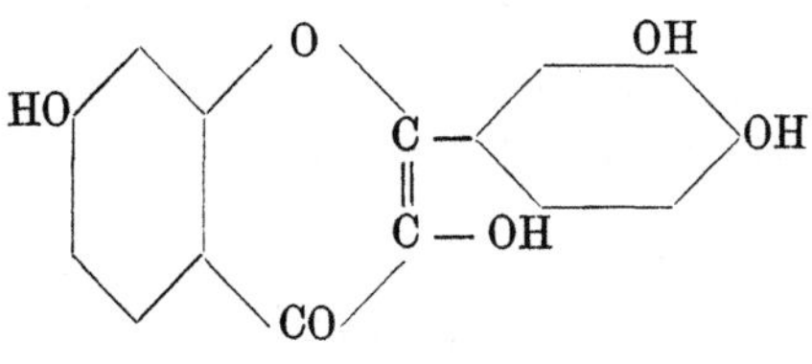

Fisetin.

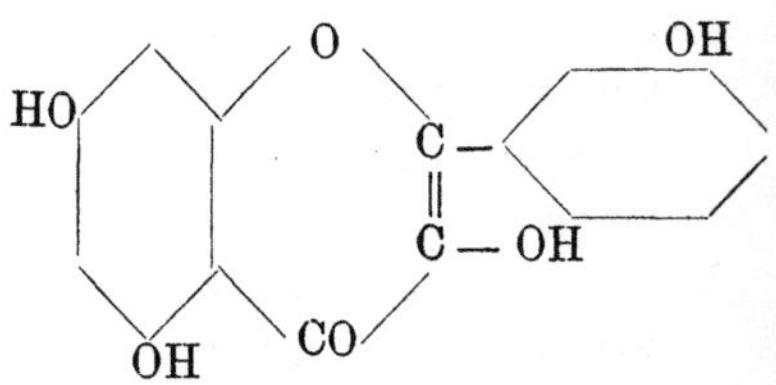

Quercetin.

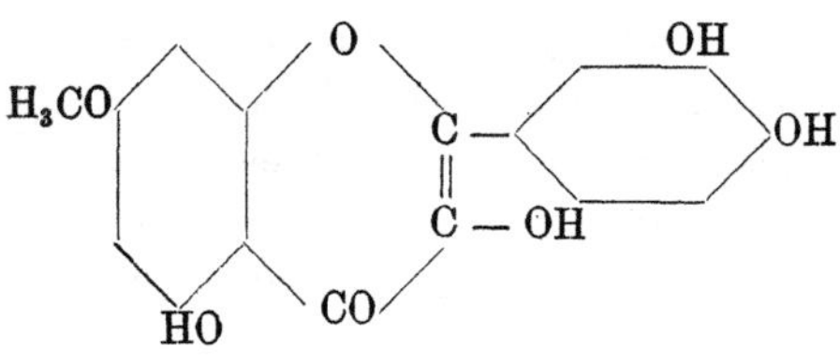

Rhamnetin.

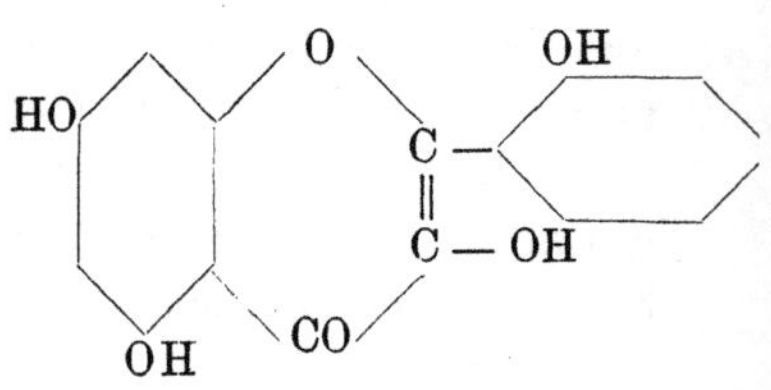

Morin.

Chrysin.

1:3 Oxyflavon.

Dieser gelbe Bestandteil der Pappelknospen ist als Farbstoff ungeeignet, aber von theoretischem Interesse, weil er die Muttersubstanz des Luteolins und in weiterem Sinne des Quercetins ist. Das Chrysin wird durch Alkalien in Phloroglucin, Benzoësäure, Essigsäure und Acetophenon gespalten (*14*).

Synthetisch aus Phloracetophenontrimethyläther und Benzoësäureäthylester durch v. Kostanecki dargestellt.

Luteolin (*15*, *16*, *17*, *18*),

$C_{15}H_{10}O_6 + 2H_2O$ (1:3:3′ 4′ Oxyflavon).

Farbstoff des „Wau", des Krautes von Reseda Luteola.

Das Luteolin kristallisiert aus wäßrigem Alkohol in kleinen gelben Nadeln. Dieselben enthalten 1½ Mol. Kristallwasser, welches erst bei 150° vollständig entweicht. Es schmilzt unter Zersetzung gegen 320° und sublimiert teilweise unzersetzt. In Wasser ist es sehr schwer, in Alkohol ziemlich leicht löslich. Äther löst es schwierig.

Alkalien lösen es leicht mit gelber Farbe. Blei und Tonerde bilden gelbe Lacke.

Durch Eisenchlorid wird es zunächst grün, bei Anwendung eines Überschusses braun gefärbt.

Beim Schmelzen mit Kali liefert es Phloroglucin und Protocatechusäure.

Man gewinnt das Luteolin aus dem Wau durch Auskochen mit verdünntem Alkohol und Umkristallisieren des beim Verdampfen sich ausscheidenden Produkts.

In der Färberei kommt es nur in Form einer Wau-Abkochung zur Verwendung. Auf Tonerdebeize erzeugt es ein schönes, sehr beständiges Gelb. Seine Anwendung erstreckt sich namentlich auf

---

14) Piccard, Ber. 6, 884. — *15*) Chevreuil, Ann. de Chim. et Phys. (2) 82, p. 53—126. — *16*) Moldenhauer, Ann. 100 p. 180, Journ. f. pr. Ch. 70, p. 428. — *17*) Schützenberger u. Paraff, Jahresber. 1861, p. 707. — *18*) Herzig, Ber. 28, p. 1013.

die Seidenfärberei, und hier ist der Wau ein geschätztes Färbematerial. Die Seide wird vorher mit Alaun gebeizt.

Das Luteolin ist nach Methode II (s. S. 306) aus Phloracetophenontrimethyläther und Veratrumsäureäthylester synthetisch dargestellt worden.

Fisetin (*19*),

$C_{15}H_{10}O_6$ (3 : 3' : 4' Oxy-Flavonol).

Dem Luteolin isomer, entsteht es bei der Spaltung des Fustins, eines im Fisetholz (von Rhus cotinus) enthaltenen Glucosids. In Form von Fisetholzextrakt dient es als gelber (wenig echter) Beizenfarbstoff. Wurde nach Methode IV aus 3 Äthoxy - 3' 4' Dimethoxyflavonon und dieses seinerseits aus einem der Kondensation von Resacetophenonmonoäthyläther mit Veratrumaldehyd entstammenden Oxychalkone dargestellt.

Quercitrin (*20*, *21*, *21a*, *22*, *26*),

$C_{21}H_{22}O_{12}$.

Das Quercitrin bildet den für die Färberei wichtigen Bestandteil der Quercitronrinde, der von der Oberhaut befreiten Rinde von Quercus tinctoria.

Man erhält das Quercitrin durch Auskochen der Rinde mit 85 prozentigem Weingeist, Fällen des Auszugs mit Bleiacetat unter Zusatz von Essigsäure, Entbleien des Filtrats mit Schwefelwasserstoff und Verdampfen desselben.

Das Quercitrin gehört zur Klasse der Glucoside, mit verdünnten Säuren spaltet es sich in Isodulcit, $C_6H_{14}O_6$, und Quercetin, $C_{15}H_{10}O_7$.

Das Quercitrin findet sich ferner im Hopfen, in den Roßkastanien, im Tee und wahrscheinlich noch in sehr vielen anderen Pflanzen.

---

19) Herzig, Wiener Monatsh. 12, p. 177. — *20*) Hlasiwetz, Ann. 112, p. 109. — *21*) Zwenger u. Droncke, Annal. Suppl. 1, p. 267. — *21a*) Liebermann u. Hörmann, Ber. 11, p. 952. — *22*) Liebermann u. Hamburger, Ber. 12, p. 1179.

Quercetin (*22*, *23*, *24*, *25*, *26*, *27*),
$C_{15}H_{10}O_7$ (1 : 3 : 3′ 4′ Oxy-Flavonol).

Entsteht durch Spaltung des Quercitrins nach der Gleichung:

$$C_{21}H_{22}O_{12} + H_2O = C_{15}H_{10}O_7 + C_6H_{14}O_6,$$

es kommt aber außerdem fertig in vielen Pflanzenteilen vor.

Es bildet feine, zitronengelbe Kristalle, welche sich wenig in Wasser, leicht in Alkohol lösen und oberhalb 250° schmelzen; sublimiert zum Teil unzersetzt und wird durch Eisenchlorid grün gefärbt. Letztere Färbung geht beim Erhitzen in Rot über. Durch Bleiacetat wird die Quercetinlösung ziegelrot gefällt. Fehlingsche Kupferlösung wird beim Erwärmen, Silberlösung schon in der Kälte reduziert. Salpetersäure oxydiert es zu Oxalsäure.

Quercitrin und Quercetin erzeugen auf der mit Tonerde gebeizten Pflanzenfaser ein schönes Gelb. Die Zinnoxydlacke sind schön orangegelb gefärbt. Sie finden, meistens in Form des Quercitrinauszugs, eine ausgedehnte Anwendung in der Färberei. Vermutlich findet beim Färbeprozeß eine Spaltung des Quercitrins statt, so daß die erhaltenen Färbungen, wenigstens zum Teil, auf der Bildung des Quercetinlackes beruhen. Ziemlich reines Quercetin kommt unter dem Namen „Flavin" in den Handel. Dasselbe dient hauptsächlich zur Nüancierung der auf Zinnbeize fixierten Cochenille.

Die Anwendung des Quercitrins ist der des Gelbholzes analog, und die mit beiden erzielten Nüancen sind ähnliche. Man färbt es sowohl auf gechromter Wolle als auch auf der mit Tonerde oder Eisen gebeizten Baumwolle.

Die Synthese des Quercetins ist ganz analog der Fisetinsynthese ausgeführt worden.

Xanthorhamnin und Rhamnetin (*28*, *29*, *30*, *31*, *32*).

Die in der Färberei vielfach benutzten Gelbbeeren, Kreuzbeeren oder Avignonkörner, die Früchte von Rhamnus infectoria

---

23) Rigaud, Annal. 90, p. 283. — *24*) Rochleder, Jahresber. 1859, p. 523. — *25*) Bolley, Annal. 115, p. 54. — *26*) Herzig, Wiener Monatshefte 5, p. 72; 6, p. 863; 9, p. 537; 11, p. 952; 12, p. 172; 14, p. 53; 15, p. 697. — *27*) v. Konstanecki, Ber. 28, p. 2302. — *28*) Kane, Berzelius, Jahresber. 24, p. 505.

und Rhamnus oleoides, enthalten ein eigentümliches Glucosid, das Xanthorhamnin (oder Rhamnegin).

Man erhält dasselbe durch Auskochen der Beeren mit 85 prozentigem Alkohol. Der Auszug wird von dem sich zunächst ausscheidenden Harze getrennt, und das später auskristallisierende Xanthorhamnin durch Umkristallisieren aus Alkohol gereinigt.

Aus Alkohol kristallisiert es in gelben Nadeln, welche 2 Mol. Kristallalkohol enthalten.

Durch Kochen mit verdünnten Säuren wird es in Rhamnetin und Isodulcit gespalten. Auch beim bloßen Erhitzen auf 150° findet diese Spaltung teilweise statt.

Rhamnetin, $C_{16}H_{12}O_7$, das Spaltungsprodukt des Xanthorhamnins, bildet ein zitronengelbes, in Wasser, Alkohol und Äther sowie in den übrigen indifferenten Lösungsmitteln sehr schwer lösliches Pulver. Es löst sich leicht in Phenol sowie in wäßrigen Alkalien. Es reduziert ammoniakalische Silberlösung sowie Fehlingsche Kupferlösung.

Mit Bleiacetat, Tonerde-, Baryt- und Kalksalzen bildet es gelbe oder braungelbe Niederschläge.

Beim Schmelzen mit Kali sowie bei der Behandlung mit Natriumamalgam liefert es Phloroglucin und Protocatechusäure.

Das Rhamnetin ist ein Monomethylquercetin, bei welchem die Methylgruppe sehr wahrscheinlich die Stelle 3 einnimmt.

Bei der Anwendung der Kreuzbeeren in der Baumwollfärberei muß das Xanthorhamnin stets gespalten werden.

Das Rhamnetin ist, in Form des Kreuzbeerenextraktes, einer der wichtigsten gelben Farbstoffe und konnte bisher, namentlich für den Zeugdruck, durch keinen künstlichen Farbstoff verdrängt werden.

Besonders schön und lebhaft ist der Zinklack. Der Chromlack besitzt eine bräunlichgelbe Färbung, findet aber gegenwärtig fast die stärkste Verwendung in der Kattundruckerei.

---

29) Gelatly, Jahresber. 1865, p. 473. — *30*) Schützenberger, Ann. de Chim. et Phys. (4) 15, p. 118. — *31*) Liebermann u. Hörmann, Annal. 196, p. 307. — *32*) Herzig, Wiener Monatshefte 6, p. 889; 9, p. 548 u. 12, p. 172. — *33*) Perkin u. Cope, Journ. chem. Soc. 67, p. 937. — *34*) Benedikt u. Hazura, Monatshefte für Chemie 5, p. 167.

Morin (*33, 34, 35*),

$C_{15}H_{10}O_7$.

Das Morin bildet den färbenden Bestandteil des unter dem Namen „Gelbholz" in den Handel kommenden Holzes von Morus tinctoria Jacq. oder Maclura tinctoria Nettel.

Man erhält es am besten durch Auskochen des Holzes mit Wasser und Zerlegen der beim Erkalten auskristallisierenden Kalkverbindung mit Salzsäure (*36*).

Aus Alkohol kristallisiert das Morin in langen, gelblichen Nadeln, welche schwierig in Wasser und Äther, leicht löslich in Alkohol, unlöslich in Schwefelkohlenstoff sind. Alkalien lösen es leicht mit dunkelgelber Farbe.

Bei der trocknen Destillation liefert es Resorcin neben Paramorin (*38*). Beim Behandeln mit Natriumamalgam, ebenso beim Schmelzen mit Kali, liefert es Phloroglucin, im letzteren Fall neben Oxalsäure (*37*).

Mit Metallen bildet es einbasische Salze, von denen die Alkalisalze leicht löslich, die Kalk-, Aluminium-, Blei- und Zinksalze schwer löslich sind (*37*).

Das Morin findet in Form des Gelbholzextraktes vorzüglich in der Wollenfärberei eine ausgedehnte Verwendung, namentlich als Untergrund für Schwarz und andere Farben.

Durch Kondensation von Gelbholzextrakt mit Diazokörpern*) sind Azofarbstoffe hergestellt worden, welche unter dem Namen Patentfustin Anwendung finden. Dieselben erzeugen auf gechromter Wolle tief gelbbraune Nüancen.

Die Wolle wird für die Färbung des Gelbholzes meist durch Ansieden mit Kaliumbichromat und Weinstein oder Schwefelsäure gebeizt, und das Morin fixiert sich hier in Form des sehr beständigen Chromlacks, welchem eine bräunlichgelbe Farbe zukommt.

---

35) Löwe, Fresenius, Zeitschr. **14**, p. 119. — *36*) Wagner, Journ. f. pr. Ch. 51, p. 82. — *37*) Hlasiwetz u. Pfaundler, Ann. 127, p. 353. — *38*) Benedikt, Ber. 8, p. 606.

*) Möglicherweise entstehen diese Farbstoffe aus dem im Gelbholzholz vorhandenen Maclurin.

Nach Perkin und Bablich (*39*) ist das Morin ein Tetraoxyflavonol, und seine Konstitution entspricht nachstehender Formel (siehe oben).

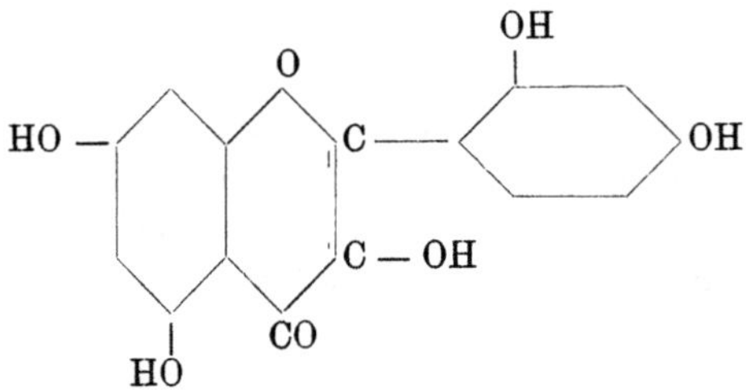

Es ist dem Quercetin isomer und unterscheidet sich von diesem nur durch die verschiedene Stellung der beiden im vereinzelten Benzolkern befindlichen Hydroxyle. Es könnte gegen diese Formel der Einwand erhoben werden, daß die Metastellung dieser Hydroxyle die beizenfärbenden Eigenschaften des Körpers nicht genügend erklärt.

Hämatoxylin (*43*),

$C_{16}H_{14}O_6$.

Das Hämatoxylin ist im Blauholz oder Campecheholz, dem Kernholz von Hämatoxylon campechianum, enthalten.

Es ist selbst kein Farbstoff, sondern der Leukokörper des für die Färberei sehr wichtigen Hämateïns, in welches es durch Oxydation leicht übergeht.

Das Hämatoxylin kristallisiert mit 3 H_2O in farblosen tetragonalen Säulen (*40*) oder mit 1 H_2O in rhombischen Kristallen. Es ist wenig in kaltem, leicht in heißem Wasser, Alkohol und Äther löslich, besitzt einen süßen Geschmack und schmilzt etwas über 100° im Kristallwasser. Seine Lösung dreht die Polarisationsebene nach rechts (*45*).

In Alkalien löst es sich mit Purpurfarbe. Die Lösung färbt sich unter Bildung von Hämateïn schnell blauviolett, später braun.

---

39) A. G. Perkin u. Bablich, Journ. Chem. Soc. 67, 649. — *40*) Rammelsberg, Jahresber. 1857, 490. — *41*) Reim, Ber. 4, p. 329. — *42*) Buchka, Ber. 17, 683. — *43*) Chevreuil, Ann. d. chim. et phys. (2) 82, p. 53—126; Leçons de chimie à la teinture II; Journ. de chim. med. VI, 157.

Chromsäure, Eisenchlorid sowie Vanadsäure bilden höhere Oxydationsprodukte, deren Metallacke eine schwarze Farbe besitzen. Beim Schmelzen mit Kali bildet es Pyrogallol, ebenso bei trockner Destillation; im letzteren Fall neben Resorcin.

Brom in essigsaurer Lösung bildet ein Dibromhämatoxylin, Essigsäureanhydrid ein Pentaacetylderivat (*41*), welches bei der Behandlung mit Brom vier Bromatome aufnimmt. Bei vorsichtiger Bromierung entsteht ein Monobromderivat (*42*) (s. auch *46*). Salpetersäure führt das Hämatoxylin zunächst in Hämateïn, schließlich in Oxalsäure über.

Hämateïn (*44*, *45*),
$C_{16}H_{12}O_6$.

Entsteht bei vorsichtiger Behandlung des Hämatoxylins mit Salpetersäure (*41*) sowie durch Einwirkung des Luftsauerstoffs auf die alkalische Lösung desselben (*45*). Man erhält es am leichtesten durch Stehenlassen einer mit einigen Tropfen Salpetersäure versetzten ätherischen Hämatoxylinlösung an der Luft.

Es bildet dunkelgrüne, metallglänzende, im durchfallenden Lichte rote Massen, welche sich zn einem violetten Pulver zerreiben lassen, oder kleine rote Kristalle (*41*). In heißem Wasser löst es sich schwierig mit gelbbrauner Farbe, ebenso in Alkohol und Äther. Von Alkalien wird es mit blauvioletter Farbe aufgenommen. Die Ammoniakverbindung $C_{16}H_{12}O_6\,2\,NH_3$ ist schwer löslich und verliert beim Erhitzen Ammoniak.

Das Hämateïn verbindet sich mit Schwefelsäure, Salzsäure und Bromwasserstoffsäure zu eigentümlichen Verbindungen, welche durch Wasser von höherer Temperatur wieder gespalten werden (*47*).

In der Färberei und Druckerei kommen Hämatoxylin und Hämateïn nur in Gestalt des Blauholzextraktes oder Dekoktes zur Verwendung.

Auf Tonerdebeize erzeugt das Hämatoxylin eine grauviolette Färbung, welche offenbar von dem durch Oxydation an der Luft erzeugten Tonerdelack des Hämateïns herrührt. Kupfersalze erzeugen ein dunkles Blau, Eisensalze und Chromsäure dagegen ein tiefes Schwarz.

---

44) Erdmann, Annal. 44, p. 292. — *45*) Hesse, Annal. 109, p. 332. — *46*) Dralle, Ber. 17, p. 372. — *47*) Buchka u. Erk, Ber. 18, p. 1138.

In der Färberei und Druckerei mit Blauholz werden häufig mehrere dieser Beizmittel gleichzeitig angewandt. Man fixiert z. B. auf Tonerdebeize und läßt die bedruckten Zeuge nachträglich durch Kaliumbichromat oder Kupfersulfat passieren.

Die durch Eisen oder Chromsäure erzeugten Verbindungen sind jedenfalls Metallacke höherer Oxydationsprodukte, deren Natur bis jetzt noch wenig bekannt ist.

Das Blauholz findet eine starke Verwendung, sowohl in der Baumwoll- als in der Wollenindustrie. Für Wolle wird es namentlich in Verbindung mit Chromsäure oder Eisen zum Schwarzfärben angewandt.

Die Wolle wird meist in einem Bade von Kaliumbichromat und etwas Schwefelsäure angesotten und in Blauholzabkochung oder Extraktlösung ausgefärbt.

Baumwolle wird zur Schwarzfärberei abwechselnd in ein Blauholzbad und in eine Bichromatlösung gebracht.

Für die Erzeugung eines tiefen, vom Violettstich freien Schwarz ist in allen Fällen der Zusatz von Gelbholz oder ähnlichen gelben Farbstoffen notwendig.

Unter dem Namen „Indigoersatz“ kommt ein Gemisch von Blauholzextrakt und Chromacetat in den Handel, welches sowohl in der Wollfärberei als im Zeugdruck Verwendung findet.

Brasilin (*43*, *48*, *49*, *53*),

$C_{16}H_{14}O_5$.

Das Brasilin findet sich im Fernambukholz, dem Holz von Caesalpinia Brasiliensis Siv. und Caesalpinia echinata Lam., ferner im Sappanholz von Caesalpinia Sappan L. und bildet, mitsamt dem daraus entstehenden Brasileïn, den färbenden Bestandteil dieser Hölzer.

Aus dem technisch gewonnenen Rotholzextrakt scheidet sich häufig das Brasilin in Form von Kristallkrusten aus, welche das vorteilhafteste Material für die Reindarstellung des Körpers bilden. Diese Krusten enthalten Brasilin gemischt mit der Kalkverbindung desselben (*48*). Man erhält das Brasilin daraus, indem man das

48) E. Kopp, Ber. 6, 447. — *49*) Bolley, Journ. pr. 153, p. 351.

Rohprodukt mit sehr verdünntem Alkohol unter Zusatz von Zinkstaub und Salzsäure auskocht und die Lösung kristallisieren läßt.

Das Brasilin kristallisiert aus Wasser, je nach der Konzentration der Lösung, in klaren, bernsteingelben, anscheinend rhombischen Kristallen mit 1 H_2O oder in farblosen Nadeln (*49*) mit $1^1/_2$ H_2O. Es löst sich ziemlich leicht in Wasser, Alkohol und Äther. Alkalien lösen es mit carminroter Farbe. Durch Zinkstaub wird die Lösung entfärbt, sie färbt sich jedoch an der Luft schnell wieder rot. Bei trockner Destillation liefert es reichlich Resorcin (*48*). Durch Einwirkung von Salpetersäure entsteht Styphninsäure, durch Kaliumchlorat und Salzsäure Isotrichlorglycerinsäure (*50*).

Aus wässeriger Brasilinlösung fällt Bleizucker farblose, feine, sich allmählich rot färbende Nadeln von Brasilinblei: $C_{16}H_{12}PbO_5 + H_2O$.

Tetracetylbrasilin, $C_{16}H_{10}(C_2H_3O)_4O_5$, und Triacetylbrasilin entstehen durch Behandeln von Brasilin mit Essigsäureanhydrid (*47*).

Das Brasilin findet in Form von Rotholzextrakt oder Rotholzabkochung eine ausgedehnte Anwendung in der Farbentechnik. Es fixiert sich auf der Faser nur in Form seiner Lacke und wird sowohl in der Wollen- als in der Baumwollfärberei angewendet. Auf Alaunbeize erzeugt es Nüancen, welche denen des Alizarinlacks ähnlich sind, diesen aber an Schönheit und Solidität nachstehen. Der Zinnlack ist lebhafter gefärbt. Auf Wolle, welche vorher mit Kaliumbichromat gebeizt war, erzeugt das Rotholz ein schönes Braun.

Brasileïn (*50*, *51*, *52*),

$C_{16}H_{12}O_5$.

Das Brasileïn steht zum Brasilin in ähnlichen Beziehungen wie das Hämateïn zum Hämatoxylin. Es entsteht aus dem Brasilin durch Oxydation der alkalischen Lösung an der Luft, ferner

---

50) Benedict, Annal. 178, 100. — *51*) Perkin u. Hummel, Ber. 15, 2344. — *52*) Liebermann u. Burg, Ber. 9, p. 1885. — *53*) Wiedemann, Ber. 17, p. 194.

durch Einwirkung von alkoholischer (*50*) Jodlösung sowie von salpetriger Säure auf dasselbe.

Das Brasileïn bildet graue silberglänzende Blättchen, welche sich schwierig in Wasser, leicht mit purpurroter Farbe in Alkalien lösen. Ähnlich dem Hämateïn verbindet es sich mit Schwefelsäure, Salzsäure und Bromwasserstoffsäure zu eigentümlichen, leicht spaltbaren Verbindungen (*51*).

Es fixiert sich, ähnlich dem Brasilin, auf der mit Tonerde gebeizten Zeugfaser, übertrifft dasselbe jedoch an Färbevermögen.

Konstitution von Hämatoxylin und Brasilin.

Das Hämatoxylin unterscheidet sich vom Brasilin nur durch den Mehrgehalt eines Sauerstoffatoms, beide sind Körper, welche in ihren Eigenschaften eine große Verwandtschaft miteinander zeigen, und die Vermutung, daß sie bezüglich ihrer Konstitution in naher Beziehung zueinander stehen, ist deshalb schon öfter ausgesprochen. Beide gehen durch Oxydation in wasserstoffärmere Körper, das Hämateïn und das Brasileïn, über, ein Verhalten, welches an die Chinone und Hydrochinone erinnert.

Eine Reihe von wissenschaftlichen Arbeiten, von denen wir die von Liebermann, Schall und Dralle, Herzig, Perkin, Hummel und v. Kostanecki hervorheben müssen, ergeben zweifellos, daß diese Farbstoffe in naher Beziehung zu den Flavonfarbstoffen stehen.

Das Hämatoxylin enthält die Reste des Pyrogallols und Brenzcatechins, das Brasilin solche des Resorcins und Brenzcatechins, und orthoständige Hydroxyle dieser Reste bedingen jedenfalls die beizenfärbenden Eigenschaften.

Die von einzelnen Autoren gegebenen Konstitutionsformeln der Körper sind so oft geändert, daß man sie immerhin mit einiger Vorsicht aufnehmen muß.

Wir fügen der schon in der letzten Auflage gebrachten von Perkin und seinen Mitarbeitern die von v. Kostanecki (*54*) unlängst aufgestellte hinzu:

---

54) v. Kostanecki, Zeitschrift für Farben- und Textilchemie, III. H. 1.

Nach Perkin, Gilbodi und Yates:

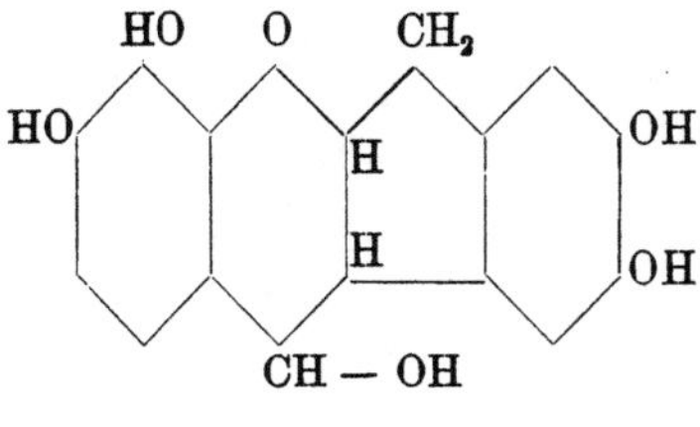

Hämatoxylin

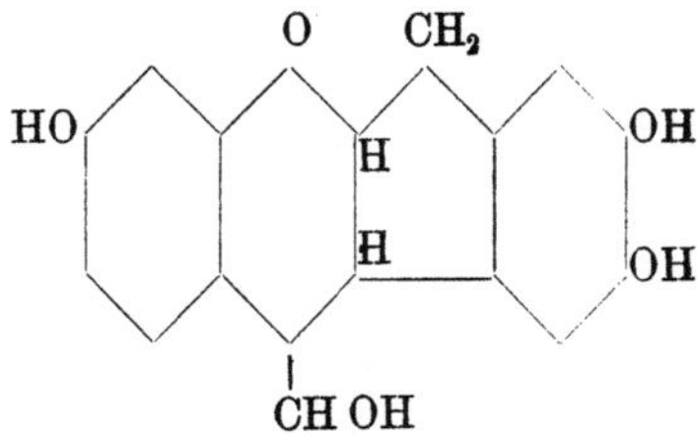

Brasilin

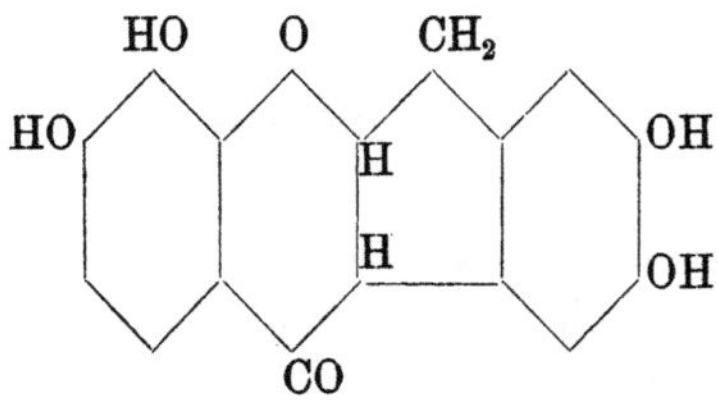

Hämateïn

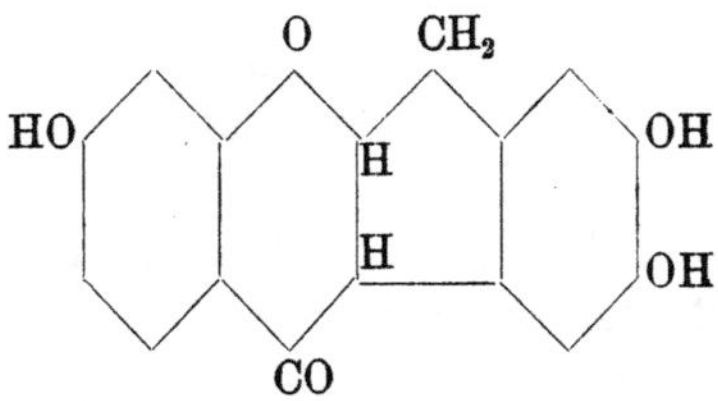

Brasileïn

Nach v. Kostanecki[54]):

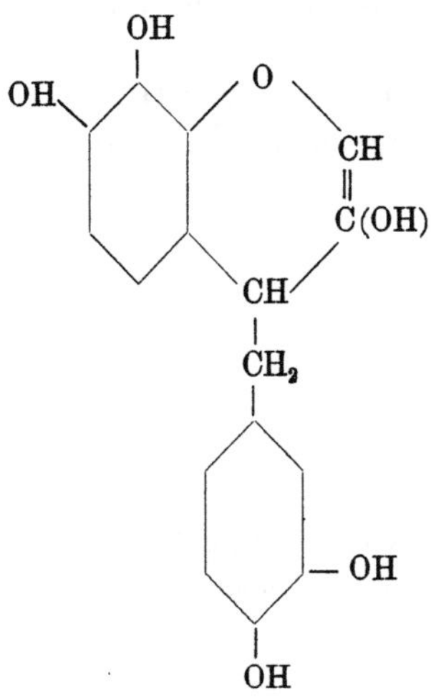

Hämatoxylin

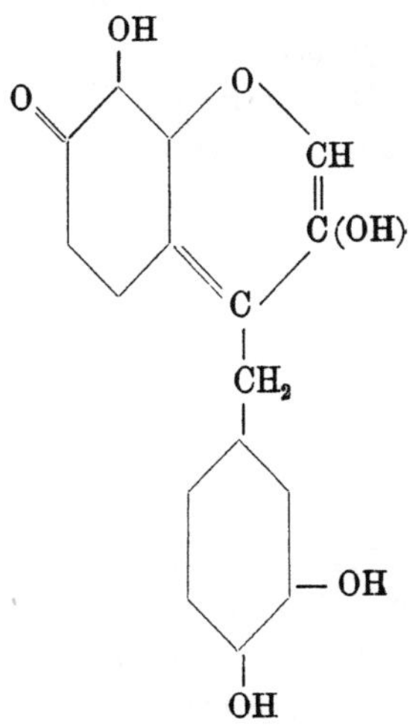

Hämateïn

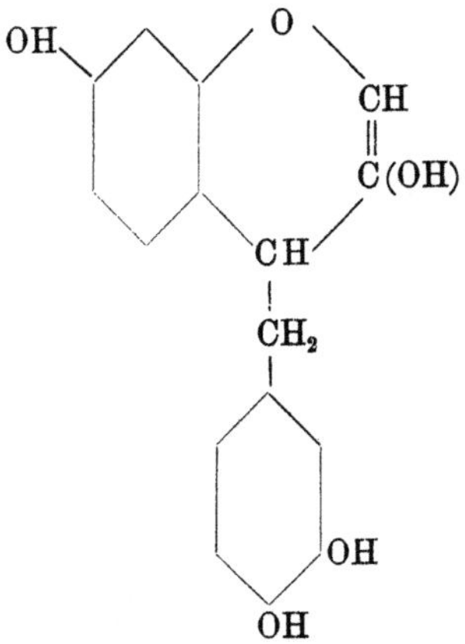

Brasilin

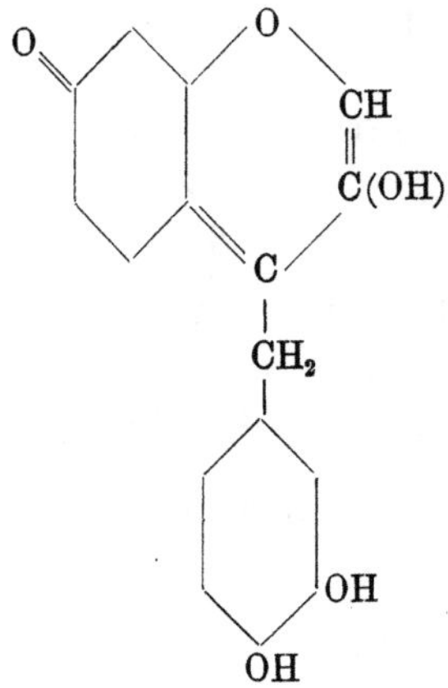

Brasileïn

In der Tat scheinen diese Formeln den Tatsachen zurzeit am besten Rechnung zu tragen. Bezüglich ihrer Motivierung verweisen wir auf die angezogene Monographie.

Cumarine.

Cumarine sind die γ Lactone ungesättigter fett aromatischer o Oxysäuren.

Das einfachste Cumarin leitet sich von der o Oxyzimtsäure ab und ist nachstehender Formel entsprechend konstituiert:

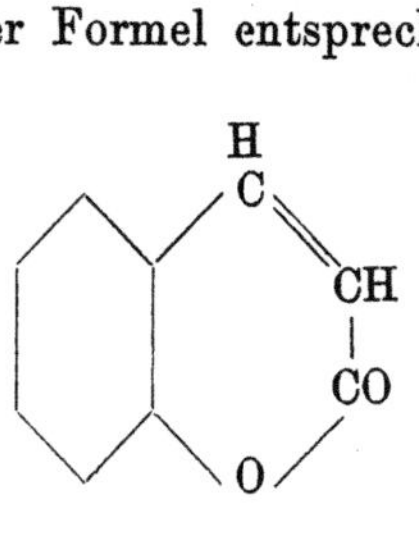

Wie die ähnlich konstituierten Flavone sind auch die hydroxylierten Cumarine Beizenfarbstoffe, wenn sie zwei Hydroxyle in der Orthostellung enthalten.

Diese Eigenschaft tritt namentlich bei dem Dibrom-Dioxy-β Methylcumarin hervor. Das entsprechende Cumarin entsteht durch Kondensation von Acetessigäther mit Pyrogallol. Durch Bromieren kommt der Farbstoffcharakter der Substanz zur vollen Entwicklung. Das Dibromderivat hat unter dem Namen Anthracengelb zum Färben chromierter Wolle Verwendung gefunden (*55*).

Hierher gehört das durch Kondensation von Zimtsäure mit Gallussäure dargestellte Styrogallol. Nach Untersuchungen von v. Kostanecki ist dasselbe ein Dioxyanthracumarin (*56*, *57*). Es färbt Tonerdebeize orangegelb, hat jedoch keine technische Verwendung gefunden.

Indonfarbstoffe.

Hier läßt sich eine bis jetzt wenig bekannte Gruppe von Farbstoffen anreihen, welche als Ketoderivate des Hydrindens:

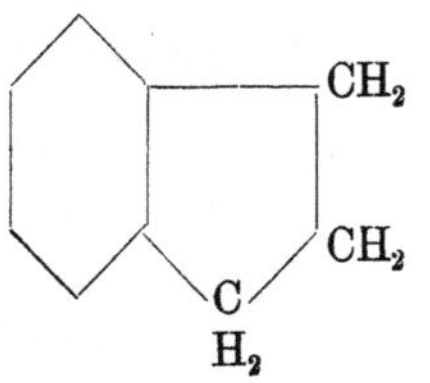

aufzufassen sind, und welche mit dem Gesamtnamen der Indone bezeichnet werden können.

Ein Diketohydrinden von der Konstitution:

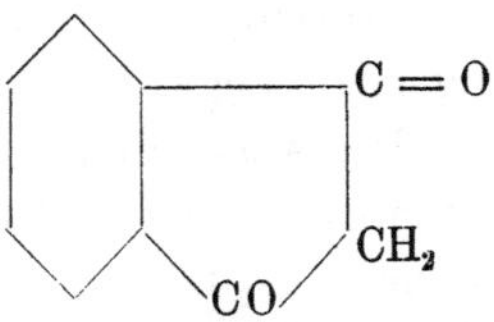

welches von den Entdeckern (Wislicenus und Kötzle) mit dem Namen „Indandion" bezeichnet wird, besitzt nach v. Kostanecki stark chromophore Eigenschaften, welche namentlich in den hydroxylierten Benzylidenverbindungen zur Geltung kommen. So ist das o Dioxybenzylidenindandion:

55) D. R. P. 52927. — *56*) Jacobsen u. Julius, Ber. 20, p. 3134. — *57*) v. Kostanecki, Ber. 20, p. 2327.

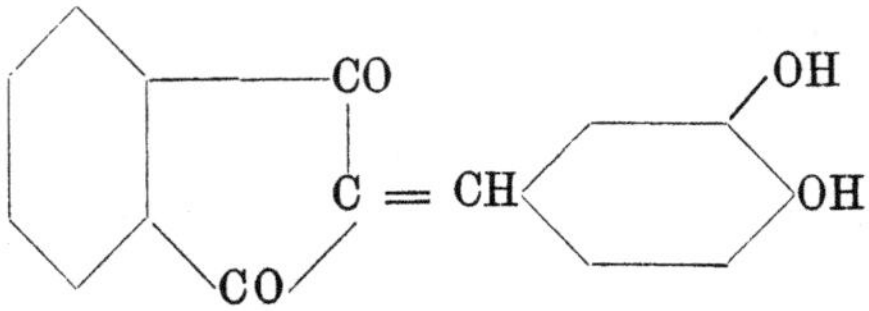

welches durch Kondensation von Indandion mit Protocatechualdehyd erhalten wird, ein kräftiger roter Beizenfarbstoff (*58*). Ein besonderes Interesse aber beansprucht diese Farbstoffklasse, weil sich ihr nach neueren Untersuchungen das färbende Prinzip der Cochenille, die Carminsäure, einreihen läßt.

Obwohl die Konstitution der Carminsäure bis jetzt noch nicht als festgestellt zu betrachten ist, nehmen wir keinen Anstand, dieselbe hier zu behandeln.

Carminsäure.

Die Cochenille (die getrockneten Weibchen einer Schildlaus, Coccus cacti, welche auf verschiedenen Cactusarten lebt) bildet ein schon seit langer Zeit geschätztes Farbmaterial. Der darin enthaltene Farbstoff, welcher von Warren de la Rue (*59*) mit dem Namen „Carminsäure" belegt wurde, galt nach den Untersuchungen von Hlasiwetz und Grabowski (*60*) für ein Glucosid, welches sich in Zucker und einen als Carminrot bezeichneten Körper spaltet. Nach allen neueren Untersuchungen jedoch scheint Carminrot und Carminsäure identisch zu sein, und letzterer Name ist deshalb für den Farbstoff allgemein angenommen. Die Bruttoformel der Carminsäure muß für den Augenblick als noch nicht mit Sicherheit festgestellt betrachtet werden. Hlasiwetz und Grabowski fanden für ihr Carminrot $C_{12}H_{12}O_7$, v. Miller und Rohde berechnen $C_{24}H_{22}O_{14}$ oder $C_{22}H_{20}O_{13}$. Bei der Spaltung der Carminsäure ist eine Reihe von Körpern erhalten worden, welche unzweideutig ihren Zusammenhang mit den Indonen erkennen lassen. So ist z. B. das daraus erhaltene *α* Bromcarmin nach v. Miller und Rohde (*61*) ein Derivat des Indandions von der Konstitution:

---

58) v. Kostanecki, Ber. 30, p. 1183. — *59*) Warren de la Rue, Annal. 64, p. 1. — *60*) Hlasiwetz u. Grabowski, Annal. 141, p. 329. — *61*) Ber. 26, p. 2647. Vergl. Rupe, Chem. d. natürl. Farbstoffe, p. 181 u. f.

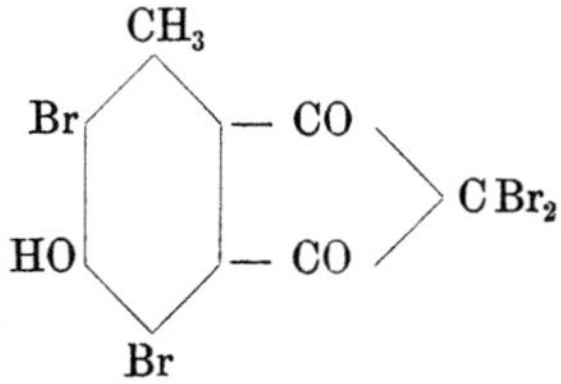

Die Carminsäure wurde von einigen Forschern kristallisiert erhalten, von anderen als amorph beschrieben. Sie löst sich in Wasser und Alkohol mit gelbroter Farbe, welche selbst durch schwache Alkalien in ein lebhaftes Carmoisinrot umgewandelt wird.

Die Carminsäure ist ein wahrer Beizenfarbstoff, welcher, namentlich in Gestalt des Zinnoxydlackes, eine gewaltige Bedeutung für die Färberei besessen hat, jetzt aber durch die roten Azofarbstoffe beinahe verdrängt ist.

Man färbte die Cochenille meistens auf Wolle unter Zusatz von Zinnchlorid und Weinstein in einem Bade.

Das unter dem Namen „Carmin“ als Schminke und Malerfarbe geschätzte Produkt besteht wohl zum größten Teil aus dem Tonerdelack der Carminsäure, soll aber außerdem eiweißartige Stoffe enthalten.

Galloflavin (*62*).

Dieser Farbstoff, welcher durch Einwirkung von Luftsauerstoff auf eine mit 2 Mol. Alkali versetzte Lösung von Gallussäure entsteht, steht sehr wahrscheinlich zu den Xanthonen in naher Beziehung.

Für seine Darstellung löst man die Gallussäure in alkoholischer Kalilauge und leitet einen Luftstrom hindurch. Es scheidet sich dabei das in Alkohol schwer lösliche Kaliumsalz aus.

Das Galloflavin bildet grünlichgelbe Kristallblättchen, welche sich wenig in Äther und Alkohol, leichter in Eisessig, sehr leicht in Anilin lösen. Es löst sich leicht in Alkalien und wird mit Säuren daraus abgeschieden.

Die Zusammensetzung des Galloflavins, obwohl noch nicht mit Sicherheit festgestellt, entspricht wahrscheinlich der Formel $C_{13}H_6O_9$.

Es bildet zweibasische Salze, von denen die der Alkalien in Wasser leicht löslich sind.

---

62) Bohn u. Gräbe, Ber. 20, p. 2327. D.R.P. 37934, Friedl. I, 567.

Mit Essigsäureanhydrid bildet es ein bei 230° schmelzendes, farbloses Acetylderivat von der Zusammensetzung:

$$C_{13}H_2O_9(C_2H_3O)_4.$$

Die Anwendung des Galloflavins basiert lediglich auf der Eigenschaft, mit gewissen Metalloxyden gefärbte, auf der Faser haftende Lacke zu bilden. Es erzeugt auf Tonerdebeize eine grünlichgelbe, auf Zinnoxyd eine rein gelbe und auf Chromoxyd eine olivengrüne Färbung.

Es wird ausschließlich zum Färben mit Chrom gebeizter Wolle benutzt.

Ellagsäure, $C_{14}H_6O_8$ (*63*, *64*, *65*).

Die Ellagsäure, welche durch alkalische Oxydation von Gallussäuremethyläther, außerdem aber durch Spaltung der in vielen Pflanzen vorkommenden Ellagengerbsäure entsteht, besitzt die Eigenschaft eines gelben Beizenfarbstoffes und hat zum Färben chromierter Wolle Verwendung gefunden; sie bildet in indifferenten Lösungsmitteln fast unlösliche, nahezu farblose Kristalle und löst sich mit gelber Farbe in Alkalien.

Die Ellagsäure ist nach Gräbe das Lacton einer cedriretartigen Verbindung und besitzt folgende Konstitution (*65*):

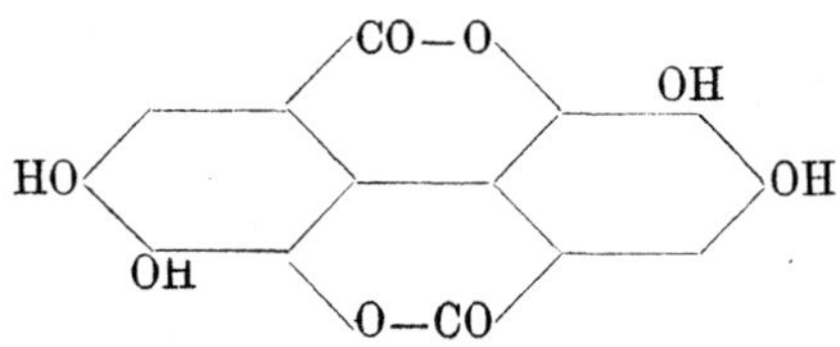

63) Wöhler u. Merklin, Annal. 55, p. 129. — *64*) Grießmeyer, Annal. 160, p. 25. — *65*) Schiff, Ber. 12, p. 1553; Gräbe, Ber. 36, p. 212.

XII. Indigofarbstoffe.

Die Farbstoffe der Indigogruppe, deren wichtigster das Indigblau ist, leiten sich sämtlich von dem Indol C_8H_7N ab, einem Körper, der sowohl in bezug auf seine Konstitution, als auf sein Verhalten dem Pyrrol am nächsten verwandt ist. Wie die nachstehenden Formeln zeigen, finden sich zwischen Pyrrol und Indol ähnliche Beziehungen wie zwischen Benzol und Naphtalin oder Pyridin und Chinolin:

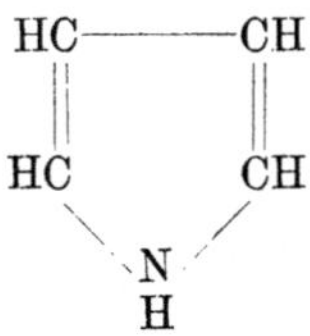

Pyrrol.

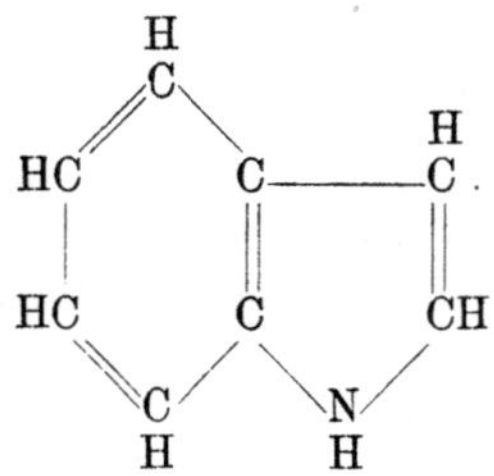

Indol.

Auch hier greifen Stickstoff und Kohlenstoff in zwei Orthostellen des Benzols ein und bilden mit dem dritten Kohlenstoffatom einen fünfgliedrigen geschlossenen Ring (*1*, *2*).

Das Indol besitzt wie das Pyrrol einen schwach basischen, gleichzeitig aber schwach phenolartigen Charakter und färbt wie dieses einen mit Säure befeuchteten Fichtenspan rot. Es bildet farblose, bei 52° schmelzende Blättchen von eigentümlich unangenehmem Geruch und siedet unter teilweiser Zersetzung bei 245°. Mit salpetriger Säure bildet es ein Nitrosoderivat. Von

1) Baeyer, Annal. Suppl. 7, p. 56; Ber. 15, p. 785. — *2*) Nencki, Ber. 7, p. 1593; 8, p. 336; Journ. f. pr. Ch. (2) 17, p. 98.

den Salzen ist nur das Pikrat beständig. Mit Essigsäureanhydrid bildet es Acetylindol.

Das Indol wurde zuerst durch Reduktion des Indigblaus dargestellt. Es bildet sich ferner bei der Pankreasfäulnis (2) der Eiweißstoffe sowie beim Schmelzen der letzteren mit Kali.

Synthetisch wurde es dargestellt durch Erhitzen von o Nitrozimtsäure mit Kali (*3*) und Eisenfeile sowie durch Durchleiten von Diäthyl-Orthotoluidin durch glühende Röhren (*4*).

Es bildet sich ferner durch Schmelzen von Carbostyril mit Kali (*5*) sowie bei der Destillation von Nitropropenylbenzoësäure mit Kalk, durch Erhitzen von o Aminostyrol mit Natriumalkoholat, beim Leiten von Tetrahydrochinolin durch glühende Röhren sowie bei der Behandlung von o Nitrophenylacetaldehyd mit Zinkstaub und Ammoniak.

Alkylierte Indole stellte E. Fischer nach einer ganz allgemeinen Reaktion dar (*6*).

Ketone reagieren auf Phenylhydrazin zunächst unter Bildung von Hydrazonen:

$$C_6H_5.NH.NH_2 + CO{<}{}^{CH_3}_{CH_3} = C_6H_5NHN = C{<}{}^{CH_3}_{CH_3} + H_2O.$$

Die Hydrazone werden durch Erhitzen mit Chlorzink unter Ammoniakabspaltung in substituierte Indole übergeführt:

$$C_6H_5 - NH - NC{<}{}^{CH_3}_{CH_3} = C_6H_4{<}{}^{CH}_{NH}{>}C\,CH_3 + NH_3.$$

Substituierte Hydrazine liefern entsprechend substituierte Indole, so erhält man z. B. aus Diphenylhydrazin

$$\left.{}^{C_6H_5}_{C_6H_5}\right>N - NH_2$$

Phenylindol:

$$C_6H_4{<}{}^{CH}_{N(C_6H_5)}{>}CH.$$

3) Baeyer u. Emmerling, Ber. 2, p. 680. — 4) Baeyer u. Caro, Ber. 10, p. 692 u. 1262. — 4a) Baeyer, Ber. 11, p. 582. — 5) Morgan, Jahresber. 1877, p. 788. — 6) E. Fischer, Annal. 236, p. 126.

Von den außerordentlich zahlreichen Derivaten des Indols konnten, in Rücksicht auf die angestrebte Kürze, nur diejenigen berücksichtigt werden, welche für die Theorie der Indigofarbstoffe von Interesse sind. Im übrigen muß auf die Originalliteratur verwiesen werden.

Derivate des Indols*).

Indoxyl,

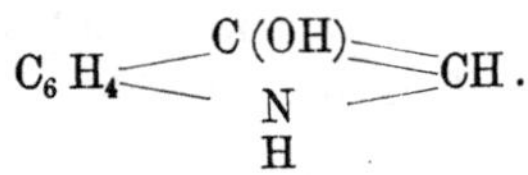

Das hydroxylierte Indol kommt in Form von Indoxylschwefelsäure im Harn der Pflanzenfresser vor. Indol geht im tierischen Organismus in Indoxylschwefelsäure über (*7*). Das Indoxyl entsteht durch Erwärmen der letzteren mit konzentrierter Salzsäure. Es kann ferner durch Erhitzen der Indoxylsäure dargestellt werden, welche sich nach dem Schema (*12a*):

$$C_9H_7NO_3 = C_8H_7NO + CO_2$$

spaltet.

Das Indoxyl bildet ein mit Wasserdämpfen nicht flüchtiges Öl. Durch Oxydationsmittel wird es in Indigblau übergeführt.

Die Indoxylschwefelsäure, $C_8H_6NOSO_3H$, entsteht, außer im Tierkörper, durch Erhitzen des Indoxyls mit Kaliumpyrosulfat (*7*). Sie ist nur in Form ihrer Salze bekannt. Dieselben sind farblos und liefern sowohl beim trockenen Erhitzen als bei der Oxydation Indigblau.

---

*) Der Einfachheit halber stellen wir die vom Pseudoindol

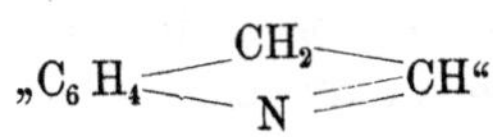

abgeleiteten Lactime, z. B. Isatin, ebenfalls unter die Indolderivate und glauben hierzu um so mehr berechtigt zu sein, als wohl bei diesen Körpern eine Tautomerie nach beiden Formeln angenommen werden muß.

7) Baumann u. Tiemann, Ber. 12, p. 1192; 13, p. 415. — *8*) Suida, Ber. 11, p. 584. — *9*) Baeyer u. Knop, Annal. 140, p. 29. — *10*) Erdmann, Journ. pr. Ch. 24, p. 11. — *11*) Baeyer, Ber. 11, p. 1228; 13, p. 2254. — *12*) Friedländer u. Ostermaier, Ber. 14, p. 1916. — *12a*) Baeyer, Ber. 14, p. 1741.

Indoxylsäure.

$$C_6H_4 \left\langle \begin{matrix} C(OH) \\ NH \end{matrix} \right\rangle C - CO\,OH\,.$$

Die Carbonsäure des Indoxyls entsteht in Gestalt ihres Äthyläthers durch Reduktion des o Nitrophenylpropiolsäureesters mit Schwefelammonium (*12a*). Durch Verseifen mit Alkali erhält man daraus die Säure. In Wasser schwer löslicher kristallinischer Niederschlag, zerfällt beim Erhitzen in Indoxyl und Kohlensäure. Durch Oxydationsmittel geht sie in Indigblau, durch Erhitzen mit Schwefelsäure in Indigblausulfosäure über.

Oxindol (*9*),

$$C_6H_4 \left\langle \begin{matrix} CH_2 \\ NH \end{matrix} \right\rangle CO\,.$$

Inneres Anhydrid (Lactam) der o Aminophenylessigsäure (*4a*) ist mit Indoxyl isomer. Entsteht durch Reduktion der o Nitrophenylessigsäure mit Zinnchlorür sowie des Isatins mit Natriumamalgam (*9*) sowie der Acetyl-o Aminomandelsäure mit Jodwasserstoffsäure (*8*). Farblose, bei 120^0 schmelzende Nadeln. Besitzt sowohl basische als saure Eigenschaften. Bei Einwirkung von salpetriger Säure geht es in Isatoxim (*13*) über.

Dioxindol,

$$C_6H_4 \left\langle \begin{matrix} CH(OH) \\ NH \end{matrix} \right\rangle CO\,.$$

Inneres Anhydrid der o Aminomandelsäure. Entsteht als erstes Produkt durch Reduktion des Isatins mit Zinkstaub (*9*). Farblose, bei 180^0 schmelzende Prismen. Bei stärkerem Erhitzen gibt es Anilin. Oxydiert sich in wässeriger Lösung zu Isatid und schließlich zu Isatin. Reduktionsmittel führen es in Oxindol über. Zweibasische Säure mit gleichzeitig schwach basischem Charakter. Das Acetylderivat geht bei der Einwirkung von Barytwasser in Acetylaminomandelsäure über. Bildet mit salpetriger Säure eine Nitrosoverbindung.

---

13) Baeyer u. Comstock, Ber. 16, p. 1704.

Isatin,

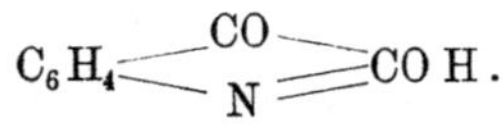

Inneres Anhydrid (Lactim) der o Aminophenylglyoxylsäure:

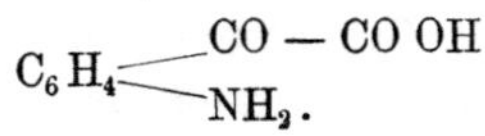

Das Isatin entsteht durch Oxydation von Indigblau mit Salpetersäure oder Chromsäure (*10*). Ferner durch Oxydation des Aminooxindols (*11*) und des Carbostyrils (*12*) sowie durch Kochen der o Nitrophenylpropiolsäure (*11*) mit Kalilauge. Weitere Bildungen siehe unten bei Synthesen des Indigblaus.

Das Isatin bildet gelbrote, bei 200^{0} schmelzende Prismen, löst sich wenig in Wasser, reichlich in Alkohol und Äther. Es besitzt die Eigenschaften einer schwachen einbasischen Säure. Andererseits verbindet es sich analog den Ketonen und Aldehyden mit Alkalibisulfiten.

Durch verdünnte Salpetersäure wird es in Nitrosalicylsäure übergeführt. Beim Schmelzen mit Kali liefert es Anilin. Durch Oxydation mit Chromsäure in essigsaurer Lösung wird es in Anthranilcarbonsäure:

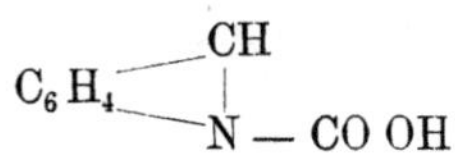

(Kolbes Isatosäure) übergeführt. Phosphorpentachlorid verwandelt es in Isatinchlorid:

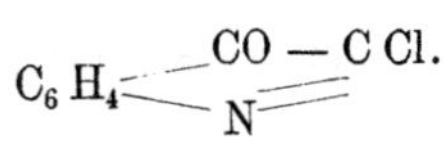

Das Isatin kondensiert sich mit Thiophen zu einem blauen Farbstoff (Indophenin). Durch Reduktion mit Schwefelammonium geht das Isatin in Isatid, $C_{16}H_{12}N_2O_4$ (*10*), über. Zinkstaub in essigsaurer Lösung bildet Hydroisatin. Durch energischere Reduktionsmittel entsteht Dioxy- und Oxyindol. Durch Chlor und Brom wird es in die entsprechenden Chlor- und Bromderivate umgewandelt. Essigsäureanhydrid bildet Acetylisatin (*8*) (vermutlich das Acetylderivat des Pseudoisatins). Isatinchlorid wird durch Reduktion in Indigblau verwandelt. Daneben entsteht zuweilen Indigpurpurin (*14a*).

Mit Alkoholradikalen bildet es Ester. Der Methyläther des Isatins verwandelt sich leicht in ein Kondensationsprodukt, das Methylisatid: $C_{17}H_{12}N_2O_4$. Mit Hydroxylamin vereinigt sich das Isatin zu einem Oxim $C_8H_6N_2O_2$, welches sich als identisch mit dem Nitrosooxindol von Baeyer und Knop (*9*) erwiesen hat (*13*).

Pseudoisatin: siehe Konstitution der Indigogruppe.

Mit Kohlenwasserstoffen (*14a*) vermag das Isatin Kondensationsprodukte zu bilden. Dieselben entstehen, indem ein Sauerstoff des Isatins durch zwei einwertige Kohlenwasserstoffreste ersetzt wird. Ihrem Verhalten nach scheinen sie Derivate des Pseudoisatins zu sein, so daß dem Toluolderivat die Formel:

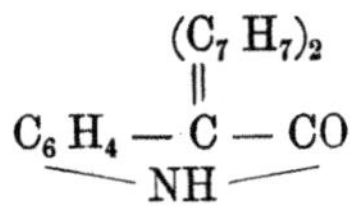

zukommen dürfte. Mit Phenolen und tertiären Basen entstehen ebenfalls Kondensationsprodukte. Diese liefern bei der Oxydation Farbstoffe, welche vermutlich den Triphenylmethanfarbstoffen zuzuzählen sind.

Dem durch Kondensation des Isatins mit Thiophen entstehenden Indophenin kommt die Formel $C_{12}H_7NOS$ zu.

Isatinsäure,

(o Aminophenylglyoxylsäure, o Aminobenzoylameisensäure).

Beim Erwärmen des Isatins mit starker Alkalilauge entstehen die Salze der Isatinsäure.

Letztere kann durch Zerlegen des isatinsauren Bleis mit Schwefelwasserstoff dargestellt werden. Synthetisch erhält man sie durch Reduktion der o Nitrophenylglyoxylsäure mit Natronlauge und Eisenvitriol (*14*). Die Säure ist nur in Form ihrer

---

14) Claisen u. Shadwell, Ber. 12, p. 350. — *14a*) Baeyer, Ber. 12, p. 456; Baeyer u. Lazarus, Ber. 18, p. 2637.

Salze beständig und zerfällt schon beim Kochen ihrer Lösung in Isatin und Wasser.

Acetylisatinsäure erhält man durch Behandeln von Acetylisatin mit kalter Alkalilauge (*8*).

Isatogensäureester (*12 a*, *15*, *24*),

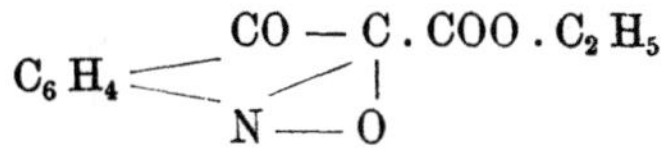

Mit dem o Nitrophenylpropiolsäureester isomer, entsteht er aus diesem durch Einwirkung von konzentrierter Schwefelsäure. Gelbe, bei 115° schmelzende Nadeln.

Diisatogen (*15*),

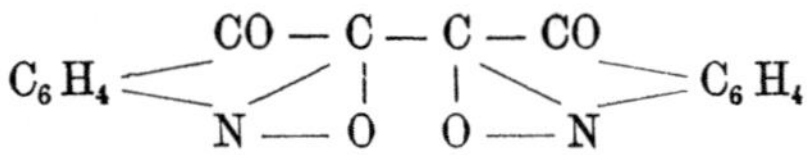

Entsteht durch Behandeln von Dinitrodiphenyldiacetylen (*16*) mit konzentrierter Schwefelsäure.

Rote, nur in Chloroform, Nitrobenzol und konzentrierter Schwefelsäure lösliche Nadeln. Geht durch Reduktionsmittel leicht in Indigblau über.

Indoxanthinsäureäther (*17*),

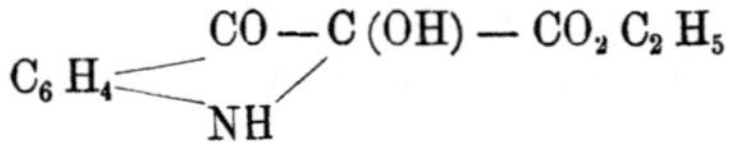

Entsteht durch Oxydation des Indoxylsäureäthers mit Eisenchlorid. Strohgelbe, bei 107° schmelzende Nadeln, wird durch Alkalien in Anthranilsäure übergeführt. Bildet mit salpetriger Säure ein Nitrosamin. Durch Reduktion wird er in Indoxylsäureäther zurückverwandelt.

---

15) Baeyer, Ber. 15, p. 775. — *16*) Baeyer, Ber. 15, p. 50. — *17*) Baeyer, Ber. 15, p. 775.

Indigblau,

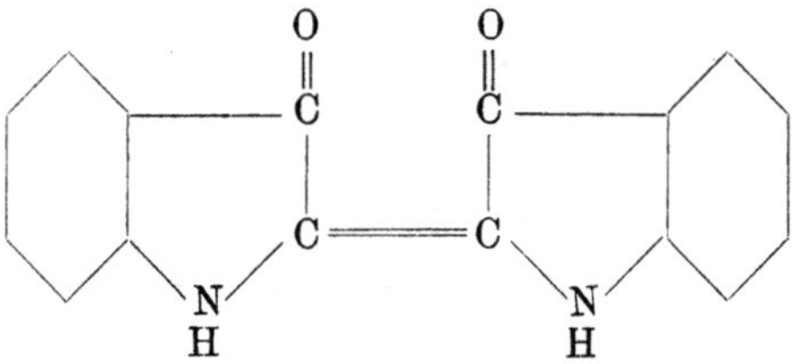

Von allen sich vom Indol ableitenden Körpern ist das Indigblau für die Farbstoffindustrie der einzig wichtige.

Das Indigblau kommt in Form eines eigentümlichen Glucosids, des Indicans, in verschiedenen Pflanzen vor. (Indigofera tinctoria, I. Anil, Polygonum tinctorium, Isatis tinctoria.) Nach Schunck (*18*) besitzt das in Isatis tinctoria enthaltene Indican die Zusammensetzung $C_{26}H_{31}NO_{17}$ und spaltet sich nach dem Schema;

$$2\,C_{26}H_{31}NO_{17} + 4\,H_2O = \underset{\text{Indigblau}}{C_{16}H_{10}N_2O_2} + \underset{\text{Indiglucin.}}{6\,C_6H_{10}O_6}$$

Ob das Indican aller erwähnten Pflanzen identisch ist, muß vorläufig unentschieden bleiben. Man gewinnt namentlich aus den Indigoferaarten den rohen Indigo, indem man den wäßrigen Auszug des Krautes einer Gärung unterwirft. Das Indigblau wird dabei, vermutlich durch den gleichzeitig gebildeten Zucker, in sein lösliches Reduktionsprodukt, das Indigweiß, übergeführt und scheidet sich durch spätere Oxydation an der Luft, gemengt mit verschiedenen Verunreinigungen, aus. Das so erhaltene Rohprodukt ist das unter dem Namen Indigo bekannte und geschätzte Farbmaterial.

Der Gehalt des Indigos an Indigblau ist sehr verschieden und schwankt zwischen 20 und 90 Prozent. Außer diesem enthält er einige meist noch wenig untersuchte Substanzen: Indigrot, Indigbraun, Indiggelb und Indigleim.

Das Indigblau kommt ferner zuweilen im Harn vor. (Die synthetische Darstellung siehe weiter unten.)

---

18) Schunck, Phil. Magazin (4) 10, 73; 15, 29; 117, 283; Jahresber. 1855, p. 660; 1858, p. 465.

Aus dem Indigo erhält man das Indigblau am leichtesten durch Überführung in das lösliche Reduktionsprodukt und Oxydation der Lösung des letzteren an der Luft (*19*) (Indigküpe). Es läßt sich daraus ferner durch Ausziehen mit Anilin oder Chloroform und Kristallisation aus diesen Lösungsmitteln im reinen Zustande gewinnen. Das Indigblau bildet je nach der Darstellung kupferschimmernde Kristalle oder ein dunkelblaues Pulver. Es ist nicht schmelzbar und sublimiert bei vorsichtigem Erhitzen unter teilweiser Zersetzung in Form von kupferglänzenden Nadeln. Der dabei entstehende Dampf besitzt eine purpurrote Farbe.

Das Indigblau ist in den meisten indifferenten Lösungsmitteln unlöslich. Es löst sich in Anilin, Chloroform, Nitrobenzol, Phenol sowie in Paraffin, Petroleum und einigen fetten Ölen. Nicht alle diese Lösungen zeigen dieselbe Färbung. Während z. B. Chloroform- und Anilinlösung indigblau gefärbt sind, besitzt die Paraffinlösung die purpurrote Farbe des Indigdampfes, ein Verhalten, welches gewissermaßen an dasjenige des Jods erinnert.

Die Zusammensetzung des Indigblaus entspricht der einfachsten Formel C_8H_5NO. Die Dampfdichtebestimmung hat jedoch gelehrt, daß ihm das doppelte Molekül, $C_{16}H_{10}N_2O_2$ (*20*), zukommt.

Das Indigblau wird von konzentrierter Schwefelsäure zunächst unverändert mit grüner Farbe gelöst. Beim Erhitzen färbt sich die Lösung unter Bildung von Sulfosäuren blau (siehe unten).

Bei trockner Destillation liefert es Anilin, beim Schmelzen mit Kali neben diesem Anthranilsäure und Salicylsäure (*10*).

Oxydationsmittel führen es in Isatin über (*21*). Durch Einwirkung von Chlor entstehen zunächst Chlorderivate des Isatins, schließlich gechlorte Phenole und Chloranil (*10*). Brom wirkt in ähnlicher Weise.

In heißer konzentrierter Kalilauge löst sich das Indigblau mit orangegelber Farbe. Vermutlich wird dabei Indigweiß und Isatinsäure gebildet.

Durch alkalische Reduktionsmittel geht das Indigblau in ein um zwei Wasserstoffatome reicheres Indigweiß über, welches

---

19) Fritzsche Ann. 44, p. 290. — *20*) Sommaruga, Ann. 195, p. 305. — *21*) Erdmann, Journ. pr. 24, p. 11. — *22*) Liebermann, Ber. 14, p. 413. — *23*) Liebermann, Ber. 21, p. 442. — *24*) Baeyer, Ber. 14, p. 1741.

phenolartige Eigenschaften besitzt und in der alkalischen Flüssigkeit gelöst bleibt.

An der Luft oxydiert sich die Indigweißlösung sehr schnell unter Abscheidung von unlöslichem Indigblau.

Dieses Verhalten findet einerseits in der Färberei (siehe unten) eine wichtige Verwendung, andererseits dient es, wie oben erwähnt, dazu, den Farbstoff aus dem Rohmaterial zu isolieren.

Als Reduktionsmittel werden Eisenoxydul, arsenige Säure, Zinnoxydul, hydroschweflige Säure, Zinkstaub und Traubenzucker in Anwendung gebracht.

Dibenzoylindigo (*25*), $C_{16}H_8N_2O_2(C_7H_5O)_2$. Entsteht durch Erhitzen von Indigblau mit Benzoylchlorid.

Diacetylindigblau entsteht durch Oxydation von Diacetylindigweiß. Es löst sich mit roter Farbe in Benzol. Durch Alkalien wird es zu Indigblau verseift.

Chlor- und Bromderivate (*26*) des Indigblaus sind aus den entsprechenden Derivaten des Isatins sowie des o Nitrobenzaldehyds dargestellt worden.

Ebenso läßt sich aus Dinitroisatin (*26*) Dinitro- und Diaminoindigo gewinnen. (Vergl. Synthesen des Indigblaus w. u.)

Indigweiß, $C_{16}H_{12}N_2O_2$.

Das durch Reduktion aus dem Indigblau (s. oben) entstehende Indigweiß ist um zwei Wasserstoffatome reicher als dieses. Während das Indigblau weder sauer noch basisch ist, besitzt das Indigweiß, den Phenolen analog, einen schwachen Säurecharakter. Es ist löslich in Alkalien und wird daraus durch Säuren abgeschieden. Indigblau geht deshalb bei der Behandlung mit alkalischen Reduktionsmitteln in Lösung. Aus dieser kann durch Kohlensäure das Indigweiß in Form eines seideglänzenden grauweißen Niederschlags gefällt werden (*28*). Es läßt sich nur in einer Kohlensäure- oder Wasserstoffatmosphäre trocknen und aufbewahren. An der Luft oxydiert es sich schnell zu Indigblau. Das Verhalten des Indigweiß läßt darauf schließen, daß hier die Carbonylsauerstoffe in Hydroxyl verwandelt sind. Aus den Derivaten des Indigblaus (Sulfosäuren etc.) erhält man substituiertes Indigweiß.

---

25) Schwarz, Jahresber. 1863, p. 557. — *26*) Baeyer, Ber. 12, p. 1315.

Durch Reduktion von Indigblau mit Zinkstaub bei Gegenwart von Essigsäureanhydrid entsteht Diacetylindigweiß, welches durch Oxydation in Diacetylindigblau übergeht. Dieses liefert bei weiterer reduzierender Acetylierung Tetracetylindigweiß (*22*, *23*).

Indigblausulfosäuren.

Monosulfosäure (*27*), $C_{16} H_9 N_2 O_2 SO_3 H$.

(Phönicinschwefelsäure, Purpurschwefelsäure.) Entsteht durch Erhitzen des Indigos mit Schwefelsäurehydrat. Purpurrote Flocken. In reinem Wasser mit blauer Farbe löslich. Unlöslich in verdünnter Schwefelsäure. Die Salze sind wenig löslich in Wasser, unlöslich in Salzlösungen.

Disulfosäure (*27*), $C_{16} H_8 N_2 O_2 (SO_3 H)_2$.

Entsteht bei der Behandlung von Indigo mit rauchender Schwefelsäure. Amorphe, in Wasser lösliche blaue Masse. Die Salze sind in Wasser leicht mit blauer Farbe löslich, werden aus der Lösung jedoch durch Mineralsalze vollständig gefällt. Das Natronsalz findet unter dem Namen „Indigocarmin" bedeutende technische Verwendung und kommt in Teigform in den Handel. Die Indigblaudisulfosäure fixiert sich nach Art der Säurefarbstoffe auf der tierischen Faser, und der Indigcarmin findet namentlich in der Wollfärberei eine ausgedehnte Verwendung.

Verwendung des Indigos in der Färberei.

Das Indigblau verdankt seine Farbeigenschaften jedenfalls dem Chromophor:

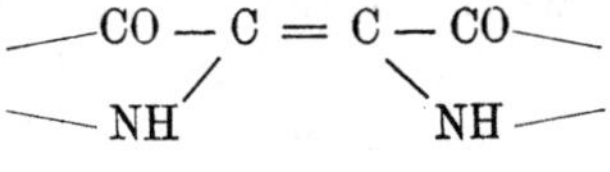

welches mit den Benzolresten zwei geschlossene Ringe bildet. Da es jedoch keine salzbildende Gruppe enthält, ist es kein eigentlicher Farbstoff und besitzt schon wegen seiner Unlöslichkeit keine Verwandtschaft zur Faser. Diese wird durch eingeführte Sulfogruppen vermittelt, und der Indigo erhält dadurch den

27) Crum, Berzelius' Jahresber. 4, p. 189; Berzelius, Berz. Jahresber. 4, p. 190. — *28*) Dumas, Ann. 48, p. 257.

Charakter eines Säurefarbstoffes. Die Hauptanwendung des Indigos basiert jedoch auf seiner Überführbarkeit in das alkalilösliche Indigweiß. Die Küpenfärberei, wie man das auf diesem Prozeß beruhende Färbeverfahren nennt, ist schon seit ältesten Zeiten bekannt, und es sind wohl schon die meisten in alkalischer Lösung wirksamen Reduktionsmittel zur Darstellung der Indigküpe angewandt worden. Man benutzt in der Technik: Ferrosulfat, Zinnchlorür, Traubenzucker, arsenige Säure, Zinkstaub und Natriumhydrosulfit.

Diese Ingredienzien werden unter Zusatz von Kalk- oder Sodalösung mit dem möglichst fein zerteilten Indigo in Wasser suspendiert, wobei natürlich Eisenvitriol und Zinnchlorür in die entsprechenden Metallhydroxyde umgewandelt werden. Das Indigblau verwandelt sich nach einiger Zeit in Indigweiß, welches in der alkalischen Flüssigkeit gelöst bleibt. Die Indigküpe wird sowohl zum Färben der Baumwolle als auch der Wolle benutzt.

Die Wolle sowohl als die Baumwolle scheinen eine gewisse Verwandtschaft zum Indigweiß zu besitzen und dieses aus der Lösung anzuziehen. In allen Fällen wird durch Oxydation an der Luft das Indigweiß in Indigblau übergeführt. Für den Kattundruck ist der Indigo im allgemeinen weniger verwendbar. Bis vor kurzem hat man Kattune stets in der Indigküpe gefärbt und den Farbstoff durch Bedrucken mit Ätzmitteln (Enlevage) von denjenigen Stellen entfernt, welche weiß bleiben sollten, oder letztere auch wohl vor dem Anziehen der Küpe durch Reservagen geschützt. Erst neuerdings hat sich ein wirkliches Druckverfahren für Indigblau Eingang verschafft.

Man druckt auf die mit einer Traubenzuckerlösung getränkten Kattune Indigo auf, welcher vorher mit konzentrierter Natronlauge angeschlemmt wurde. Bei dem darauf folgenden Dämpfen wird Indigweiß gebildet, welches in die Faser eindringt und durch Oxydation an der Luft schließlich in festhaftendes Indigblau übergeht.

Auf die Schwierigkeiten, welche der Verwendung des Indigblaus beim Kattundruck entgegenstanden, hatte die künstliche Darstellung desselben hauptsächlich ihre Hoffnung gesetzt. Wird o Nitrophenylpropiolsäure mit Traubenzucker oder besser mit xanthogensauren Salzen und Alkali gemischt und aufgedruckt, so entwickelt sich beim Trocknen und nachherigen Dämpfen Indigblau auf der Faser.

Die Orthonitrophenylpropiolsäure hat aber auch in dieser Richtung dem natürlichen Indigo keine bedeutende Konkurrenz gemacht.

Neuerdings hat zur Erzeugung von Indigo auf der Faser, unter dem Namen Indigosalz, die Bisulfitverbindung des Orthonitrophenylmilchsäure-Methylketons (aus o Nitrobenzaldehyd und Aceton dargestellt, s. w. unten), wie es scheint mit einigem Erfolg, Verwendung gefunden. Dieser Körper geht aufgedruckt durch Alkalipassage in Indigblau über.

Indigocarmin wird fast ausschließlich in der Wollenfärberei angewandt. Die Wolle wird meist mit Alaun angebeizt und im schwefelsauren Bade ausgefärbt.

Die erhaltene Färbung ist schöner, aber weniger echt als die in der Küpe erhaltene und wird hauptsächlich als Grund für Mischfarben benutzt.

Synthesen des Indigblaus.

Nachdem v. Baeyer und Knop (*46*) 1865—1866 das Indigblau sukzessive in Dioxindol, Oxindol und Indol übergeführt hatten, gelang es Baeyer und Emmerling (*35*) 1869, das Indol synthetisch durch Schmelzen der Nitrozimtsäure mit Kali und Eisenfeile darzustellen. Sie wandten damals ein Gemenge von Ortho- und Paranitrozimtsäure an, ohne zu wissen, daß es nur die Orthosäure ist, welche Indol liefert (*38*). 1870 beobachteten dieselben Chemiker die Rückbildung von Indigblau bei der Behandlung von Isatin mit einem Gemisch von Phosphortrichlorid und Acetylchlorid.

In demselben Jahre erhielten Engler (*39*) und Emmerling durch Erhitzen von nitriertem Acetophenon mit Natronkalk und

29) Loew, Ber. 18, p. 970. — *30*) D.R.P. 32238 v. 28. März 1884. — *31*) Baeyer, Ber. 12, p. 456. — *32*) Baeyer u. Emmerling, Ber. 3, p. 514. — *33*) Baeyer, Ber. 14, p. 1741. — *34*) Forrer, Ber. 17, p. 975. — *35*) Baeyer u. Emmerling, Ber. 2, p. 680. — *36*) Baeyer u. Comstock, Ber. 16, p. 1704. — *37*) Schunck, Mem. of Manchest. phil. 14, p. 185; Ber. 16, p. 1220. — *38*) Baeyer u. Emmerling, Ber. 3, p. 514. — *39*) Engler u. Emmerling, Ber. 3, p. 885. — *40*) Nencki, Ber. 8, p. 727; 7, p. 1593; 9, p. 299.

Zinkstaub kleine Mengen von Indigblau, konnten jedoch später die Bedingungen, unter denen sie den Farbstoff erhalten hatten, nicht wiederfinden.

Die erste sichere künstliche Darstellung des Indigblaus rührt von Nencki her. Derselbe erhielt es durch Oxydation von Indol mit Ozon (*40*). Indol hatte er schon früher aus Eiweißkörpern mit Hilfe des Pankreasferments dargestellt (*40*, *41*, *42*, *43*).

1877 erhielten Baeyer und Caro (*45*) das Indol beim Durchleiten verschiedener aromatischer Amine, namentlich von Methylorthotoluidin, durch glühende Röhren.

1878 wurde durch die Arbeiten von Baeyer (*46*) und Suida (*47*) das Oxindol als inneres Anhydrid der o Aminophenylessigsäure erkannt und aus letzterer synthetisch dargestellt.

Noch in demselben Jahre erhielt Baeyer (*49*) aus dem Oxindol das Isatin. Aus der Nitrosoverbindung des Oxindols (*36*) läßt sich durch Reduktion die Aminoverbindung darstellen, welche durch Oxydationsmittel oder durch salpetrige Säure in Isatin übergeführt wird.

Da das Isatin schon früher in Indigblau übergeführt worden war, ist mit der Bildung des ersteren aus o Aminophenylessigsäure eine neue Indigosynthese vervollständigt. Gleichzeitig verbesserte Baeyer (*31*) das Umwandlungsverfahren des Isatins in Indigblau dadurch, daß er das erstere zunächst durch Phosphorchlorid in Isatinchlorid überführte, welch letzteres bei der Reduktion Indigblau gibt. Daneben entsteht gleichzeitig Indigpurpurin.

1879 stellten Claisen (*52*) und Shadwell das Isatin künstlich dar. Aus Orthonitrobenzoylchlorid und Cyansilber erhielten sie o Nitrobenzoylcyanid, welches beim Verseifen mit Salzsäure und nachfolgender Behandlung mit Alkali in o Nitrophenylglyoxylsäure übergeführt wird.

Reduziert man letztere in alkalischer Lösung, so wird ein Salz der Isatinsäure (o Aminophenylglyoxylsäure) gebildet, aus welchem

---

41) Nencki, Ber. 7, p. 1593; 8, p. 336. — *42*) Engler u. Jänecke, Ber. 9, p. 1411. — *43*) Nencki, Journ. f. pr. Ch. (2) 17, p. 98. — *44*) Baeyer u. Emmerling, Ber. 2, p. 680. — *45*) Baeyer u. Caro, Ber. 10, p. 692 u. 1262. — *46*) Baeyer u. Knop, Annal. 140, p. 29. — *47*) Suida, Ber. 11, p. 584. — *48*) Erdmann, Journ. f. pr. Chem. 24, p. 11; Laurent, ibid. 25, p. 434. — *49*) Baeyer, Ber. 11, p. 1228. — *50*) Friedländer u. Ostermaier, Ber. 14, p. 1921. — *51*) Baeyer, Ber. 13, p. 2259. — *52*) Claisen u. Shadwell, Ber. 12, p. 356.

durch Säuren das Isatin abgeschieden werden kann. Diese Tatsache repräsentiert eine weitere Synthese des Indigos.

1880 gelang es Baeyer (*51*, *53*), das Indigblau auf verschiedenen Wegen aus der Zimtsäure zu erhalten.

I. o Nitrozimtsäure (*53*, *55*),

$$C_6H_4\begin{cases} \overset{1}{CH} = CH - CO\,OH, \\ \overset{2}{NO_2} \end{cases}$$

vereinigt sich mit Brom zu o Nitrodibromhydrozimtsäure:

$$C_6H_4\begin{cases} CH\,Br - CH\,Br\,CO\,OH \\ NO_2. \end{cases}$$

Durch vorsichtige Behandlung mit Alkalien geht letztere unter Abspaltung von 2 Mol. H Br in die ungesättigte o Nitrophenylpropiolsäure:

$$C_6H_4\begin{cases} C \equiv C - CO\,OH \\ NO_2 \end{cases}$$

über. (Vergl. (*54*).)

o Nitrophenylpropiolsäure geht beim Kochen mit Alkalilauge unter Abspaltung von CO_2 in Isatin, durch alkalische Reduktionsmittel (wie alkalische Traubenzuckerlösung, xanthogensaure Salze) in Indigblau über.

II. Behandelt (*53*) man o Nitrozimtsäure in alkalischer Lösung mit Chlor, so entsteht o Nitrophenylchlormilchsäure:

$$C_6H_4\begin{cases} CH = CH\,CO\,OH \\ NO_2 \end{cases} + HClO = C_6H_4\begin{cases} CH\,.\,OH - CH\,Cl\,CO\,OH \\ NO_2. \end{cases}$$

Letztere geht durch Behandlung mit Alkalien in o Nitrophenyloxyacrylsäure:

$$C_6H_4\begin{cases} \overset{}{CH} \overset{O}{\frown} CH\,CO\,OH \\ NO_2 \end{cases}$$

über.

---

53) D.R.P. 11 857 v. 19. März 1880; Friedl. I, p. 127. — *54*) Glaser, Annal. 143, p. 325; 147, p. 78; 154, p. 137. — *55*) D.R.P. 19 266 v. 23. Dez. 1881; Friedl., p. 136; D.R.P. 19 768 v. 24. Febr. 1882; Friedl., p. 140.

Diese Säure zersetzt sich beim Erhitzen, für sich sowie in Phenol oder Eisessig gelöst, unter Bildung von Indigblau.

III. Die o Nitrophenylpropiolsäure (*54*) wird durch Kochen mit Wasser in o Nitrophenylacetylen:

$$C_6H_4 \langle {}^{C \equiv CH}_{NO_2}$$

übergeführt.

Die Kupferverbindung des letzteren läßt sich durch Oxydation mit Ferricyankalium in Dinitrodiphenyldiacetylen:

$$C_6H_4 \langle {}^{C \equiv C - C \equiv C}_{NO_2 \qquad\quad NO_2} \rangle C_6H_4$$

umwandeln.

Durch rauchende Schwefelsäure geht letzteres in das isomere Diisatogen über, welches bei der Reduktion Indigblau liefert (*54*).

IV. 1882 erfolgte die Darstellung des Indigblaus aus dem o Nitrobenzaldehyd (*56*, *57*, *58*).

Löst man o Nitrobenzaldehyd in viel Aceton und fügt überschüssige verdünnte Natronlauge hinzu, so scheidet sich nach einigem Stehen reichlich Indigblau ab. Das Aceton kann auch durch Acetaldehyd oder Brenztraubensäure ersetzt werden.

Baeyer (*56*) hat die hier stattfindenden Reaktionen näher studiert. Bei der Einwirkung von Aceton auf o Nitrobenzaldehyd entsteht zunächst ein Zwischenprodukt von der Zusammensetzung: $C_{10}H_{11}NO_4$ (o Nitrophenylmilchsäuremethylketon). Dieser Körper wird bei der Einwirkung von Alkalien nach der Gleichung:

$$2C_{10}H_{11}NO_4 + 2H_2O = C_{16}H_{10}N_2O_2 + 2C_2H_4O_2 + 4H_2O$$

in Indigblau und Essigsäure umgewandelt.

o Nitrobenzaldehyd (*57*) bildet mit Acetaldehyd zunächst den Aldehyd der o Nitrophenylmilchsäure:

$$C_6H_4 \langle {}^{CH(OH)CH_2COH}_{NO_2}$$

welcher durch Behandlung mit Alkali in Indigblau und Ameisensäure übergeht.

---

56) Baeyer u. Drewsen, Ber. 15, p. 2856. — *57*) Baeyer u. Drewsen, Ber. 16, p. 2205. — *58*) D.R.P. 20255 v. 24. März 1882; Friedl., p. 141.

Durch Brenztraubensäure (*56*, *57*) wird der o Nitrobenzaldehyd zunächst in o Nitrocinnamoylameisensäure:

$$C_6H_4\begin{cases} CH = CH\,CO\,CO\,OH \\ NO_2 \end{cases}$$

umgewandelt. Man erhält letztere am leichtesten durch Einwirkung von Salzsäuregas auf ein Gemisch beider Komponenten.

Unter dem Einfluß von Alkalien zerfällt die o Nitrocinnamoylameisensäure in Indigblau und Oxalsäure.

Auf einem ziemlich analogen Weg stellten Meister Lucius und Brüning (*58*) Indigblau dar. Das von Claisen (*59*) durch Kondensation von Benzaldehyd und Aceton erhaltene Benzylidenaceton (Cinnamylmethylketon), $C_6H_5CH = CH - CO\,CH_3$, geht beim Nitrieren in ein Para- und Ortho-Mononitroderivat über. Letzteres liefert bei der Behandlung mit Alkalien Indigblau.

Aus o Nitro-m Tolualdehyd (*60*) wurde ein homologes Indigblau erhalten, aus gechlorten o Nitroaldehyden entstehen Chlorderivate des letzteren.

Ein anderes Verfahren zur Darstellung des Indigblaus (*61*) nimmt das o Aminoacetophenon zum Ausgangsmaterial. Letzteres wird in die Monacetylverbindung übergeführt. Dieser Körper fixiert schon in der Kälte Brom. Löst man das entstehende Bromderivat in konzentrierter Schwefelsäure, so entsteht unter Bromwasserstoffentwicklung ein kristallinischer Körper, welcher durch Einwirkung von Alkalilauge und Luft in Indigblau übergeht.

Wie aus dem o Aminoacetophenon kann auch aus dem o Aminophenylacetylen (*61*) auf einem ganz analogen Wege Indigblau erhalten werden.

Gevekoht (*62*) erhielt Indigblau durch Einwirkung von Schwefelammonium auf in der Methylgruppe gebromtes o Nitroacetophenon.

Nach Untersuchungen von Baeyer (*63*) und Bloem tritt beim Bromieren des Acetyl-o Aminoacetophenons das Brom in die

---

59) Claisen, Ber. 14, p. 350, 2460, 2468. — *60*) Meister Lucius und Brüning, D.R.P. v. 2. Juli 1882; Friedl., p. 142. — *61*) D.R.P. 21 592 v. 12. Aug. 1882; Friedl., p. 138. — *62*) Gevekoht, Annal. 221, p. 330; D.R.P. 23 785 v. 13. Jan. 1883; Friedl., p. 139. — *63*) Baeyer u. Bloem, Ber. 17, p. 963.

Methylgruppe. Gleichzeitig im Kern gebromte Derivate erzeugen bromiertes Indigblau. Körper, bei denen das Brom nur im Benzolkern steht, sind zur Indigobildung unfähig. Bei der Überführung in Indigblau scheint Indoxyl als Zwischenprodukt aufzutreten.

P. Meyer (*64*) stellte im Benzolkern substituierte Isatine und aus diesen nach bekannten Methoden substituiertes Indigblau dar. Sein Verfahren beruht auf der Beobachtung, daß die Dichloressigsäure mit Monaminen mit besetzten Parastellen schließlich substituierte Isatine bildet.

Auf p Toluidin reagiert Dichloressigsaure zunächst unter Bildung von p Methylisatin — p Toluylimid, $C_{16}H_{16}N_2O$, welches sich durch Kochen mit Säuren in Paratoluidin und Methylisatin, $C_9H_7NO_2$, spaltet.

Nach Heumann (*65*) entsteht Indigblau bei der Behandlung von Phenylglycocoll, $C_6H_5 — NH\,CH_2\,CO\,OH$, mit schmelzendem Alkali. Ebenso reagiert die Orthocarbonsäure des Phenylglycocolls (*67*). Beim Behandeln des ersteren Körpers mit sehr starker, rauchender Schwefelsäure wird Indigblaudisulfosaure gebildet (*68*).

Phenylglycocoll bildet sich leicht bei der Einwirkung von Anilin auf Monochloressigsäure. Letztere bildet mit Anthranilsäure (o Aminobenzoesaure) die Phenylglycocollcarbonsäure. Aus alkyliertem Phenylglycocoll entstehen Alkylderivate des Indigblaus (*66*). In der Alkalischmelze scheint das Phenylglycocoll zunachst in Indoxyl, seine Carbonsäure in Indoxylcarbonsäure überzugehen, welche sich beide in alkalischer Losung an der Luft zu Indigblau oxydieren. Leider ist die aus Phenylglycocoll erhaltene Ausbeute wenig befriedigend.

Flimm erhielt Indigblau durch Schmelzen von Bromacetanilid mit Alkalihydrat (*69*).

Nach Blank (*69a*) geht Anilidomalonsäureester (aus Chlormalonsaureester und Anilin) beim Erhitzen in Indoxylsäureester über, welcher sich durch Verseifung leicht in Indigblau überführen

---

64) P. Meyer, Ber. 16, p. 2261; D.R.P. 25136 v. 2. März 1883; 27979 v. 22. Dez. 1883; Friedl., p. 148 u. 149. — *65*) Heumann, Ber. 23, p. 3043; D.R.P. 54626 u. 55988. — *66*) Ber. 24, p. 977. — *67*) Heumann, Ber. 32, p. 3431. — *68*) Heymann, Ber. 24, p. 1476 u. 3066. — *69*) Flimm, Ber. 23, p. 57. — *69a*) Blank, Ber. 31, p. 1812.

läßt. Letzteres entsteht auch nach Vorländer (*69b*) beim Schmelzen von Dianilidobernsteinsäure mit Alkali.

In der vorletzten Auflage dieses Buches mußten wir noch gestehen, daß die zahlreichen Synthesen des Indigblaus bis dahin immer nur ein theoretisches Interesse beanspruchen konnten. Abgesehen von den kleinen Quantitäten, welche im Druck direkt auf der Faser erzeugt wurden, konnte damals an eine Konkurrenz des künstlichen Indigo mit dem natürlichen nicht gedacht werden, weil ersterer noch immer zu teuer zu stehen kam.

Die Verhältnisse liegen hier viel ungünstiger, als es seinerzeit beim künstlichen Alizarin dem Krapp gegenüber der Fall war. Während zu damaliger Zeit das Alizarin des Krapps etwa 80—100 Mark gekostet haben mochte, konnte man den Preis des Indigblaus im natürlichen Indigo auf höchstens 18—20 Mark veranschlagen. Die Darstellung des Alizarins aus Anthracen aber ist ein viel einfacherer und glatterer Prozeß, als es bei einer der oben erwähnten Indigosynthesen der Fall zu sein scheint. Auch die Methode von Heumann, welche wegen ihrer Einfachheit zu großen Hoffnungen berechtigte, schien diese nicht zu erfüllen.

Beim Verschmelzen von Phenylglycocoll mit Alkali ist die erhaltene Ausbeute eine sehr geringe, der Benutzung der Phenylglycocollcarbonsäure standen aber lange die Schwierigkeiten entgegen, welche mit der Beschaffung dieser Säure verbunden sind. Der Badischen Anilin- und Sodafabrik in Ludwigshafen kommt das Verdienst zu, diese Schwierigkeiten überwunden und zum ersten Male in konkurrenzfähiger Weise Indigblau technisch dargestellt zu haben. Es ist von der Heumannschen Entdeckung bis zu diesem Zeitpunkt fast ein Jahrzehnt verstrichen, und der Entdecker hat die praktische Ausführung seiner Methode nicht mehr erlebt.

Hauptsächlich waren es zwei weitere Entdeckungen, welche das Heumannsche Verfahren aus Phenylglycocollcarbonsäure lebensfähig machten: Die Auffindung einer Methode zur Darstellung von o Aminobenzoësäure durch Einwirkung von unterchlorigsaurem Alkali auf Phtalimid (Hoogewerf) und die Darstellung von Phtalsäure durch Behandlung von Naphtalin mit konzentrierter Schwefelsäure bei Gegenwart von Quecksilbersulfat.

69b) Vorländer, Ber. 27, p. 1604.

Jetzt ist der Prozeß der Indigosynthese folgender:

I. Naphtalin wird mit Schwefelsäure und Quecksilber zu Phtalsäureanhydrid oxydiert und dieses durch Einwirkung von Ammoniak in Phtalimid umgewandelt.

II. Phtalimid wird durch Behandlung mit unterchlorigsaurem Alkali in Anthranilsäure (o Aminobenzoësäure) übergeführt.

III. Anthranilsäure wird mit Monochloressigsäure zu Phenylglycocoll-Orthocarbonsäure

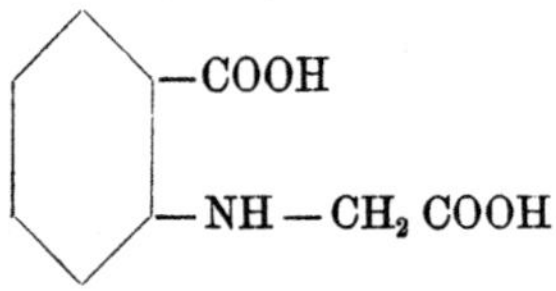

kondensiert.

IV. Phenylglycocollcarbonsäure liefert beim Schmelzen mit Alkali zunächst Indoxylsäure:

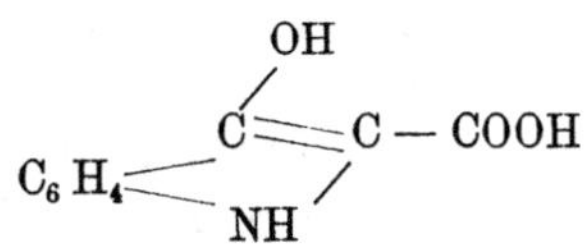

Dieselbe geht leicht in Indoxyl und dieses durch alkalische Oxydation in Indigblau über.

Beim Erscheinen der letzten Auflage dieses Buches arbeitete neben diesem Verfahren nur das oben beschriebene Baeyersche o Nitrobenzaldehydverfahren. Dasselbe wurde jedoch hauptsächlich zur Darstellung von sogenanntem Indigo-Drucksalz benutzt. Niemand dachte wohl daran, daß das Heumannsche Verfahren in seiner ältesten Form, die Alkalischmelze von Phenylglycocoll, durch einen einfachen Zusatz auf eine konkurrenzfähige Ausbeute gebracht werden könne. Dieser Zusatz, „das Natriumamid", welches der Schmelze beigegeben wird, ist in der Deutschen Gold- und Silberscheideanstalt entdeckt worden.

Das Natriumamidverfahren, welches von den Höchster Farbwerken ausgebeutet wird, scheint dem Anthranilsäureverfahren mindestens ebenbürtig zu sein.

Wir haben in der vierten Auflage eine Statistik über den Indigoimport gebracht, nach welcher die Gesamtproduktion auf ca. 8 Millionen Kilo Indigo und ca. 4 Millionen reines Indigblau, die Produktion von künstlichem Indigo im Jahre 1900 aber auf ca. 1 Million Kilo geschätzt wurde.

Wir sind von verschiedenen Seiten darauf aufmerksam gemacht worden, daß wir die letztere Zahl zu hoch, die erstere aber vielleicht zu niedrig geschätzt hatten.

Die heutige Indigofabrikation (Ende 1905) kann wohl auf $2^1/_2$—3 Millionen Kilo veranschlagt werden. Der Preis des reinen Indigblaus, welcher vor dem Erscheinen des Kunstproduktes etwa 16—20 Mark betragen mochte, ist auf ca. 7—8 Mark gesunken.

Eine sehr originelle Indigosynthese ist von T. Sandmeyer in der chemischen Fabrik J. R. Geigy zu Basel entdeckt worden.

Das Verfahren geht vom Thiocarbanilid

$$\left(\text{Diphenylthioharnstoff} \begin{matrix} C_6H_5NH \\ C_6H_5NH \end{matrix} > CS \right)$$

aus, welches leicht durch Einwirkung von Schwefelkohlenstoff auf Anilin entsteht. Das Thiocarbanilid wird durch kombinierte Einwirkung von Cyankalium und Bleicarbonat in das schon früher von Laubenheimer (Ber. 13, 2155) beschriebene Hydrocyancarbodiphenylimid übergeführt, welches zu dem betreffenden Amid verseift wird:

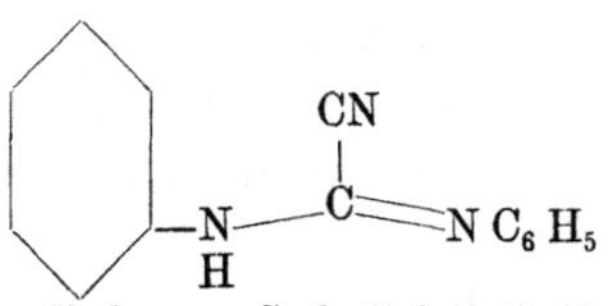

Hydrocyan-Carbodiphenylimid

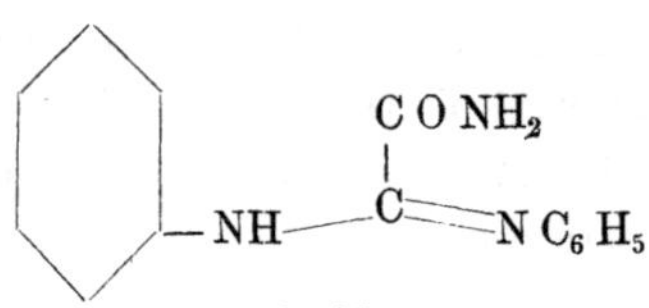

Amid

Durch Einwirkung von Schwefelammonium geht dieses (oder auch direkt das Laubenheimersche Cyanid) in das Thioamid über, welches durch Erhitzen mit konzentrierter Schwefelsäure in α Isatinanilid umgewandelt wird:

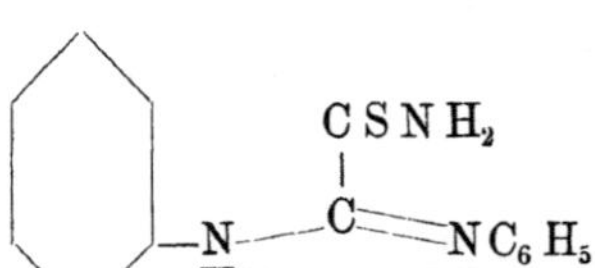

Thioamid

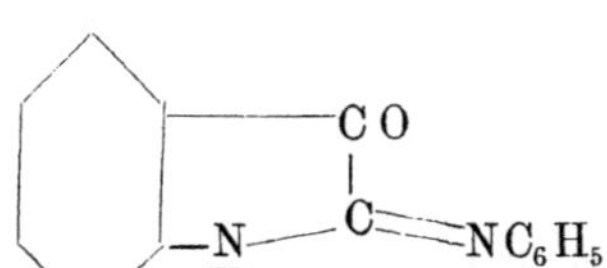

Isatinanilid

Letzteres wird durch Reduktion mit Schwefelammonium in Indigblau und Anilin übergeführt.

Leider hat sich dieses vom theoretischen Standpunkt hochinteressante Verfahren nicht als konkurrenzfähig erwiesen.

Konstitution der Indiggruppe.

Für das Indol stellte Baeyer auf Grund seiner Synthese aus o Nitrozimtsäure die Formel:

$$H_4C_6 \begin{array}{l} \diagup CH = CH \\ \diagdown NH \diagup \end{array}$$

auf, welche auch heute noch die allgemein angenommene ist.

Bereits im Jahre 1869 (*70*) sprach Kekulé die Ansicht aus, daß Isatin ein inneres Anhydrid der Orthoaminophenylglyoxylsäure sei und erteilte ihm die Formel:

$$C_6H_4 \begin{array}{l} \diagup CO - CO. \\ \diagdown NH \diagup \end{array}$$

Die Auffassung der Isatinsäure als Orthoaminophenylglyoxylsäure und des Isatins als sein inneres Anhydrid bestätigten Claisen und Shadwell (*71*) durch eine direkte Synthese desselben (s. oben). Gleichwohl deuten verschiedene von Baeyer beobachtete Tatsachen darauf hin, daß das Isatin ein Hydroxyl enthält und ihm die Konstitution:

$$C_6H_4 \begin{array}{l} \diagup CO - COH \\ \diagdown N = \end{array}$$

zukommt.

Das Oxindol wurde durch Baeyers Synthese als ein inneres Anhydrid der o Aminophenylessigsäure erkannt und ihm daraufhin die Formel:

$$C_6H_4 \begin{array}{l} \diagup CH_2 - CO \\ \diagdown NH \diagup \end{array}$$

erteilt.

---

70) Kekulé, Ber. 2, p. 748. — *70a*) Rawson, Journ. of Soc. of Chem. Ind. 1899, p. 467. — *71*) Claisen u. Shadwell, Ber. 12, p. 350.

Die Reduktion des Isatins zu Dioxindol und Oxindol läßt jedoch fast darauf schließen, daß letzteren Körpern die nachstehenden Formeln zukommen:

Dioxindol

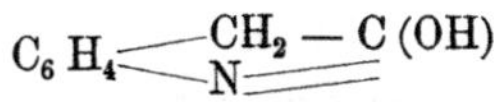

Oxindol

Im Indoxyl kann auf Grund seiner Bildung aus der Indoxylsäure:

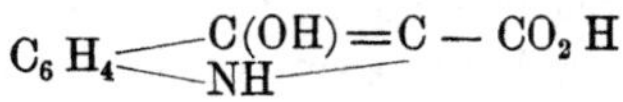

die Hydroxylgruppe nur an dem Kohlenstoff stehen, welcher direkt an Benzol gebunden ist. Seine Konstitution entspricht der Formel:

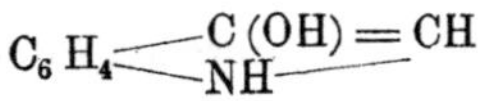

Eine Reihe von Tatsachen liefert den Beweis, daß Isatin, Indoxylsäure und Indoxyl in je zwei tautomeren Modificationen vorkommen, von denen die eine nicht im freien Zustande, sondern nur in Form ihrer Substitutionsprodukte (z. B. Ester) existieren kann. Baeyer nennt diese Formen labile oder Pseudoformen. Er stellt für dieselben folgende Formeln auf:

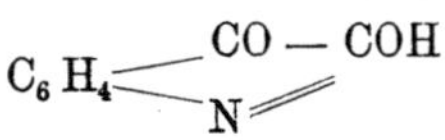

Isatin

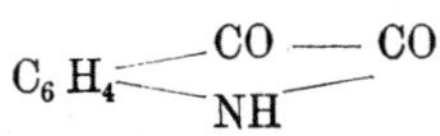

Pseudoisatin

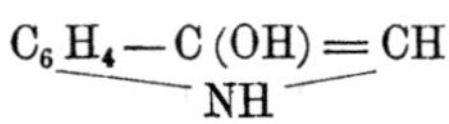

Indoxyl

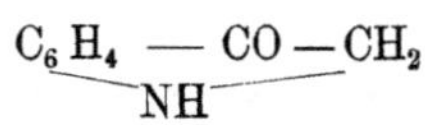

Pseudoindoxyl

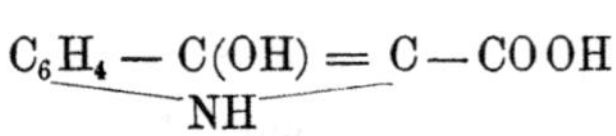

Indoxylsäure

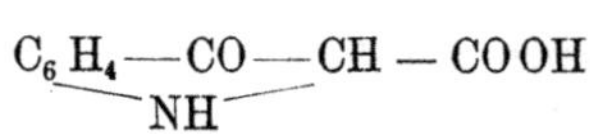

Pseudoindoxylsäure.

Diese Pseudoformen werden stabil, wenn Wasserstoff in ihnen durch gewisse Radikale ersetzt wird, und zwar genügen für das Pseudoisatin einwertige Gruppen, während im Pseudoindoxyl eine zweiwertige Gruppe die beiden an einem Kohlenstoffatom befindlichen Wasserstoffatome vertreten muß. Man erhält auf diese Weise z. B.:

$$\underbrace{C_6H_4 - CO - CO}_{NC_2H_5} \qquad \underbrace{C_6H_4 - CO - C}_{NH} = CH\,C_6H_5$$

Äthylpseudoisatin — Benzylidenpseudoindoxyl.

Baeyer beobachtete also hier zum ersten Male die Erscheinung, welche wir heute mit dem Namen der Tautomerie bezeichnen und welche seitdem namentlich unter den Körpern von chinonähnlicher Konstitution so häufig konstatiert wurde.

Der im Pseudoindoxyl enthaltene zweiwertige Rest

$$\underbrace{C_6H_4\,CO - C}_{NH} =$$

ist namentlich dadurch von Interesse, daß er nach allen bis jetzt vorliegenden Tatsachen im Indigblau enthalten sein muß. Baeyer bezeichnet diesen Rest als Indogengruppe und nennt Körper, in welchen letztere ein Sauerstoffatom vertritt, Indogenide. Das oben angeführte Benzylidenpseudoindoxyl muß z. B. als Indogenid des Bittermandelöls aufgefaßt werden, man erhält es durch Erhitzen von Indoxylsäure mit Benzaldehyd unter Kohlensäureabspaltung.

Das Indigblau selbst muß als eine Verbindung zweier Indogengruppen angesehen werden, und ihm kommt daher die nachfolgende Konstitution zu:

$$\underbrace{C_6H_4 - CO - C}_{NH} = \underbrace{C - CO - H_4C_6}_{NH}$$

Indigblau.

Das Indigblau kann ebenso als Indogenid des Pseudoisatins:

$$\underbrace{C_6H_4 - CO - CO}_{NH}$$

aufgefaßt werden.

Hier vertritt die Indogengruppe ein Sauerstoffatom des letzteren.

Das Indirubin repräsentiert in ähnlicher Weise das Indogenid des Isatins:

$$\underbrace{C_6H_4 - CO - C}_{NH} = \underbrace{C - C(OH) = N}_{C_6H_4}$$

Indirubin.

Letzteres entsteht durch Einwirkung von Isatin auf Indoxyl, bei welchem eine Umlagerung in Pseudoindoxyl angenommen werden muß.

Zu den erwähnten Schlüssen gelangt Baeyer hauptsächlich durch die nachfolgenden Tatsachen (*72*):

Durch Einwirkung von salpetriger Säure auf Indoxyl entsteht ein Körper, welcher als Nitrosamin des Indoxyls:

$$C_6H_4 - COH = CH$$
$$N$$
$$|$$
$$NO$$

aufgefaßt werden muß. Bei der Reduktion geht er (durch Indoxyl) in Indigblau über. Durch Einwirkung von salpetriger Säure auf Äthylindoxylsäure (*73*) entsteht eine isomere Verbindung, welche den Charakter der Isonitrosoverbindungen besitzt. Dieselbe liefert bei der Reduktion und nachfolgender Oxydation Isatin.

Da bei der Bildung der Substanz aus der Äthylindoxylsäure:

$$C_6H_4 - C(OC_2H_5) = C - COOH$$
$$NH$$

zwei einwertige Gruppen von verschiedener Kohlenstoffanzahl abgespalten werden, und die Isonitrosogruppe stets zweiwertig an einen Kohlenstoff gebunden ist, wird hier eine molekulare Umlagerung wahrscheinlich.

Der Übergang in Isatin läßt den Körper als Pseudoisatoxim oder Isonitroso-Pseudoindoxyl:

$$C_6H_4CO - C = NOH$$
$$NH$$

erkennen.

Diese Ansicht wird durch das Verhalten der Äthylester dieser Substanz bestätigt (*72*). Durch Äthylierung geht dieselbe zunächst in den Monoäthyläther über. Die Tatsache, daß dieser ebenfalls Isatin liefert, schließt eine Substitution in der Imidogruppe aus. Die Beständigkeit des Körpers gegen Salzsäure läßt darauf schließen, daß die Äthylgruppe sich nicht am β-ständigen Hydroxyl befindet, ebensowenig kann sie sich direkt am Kohlenstoff

---

72) Baeyer, Ber. 16, p. 2188. — *73*) Baeyer, Ber. 15, p. 782.

befinden, da der Körper alsdann kein Isatin liefern würde; seine Konstitution findet demnach in der Formel:

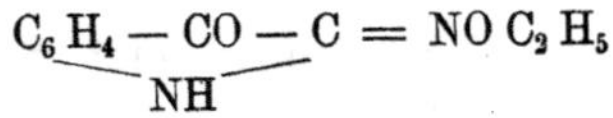

ihren Ausdruck. Der Körper muß als Pseudoisatin-Äthyl-*α* Oxim bezeichnet werden. Durch weiteres Äthylieren entsteht daraus der Diäthyläther:

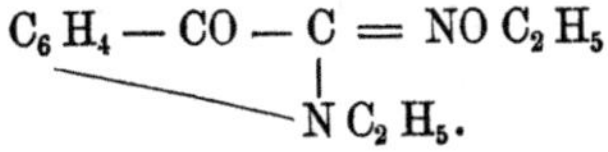

Derselbe liefert bei der Reduktion und nachfolgender Oxydation kein Isatin, sondern das dem Äthylisatin isomere Äthyl-Pseudoisatin:

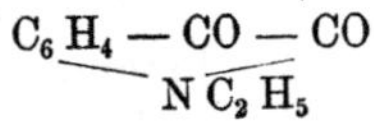

Vom Äthylisatin unterscheidet sich dieses durch seine schwierige Verseifbarkeit. Durch Alkalien wird es in Athylisatinsaure:

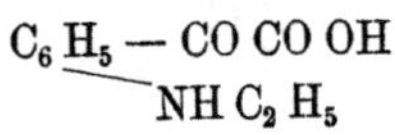

übergeführt.

Durch Hydroxylamin geht das Äthylpseudoisatin in das *β* Oxim:

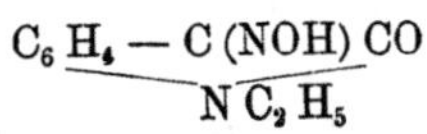

über.

Mit Indoxyl verbindet es sich zu dem Indogenid:

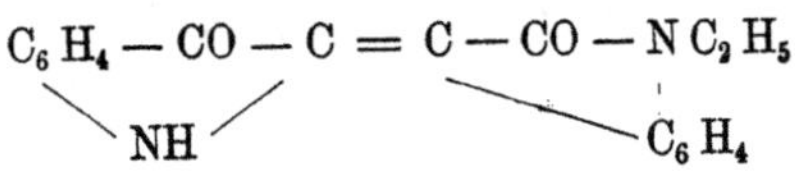

Der Diäthyläther des Pseudoisatin-*α* Oxims kann durch gelinde Reduktionsmittel in Diäthylindigblau übergeführt werden, ebenso wie das Pseudoisatoxim unter denselben Umständen Indigblau liefert.

Da hier die äthylierte Isonitrosogruppe völlig abgespalten wird, und das am Stickstoff befindliche Äthyl verbleibt, so muß, wenn die oben angeführte Konstitution des Äthylpseudoisatin-*α* Athyloxims richtig ist, dem Diäthylindigblau die Formel:

$$C_6H_4 - CO - C = C - CO - C_6H_4$$
$$NC_2H_5 \qquad NC_2H_5$$

dem Indigblau die Formel:

$$C_6H_4 - CO - C = C - CO - C_6H_4$$
$$NH \qquad NH$$

zukommen.

Baeyer faßt die Tatsachen, welche ihn zu dieser Konstitutionsformel führen, in folgenden Sätzen zusammen:

1. Der Indigo enthält die Imidgruppe.

2. Die Kohlenstoffatome sind in ihm nach seiner Entstehung aus Diphenyldiacetylen in folgender Weise angeordnet:

$$C_6H_5 - C - C - C - C - C_6H_5.$$

3. Er entsteht nur aus solchen Verbindungen, bei denen das dem Benzol zunächststehende Kohlenstoffatom noch mit Sauerstoff beladen ist.

4. Bildung und Eigenschaften machen eine nahe Verwandtschaft mit dem Indirubin und dem Indogenid des Äthylpseudoisatins unzweifelhaft. Letzteres entsteht durch die Verbindung des α Kohlenstoffatoms eines Pseudoindoxyls mit dem β Kohlenstoff des Pseudoisatins.

Indirubin, Indigpurpurin, Indigrot.

Im natürlichen Indigo kommt ein roter dem Indigblau isomerer Farbstoff, das Indigrot, vor. Schunck (*37*) stellte denselben aus Indican dar und nannte ihn Indirubin. Baeyer und Emmerling (*32*) erhielten einen roten Körper gleicher Zusammensetzung neben Indigblau bei der Reduktion von Isatinchlorid und nannten ihn Indigpurpurin. Mit dem Namen Indirubin (*33*, *34*) bezeichnet Baeyer später das Indogenid des Isatins:

$$C_6H_4 - CO - C = C - C(OH) = N$$
$$NH \qquad C_6H_4$$

welches sich beim Vermischen schwach alkalischer Lösungen von Isatin und Indoxyl bildet. Es ist sehr wahrscheinlich, daß alle diese Körper identisch sind.

XIII. Anhang.

Orseille.

Aus verschiedenen, an sich ungefärbten Flechten, z. B. Lecanora tinctoria und Roccella tinctoria, lassen sich durch gleichzeitige Einwirkung von Ammoniak und Luft eigentümliche violette oder blaue Farbstoffe erhalten.

In diesen Flechten sind eine Anzahl eigentümlicher Säuren (Lecanorsäure, Erythrinsäure, Roccellasäure etc.) enthalten, welche sämtlich unter dem Einflusse von Alkalien eine Spaltung erleiden, bei welcher Orseillinsäure (Orcincarbonsäure) und schließlich Orcin, $C_6 H_3 CH_3 (OH)_2$, und Erythrit, $C_4 H_{10} O_4$, als Spaltungsprodukte resultieren.

Das Orcin ist der für die Farbstoffbildung allein wichtige Körper, denn es geht unter gleichzeitigem Einfluß von Ammoniak und Luft in das gefärbte Orceïn, $C_7 H_7 NO_3$ (?), über, welches als das färbende Prinzip der „Orseille" zu betrachten ist.

Das Orceïn bildet ein braunes, amorphes Pulver von schwach sauren Eigenschaften; es löst sich in Alkalien mit violetter Farbe und wird durch Säuren aus dieser Lösung gefällt.

Mit Kalk sowie mit Schwermetallen bildet es unlösliche Lacke, ohne jedoch zu den wirklichen Beizenfarbstoffen zu gehören.

Für die Darstellung des unter dem Namen Orseille benutzten Farbmaterials werden die oben erwähnten Farbflechten mit Ammoniakwasser befeuchtet und der Luft ausgesetzt. Früher wurde statt des Ammoniakwassers fauler Harn benutzt.

Die so behandelten Flechten werden teils getrocknet und gepulvert, teils auf Extrakt verarbeitet.

Orseillepulver sowie Orseilleextrakt enthalten Orceïn in Form des Ammoniaksalzes.

Die Orseille findet fast ausschließlich in der Wollfärberei, seltener im Kattundruck Verwendung. Sie fixiert sich auf Wolle und Seide in schwach saurem, aber auch in neutralem oder schwach alkalischem Bade und wird meist unter Zusatz von Alaun, Zinnchlorid, Oxalsäure oder Weinsäure gefärbt.

Die damit erhaltenen Nüancen sind mehr oder weniger blaustichig rot und können durch Zusatz von Indigo oder Cochenille beliebig nüanciert werden.

Trotz der starken Konkurrenz, welche der Orseille in den Azofarbstoffen erwachsen ist, findet dieselbe in der Färberei doch noch immer eine sehr starke Verwendung. Es ist dieses wohl dem Umstande zuzuschreiben, daß sie unter den verschiedensten Bedingungen anfärbt, vorzüglich egalisiert und sich deshalb mit fast allen anderen Farbstoffen beliebig nüancieren läßt. Übrigens sind die Orseillefärbungen wenig lichtecht.

Lackmus.

Werden dieselben Farbflechten, welche zur Herstellung von Orseille dienen, einer längeren Gärung bei gleichzeitiger Anwesenheit von Kalk oder Pottasche und Ammoniak ausgesetzt, so entsteht aus dem Orcin der Lackmus, ein Farbstoff, welcher im freien Zustande rot gefärbt ist, während seine Salze eine blaue Farbe besitzen.

Aus Orcin direkt erhält man ein ähnliches Produkt durch mehrtägiges Digerieren mit einem Gemenge von Ammoniak und Sodalösung (*3a*).

Der Lackmus kommt mit Gips und Kreide gemengt in Form von Täfelchen in den Handel, welche meist nur wenig Farbstoff enthalten. Er wird gegenwärtig wohl ausschließlich als Indikator zum Titrieren benutzt.

Canarin.

Durch Behandlung von Rhodankalium mit chlorsaurem Kali bei Gegenwart von Salzsäure stellten Prochoroff und Müller (*1*) einen Körper dar, den sie „Canarin“ nannten.

---

1) Prochoroff u. Müller, Dinglers Journal 253, p. 130. — *2*) Markognikoff, Journ. d. russ. Chem. G. 1884, p. 380. — *3*) Lindow, ibid. 1884, p. 271. — *3a*) Luynes, Jahresber. 1864, p. 551.

Sehr wahrscheinlich ist diese Substanz identisch mit dem von Liebig entdeckten Pseudo- oder Persulfocyan $C_3 N_3 HS_3$, obwohl diese Identität von Müller bestritten wird.

Das Canarin bildet ein gelbes, in indifferenten Lösungsmitteln unlösliches Pulver, es löst sich leicht in freien und kohlensauren Alkalien, sogar in Boraxlösung.

Die Anwendung des Canarins in der Färberei beruht auf der Tatsache, daß die alkalische Lösung desselben direckt ungebeizte Baumwolle anfärbt. Die erhaltenen Färbungen sind je nach der Konzentration der Lösung hellgelb oder orangegelb. Sie sind außerordentlich beständig sowohl gegen Seife als gegen Licht. Im Vergleich zu den übrigen künstlichen Farbstoffen ist die Farbstärke des Körpers eine geringe.

Das auf der Pflanzenfaser fixierte Canarin zeigt gegen basische Farbstoffe das Verhalten einer Beize. In dieser Hinsicht stellt sich der Körper den Baumwolle färbenden Azofarbstoffen sowie dem Cachou de Laval zur Seite.

Murexid (*4*, *5*, *6*, *7*).

Das Murexid, das saure Ammoniaksalz der im freien Zustande nicht existierenden Purpursäure, ist insofern von historischer Bedeutung, als es neben der Pikrinsäure der älteste künstliche Farbstoff ist, welcher zur technischen Verwendung kam. Letztere datiert vom Jahre 1853, seine Bildung ist schon im achtzehnten Jahrhundert von Scheele beobachtet worden.

Das Murexid entsteht durch Einwirkung von Ammoniak auf ein Gemenge von Alloxan und Alloxantin, wie man es durch Verdampfen einer Lösung von Harnsäure in konzentrierter Salpetersäure erhält.

Es bildet sich ferner durch Erhitzen von Alloxantin in Ammoniakgas, sowie beim Kochen von Uramil mit Quecksilberoxyd.

Es bildet vierseitige Prismen, welche einen grünen Flächenschimmer zeigen und im durchfallenden Lichte rot erscheinen.

---

4) Prout, Annales de Chim. et Phys. 32, p. 316. — *5*) Liebig und Wöhler, Annal. 26, p. 319. — *6*) Fritzsche, Annal. 32, p. 316. — 7) Beilstein, Annal. 107, p. 319.

Die Zusammensetzung des Murexids entspricht der Formel $C_8 H_4 N_5 O_6 . NH_4$. Durch doppelte Umsetzung mit Kaliumnitrat erhält man daraus das Kaliumsalz: $C_8 H_4 N_5 O_6 K$.

Nach Piloty und Finkh (*8*) besitzt der Farbstoff folgende Konstitution:

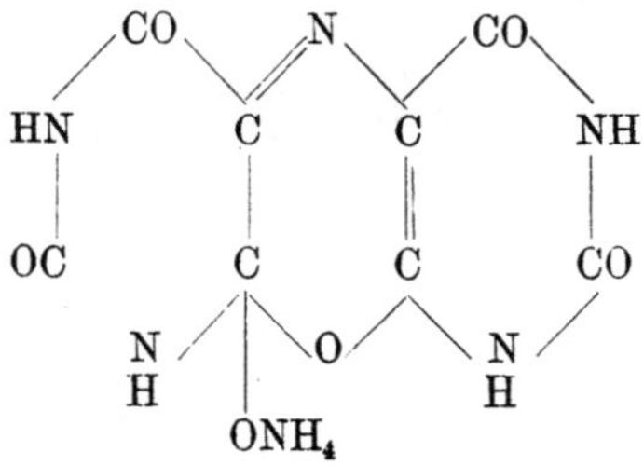

Die mit Calcium, Baryum, Zinn und Quecksilber erhaltenen Verbindungen sind mehr oder weniger schwer lösliche rote oder violette Niederschläge. Das Murexid löst sich in Wasser mit purpurroter Farbe, welche durch überschüssiges Kalihydrat in Blauviolett übergeführt wird. Durch Mineralsäuren wird die Purpursäure zersetzt. Sie zerfällt in Uramil und Alloxan.

Die Anwendung des Murexids in der Färberei basierte auf seiner Eigenschaft, mit Zinn-, Blei-, Quecksilber- und anderen Metalloxyden schön gefärbte Lacke zu bilden. Namentlich ist der Quecksilberlack in dieser Hinsicht ausgezeichnet.

Es findet gegenwärtig keine Verwendung mehr.

---

8) Piloty und Finkh, Annal. 333, p. 22.

Sachregister.

Acetindruck 259.
Acridinfarbstoffe 280.
Acridingelb 282.
Acridiniumverbindungen 286.
Acridinorange 282.
Acridinrot 133.
Äthoxybenzidin 81.
Äthylgrün 159.
Äthylrosaniline 165.
Aldehydgrün 171.
Alizarin 100.
Alizarin S 106.
Alizarin-Astrol 120.
Alizarinblau 115.
Alizarinblau S 116.
Alizarinblaugrün 117.
Alizarinbordeaux 113.
Alizarinbraun 111.
Alizarincölestol 119.
Alizarincyanin 113.
Alizariucyaningrün 120.
Alizaringelb C und A 303.
Alizaringelb G G 67.
Alizaringelb R 67.
Alizaringrün 117.
Alizaringrün S 117.
Alizarinindigblau 117.
Alizarin-Irisol 120.
Alizarinorange 107.
Alizarinreinblau 119.
Alizarin für Rot 110.
Alizarinsaphirol 119.
Alizarinschwarz S R A 97.
Alizarinsulfosäure 106.
Alkaliblau 169.
Amaranth 65.
Amethystviolett 244.
Aminoalizarin 107.
Amino- und Anilido-Anthrachinonfarbstoffe 118.
Aminoazobenzol 40.
Aminoazobenzolsulfosäuren 41.
Aminoazonaphtalin 48—49.
Aminoazotoluole und -xylole 44—45.
Aminoazoverbindungen 40.
Aminonaphtolsulfosäuren 59.
Aminooxynaphtochinonimid 97.
Aminophenazin 230.
Anilidoaposafranin 251.
Anilidonaphtochinonanil 253.
Anilidophenosafranin 258.
Anilido-Pseudomauveïn 259.
Anilinblau 166, 168.
Anilinschwarz 264, 270.
Anisolin 193.
Anisolrot 65.
Anthracenblau 114.
Anthracenbraun 114.
Anthracenchromschwarz 69.
Anthracengelb (Cassella) 67.
Anthracengelb 321.
Anthrachinonfarbstoffe 98.
Anthrachinonsulfosäure 103.
Anthrachinonviolett 119.
Anthrachryson 113.
Anthraflavinsäure 110.
Anthragallol 108, 111.
Anthrapurpurin 110.
Anthrarufin 107.
Aposafranine 250.
Auramin 129.
Auramin G 131.
Aurantia 32.
Aurin 175.
Aurintricarbonsäure 178.
Auronalschwarz 298.
Aurotin 184.
Auxochrome 3.
Azarin 87.
Azinfarbstoffe 225.

Azoanilin 46.
Azobenzol, Konstitution 14.
Azoblau 83.
Azocarmin 254.
Azofarbstoffe, Allgemeines 33—40.
Azofarbstoffe, Erzeugung auf der Faser 85.
Azoflavin 44.
Azofuchsin 70.
Azogrün 150.
Azomethine 92.
Azophenin 257.
Azophenole 51.
Azophenylen 226.
Azophorrot 86.
Azophosphin 49.
Azoschwarz 76.
Azoxystilben 93.
Azulin 176.
Azylin 46.

Basler Blau 249.
Baumwollfarbstoffe, direkte 80.
Beizenfärbende Azofarbstoffe 66.
Beizenfarben 7.
Beizengelb 67.
Benzaurin 179.
Benzazurin 84.
Benzidin 79.
Benzidinsulfondisulfosäure 81.
Benzoflavin 283.
Bezolazobenzol-Azo-β Naphtol 73.
Benzolazobenzol-Azophenol 73.
Benzol-Azonaphtol 62.
Benzolazo-Naphtylamin 47.
Benzol-Azotoluol 47.
Benzo-Orange 83.
Benzopurpurin 80, 83.
Benzoscharlach 84.
Benzylrosaniline 166.
Berberin 279.
Bernsteinsäure-Rhodamin 194.
Biebricher Patentschwarz 77.
Biebricher Scharlach 74, 76.
Bindschedlers Grün 201.
Bismarckbraun 47.
Blauschwarz 77.
Bordeaux B und S 65.
Bordeaux G und B X 76.
Brasileïn 317.
Brasilin 316.
Brillantalizarinblau 211.
Brillantazurin 84.
Brillantcroceïn 75.
Brillantgelb 84.
Brillantgrün 146.
Brillantkongo 83.

Cachou de Lavalle 291, 300.
Canarin 353.
Capriblau 212.
Carminsäure 322.
Cattu Italiano 300.
Chinalizarin 113.
Chinizarin 107.
Chinoïde Farbstoffe 10.
Chinolinfarbstoffe 275.
Chinolingelb 277.
Chinolinrot 276.
Chinonchlorimide 197.
Chinon-Dianil 257.
Chinonimidfarbstoffe 197.
Chinonoxime 123.
Chinophtalon 277.
Chinoxalin 260.
Chinoxalinfarbstoffe 261.
Chloramingelb 290.
Chlorphtalsäurefarbstoffe 191.
Chromierfarbstoffe 66, 68.
Chromogene 3.
Chromon 307.
Chromonol 307.
Chromophor 3.
Chromotrope 70.
Chromschwarz 266.
Chromviolett 178.
Chrysamin 83.
Chrysaniline 283.
Chrysazin 107.
Chrysin 308—309.
Chrysoidin 45.
Chrysophenin 84.
Citronin 44.
Claytongelb 291.
Claytonschwarz D 298.
Coccinin 65.
Coëruleïn 194.
Columbiaschwarz 84.
Corallin 176.
Croceïn 3 B X 66.
Croceïn 3 B 74.
Croceïn 7 B 75.
Croceïn-Orange 63.
Croceïnscharlach 76.
Cumarine 320.
Cyanamine 215, 216.
Cyanine 149, 275.
Cyanol 148.

Cyanosin 191.
Cyclamin 192.

Dampfschwarz 272.
Dehydrothiotoluidin 288.
Delphinblau 224.
Deltapurpurin 83.
Diäthylsafranin 243.
Diamantflavin 67.
Diamantgelb 67.
Diamantgrün 77.
Diamantschwarz 77, 272.
Diamantschwarz P V 69.
Diaminblau 84.
Diaminbraun 83.
Diaminbrillantblau 84.
Diaminechtrot 83.
Diamingrün 83.
Diaminoacridine 282.
Diaminoazine 231.
Diamino-Azobenzole 45—46.
Diaminoazoxybenzol 81.
Diaminocarbazol 81.
Diaminodiphenylharnstoff 81.
Diaminogenblau 78.
Diaminogenschwarz 78.
Diaminophenazin 231, 232.
Diaminophenylacridine 283.
Diaminostilben und Sulfosäure 81.
Diaminreinblau 84.
Diaminrot 83.
Diaminscharlach 83.
Diaminschwarz 83.
Diaminviolett 83.
Dianilblau 84.
Dianisidin 81.
Diazoammoniumbasen, Azofarbstoffe aus 49.
Dichinoyldioxim 124.
Diisatogen 331.
Dimethylaminoazobenzol 42.
Dimethyldiaminooxazon 222.
Dimethylphenosafranin 243.
Dinitrodibromfluoresceïn 191.
Dinitrodiphenyldiacetylen 340.
Dinitrokresol 30.
Dinitronaphtol 30.
Dinitronaphtolsulfosäure 31.
Dinitrophenolsulfosäure 29.
Dinitrosoresorcin 124.
Dinitrosostilben 93.
Dioxin 125.
Dioxindol 328.
Dioxyazine 236.
Dioxyazobenzol 51.
Dioxynaphtalinfarbstoffe 69.
Dioxynaphtalinsulfosäuren 57.
Diphenylaminblau 171.
Diphenylmethanfarbstoffe 126.
Diphenylnaphtylmethanfarbstoffe 173.
Diphenylschwarz (Höchst) 273.
Direktgelb 94.
Disazofarbstoffe 70.
Disazokörper, primäre 71.
Disazokörper, sekundäre 73.
Döbners Violett 143.

Echtblau 213.
Echtgelb 42.
Echtgrün 124.
Echtponceau 76.
Echtrot 64.
Echtschwarz B 294, 298.
Eclipsbraun 300.
Eclipsgelb 300.
Eclipsrot 301.
Ellagsäure 324.
Emeraldin 268.
Eosin 187.
Eosinäther 189.
Eosinscharlach 191.
Erika 291.
Eryoglaucin 149.
Erythrine 189.
Erythrosin 190.
Eupittonsäure 177.
Eurhodine 229.
Eurhodole 234.
Euxanthinsäure 303.
Euxanthon 303.
Euxanthonsäure 304.

Färbeschwarz 272.
Färbung (Theorie) 4—7.
Farbstoffe, Einteilung 26.
Farbstoffe, Geschichte der künstlichen 20.
Farbstoffe (Theorie) 3.
Fettponceau 75.
Firnblau 149.
Fisetin 308, 310.
Flavanilin 278.
Flavanthren 123.
Flavaurin 29.
Flaveosin 286.
Flavin 311.
Flavindulin 261.
Flavone 306.

Flavonol 307.
Flavonone 307.
Flavopurpurin 108, 110.
Fluoran 184.
Fluoresceïn 185.
Fluoresceïnäther 186.
Fluorescierendes Blau 219.
Fluorescin 186.
Fluorindine 262.
Formazyle 91.
Formylviolett 158.
Fuchsia 243.
Fuchsin 160.
Fuchsin S 163.
Fuchson 138.
Fuchsonimin 138, 140.

Gallacetophenon 303.
Gallaminblau 224.
Gallanilgrün 224.
Gallanilindigo 224.
Galleïne 194.
Gallocyanin 222.
Galloflavin 323.
Gallothionin 211.
Girofflé 243.
Grénat soluble 32.

Hämateïn 315.
Hämatoxylin 314.
Hängeschwarz 272.
Helianthin 42.
Hessisch-Purpur 84.
Hexamethoxylaurin 177.
Hexamethoxyl-Pararosanilin 178.
Hexamethyl-p Rosanilin 156.
Hexanitro-Diphenylamin 32.
Hexaoxyanthrachinone 114.
Hofmanns Violett 165.
Homofluorindin 262.
Hydrazonfarbstoffe 88.
Hydrocyan-Carbodiphenylimid 345.

Immedialblau 299.
Immedialbordeaux 294, 301.
Immedialgelb 292, 300.
Immedialindon 299.
Immedialmarron 301.
Immedialorange 300.
Immedialreinblau 293, 299.
Immedialschwarz 293, 298.
Indamin 258.
Indamine 200.
Indandion 321.
Indanthren 120.
Indazin 247.
Indican 332.
Indigblau 332.
Indigblau, Synthesen 337.
Indigbraun 332.
Indigfärberei 335.
Indiggelb 332.
Indiggruppe, Konstitution 346.
Indigleim 332.
Indigocarmin 335.
Indigoersatz 316.
Indigofarbstoffe 325.
Indigosulfosäuren 335.
Indigpurpurin 351.
Indigrot 332.
Indigweiß 334.
Indirubin 348, 351.
Indoïn 49, 241.
Indol 325.
Indonfarbstoffe 321.
Indophenin 329.
Indophenole 202.
Indoxanthinsäureäther 331.
Indoxyl 327.
Indoxylsäure 328.
Indoxylschwefelsäure 327.
Indulin 3 B und 6 B 259.
Induline 256.
Isatin 329.
Isatinanilid 345.
Isatinsäure 330.
Isatogensäureester 331.
Isatosäure 329.
Isoanthraflavinsäure 110.
Isonitrokörper 15.
Isopurpurin 108, 110.
Isopurpursäure 32.
Isorosinduline 252.
Isothionin 206.

Janusfarbstoffe 49.
Jaune indien 44, 303.
Jaune resistant à savon 66.
Jetschwarz 77.
Jodfluoresceïne 190.
Jodgrün 165.

Kaiserrot 191.
Katigenrotbraun 301.
Katigenschwarzbraun 300.
Kohlenstoffverbindungen, farbige 2.
Kohlenwasserstoffe, farbige 9.
Kongokorinth 83.

Kongorot 80, 83.
Kristallponceau 66.
Kryogenbraun 300.

Lackmus 353.
Lauthsches Violett 206.
Leukokörper 3.
Liebermannsche Phenolfarbstoffe 224.
Luteolin 308, 309.
Lutetienne 191.

Maclurin 303.
Magdalarot 247.
Malachitgrün 143.
Martiusgelb 30.
Mauveïne 245, 269.
Melanogenblau 299.
Meldolablau 213.
Methylenblau 207.
Methylengrün 210.
Methylgrün 158.
Methylviolett 154.
Michlers Keton 128.
Mikadogelb 93.
Monooxyazine 234.
Morin 308, 313.
Murexid 354.
Muscarin 214.

Nachtblau 173.
α Naphtalinazo-β Naphtol 63.
Naphtalingrün 174.
Naphtalinsäureschwarz 77.
Naphtaminschwarz 83.
Naphtazarin 96.
Naphtochinonoxime 124.
Naphtolazofarbstoffe 52.
Naphtolblauschwarz 72.
Naphtoldisulfosäuren, Azofarbst. aus 64.
Naphtolgelb 30.
Naphtolgelb S 31.
Naphtolgrün 125.
Naphtolschwarz 77.
Naphtolsulfosäuren (Tabelle) 55.
Naphtophenoxazim 213.
Naphtopurpurin 98.
Naphtylaminschwarz 77.
Naphtylaminsulfosäuren (Tabelle) 58.
Naphtylblau 248.
Naphtylendiamin 1:5, 81.
Naphtylviolett 248.
Neu-Coccin 66.
Neufuchsin 161.
Neugelb 29.
Neumethylenblau 216.
Neutralrot 233.
Neutralviolett 234.
Nilblau 214.
Nitroalizarin 106.
Nitrobenzol-Salicylsäure 66.
Nitrokörper 28.
Nitromalachitgrün 145.
Nitrophenylmilchsäureketon 340.
Nitrosaminrot 86.
Nitrosonaphtole 124—125.

Orange I 62.
Orange II 63.
Orange III 43.
Orange IV 43.
Orange G 63, 65.
Orceïn 352.
Orcirufamin 221.
Orcirufin 220.
Orseille 352.
Orseilleersatz 48.
Orseillerot 76.
Orthonitro-Phenylpropiolsäure 336, 339.
Oxazime 211, 212.
Oxazone 211, 217.
Oxindol 328.
Oxyanthrarufin 109, 111.
Oxyazobenzol 50.
Oxyazoverbindungen 50.
Oxychalkon 307.
Oxychinone 95.
Oxychrysazin 109, 111.
Oxyketonfarbstoffe 303.
Oxynaphtophenazin 234.

Päonin 176.
Palatinchromblau 69.
Palatinchromschwarz 69.
Palatine-Orange 31.
Palatinschwarz 73.
Paranitranilinrot 86.
Paraphenylenblau 260.
Paraphenylendiamin 81.
Pararosanilin 151.
Pararosolsäure 175.
Patentblau 147.
Patentfustin 313.
Pentamethyl-p Rosanilin 156.
Pentamethylrosanilin 165.
Phenazin 226.
Phenazoxon 217.
Phenetolrot 65.

Phenocyanine 224.
Phenoldisazobenzol 71.
Phenolphtaleïn 182.
Phenosafranin 242.
Phenoxazin 211.
Phenylaminoazobenzol 43.
Phenylauramin 130.
Phenylchinondiimid 269.
Phenylenbraun 47.
Phenylglycocoll 342.
Phenylglycocollcarbonsäure 342.
Phenylrosaniline 168.
Phenylrosindulin 254.
Phloxin 191.
Phönicinschwefelsäure 335.
Phosphin 286.
Phtaleïne 179.
Phtalophenon 179.
Pikraminsäure 32.
Pikrinsäure 29.
Pittakall 177.
Piuri 303.
Ponceau 2G R 2R 3R 4R 65.
Ponceau 5R 75.
Primerose à l'alcool 190.
Primulin 289.
Probefärben 18.
Prüne 225.
Pseudoindol 327.
Purpurin 108, 109.
Purpurinsulfosäure 110.
Purpurschwefelsäure 335.
Pyrazolone 88.
Pyrogenblau 294, 299.
Pyrogenbraun 300.
Pyrogendirektblau 299.
Pyrogendunkelgrün 300.
Pyrogengelb 299.
Pyrogengrau 299.
Pyrogengrün 294, 300.
Pyrogenindigo 299.
Pyrogenolive 299.
Pyrogenschwarz 298.
Pyronin 132.
Pyrophtalon 278.

Quercetin 308, 311.
Quercitrin 310.

Resazurin 219.
Resorcinblau 222.
Resorcinbraun 72.
Resorcindisazobenzol 71.
Resorufamin 221.
Resorufin 218.
Rhamnetin 308, 311.
Rhodamin 192.
Rhodamin 6G 193.
Rhodamin S 194.
Roccellin 64.
Rosamine 150.
Rosanilin 160.
Rosanilinfarbstoffe 140.
Rosanilinsulfosäure 163.
Rose 132.
Rose Bengale 191.
Rosindon 256.
Rosindulin 253.
Rosinduline. 252.
Rosindulin G 256.
Rosolan 246.
Rosolsäure 176.
Rosolsäurefarbstoffe 174.
Rouge St. Denis 84.
Ruberythrinsäure 100.
Rubifuscin 92.
Rufigallussäure 114.

Sacchareïne 196.
Safranine 236.
Safranine mit aliphatischer Azoniumgruppe 249.
Safranine der Naphtalinreihe 247.
Safraninon 255.
Safranol 255.
Safransurrogat 30.
Safrosin 191.
Salicylgelb 32.
Salzbildner 16.
Säurealizarinblau 114.
Säurealizaringrün 115.
Säurealizarinschwarz 69.
Säurefuchsin 163.
Säuregelb 42.
Säuregrün S 146.
Säureviolett 157.
Schwefelfarbstoffe 291, Tabelle 298.
Schwefelschwarz T extra 298.
Sonnengelb 93.
Sonnengold 31.
Sorbinrot 66.
Spritblau 169.
Spriteosin 190.
Stilbenfarbstoffe 93.
Styrogallol 321.
Sudan 75.
Sulfanilinbraun 300.
Sultone 60.

Tanninbeize 7.
Tartrazin 89.
Tetraäthylgrün 146.
Tetraäthylsafranin 244.
Tetrabromphenolphtaleïnäthylester 183.
Tetrabromresazurin 220.
Tetrabromresorufin 219.
Tetramethyldiaminobenzhydrol 128.
Tetramethyldiaminobenzophenon 128.
Tetramethylindamin 201.
Tetramethyl-p Rosanilin 156.
Tetranitrodiphenol 31.
Tetranitrophenolphtaleïn 184.
Tetraoxyanthrachinone 112.
Tetrazofarbstoffe 70.
Thiazime 204.
Thiazolazofarbstoffe 291.
Thiazolfarbstoffe 288.
Thiazolgelb S 291.
Thiazone 204.
Thiocarmin 210.
Thiocatechine 300.
Thioflavine 290.
Thiogendunkelrot 301.
Thiogenpurpur 301.
Thioketon (Tetramethyldiaminothiobenzophenon) 128.
Thionalbraun 300.
Thionblau 299.
Thiongelb 300.
Thionin 206.
Thiophenolschwarz 298.
Thiopyronin 133.
Thiosulfosäure des Dimethyl-p Phenylendiamins 208.
Tolusafranin 244.
Toluylenblau 201, 228.
Toluylenorange 84.
Toluylenrot 228, 233.
Toluylenviolett 234.
Triaminoazobenzol 47.
Trimethylrosanilin 164.
Trinitrophenol 29.
Trioxyanthrachinon 108.
Trioxybenzophenon 303.
Triphendioxazin 225, 262.
Triphenylmethanfarbstoffe 133.
Triphenylrosanilin 168.
Triphenylrosanilin, Sulfosäuren 169.
Tropäolin D 43.
Tropäolin 0 51.
Tropäolin 00 43.
Tropäolin 000 62.
Tropäolin Y 50.
Tuchrot 75, 76.
Tuchscharlach 76.
Türkischrot 105.

Vesuvin 47.
Viktoriablau 173.
Viktoriaorange 30.
Viktoriaviolett 70.
Vidalschwarz 292, 298.
Violamin 193.
Viridin 149.

Walkorange 67, 76.
Wasserblau 170.
Wau 309.
Weselskische Farbstoffe 218.
Wollblau 174.
Wollschwarz 75, 77.

Xanthon 302.
Xanthorhamnin 311.

Zeugdruck 19.

GPSR Compliance

The European Union's (EU) General Product Safety Regulation (GPSR) is a set of rules that requires consumer products to be safe and our obligations to ensure this.

If you have any concerns about our products, you can contact us on ProductSafety@springernature.com

In case Publisher is established outside the EU, the EU authorized representative is:

Springer Nature Customer Service Center GmbH
Europaplatz 3
69115 Heidelberg, Germany

Batch number: 10682439

Printed by Printforce, the Netherlands